Ihre Arbeitshilfen zum Download:

Die folgenden Arbeitshilfen stehen für Sie zum Download bereit:

- Digital Leader Spielplan
- Readiness Check: Status und Anforderungen ermitteln

Den Link sowie Ihren Zugangscode finden Sie am Buchende.

Kostenlos mobil weiterlesen! So einfach geht's:

 1. Kostenlose App installieren

 2. Zuletzt gelesene Buchseite scannen

 3. Ein Viertel des Buchs ab gescannter Seite mobil weiterlesen

 4. Bequem zurück zum Buch durch Druck-Seitenzahlen in der App

 **Hier geht's zur kostenlosen App:**
www.papego.de
Erhältlich für Apple iOS und Android.
Papego ist ein Angebot der Briends GmbH, Hamburg
www.papego.de

Michael Groß

Digital Leader Gamebook

Erfolgreich führen im digitalen Zeitalter

1. Auflage

Haufe Group
Freiburg · München · Stuttgart

Bibliografische Information der Deutschen Nationalbibliothek

Die Deutsche Nationalbibliothek verzeichnet diese Publikation in der Deutschen Nationalbibliografie; detaillierte bibliografische Daten sind im Internet über http://dnb.dnb.de abrufbar.

Print: ISBN 978-3-648-12124-5   Bestell-Nr. 10291-0001
ePub: ISBN 978-3-648-12125-2   Bestell-Nr. 10291-0100
ePDF: ISBN 978-3-648-12126-9   Bestell-Nr. 10291-0150

Michael Groß
Digital Leader Gamebook
1. Auflage 2019

© 2019 Haufe-Lexware GmbH & Co. KG, Freiburg
www.haufe.de
info@haufe.de
Produktmanagement: Jürgen Fischer

Lektorat: Barbara Buchter, extratour, Freiburg
Satz: kühn & weyh Software GmbH, Satz und Medien, Freiburg
Umschlag: RED GmbH, Krailling
Illustrationen: Claudia Lieb, München
Grafiken: Klaus Lutsch, DUOTONE Agentur für Mediengestaltung & Produktion, München
Art Buying: Guter Punkt GmbH, München | www.guter-punkt.de

Inhaltsverzeichnis

Was bedeuten die Symbole?

 = **Tipp**. Diese kurzen Hinweise helfen Ihnen, um mit kleinen Tricks den Alltag als Digital Leader besser zu gestalten.

 = **Beispiel**. Im Gamebook werden Sie laufend Beispiele finden, die Sie als Digital Leader inspirieren sollen.

 = **Methode**. Für Ihren Handwerkskoffer werden zahlreiche Instrumente und Vorgehensweisen vorgestellt.

 = **Exkurs**. Im Gamebook werden vertiefende Details zu wichtigen Themen in kurzen Exkursen erläutert.

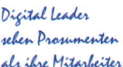 = Merksätze in handschriftlicher Gestaltung ziehen sich wie ein roter Faden durch das Gamebook. Hier gilt: So handeln Digital Leader. So kann jede Führungskraft sein, ob als Handwerker oder Akademiker, in kleinen und großen Unternehmen, als Teamleiter oder Konzernchef.

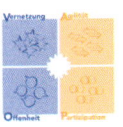 Am Kapitelanfang bekommen Sie jeweils einen grafischen Hinweis, in welchem Abschnitt der Digital Leader Canvas Sie sich gerade befinden.

Gamebook User Guide

Mit diesem Gamebook werden Sie künftig in der Lage sein, in einer bestimmten Situation die jeweils besten Spielzüge als Digital Leader zu machen und eigene Spielkombinationen für Ihre individuellen Ziele aufzubauen. Zum Gelingen des Games beachten Sie bitte die folgenden kurzen Hinweise, wie Sie das Gamebook für sich optimal einsetzen können.

Die vier Teile des Buchs nutzen

Die vier Teile des Gamebooks bauen aufeinander auf: In Part 1 »Führung im digitalen Zeitalter« erfahren Sie die wesentlichen Faktoren, die die Arbeit jedes Digital Leaders beeinflussen. Part 2 »Mindset als Digital Leader« widmet sich der besonderen Haltung gegenüber Vernetzung und Offenheit sowie Part 3 »Skillset als Digital Leader« den spezifischen Fähigkeiten, welche die Digital Leadership erfordert. Schließlich zeigt Part 4 »Arbeiten als Digital Leader« die Umsetzung im Alltag.

Jedes Kapitel ist dabei eine eigenständige Einheit und steht jeweils für sich, immer mit dem Ziel, Ihren eigenen Spielplan aufzubauen, zu ergänzen oder fortlaufend zu überprüfen. Sie können daher auch quer einsteigen oder an eine andere Stelle springen, wenn diese für Sie aktuell wichtig ist.

Die Spielfiguren beachten

Die Digital Leader Canvas arbeitet für den besseren Überblick mit einprägsamen Symbolen. Jedes Kapitel ist am Beginn mit einem solchen Symbol markiert, um Ihnen jederzeit die Orientierung auf dem Spielplan zu ermöglichen.

In den farblich hervorgehobenen Boxen finden Sie außerdem Beispiele aus der Praxis sowie Tipps und Methoden – entsprechende Icons erleichtern die Auswahl für die eigene Spielkombination.

Die vier Bereiche der Führung kombinieren

Die Digital Leader Canvas zeigt auf einen Blick die wichtigsten Aspekte und Fähigkeiten im Rahmen der Digital Leadership, die im Gamebook dargestellt sind und entsprechend der eigenen Situation optimiert werden können. Anhand des Spielplans in Part 1.5 können Sie Ihr persönliches Leader-Set-up formen.

Checken Sie, wo Sie stehen und wo Sie hinmöchten. So werden Sie durch das Gamebook neue Perspektiven für Ihre persönliche Entwicklung entdecken und herausfinden, was Sie als Führungskraft tun können.

Einfach anfangen

Mithilfe des Gamebooks werden Sie für sich Schwerpunkte bestimmen, an denen Sie Ihre Digital Leadership ausrichten und auf die Sie hinarbeiten wollen. Fangen Sie damit schon während des Lesens an! Und hören Sie nach dem ersten Lesen nicht auf!

Freuen Sie sich darauf, sich im Laufe der digitalen Transformation laufend selbst weiterentwickeln zu können. Greifen Sie ruhig immer wieder zum Gamebook, um weitere Facetten für sich zu entdecken.

Auf eigenem Status aufbauen

Niemand startet bei null. Sie besitzen bereits Kenntnisse und Erfahrungen. Bringen Sie diese ein und betrachten Sie sie aus neuen Blickwinkeln. Mit dem Digital Readiness Check in Part 4.1 können Sie durch eine ehrliche Einschätzung Ihre Bereitschaft als Digital Leader bestimmen. Mit den Impulsen und Instrumenten in diesem Gamebook finden Sie dann für sich den besten Weg als Digital Leader.

Lücken lassen

Zeigen Sie Mut zur Lücke. Das Gamebook hält nicht für jede Frage oder jede Situation eine fertige Lösung bereit. Es schult vielmehr Ihre Anpassungsfähigkeit, um sich auf neue Situationen einlassen zu können und sie jeweils als Chance für sich, das Team und das Unternehmen zu nutzen. Auf diese Weise entwickeln Sie dann für genau die aktuelle Lücke gezielt die passenden Spielzüge.

Rat zur Tat

Ihr Handeln ist das, was als Digital Leader zählt. Das Gamebook will Sie durch die leichte und spielerische Art, wie Wissen vermittelt wird, dazu anregen. Auf theoretische Elemente wie Statistiken oder Literaturquellen wird daher bewusst verzichtet.
Wichtiger ist: Gehen Sie selbst auf Entdeckungstour – in der Literatur, in Seminaren, im Gespräch mit Kollegen – und ergänzen Sie weitere Spielsteine für sich. Statt allgemeingültige Weisheiten zu verkünden, will dieses Gamebook Ihr Potenzial für die eigene Entwicklung stärken und fördern.

Mut machen

Das Gamebook möchte Sie motivieren: Digital Leader sein, das ist keine Zauberei. Sie aktivieren unerkannte und überraschende Potenziale, kombinieren bekannte und neuartige Ansätze. Wagen Sie Schritte in unbekanntes Terrain, schauen Sie auch nach rechts und links, wenn Hindernisse kommen, und gehen Sie, wenn nötig, auch einmal einen Umweg. In jedem Fall wird Ihr weiterer Weg als Führungskraft spannend und aufregend. Mit dem Gamebook lassen Sie sich auf Neues ein und haben Spaß dabei.

Alle sind gleich

Ein letzter wichtiger Hinweis: Die Haltung und die Fähigkeiten, die Digital Leader ausmachen, sind nicht geschlechtsspezifisch. Das Gamebook wendet sich an alle, die für sich Führung anders angehen möchten, ganz pragmatisch und offensiv.

Digital Leader*innen gibt es in vielen Bereichen, Branchen und Unternehmensstrukturen! Nur aus Gründen der Lesbarkeit wird in diesem Gamebook immer über den oder die Digital Leader gesprochen. Alle Geschlechter sind damit gleichermaßen gemeint. Das gilt auch für alle anderen Personennennungen wie Mitarbeiter*innen oder Kunden*innen.

Gamebook Parts

Wie jedes Buch kann das Digital Leader Gamebook als Ganzes von der ersten bis zur letzten Seite durchgearbeitet werden. Das ist besonders empfehlenswert, wenn Sie die gesamte Bandbreite der Digital Leadership entdecken möchten, um für sich den Spielplan als Führungskraft komplett zu überarbeiten oder einen ganz neuen Spielplan aufzustellen.

Die vier Teile des Buches ermöglichen aber auch den Quereinstieg in einzelne Themen, die für Sie besonders interessant sind. Das selektive Vorgehen ist zum Beispiel sinnvoll, wenn Sie akute Führungsthemen angehen oder eine besondere konkrete Herausforderung bewältigen möchten.

Part 1 – Führung im digitalen Zeitalter

Einführend wird gezeigt, welche Faktoren der digitalen Transformation für die Führung in Unternehmen wichtig sind, wie sich der Kontakt zu Kunden oder das Arbeiten in Unternehmen verändert, unabhängig von einzelnen Branchen oder dem Druck durch neue digitale Wettbewerber. Was richtig oder falsch ist, ist in diesem Zusammenhang selten eindeutig zu bestimmen.

Durch die digitale Transformation nehmen Volatilität, Unsicherheit, Komplexität und Ambivalenz im unternehmerischen Umfeld zu. Diese Veränderungen zu beherrschen, ist die große Anforderung an Digital Leadership in Unternehmen. Die Digital Leader Canvas gibt den Überblick über die einzelnen Aspekte von Mindset und Skillset für Digital Leader.

Part 2 – Mindset der Digital Leader

Die richtige Haltung gegenüber Vernetzung und Offenheit ist elementar für Digital Leader, um durch die Kombination unterschiedlicher Fähigkeiten die besten Spielzüge zu machen. Vier Handlungsfelder stehen für die **Vernetzung** im Fokus, um als Digital Leader Stärken zu potenzieren:
- *Hierarchie* – Über die eigenen Linien hinaus agieren
- *Profil* – Teilhabe am eigenen Arbeiten ermöglichen
- *Mitstreiter* – Aktivierung der Mitarbeiter zur Stärkung der Kollaboration
- *Empfehlung* – Förderung der Vernetzung der eigenen Mitarbeiter

Zu **Offenheit** und damit zur notwendigen Transparenz im Team und im Unternehmen führen diese Aspekte:

- *Information* – Vollständige Kommunikation und Klärung von Themen
- *Resonanz* – Zeitnahe Bewertungen geben und Rückmeldungen verarbeiten
- *Widerstand* – Lösung von Konflikten und Nutzung aller Energien
- *Fehler* – Lernen sichern und Kontrolle vermeiden

Part 3 – Skillset der Digital Leader

Die Fähigkeit zu Partizipation und Agilität – also das Skillset – macht das in **Part 2** vorgestellte Mindset wirksam für ein Team, eine Abteilung, einen Bereich oder das gesamte Unternehmen, für die ein Digital Leader Verantwortung trägt. Erneut lassen sich die wesentlichen Kompetenzen in zweimal vier Handlungsfelder gruppieren. Im Bereich der **Partizipation** sind dies:

- *Team* – Abläufe verschlanken und Eigenständigkeit stärken
- *Wissen* – Austausch fördern und Hindernisse beseitigen
- *Instrumente* – Agile Methoden testen und je nach Bedarf etablieren
- *Entwicklung* – Fortschritte prüfen und Vorgehen optimieren

Für die **Agilität** sind folgende Aspekte wichtig:

- *Ziele* – Prozesse zur Vereinbarung, Bewertung und Anpassung verfolgen
- *Ergebnisse* – Veränderungen ableiten und Aufträge justieren
- *Entscheidung* – Prinzipien statt nur (in)formellen Hierarchien folgen
- *Verantwortung* – Handeln mit Ende-zu-Ende-Orientierung

Part 4 – Arbeit als Digital Leader

Im Alltag bewähren sich die Haltung und die Fähigkeiten als Digital Leader. Sie sind ein »Performer« und können Ihre Kompetenzen zur richtigen Zeit und in der jeweiligen Situation in die nötige Leistung umsetzen – kurz: die richtigen Spielzüge in der Führung machen.

Der abschließende Teil des Gamebooks zeigt in zwölf Kapiteln, wie Sie Ihren Status, Ihr Aktionsfeld und den besten Einstieg für Ihren eigenen Spielplan bestimmen. Anhand typischer Situationen im Führungsalltag zur digitalen Transformation erfahren Sie, wie Sie Ihr Team und Unternehmen fit und erfolgreich machen können.

Starten Sie zunächst mit den wichtigsten Regeln, die für alle Aspekte der Digital Leadership gelten: die Digital Leader Rules.

Digital Leader Rules

Ein Gamebook braucht Spielregeln, und zwar wenige und eindeutige. Digital Leader machen auf dieser Basis in der Praxis ihre eigenen Spielzüge und Spielkombinationen. Behalten Sie deshalb diese 10 Regeln als wesentliche Erfolgsfaktoren im Kopf – dann haben Sie bereits viel gewonnen. Und danach rücken Sie vor auf Los – mit dem ersten Kapitel in **Part 1**.

Eigenes Rezept finden

Sie adaptieren Ihre aktuellen und antizipieren die künftigen Herausforderungen und Chancen, die sich Ihnen in der digitalen Transformation bieten. Sie agieren ganz nah an Ihren akuten und absehbaren Themen und Problemen. Deshalb gibt es nicht *den* Digital Leader und *das eine* Set an Fähigkeiten und Instrumenten. Jeder Digital Leader ist für sich einzigartig in der Kombination seiner Haltung und Fähigkeiten und im Einsatz der Instrumente – je nach Situation und Zielen.

Sie werden in diesem Gamebook Ihre Spieltaktik bestimmen, die Spielelemente auswählen und Ihre Werkzeuge parat haben. Dann werden Sie in jeder Situation die passende Variante einsetzen: mal offensiv und gradlinig, um als Digital Leader schnell notwendige Fortschritte zu erzielen; mal behutsam und beobachtend, um sich für den Erfolg Ihres Teams und Unternehmens einzusetzen.

Zwei Herzen spüren

Digital Leader agieren bimodal. Sie sind fähig, Unternehmen zu verbessern und vor allem bestehende Leistungen und Abläufe an die jeweiligen Anforderungen anzupassen. Dafür schlägt ihr eines Herz.

Und zugleich ermöglichen Digital Leader das Erfinden des Neuen, die notwendigen qualitativen Sprünge in der Evolution und damit in die Zukunft. Das Neue ist in Zeiten der digitalen Transformation notwendig. Niemand weiß jedoch, wann diese Sprünge nötig sein werden und wie sie aussehen – je nach Branche, je nach Technologie oder neuen Kundenbedürfnissen. Für das Neue schlägt das zweite Herz!

Neugierig bleiben

Digital Leader fragen offen: »Ja! Und ...?« Damit schaffen sie neue Perspektiven im Sinne von: »Und was können wir dafür tun?« oder: »Und welche Hindernisse dürfen wir überwinden?«. Und so weiter. Solche Fragen mobilisieren die Energien von Mitarbeitern und Teams.

Digital Leader antworten nie: »Ja! Aber ...!« Das implizierte Nein kommt ihnen nicht über die Lippen. Denn es verhindert beide Aspekte, für die das Herz des Digital Leaders schlägt: das Verbessern und das Erfinden.

Widerstände aufgreifen

Digital Leader sind Vorreiter, die auf Widerstand treffen – angefangen bei vielen »Ja, aber ...«-Argumenten. Von »Bonussystem« bis »Silodenken« gibt es viele Faktoren und Systeme, die in der digitalen Transformation verändert werden müssen. Digital Leader halten die damit verbundenen Konflikte aus.

Digital Leader sind schneller, nehmen Mehrdeutigkeiten auf, um andere Führungskräfte und Mitarbeiter abzuholen und zum Nachdenken anzuregen. Sie fragen zum Beispiel: »Was passiert, wenn bei uns nichts passiert?« Die Antwort zeigt, wo Veränderungen beginnen können, wo aus Widerstand sogar Unterstützung werden kann, um voranzukommen. Denn wer sich in der digitalen Transformation zu langsam verändert, verliert auch das, was in der Vergangenheit erfolgreich war und an dem deshalb zu lange festgehalten wurde.

Umwege nutzen

Digital Leader planen das Unplanbare. Ihre anvisierte Spielkombination geht selten ganz auf, neue Spielzüge werden nötig. Sie sind offen für die Überraschungen, die die digitale Transformation bietet. Die Entwicklung der Technologie, Bedarfe der Kunden und Innovationen im Wettbewerb schaffen Hindernisse und Herausforderungen. Für Digital Leader wirken veränderte Rahmenbedingungen, durch die der anvisierte Weg versperrt wird, als Inspiration, um neue Ideen zu forcieren und unerwartete Chancen zu nutzen.

Umwege zu nutzen, stärkt das Bewusstsein des Digital Leaders, sich auf das Beeinflussbare konzentrieren und jederzeit Effekte erzielen zu können. Dadurch wird auch der Umgang mit Niederlagen und Enttäuschungen erleichtert. Digital Leader richten nach einem Durchschnaufen den Blick nach vorne, denn sie wissen: Es gibt immer einen (Um-)Weg, der weiterführt.

Analog sein

Je weiter die Digitalisierung von Angeboten und Abläufen voranschreitet, auch in der Zusammenarbeit von Teams, desto wichtiger werden analoge Fähigkeiten, um als Digital Leader erfolgreich zu sein. Das Menschsein, schon immer Teil guter Führung, wird zum entscheidenden Merkmal. Authentizität der eigenen Person prägt jeden Digital Leader. Entscheidend ist, wie Mindset und Skillset kombiniert, die Tools dazu ausgewählt werden.

Digital Leadern wird Vertrauen entgegengebracht – die höchste Auszeichnung optimaler Führung. Denn nur Menschen können untereinander und gemeinsam Vertrauen aufbauen. Das lässt sich nicht verordnen und auch nicht in soziale Medien, in Chatbots oder andere digitale Methoden transferieren. Vertrauen stellt den »Klebstoff« zwischen allen positiv wirksamen menschlichen Beziehungen dar und ist deshalb elementar, um gemeinsam in Unternehmen die Herausforderungen der Digitalisierung als Chance zu nutzen.

Herkunft beachten

Digital Leader sind gegenüber ihrem Umfeld sehr aufmerksam. Sie beachten, wo sich das Team und das Unternehmen aktuell befinden und welche konkreten Herausforderungen die digitale Transformation an diese stellt. Dies wiederum liefert die Ansatzpunkte für die ersten Spielzüge, um die Mitarbeiter abzuholen.

Sie sollten als Digital Leader in der Führung nicht sofort alles anders, aber doch vieles besser machen. Konzentrieren Sie sich darauf, wo Sie durch Ihre geänderte Haltung und erweiterten Fähigkeiten mit dem Einsatz neuer Instrumente einen schnellen Effekte erzielen, um Ihr Team, den Bereich oder sogar das gesamte Unternehmen für weitere, wahrscheinlich anspruchsvollere Veränderungen zu aktivieren.

Zukunft beginnen

Digital Leader gestalten Zukunft – und das konsequent. Verzichten Sie auf Prognosen über die mögliche Zukunft und entwickeln Sie stattdessen Szenarien, wohin Sie, Ihr Team und Ihr Unternehmen sich entwickeln sollten. Daraus ergibt sich Ihre Spielstrategie als Leitfaden für Ihr Handeln, Fordern und Fördern der Mitarbeiter.

Digital Leader wollen nicht alles im Voraus wissen und exakt planen. Sie nehmen dagegen das Ungeplante und Unplanbare als Chance auf, wenn es eintritt, um dann Einfluss auf den weiteren Verlauf zu nehmen. Denn die Zukunft verändert sich für Digital Leader durch das, was sie heute tun – für sich, ihre Teams und Unternehmen.

Keinem Schema F folgen

Führung ist nicht (mehr) monolithisch, nach einer Lehre XY, die eins zu eins für alle gilt. Es gibt kein Entweder-oder, sondern es gilt das Sowohl-als-auch. Digital Leader führen fließend und anschmiegsam an die jeweiligen Bedürfnisse. Sie stellen sich mit ihren Spielzügen auf immer wieder wechselnde Spielsituationen ein. So werden Digital Leader zum erfolgreichen Spielmacher, mitunter sogar Spielentscheider in der digitalen Transformation.

Digital Leader akzeptieren zugleich, dass nicht jeder ihrer Spielzüge die beste Antwort auf eine Herausforderung sein wird. Trotzdem streben sie stets nach höchster Wirksamkeit. Sie entwickeln Vertrauen in das Gespür für die jeweilige Situation und für die Anforderungen an sich und andere.

Die Digital Leader Canvas dient als Spielplan, um die Haltung und Fähigkeiten zu justieren, und zwar nicht einmal, sondern immer wieder, wenn es neue Herausforderungen oder Hindernisse erfordern. Digital Leader entwickeln ihre Strategie und legen ihre Schwerpunkte fest, sie entscheiden, welche Elemente der Canvas im Mittelpunkt stehen oder welche weniger relevant sind.

Lust am Machtverlust

Digital Leader wissen, dass ihre Führungskraft erworben und nicht mehr nur verordnet wird. Macht entsteht nicht durch den Titel auf der Visitenkarte, sondern vielmehr durch die Relevanz für das eigene Team, den Bereich und das Unternehmen. Führen kann, wer viele Follower hat. Zugleich wissen Digital Leader, dass sie allein durch Informationen über Chats und Anordnungen per E-Mail wenig Einfluss haben.

Die Macht des Digital Leaders entsteht durch ihn als Mensch, der auch Schwächen hat, andere begeistern kann und mitnimmt. Der Digital Leader entscheidet durchaus nicht immer richtig. Vielmehr stellt er die richtigen Fragen, damit die besten Antworten gefunden werden können. Mit dieser Lust am Machtverlust und weniger direkter Kontrolle erhöht sich letztlich der Einfluss und vor allem das Vertrauen, gemeinsam erfolgreich sein zu können.

Das Zurücknehmen der eigenen Person, das Beobachten und Begleiten, Fragen und Unterstützen auf der Suche nach Lösungen ist das Markenzeichen des Digital Leaders. Diese Haltung ermöglicht die Agilität aller Beteiligten, statt in der Führung ständig überall eingreifen zu müssen.

Und jetzt: Los geht's! Starten Sie mit dem Gamebook in Ihre Zukunft als Digital Leader. Gestalten Sie erfolgreich mit Ihren Teams und im Unternehmen die digitale Transformation. Ich wünsche Ihnen viel Freude und Energie!

Part 1

Führung im digitalen Zeitalter

Das Game beginnt

Ihr Rüstzeug liegt bereit: Das besondere Mindset und Skillset für die Digital Leadership. Die Digital Leader Canvas führt in jedem der vier Spielgebiete – die Vernetzung und Offenheit im Mindset, die Partizipation und Agilität im Skillset – jeweils vier entscheidende Spielfelder zusammen.

Aus dieser 4x4-Struktur können Sie die Spielzüge auswählen und Spielkombinationen bestimmen, die für Ihren Bedarf und Ihre Ziele als Digital Leader am besten geeignet sind. Zur Auswahl und zum Aufbau Ihres persönlichen Spielplans liefert Ihnen das Gamebook die passende Vorlage, um sich auf einen Blick optimal als Digital Leader aufzustellen. Wählen Sie zu Beginn bis zu *fünf Spielzüge* aus, die für Ihre Aufgaben und Probleme in der digitalen Transformation schnell greifbare Ergebnisse versprechen.

Aber eines nach dem anderen! Bevor das Gamebook zum Abschluss in diesem ersten Part die Digital Leader Canvas und den Spielplan vorstellt und Ihnen im Anschluss daran in Part 2 zum Mindset und Part 3 zum Skillset alle Details dazu liefert, sollten Ihnen unbedingt die Rahmenbedingungen klar sein. Denn im digitalen Zeitalter prägen stärker denn je äußere Einflüsse die Führung in Unternehmen. Und mehr noch – Digital Leadership nimmt die Umgebung sogar als wesentliches Element zur erfolgreichen digitalen Transformation wahr. Formelhaft zugespitzt gilt:

- **Führung bis heute fokussierte das »Inside-Out«**
  Das bedeutet: Von innen heraus wird die Umgebung betrachtet und beeinflusst. Die Welt im Unternehmen ist kompliziert und wird durch Manager geführt. Durch Planbarkeit eigener Veränderungen werden Chancen genutzt, die eindeutig identifiziert worden sind. Dazu wurden Führungskräfte bisher ausgebildet und als Manager eingesetzt.
- **Führung der Zukunft ist überzeugt von »Outside-In«**
  Das bedeutet: Von außen wird das Unternehmen beeinflusst und bekommt vielfältige Impulse. Die Welt im Umfeld des Unternehmens ist komplex und wird von Führungskräften mit ihren Unternehmen verknüpft. Die Unplanbarkeit der Veränderungen erhöht die Chancen, die fortlaufend neu entstehen. Zur Nutzung dieser Chancen sind Führungskräfte als Digital Leader fähig.

Sie sehen: Die Digitalisierung verändert die Führung in Unternehmen wie nie zuvor. Das Adaptieren dessen, was ist, und das Antizipieren dessen, was kommt, ist entscheidend. Nur so können Führungskräfte den Anpassungsdruck der Digitalisierung nutzen.

Das Gamebook macht für Sie deshalb zunächst die Rahmenbedingungen zur Führung im digitalen Zeitalter verständlich, die Sie unbedingt verstehen sollten, weil sie Ihre Führung spannender denn je machen. Dieser erste Teil zeigt Ihnen:

✔ Darum sichert Digital Leadership den künftigen Erfolg der meisten Unternehmen.

✔ Darum ist die persönliche Kombination einer besonderen Haltung mit spezifischen Fähigkeiten elementar, um die digitale Transformation zu gestalten.

Mit dem »Aufwärmen« in Part 1 beginnt das Spiel. Sie erhalten bereits einige erste Impulse für die Praxis als Digital Leader. Diese vier Kapitel zeigen Ihren Handlungsrahmen:

1. Game Changer Digitalisierung: Das erste Kapitel zeigt, wie Unternehmen einerseits mit neuen Wettbewerbsbedingungen konfrontiert sind und andererseits gerade dadurch nahezu unbegrenztes Entwicklungspotenzial bekommen – mit dem Digital Leader als Spielmacher.

2. Digitale Transformation kurz und bündig: Nachfolgend werden die wesentlichen Faktoren in Ihrer Spielumgebung vorgestellt. Dazu gehören: Kunden als Prosumenten; Plattformen statt Produkten, die den Mehrwert schaffen; fortlaufendes Studieren und Probieren; Parallelität der digitalen Organisation; und schließlich eine am individuellen Leben orientierte Arbeitsorganisation.

3. Führen in der VUKA-Welt: Zusammengenommen, das zeigt Part 1.3, ist das digitale Zeitalter geprägt von *Volatilität* und *Unsicherheit*, *Komplexität* und *Ambivalenz*, kurz: VUKA. Digital Leader nutzen die entstehende Unplanbarkeit für den eigenen Fortschritt.

4. Neues Denken lernen: Digital Leader müssen eine neue Denkstrategie annehmen und sich dafür von einigen Grundüberzeugungen trennen. Part 1.4 benennt die *fünf größten Fehler*, die den Spielfluss als Digital Leader erheblich hemmen können.

Damit werden Sie optimal vorbereitet sein für die Arbeit mit der Digital Leader Canvas in Part 1.5 und dem Spielplan für den Digital Leader.

Starten wir beim Großen und Ganzen! Die Digitalisierung sorgt für einen epochalen Wandel, dem sich kein Unternehmen entziehen kann.

Part 1.1 Game Changer Digitalisierung

Die Digitalisierung trennt das Bit vom Atom, trennt die Information von der Materie. Dieser Fortschritt bewegt die Welt und stellt vieles auf den Kopf, was bisher als »gesetzt« galt. Die Trennung von der Materie macht Information unendlich erzeugbar, vermehrbar und erweiterbar. Das gilt ohne Einschränkungen, von jedem, jederzeit und allerorts, ohne Rücksicht auf die Qualität der Inhalte.

Das Wachstum der Datenmenge ist gigantisch. Die Faustformel lautet: Die Menge verdoppelt sich alle zwei Jahre – mindestens. Bisher lag dieses Wachstum vor allem in der privaten Nutzung begründet, ausgelöst durch die sozialen Medien und Videoplattformen. Bisher sind diese Daten auch selten verknüpft. Das »Internet of Things« (IoT) führt inzwischen jedoch zur Kopplung aller Geräte und Anlagen nicht nur in der Industrie, sondern zum Beispiel auch beim autonomen Fahren, in der Energieversorgung oder auch in der Gesundheitsbranche.

Das Datenvolumen wird durch diese Entwicklung nochmals exponentiell steigen, mit entsprechend vielfältigen Herausforderungen für die Datensicherheit und den Datenschutz. Seriöse Schätzungen der IDC Marktforschung im Auftrag von Seagate im Jahr 2017 gehen von einer Verzehnfachung bis 2025 aus. Das weltweite Datenvolumen soll dann 163 Zetabyte betragen (eine Zahl mit 21 Nullen). Damit kann das aktuelle Netflix-Angebot fast 500-millionenfach angeschaut werden. Ob es nun 163, 143 oder auch 183 Zetabyte werden – in jedem Fall gigantische Dimensionen.

Die Trennung von Bit und Atom hat auch die Trennung von Daten, Information und Wissen zur Folge: Es wird für uns und in Unternehmen heute immer komplizierter, das für uns relevante Wissen zu identifizieren. Zugleich entsteht durch den permanenten Austausch neues Wissen. Aus Daten, die sowohl jeder von uns als auch jede Maschine hinterlässt, können Informationen verdichtet werden, die Grundlage für neues Wissen, neue Produkte und Services sind.

Ein Beispiel: Alle selbstfahrenden Autos, die getestet werden, lernen von allen »Erfahrungen« aller anderen Wagen dazu. Jedem Fahrzeug stehen alle Daten zur Verfügung, um besser zu werden. Das Wettrennen ist spannend: Welche Technologie wird als erste serienreif sein? Das Ergebnis wird über die Zukunft einer ganzen Industrie mit allen Zulieferern und Millionen von Jobs bestimmen.

Die Geschwindigkeit und der Umfang der Vernetzung – nicht nur bei Automobilen – ist an sich noch nicht die Herausforderung. Dafür braucht es keine Digital Leader. Unser Umgang mit den Informationen als Führungskraft ist das eigentliche Problem.

Es gilt als gesichert, dass ein Drittel aller E-Mails überflüssig ist. »Ach, schreib mir doch schnell ›ne Mail« – Sie kennen diese Floskel. Und so schreiben wir – sicherheitshalber – immer erst einmal eine Mail. Denn da hat man es ja sofort schriftlich, was man will. Nur ist diese Information so relevant, dass sie als überdauernde Datenmenge vorhanden sein muss? Wenn ja, sollte sie vielleicht nicht nur dem Empfängerkreis der E-Mail zur Verfügung stehen. Wenn nein: Schenken Sie sich diese Mail.

E-Mail, dein Ende naht!

Zum Glück ist die elektronische Post für die jüngere »Generation Z«, also die »Digital Natives« der Jahrgänge 1995 und jünger, ohnehin schon wieder »old school«. Dort wird eher gechattet, gepostet und geliked. Und diese Generation steht bei den Unternehmen und bei Ihnen als Führungskraft vor der Tür.
Seien Sie froh, wenn Sie sich bald umgewöhnen dürfen. Denn was über Plattformen kommuniziert wird, das kann verknüpft werden, ist für alle Mitarbeiter leicht zugänglich und muss nicht in Verzeichnissen oder Archiven gesucht werden.
Seien Sie Vorbild und fangen Sie im Alltag an, auf E-Mails zu verzichten, die nicht geschrieben werden *müssen*. Reagieren Sie nicht auf jede E-Mail, außer Sie *müssen*. Das spart Zeit und Nerven. Vernetzen Sie sich auf anderen Plattformen, wenn vorhanden. Und legen Sie auch dort Dokumente ab, damit diese nicht in Anhängen von Mails verkümmern.

Nicht nur gehen durch E-Mails Milliarden an Stunden bei der Arbeit und vor allem in der Freizeit nutzlos flöten. Wir reiben uns in der Reaktion darauf auf, Emotionen schaukeln sich hoch, Probleme entstehen, wo keine sind. Das Ihnen wohl auch bekannte »E-Mail-Pingpong« schafft komplizierte Situationen, wo es bisher einfach war. Digital Leader sind deshalb Virtuosen im Einsatz von E-Mails: so wenig wie möglich und nur so viel wie nötig. Digital Leader kommunizieren vielfältig und auch analog. Sie versuchen, die Menge an Daten, die sie selbst produzieren, im Griff zu behalten. So schaffen Sie Raum für Informationen, die für Sie wirklich wichtig sind.

Digitalisierung ist nicht alles – oder?

Sie werden denken: Stimmt, Digitalisierung ist nicht alles! In Unternehmen wird es auch weiterhin ganz analoge Themen geben, die Sie als Führungskraft beschäftigen, in der Betreuung von Kunden und in der Zusammenarbeit mit Mitarbeitern, wie Sie zum Beispiel in **Part 2.5** sehen werden.

Klar ist aber auch: Es gibt keine Zukunft in Unternehmen ohne Digitalisierung. Dazu beeinflusst die digitale Transformation schon jetzt zu viele Bereiche unseres Arbeitens und Lebens. Jedes Unternehmen kann schon heute jeden Kunden, Partner und Mitarbeiter überall auf der Welt erreichen, wenn es das möchte und braucht.

Ja, stimmt, werden Sie erneut denken. Stimmt theoretisch, aber das brauche ich in der Praxis ja gar nicht! Wirklich? Dann schauen Sie sich das Beispiel von www.metzger24.com an. Im Gamebook werden Sie auch im Weiteren laufend Beispiele finden, die Sie als Digital Leader inspirieren sollen.

Liebhaber von »Special Cuts«

 Metzgermeister Kevin Henrici aus Neu-Ansbach im Hintertaunus kämpfte mit dem zunehmenden Wettbewerb der großen Lebensmittelketten. Die Preise sind dort immer günstiger und die Qualität auch ordentlich, das wusste er. Der leidenschaftliche Diplom-Fleischsommelier fragte sich: Wie kann ich meine eigene Schlachtung erhalten oder sogar mehr daraus machen? Wer zahlt für meinen »Service« mehr Geld? Heute haben dank Onlinewerbung und -vertrieb auf www.metzger24.com seine »Special Cuts« Anhänger nicht nur im Taunus oder in ganz Deutschland, sondern sogar in Russland und dem Nahen Osten.
Die Digitalisierung macht es technisch möglich, doch vor allem seine Haltung gegenüber der Herausforderung war entscheidend: zunächst jede Idee zuzulassen, diese schnell zu testen, zu verbessern oder wieder fallen zu lassen.

Als Digital Leader wollen auch Sie selbstbewusst die digitale Transformation gestalten und nicht abwarten, was oder ob etwas passiert. Das Motto lautet kurz und bündig:

Love it, change it or leave it.

Diese Merksätze ziehen sich wie ein roter Faden durch das Gamebook. Hier gilt: So handeln Digital Leader, so kann jede Führungskraft sein, ob als Handwerker oder Akademiker, in kleinen und großen Unternehmen, als Teamleiter oder Konzernchef.

Digital Leader machen alles möglich

Sie fokussieren sich nicht darauf, Defizite zu beseitigen, sondern entdecken und aktivieren neue Potenziale. Es gibt wenige Grenzen für die Digitalisierung und vorhandene Grenzen verschieben sich durch die digitale Transformation ständig. Das gilt besonders für die Wertschöpfung in vielen traditionellen Geschäftsmodellen.

Mit der Nutzung Geld verdienen

Bleiben wir beim Beispiel der Automobilindustrie. Herstellung, Verkauf und Wartung sind seit über einem Jahrhundert der Kern des Geschäfts dieser Branche.

Heute rückt jedoch die Nutzung des Automobils in den Fokus und wird wichtiger als der Kauf und die Pflege. Nur weiß aktuell niemand, wer was wann wofür bezahlen wird, etwa wenn wir selbstfahrende Autos über eine App ordern und beim Aussteigen die App automatisch den Betrag centgenau abrechnet – und das vielleicht auch noch in einer Kryptowährung.

Digital Leader fangen unterschiedlich an

Jede Branche und darin jedes Unternehmen hat einen unterschiedlichen Reifegrad in der digitalen Transformation. Der Druck zur Veränderung ist mitunter noch gering, besonders weil das Stammgeschäft durch Internetkonzerne oder digitale Start-ups noch nicht gefährdet ist. Andere Branchen stehen akut unter Handlungsdruck, wie etwa Banken und Versicherungen. Generell gilt: Was heute noch undenkbar erscheint, kann irgendwann umgesetzt werden. Der menschliche Erfindungsgeist sorgt dafür. Durch die Trennung von Bit und Atom geht die Innovation jedoch x-fach schneller als je zuvor. Daran sollten Sie immer denken.

Ob die digitale Transformation gelingt, hängt entscheidend von den digitalen Fähigkeiten in Unternehmen ab, neue Abläufe und Geschäftsmodelle entsprechend zu implementieren – und von den Fähigkeiten zur digitalen Führung. Ohne die Digital Leadership wird die Veränderung vor allem technisch getrieben sein, ohne das Unternehmen und die Unternehmenskultur insgesamt mit Blick auf die Zukunft zu verändern.

Über die »Digital Maturity Matrix« (Abbildung 1) gelingt Ihnen eine erste Einschätzung Ihres möglichen Startpunkts als Person und Organisation. Wichtig ist, dass Sie sich in der digitalisierten Unternehmenslandschaft verorten, um losgehen zu können. Die genaue Richtung, wohin Sie von Ihrem jetzigen

Standpunkt aus gehen, sowie die passenden Spielzüge werden Sie spätestens in **Part 4** des Gamebooks bestimmen können.

Sie werden beim folgenden Beispiel vielleicht spontan die Stirn runzeln, aber es stimmt: Sogar die aktuell erfolgreichsten Internetkonzerne können sich nicht sicher sein, was die digitale Transformation als Nächstes bringt. Die Milliardengewinne von heute – pro Monat – basieren alle auf Geschäftsmodellen, die gestern entstanden sind.

Googeln wird überflüssig

 Stellen Sie sich vor, wir müssten nicht mehr googeln. Wenn die Smart Speaker, wie Amazon Alexa, überall verbaut und verknüpft sind, fragen wir einfach, suchen nicht mehr im Internet. In wenigen Jahren werden wir uns vielleicht erinnern: Wie umständlich das Googeln war, damals vor 2020! Und schwupps ... schon ist das aktuelle Geschäftsmodell des Konzerns veraltet, jeden Monat mit den Anzeigen in der Suchmaschine Milliarden Euro an Gewinnen zu erzielen!

Daher sucht der Konzern nach dem nächsten »Golden Nugget«, der nächsten epochalen Geschäftsidee – bisher vergeblich. Nicht hektisch, aber doch sehr energisch werden völlig neue Ideen getestet. So beschäftigt sich Google Sidelabs mit der Smart City und will in Toronto/Kanada ein ganzes Stadtviertel vernetzt neu bauen – wie wo nachhaltig Geld verdient werden kann, das ist noch unklar und wird sich erst im weiteren Entwicklungsprozess zeigen.

Völlig unabhängig vom Entwicklungsstadium der Branche und des eigenen Unternehmens ist nur eins sicher: Digital Leader sind die entscheidenden Spielmacher! Sie machen die digitale Transformation möglich, steuern und justieren den Kurs immer wieder neu. Sie sorgen dafür, dass die kleinen Fortschritte und großen Innovationen im Team, Bereich oder Unternehmen entstehen können. Dazu forcieren Digital Leader vor allem kürzere und kleinere Entscheidungsschritte, möglichst bevor der Handlungsdruck hoch wird. Investitionen, die sich erst über 10, 20 oder 30 Jahre rechnen, werden künftig seltener, da diese eine große Wette auf eine völlig unkalkulierbare Zukunft sind.

Seien Sie nicht überrascht, wenn Sie sich zunächst im Quadranten »Konservativ« (geringe digitale Fähigkeiten/geringe digitale Führungsfähigkeiten) einordnen. Das wird wahrscheinlich für die Mehrzahl an Unternehmen (noch) gelten. Denn die meisten Organisationen sind von den Werten und der Kultur des Taylorismus mit der Idee »One best way« und entsprechend arbeitsteiligen, spezialisierten Prozessen geprägt. Immerhin haben bis heute entsprechende Managementsysteme und -methoden in den meisten Unternehmen zu

Abbildung 1: Digitaler Reifegrad von Unternehmen: Die »Digital Maturity Matrix« zeigt die enge Verbindung der Entwicklung von Fähigkeiten und Führung, um Geschäftsmodelle zu digitalisieren.

Fortschritt und wirtschaftlichem Erfolg geführt. Selbst Innovationen konnten bisher im Optimierungsmodus erfolgreich umgesetzt werden, weil die noch niedrige Geschwindigkeit in der technologischen Entwicklung die relativ langsame Veränderung ermöglichte.

Die Trennung von Information und Materie verändert heute den Spielmodus. Digitale Unternehmen drängen sich zwischen Kunden und den etablierten Lieferanten von Produkten und Lösungen. Dieser Wandel kann sogar zur »Disruption« etablierter Geschäftsmodelle führen und traditionelle Unternehmen zerstören, wie in der Fotoindustrie Kodak oder in der Musikbranche. Hier wurden verschiedene Vertriebskanäle wie Downloaden und Streaming von Musik oder digitale Verkaufsmodelle, die für uns heute alle normal geworden sind, nicht als Chance erkannt und die dafür notwendigen Kompetenzen nicht erworben bzw. erweitert. Dadurch haben heute ein Computerhersteller mit Apple Music und viele ganz neue Anbieter wie Spotify die Verteilung von Musik übernommen, überall für alle jederzeit zugänglich. Die Kreativen, die die »Daten« herstellen, finden sich plötzlich am Ende der Wertschöpfung wieder. Viele suchen deshalb ihr wirtschaftliches Glück wieder ganz analog – in Konzerten für ihre Fans, Auge in Auge, Song für Song. Die Digitalisierung als Game Changer.

Handeln, nicht hektisch werden

Je nach Branche sind die Eintrittsbarrieren für digitale Unternehmen unterschiedlich. Die möglichen Auswirkungen der Digitalisierung auf bestehende Geschäftsmodelle sind selten genau absehbar. Absehbar ist nur: *Ohne* Verbesserung der digitalen Reife wird es keinem Unternehmen gelingen, auf Dauer seine Handlungsfähigkeit zu erhalten. Ein zu spätes, hektisches Reagieren auf den Druck der digitalen Transformation, um im bestehenden Geschäft die Abläufe digital zu optimieren und zugleich das Geschäftsmodell auf digitale Füße zu stellen, wird eine Organisation immer überfordern.

Sich verwirren oder unnötig verunsichern lassen sollten sich Digital Leader durch diese Herausforderungen aber nicht. In diesem Gamebook lernen Sie vielmehr den selbstbewussten Umgang damit. Verschiedene Methoden und die Anleitung für deren Anwendung helfen Ihnen dabei, erfolgreich zu agieren. In der folgenden Box erfahren Sie, wie Sie realistisch einschätzen können, wie zerstörerisch die Digitalisierung auf das bestehende Geschäft wirken kann und wie akut die Gefahr für Ihren Bereich oder Ihr Unternehmen ist.

Check der Zukunft

 Zwei Leitfragen sollten in Teams, Bereichen oder ganzen Unternehmen gestellt werden, um schneller am eigenen digitalen Reifegrad arbeiten zu können. Als Ergebnis sollte abschätzbar sein, welches Szenario wahrscheinlich ist. Daraus können konkrete Ansätze für erste oder weitere Schritte zur digitalen Transformation abgeleitet werden.

Die beiden Fragen werden möglichst in Teams mit maximal zehn Personen, ggf. in mehreren Teams parallel, bearbeitet. Kleinere Gruppen erhöhen dabei die Qualität und Vielfalt der Ergebnisse.

1. Warum muss es uns in zehn Jahren noch geben?

Hier geht es um die unverzichtbaren und nicht kopierbaren Nutzen für die Kunden, den das Team, der Bereich oder das Unternehmen schafft oder in Zukunft schaffen kann. »Herumspinnen« ist gewünscht!

Der Digital Leader sammelt alle Antworten per Post-it an der Wand, ohne zu kommentieren. Meist genügen dazu 15 bis 20 Minuten, bis die wesentlichen Aspekte erfasst sind. Alle Antworten werden anschließend zum besseren Verständnis jeweils in zwei oder drei Sätzen kurz vorgestellt.

Die Antworten werden nun nach Kategorien sortiert:

a) *Reaktiv* = Der Nutzen ist schon da, Abläufe müssen falls nötig digitalisiert werden.

b) *Adaptiv* = Der Nutzen wird durch die Digitalisierung zum Beispiel von Abläufen verstärkt.

c) *Expansiv* = Der Nutzen kann durch die Digitalisierung erweitert werden, um zum Beispiel mehr Kunden zu erreichen.

d) *Disruptiv* = Die Digitalisierung schafft einen ganz neuen Nutzen, der den aktuellen Nutzen ersetzt.

Besonders bei vielen und wahrscheinlichen Antworten unter c) und d) ist der Handlungsdruck groß und die Gefahr für das bestehende Geschäftsmodell akut – denn beide Vorgehensweisen benötigen Zeit.

2. Wo und wie würden wir als konkurrierende Wettbewerber am besten unser Geschäft attackieren?

Hier geht es darum, wie sich digitale Unternehmen zwischen das eigene Unternehmen und die Kunden drängen können. Erneut gilt: »Herumspinnen« ist gewünscht, erlaubt ist alles, was möglich wäre!

Der Digital Leader sammelt erneut alle Antworten kommentarlos per Post-it an der Wand. Auch hier genügen meist 15 bis 20 Minuten, bis die wesentlichen Aspekte erfasst sind. Alle Antworten werden zum besseren Verständnis jeweils in zwei oder drei Sätzen kurz vorgestellt.

Die Antworten werden anschließend wieder nach Kategorien sortiert:

a) *Reaktiv* = Der Angriff könnte mit geringen Anpassungen abgewehrt werden.
b) *Expansiv* = Der Angriff würde parallel mit dem bestehenden Geschäft konkurrieren.
c) *Disruptiv* = Der Angriff würde das Geschäft ersetzen und zerstören.

Besonders bei vielen und wahrscheinlichen Antworten unter b) und c) ist der Handlungsdruck groß.

Die Antworten beim »Check der Zukunft« haben einen spannenden Nebeneffekt: Sie verhindern, dass versucht wird, Spielkombinationen, die andere vormachen, einfach zu kopieren. Auch wenn das Nachmachen einfacher erscheint, die spezifische Situation in Ihrem Team oder Bereich, Standort oder Unternehmen kann das eigene Team am besten einschätzen. Die sich daraus ergebenden Konsequenzen passen dann genau auf diese spezifische Situation.

Im Rahmen von Industrie 4.0. gibt es viele Beispiele für neue Impulse in der Produktion. Alles wird vernetzt und koordiniert so Arbeitsabläufe untereinander. Das Schlagwort dafür ist »Internet of Things«, kurz IoT. Alle Geräte, egal wie groß und mit welcher Funktion, sind untereinander vernetzt. Werkzeuge und Maschinen »denken mit«, sie »unterhalten sich«, was sie als Nächstes wie herstellen. Die Produktion organisiert sich in Eigenregie selbst, mit Robotern und über Funk, ermöglicht durch Sensoren und Minichips in jedem Teil, das in der Produktion mitwirkt. Die Fertigung funktioniert nicht mehr in starren Linien, sondern justiert sich je nach Anforderung neu.

Das Produkt verlässt die Fabrik als »Datenlieferant«, damit es mehr über seine Nutzung und den Nutzer verrät oder auch vorausschauend gewartet werden kann. »Predictive« (vorausschauend) heißt das Zauberwort. Vorausschauen in der digitalen Wirtschaft bedeutet: Aus den Daten werden Informationen generiert, die mit einer gewissen Wahrscheinlichkeit errechnen, was in Zukunft passieren könnte und wie reagiert werden sollte. Den Grund dafür, warum etwas passiert (z.B. der Wartungsfall in bestimmten Abständen eintritt), können die Daten allerdings nicht sagen. Algorithmen können Daten verknüpfen, aber sie können ihnen keine Bedeutung verleihen, dies bleibt Sache von uns Menschen. Das sollten Sie als Digital Leader stets beachten.

Damit diese schöne neue Datenwelt der »Industrie 4.0« – oder ähnliche Systeme in anderen Branchen – entwickelt und nutzbar gemacht werden kann, müssen wir Menschen in Unternehmen anders zusammenarbeiten. Und sofort kommt der Digital Leader ins Spiel!

Ein Beispiel: Forschung und Entwicklung bastelt nicht mehr so lange herum, bis die perfekte Lösung auf dem Tisch liegt. Vielmehr werden heute Kunden so früh wie möglich einbezogen, um ein Dummy, eine Testversion oder ein MVP zu bewerten. MVP steht für »Minimun Viable Product«, die Rohform eines Produkts, das nur bedingt funktionsfähig ist und dem Kunden eine erste Vorstellung davon geben soll, was es anbieten wird, wenn es »fertig« ist. Damit sollen frühzeitig die Kundenreaktion und der Kundenwunsch (User Experience) bezüglich des Produkts eruiert und in die Entwicklung eingebunden werden.

Diesen Prozess des sogenannten Co-Creating oder Co-Developing müssen Führungskräfte organisieren und moderieren. Die User Experience ist elementar für den Produkterfolg – und war es übrigens schon immer, nur nicht so früh im Entwicklungsablauf. Daraus ergeben sich dann auch neue Jobs wie der des »Data Analysts«, der Daten zu Informationen macht, oder des »Data Scientists«, der aus Informationen neue Lösungsideen entwickelt.

Um diese vielfältigen Anforderungen effektiv zu managen und damit befasste Teams zu führen, benötigt der Digital Leader eine andere Haltung als ein klassischer Manager.

Zuallererst müssen Sie als Digital Leader akzeptieren, dass Sie nicht mehr entscheiden, was die richtige Lösung ist, denn die Entscheidung übernimmt der jeweilige Prozess mit klar definierten Prinzipien. Diese sind wichtig, da die Teams auch immer häufiger virtuell arbeiten, selten im gleichen Raum zur gleichen Zeit. Die Teams wechseln auch, je nach Aufgabe und Problem.

Für sie alle muss die Arbeit sinnstiftend sein, um das kreative Potenzial zu wecken. Außerdem darf das Work-Life-Blending nicht zur Selbstausbeutung führen, etwa weil alle immer online sein sollen. Und schließlich: Digital Leader müssen Ängste ihrer Mitarbeiter, die die digitale Transformation häufig auslöst, aufnehmen und beantworten, obwohl sie selbst nicht sicher sind, wo genau die Reise hingeht.

Diese Vielfalt an Anforderungen muss Ihnen keine Angst machen! Die digitale Transformation erhöht vielmehr Ihre Möglichkeiten zur Gestaltung.

Digital Leader gehen mit Mut, Selbstvertrauen und Freude auf einen spannenden Weg.

Part 1.2 Digitale Transformation kurz und bündig

Das führt uns zu der zentralen Frage: Wozu braucht man eigentlich Digital Leadership? Die Antwort: Weil die Digitalisierung eine bisher unbekannte Schnelligkeit, Dichte und Vielfalt an unkalkulierbaren Veränderungen bringt, die mit den bisherigen Führungsmethoden und dem bisherigen Führungsverhalten *allein* nicht erfolgreich gestaltet werden können. Im Abwehr- oder dem reinen Reaktionsmodus könnte traditionelle Führung in der digitalen Transformation noch wirksam sein – vielleicht. Aber das wollen Sie nicht, wenn Sie zu diesem Gamebook gegriffen haben. Sie wollen mehr: Sie wollen mitspielen in der digitalen Transformation.

Digital Leader sind Führungskräfte, die Teams, Bereiche und ganze Unternehmen erfolgreich und gemeinsam durch die digitale Transformation begleiten.

Die wesentlichen Themen der digitalen Transformation, die Führungskräfte heute beschäftigen, sind klar und inzwischen vielfältig untersucht. Im Gamebook wird daher zu Beginn das »Big Picture« gezeigt – die wesentlichen Rahmenbedingungen der Digital Leadership.

Die folgenden sechs Fakten machen Lust, als Führungskraft in die Zukunft als Digital Leader zu starten. Zur Verstärkung dieser Fakten können Sie bei Bedarf gezielt das eigene Fachwissen über Technologien und Anwendungen weiterentwickeln.

Fakt 1 – Neue Potenziale für Geschäfte

Zukunft gestalten, nicht prognostizieren – das ist die grundsätzliche Einstellung jedes Digital Leaders. Denn die Digitalisierung treibt alle Märkte, Branchen und Unternehmen – das Neue daran ist die Geschwindigkeit und Mehrdimensionalität.

Neu entwickelt wird im Laufschritt, die Lebenszyklen von Produkten und Services werden immer kürzer, Technologien veralten schneller denn je. Das Bestandsgeschäft (Core) ohne Innovation hat damit kaum noch Wachstumsmöglichkeiten, jede Innovation außerhalb kann es schnell in Existenzgefahr bringen (Burning Platform). Nur Neugeschäfte (Edge) im digitalen Umfeld bieten echtes Potenzial für Wachstum – auch wenn anfangs Erfolg und Ertrag ungewiss sind. Dies alles im Blick zu haben, ist die Anforderung an Digital

Leadership. Nur wer mitspielt, ständig neue Züge macht und Spielkombinationen testet, der kann gewinnen.

Nehmen wir das Beispiel Stromversorgung: Heute dominieren – trotz Energiewende – weiterhin große Konzerne und regionale Energieversorger den Markt. Die Einnahmen sind relativ stabil, im Vergleich zur Erosion der traditionellen Erträge bei Medien, Banken oder in der Telekommunikation. Nun kommt eine neue Technologie: »Blockchain«, die intelligente und automatische Verkettung von Datensätzen (»Blöcken«). Damit können dezentral kleinste Transaktionen schnell und sicher abgewickelt werden.

Der Effekt der Technologie für das aktuelle Geschäft der Energieversorger ist positiv – durch den enormen zusätzlichen Energiebedarf in den Rechenzentren, zum Beispiel für die Herstellung und das Abwickeln von sogenannten Kryptowährungen wie Bitcoin. Langfristig kann die Technologie aber das Geschäft massiv verändern. Jeder kleine Energieerzeuger – die Solarzellen auf dem Dach und das Windrad auf der Wiese – kann seine Produktion von Strom direkt an Verbraucher, die kleine Werkstatt oder auch das Mehrfamilienhaus, verkaufen. Dort stehen im Keller Speicher, die die überschüssige Produktion speichern, die beispielsweise an einem windigen sonnigen Sommertag entsteht. Die Abrechnung erfolgt automatisch, transparent und sicher – über die »Blockchain«. Die Frage, die Digital Leader bei Energieversorgern heute stellen sollten, lautet also: »Wie kann ich Geld verdienen mit meinen Kunden, indem ich keinen Strom mehr liefere?«

Die unterschiedlichen Antworten werden zunächst in Piloten überprüft und verfeinert werden, bis irgendwann eine Technologie funktioniert und auch gekauft wird. Dann geht es sehr schnell und die Inhaber der Technologie und des Geschäftsmodells haben einen enormen Vorsprung, skalieren das Geschäft in kurzer Zeit exponentiell, während das traditionelle Geschäft sinkt, sowohl im Volumen als auch im Ertrag. Dann ist der Zug abgefahren, der Markt wird neu verteilt und das Optimieren des bestehenden Geschäfts wird zum Akt der Verzweiflung.

Abbildung 2 zeigt anschaulich, wie die Digitalisierung das Potenzial für Wachstum steigert und die Zeit zur Anpassung an neue Verhältnisse reduziert. Die Ungewissheit bleibt immer, wann das Neugeschäft das Bestandsgeschäft tangiert, attackiert oder sogar ersetzt.

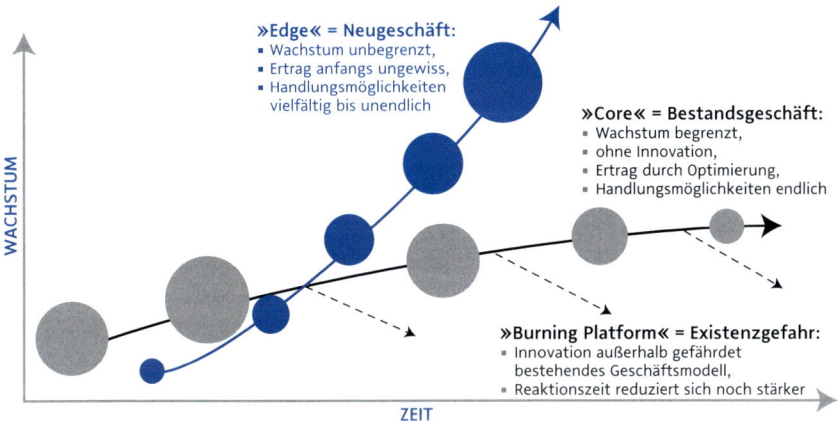

Abbildung 2: Märkte in der digitalen Transformation: Parallelität der Strukturen und Prozesse in Unternehmen gemeinsam mit der Bimodalität der Führung schaffen die Innovation von Geschäft und Kultur.

Unsere Fernbedienung des Lebens

Vor zehn Jahren rollten Smartphones den Markt auf. Neue Märkte entstanden durch Apps und andere mobile Anwendungen. Ein gigantischer globaler Milliardenmarkt ist entstanden. Das Smartphone ist für viele Menschen zur Fernbedienung ihres Lebens geworden. Dennoch ist die Zukunft ungewiss.

Niemand weiß, welche Bedeutung Mobiltelefone in zehn Jahren haben werden. Werden smarte Kontaktlinsen viele Funktionen übernehmen? Über unsere Pupille und Blickkontakt steuern wir die Anwendungen, sehen Nachrichten vor unserem Auge und sprechen unsere Antwort. Die Technologie ist schon da. Die größte Herausforderung aktuell ist – die Stromversorgung.

Sie als Digital Leader arbeiten in unterschiedlichen Branchen und können mit Antworten auf wenige Fragen eine Perspektive entwickeln, wo Ihr Unternehmen steht und wie hoch der Druck der Digitalisierung werden wird:

- In welcher Phase befindet sich die Digitalisierung in meiner Branche und in meinem Arbeitsbereich? Geht es »nur« um bessere Abläufe und Kostensenkungen? Oder sind neue Geschäftsmodelle denkbar?
- Wie schnell schreitet die digitale Transformation voran? Gibt es vergleichbare Beispiele aus anderen Branchen, die weiter sind, dafür, wie sich die Digitalisierung exponentiell entwickelt hat?
- Welche Investitionen in die Digitalisierung schaffen in meiner Branche schon jetzt den größten Nutzen für das Unternehmen und den Kunden?
- Wie können wir auf die Veränderungen im Markt und in der Technologie reagieren? Wie kombinieren wir die kleinen und kurzfristigen mit den großen und langfristigen Themen?
- Welche Kompetenzen und Partner brauchen wir unbedingt?

Die Antworten auf diese Fragen verschaffen jedem Digital Leader die Chance, relevante Trends und Entwicklungen innerhalb der digitalen Transformation zu erkennen und Handlungsmöglichkeiten zu identifizieren. Entscheidend ist dabei, die akute Dringlichkeit herauszuarbeiten. Auch dazu gibt es eine Methode.

Szenario für »Sense of Urgency«

Aus den Antworten der genannten Fragen bilden Sie ein mögliches Szenario für eine schnelle und umfassende Digitalisierung in Ihrer Branche. Nehmen Sie zusätzlich an, dass sich Ihr Unternehmen vom aktuellen Stand nur marginal verändert.

Dann sehen Sie das Szenario: Das passiert, wenn bei uns nichts passiert! Beschreiben Sie das Szenario möglichst plastisch und konkret, beispielsweise anhand der künftigen Lebenswelt Ihrer typischen Kunden: Wie wird deren Alltag aussehen und wo wird Ihr Unternehmen noch dabei sein? Diese Bewertung ist viel eindrucksvoller und überzeugender als irgendwelche Marktprognosen, die in Zeiten der Digitalisierung ohnehin eher dem Blick in die Glaskugel gleichen.

Nehmen Sie das Szenario als Tatsache. Formulieren Sie ggf. eine Variante, die nicht ganz so dramatisch, aber dafür extrem wahrscheinlich ist. Auf dieser Basis ergeben sich die Begründung für die digitale Transformation, der »Case for Change«, und die Dringlichkeit, der »Sense of Urgency«, für Ihr Unternehmen:
Hier ist unser Geschäftsmodell am verwundbarsten! Hier müssen wir investieren! Hier müssen wir uns als Erstes sofort verändern!

Als Digital Leader haben Sie für sich und Ihr Unternehmen bereits viel gewonnen, wenn Sie die Bedeutung der digitalen Transformation für das künftige Geschäft konkret herausarbeiten. In **Part 4.7** erfahren Sie die Spielkombination aus Ihrem Mindset und Skillset, um auf dieser Basis ein digitales Geschäftsmodell aufzubauen.

Fakt 2 – Kunden sind Prosumenten

Im Mittelpunkt der digitalen Transformation jedes Geschäfts steht der Kunde, der vom Empfänger zum Gestalter von Produkten und Leistungen wird. Doch im digitalen Zeitalter konsumieren wir nicht mehr. Als Nutzer im Internet produzieren wir durch unser Verhalten laufend neue Daten, aus denen neue Produkte und Services entstehen. Wir sind »Prosumenten«, die gleichzeitig konsumieren und produzieren. So können fortlaufend neue Services entwickelt, getestet und verbreitet werden. Dadurch verändern sich Kundenbedürfnisse, die wiederum neue Daten liefern.

Für Amazon, Google & Co. sind wir alle sehr viel wert. Unser Verhalten hinterlässt Spuren. Und aus vielen Spuren werden durch geschickte Verknüpfung der Daten neue Angebote. Diese werden schnell getestet und weiter verbessert. Statt wenige Male im Jahr eine große Marktforschung zu starten, erfolgt vielfaches Probieren von unzähligen Varianten. Die einfachste Variante sind Empfehlungen zu anderen Produkten, wenn wir online einkaufen. Aus dem vergleichbaren Verhalten anderer Nutzer wird prognostiziert, was uns interessieren könnte. Daran haben wir uns gewöhnt, auch dass diese Empfehlungen manchmal eher lästig sind. Aber auch das können Anbieter merken und den Service entsprechend verbessern.

Die Digitalisierung bringt neue Technologien hervor, die den Kontakt von Anbietern und Kunden enger machen. Es entwickelt sich eine Symbiose, eine intensive Beziehung mit vielen Vorteilen für beide Seiten.

Chatbots unterstützen Menschen

Computergestützte dynamische Dialogsysteme, die sogenannten Chatbots, werden immer besser. Sie verstehen Sprache, geschrieben und gesprochen, und geben Antworten. Sie erklären Produkte und Dienstleistungen ihrer Betreiber oder kümmern sich um Anliegen der Interessenten und Kunden.

Wir alle begegnen Chatbots auf Websites oder in Instant-Messaging-Diensten, häufig unbemerkt. Denn die Chatbots wirken immer menschlicher. Sie lernen mit jedem Kontakt dazu, kennen unsere Anliegen und machen uns Vorschläge, welcher Service oder welches Produkt noch besser zu uns passt.

Die Bots nutzen 24 Stunden am Tag das Wissen von allen bisherigen Kontakten. Unser Anliegen wird zu jeder Zeit, ohne Warten sofort gelöst. Die (menschlichen) Mitarbeiter der Firmen haben so mehr Zeit, sich um die schwierigen und wirklich persönlichen Anliegen der Kunden und Interessenten zu kümmern.

Kunden werden zufriedener und an das Unternehmen gebunden, wenn die Chatbots ihnen im Alltag wirkliche Vorteile verschaffen. Das eröffnet vielen Unternehmen neue Perspektiven für eine höhere Qualität im Service und mehr Vielfalt im Angebot.

Blockchain verbindet Menschen

Mit der automatischen Verkettung (»Chain«) von Datensätzen (»Blocks«) können dezentral kleinste Transaktionen schnell und sicher abgewickelt werden. Die Technologie wurde bisher durch sogenannte Kryptowährungen wie »Bitcoin« bekannt, auch negativ durch wilde Spekulation und gigantischen Energieverbrauch zum »Mining«, dem Herstellen der Währung. Für die Finanzindustrie könnte die Technologie disruptive Wirkung entfalten.

Die Rolle der Vermittler, der Intermediäre, fällt in vielen Bereichen weg. Finanzgeschäfte können ohne Bank erledigt werden, wie dies bereits bei »WeChat« in China für Hunderte Millionen Menschen im Alltag beim Zahlen im Supermarkt oder Restaurant üblich ist.

Ähnliches gilt für die Energiewirtschaft, wie bereits bei Fakt 1 beschrieben wurde.

> Heute kann jeder Kunde ein kleiner Energieerzeuger werden und seinen Strom direkt an Verbraucher verkaufen. Die Abrechnung aller Lieferungen und der Kosten erfolgt automatisch, transparent und sicher – mit der »Blockchain«. Ein zentraler Energieversorger wäre so nicht mehr nötig.

Digital Leader schaffen in Unternehmen die Rahmenbedingungen, um kontinuierlich den Kundennutzen zu erhöhen, neue attraktive Produkte und Services zu schaffen, inklusive des Einsatzes der dazu notwenigen Technologien. Das Motto lautet neudeutsch »User Centricity«. Führung sorgt für die Priorisierung der Ressourcen auf entsprechende Tätigkeiten und orchestriert die entsprechenden Abläufe.

Für die enge Zusammenarbeit mit den Prosumenten eignen sich klassische Methoden aus dem Projektmanagement eher weniger oder sogar gar nicht. Diese sind besonders geeignet bei komplizierten Aufgaben, deren Ziel eindeutig ist und deren Rahmenbedingungen abgrenzbar sind, wie die Einführung eines bestimmten IT-Systems oder auch der Bau eines fertig geplanten Gebäudes.

Digital Leader sehen Prosumenten als ihre Mitarbeiter.

Für die vielen Interaktionen, die Nutzung der Irrungen und Wirrungen im Kontakt mit Prosumenten haben Führungskräfte in den *agilen Operationsmodus* zu schalten – mit der entsprechenden Haltung. Der Einsatz der entsprechenden Kompetenzen und Methoden, die im weiteren Verlauf des Gamebooks vertieft werden, ist unter folgenden Bedingungen essenziell:

1. **Ein komplexes Problem:** Ursachen und deren Auswirkungen, zum Beispiel im Verhalten der Prosumenten, sind nicht eindeutig zu identifizieren.
2. **Unklarheit über die beste Lösung:** Viele Optionen sind vorstellbar und sollten mit den Prosumenten getestet werden.
3. **Variierende Produktanforderungen:** Für einzelne Gruppen oder zeitlich gestaffelt können unterschiedliche Versionen erstellt werden.
4. **Modulare Arbeit:** Die Entwicklung und Produktion lässt sich in einzelne kleinere Abschnitte gliedern, um schneller umsetzbar und anpassbar zu sein.
5. **Kompetenzen vielfältig:** Das Kernteam braucht flexibel temporäre Ergänzung von Spezialisten, unklar ist, was, wann und wo.

Digital Leader werden in der Zusammenarbeit mit Prosumenten – das können auch interne Mitarbeiter oder externe Partner sein, etwa im Vertrieb – zur Entwicklung neuer Services und Produkte eher Moderatoren und Sparringspartner sein. Sie schaffen die Ressourcen und räumen Hindernisse aus dem Weg. Sie achten zugleich auf den Projektfortschritt und motivieren auch zum schnellen Abbruch von einst hochfliegenden Plänen, wenn sich Hoffnungen beim besten Willen und Können nicht erfüllen. Die eigene fachliche Kompetenz wird zumeist jedoch zu gering sein, um eine aktive Rolle zu übernehmen.

Haben Sie bereits eine Beziehung zu Ihren Prosumenten aufgebaut? Dann können Sie nicht nur im Wettbewerb neue digitale Services und Produkte entwickeln, sondern auch intern die Verbesserung und Verschlankung von Abläufen angehen. Das ist der erste Schritt. Die digitale Transformation geht aber bereits weiter zur sogenannten Plattformökonomie.

Fakt 3 – Plattform statt Produkte

Auch das Internet der Dinge (IoT) und Industrie 4.0. werden bald wieder »old school« sein. Sie stehen momentan noch für die industrielle Produktion, die nur vernetzter und individueller ist als früher. Der nächste Schritt wird die Plattformökonomie digitaler Services und Partnerschaften sein, die Produkten einen höheren Wert verleihen. Die vernetzte Produktion ist dafür lediglich ein Enabler, ein Möglichmacher.

Wir alle sind als Prosumenten bereits im Netz der Plattformen gefangen. Die Betreiber solcher Plattformen agieren wie die Spinne in einem Netz, mit einem Unterschied: Wer im Netz hängen bleibt, wird nicht gefressen, sondern durch die Netzwerkeffekte besser denn je gefüttert. Die Symbiose ist von so großen gegenseitigen Vorteilen, dass alle ihren Teil dazu beitragen, obwohl letztlich die Plattformbetreiber den größten Teil der gesamten Wertschöpfung einstreichen.

Der Apfel nährt viele – noch

 Apple hat als erstes Unternehmen auf diesem Planeten ein globales digitales Ökosystem geschaffen – und das schon vor über zehn Jahren. Nur aufgrund der mehrdimensionalen Plattform sprudeln letztlich die sagenhaften Gewinne durch die Hardware, an erster Stelle die iPhones. Ob TV, Musik, Apps –Apple verdient an vielen Stellen seines Plattformsystems und schafft gleichzeitig für die beteiligten Partner neue Umsatzquellen. Grundlage dafür ist, dass das Ökosystem offen ist, viele Kontaktpunkte zum Einstieg hat und die Technologie frei nutzbar ist.
Viele Anbieter wollen an dieser Plattform partizipieren und bezahlen Apple dafür hohe Provisionen. Alles ist hier verbunden und vielfältig nutzbar. Und der Nutzen scheint für viele Menschen und Unternehmen so groß zu sein, dass enorme Preisaufschläge für die Produkte gezahlt werden gegenüber vergleichbaren Geräten anderer Hersteller.
Doch das erfolgreiche Ökosystem wird ständig angegriffen. Das Streaming von Musik und Videos anderer Anbieter unterläuft bereits den iTunes Store. Auch die Zahl

der verfügbaren Apps stagniert. Damit werden absehbar auch die Einnahmen aller Beteiligten zumindest nicht weiter wachsen. Daneben werden durch Smart Speaker, wie Google Home oder Amazon Echo, ganz neue Kontaktpunkte zum Apple-System geschaffen, über die sich die Apple-Anwendungen steuern lassen.

Apple ist plötzlich in der Defensive und versucht mit dem eigenen HomePod ein eigenes Angebot zu schaffen. Noch kritischer wird es in Zukunft für den Mobilgerätemarkt, wenn Alternativen für den Griff zum Handy marktreif sind. Die Sprachsteuerung ist bereits der erste Schritt. Augmented Reality zunächst in Brillen und irgendwann in Kontaktlinsen kommt dazu.

Aufstieg und Niedergang von Imperien ist ein wesentlicher Teil der (Wirtschafts-)Geschichte und der Motor für das Entstehen von Innovationen. Die digitale Transformation beschleunigt das Tempo dramatisch. Niemand kann sicher sein, was der heutige Erfolg in Zukunft bedeutet.

Alle Internetkonzerne – Apple, Google, Amazon, Facebook und auch Microsoft – haben ein Ökosystem geschaffen, das nicht nur sie selbst sehr gut, sondern auch viele andere nährt. Das Resultat: Im Jahr 2018 gehörten sieben Plattformkonzerne zu den wertvollsten börsennotierten Unternehmen des Planeten – die oben genannten fünf aus den USA und zwei aus China: Alibaba (das Amazon für China) und Tencent (mit WeChat, dem Facebook für China). Vor zehn Jahren waren es: null. Ökosysteme können auch in sehr spezifischen Anwendungen entstehen und für die wenigen Beteiligten sehr wirkungsvoll sein.

Prognosen sparen Kosten

Der Turbinenhersteller Rolls-Royce erhöht die Verfügbarkeit der Flugzeuge für Airlines durch sogenannte »Predictive Maintenance«, die vorausschauende Wartung der Motoren. Im Flug senden alle Turbinen laufend Daten zum Hersteller. Aus der Verknüpfung mit weiteren Daten zu allen möglichen Störungen der Motoren kann Rolls-Royce treffsicher abschätzen, wann welche Wartung bei einem normalen Stopover sinnvoll ist.

Im Ergebnis spart das Unternehmen Kosten für die Wartung, die Verfügbarkeit der Maschinen ist höher, die Einnahmen der Airline steigen und nicht zuletzt sind die Passagiere zufriedener, weil Verspätungen und Flugausfälle reduziert werden.

Ökosysteme können nicht nur große, globale Unternehmen aufbauen. Möglich ist das in der Landwirtschaft mit intelligenten Äckern, die melden, wann am besten gesät und geerntet werden sollte. Oder bei Handwerkern, die über intelligente Gebäudetechnik diese schneller und günstiger warten können. Im Bereich der Medien, der Gesundheit oder in der Mobilität und Logistik sind ähnliche Systeme denkbar oder schon im Einsatz. Nur in wenigen Branchen wird es künftig *nicht* möglich sein, kleine oder große digitale Ökosysteme aufzubauen, die klassische Produkt- und Serviceanbieter ergänzen oder sogar verdrängen.

Digital Leader sind die Möglichmacher von neuen Ökosystemen.

Ihr Wirkungsbereich fängt beim eigenen Team an. Über die interne Vernetzung mit Partnern in der Organisation oder außerhalb des Unternehmens aktivieren Digital Leader zum gegenseitigen Vorteil neue Entwicklungspotenziale. Für das ganze Unternehmen kann ein solches Geschäftsmodell dann weiterentwickelt werden, um ganz neue Einnahmequellen zu erschließen, zum Beispiel wie bei Rolls-Royce über den zusätzlichen Kundennutzen einer höheren Verfügbarkeit der Flugzeuge.

Allerdings sind viele Faktoren und Einflüsse beim Aufbau eines Ökosystems zu beachten. Digital Leader können das Potenzial, das ein Ökosystem bieten könnte, mit folgenden Fragen ermitteln und so zu Vorreitern der Plattformökonomie werden:

- Welche interessanten neuen Geschäftsideen entstehen bereits am Rand unseres Kerngeschäfts? Welche Bedeutung können diese für unser Geschäft haben – von beschleunigend bis zerstörend?
- Wie können wir die Digitalisierung noch stärker nutzen, um das Kundenerlebnis zu steigern und unsere Kunden zu Prosumenten werden zu lassen?
- Welche Technologien sind in welcher Qualität für uns in Zukunft elementar? Können wir uns mit den Technologien neu erfinden?
- Was können wir bereits selbst und welche Talente brauchen wir zusätzlich?
- Welche Partner können uns großen Mehrwert liefern und was können wir diesen als Gegenleistung bieten?
- Welche grundsätzlichen Hindernisse bestehen aktuell noch für ein Ökosystem in unserer Branche, wie zum Beispiel Gesetzgebung und Regulierung?

Aus den Antworten ergeben sich automatisch erste Ansätze für kleine Tests und Pilotprojekte mit Partnern und Kunden. Kein Ökosystem fällt fertig vom Himmel. Es wächst und gedeiht, verändert sich laufend und dann wieder sprunghaft. Dies ist nicht in allen Facetten planbar.

Digital Leader sehen sich jedoch in der Position, diesen Prozess fortlaufend zu gestalten und nicht abzuwarten, bis der Wettbewerb oder neue digitale Konkurrenten Plattformen aufgebaut haben, die das eigene Geschäft unterwandern könnten. Und nicht zuletzt: Digital Leader wissen um einen elementaren Vorteil eines Ökosystems für die digitale Transformation, unabhängig von Umsatz und Gewinn. Jede Plattform ermöglicht – auf Basis des Verhaltens der Prosumenten – vor allem eins: das ständige Lernen, Testen und Verbessern. Für diesen fortwährenden Lernprozess sind in der Organisation die Rahmenbedingungen zu schaffen.

Fakt 4 – Studieren und probieren

Wissen entsteht mit der 70-20-10-Formel. 70 Prozent aller Lernaktivitäten eines berufstätigen Menschen finden im Arbeitsablauf statt, in der Praxis durch Erfahrungen. 20 Prozent entstehen im Austausch mit anderen Führungskräften, Teammitgliedern, Kollegen und auch Partnern außerhalb des eigenen Unternehmens. Nur 10 Prozent basieren – bezogen auf das gesamte Leben – auf der formalen Aus- und Weiterbildung.

Diese Statistik überrascht nur auf den ersten Blick. Denn betrachten Sie die Zeit, die für die einzelnen Bereiche im Arbeitsleben eingesetzt werden, so wird das Verhältnis schnell plausibel. Insgesamt werden zumeist weniger als 10 Prozent der Zeit für die formale Aus- und Weiterbildung eingesetzt. Dieses Wissen, zum Beispiel zu Methoden und zur fachlichen Ausbildung, wird in der Regel strukturiert aufgebaut – wie auch mit diesem Gamebook – und ist das unverzichtbare Fundament für das Wissen durch Erfahrung und Kooperation. Ohne das strukturierte formale Lernen laufen die anderen Bereiche ins Leere, ohne die parallel gemachten Erfahrungen und Kooperationen bleibt das formal erlangte Wissen geduldig liegen.

Probieren geht über Studieren, sagt ein Sprichwort. Das stimmt nicht. Beides gehört eng zusammen, um die digitale Transformation zu gestalten:

- **Studieren:** Die Digitalisierung schafft die Möglichkeit, 100 Prozent des Wissens für alle Mitarbeiter verfügbar zu machen und zu verknüpfen. Digitale Plattformen zum Projektmanagement, die Interaktion über soziale Medien und die Dokumentation personaler Kommunikation in Teams, zum Beispiel über virtuelle Aufgabenbretter (der Methoden Kanban oder Scrum; vgl. Part 3.3), machen – richtig genutzt – das gesamte Wissen für jeden neuen Mitarbeiter zugänglich. Ein Stichwort oder Hashtag reicht – und schon findet jeder passende Inhalte, die die Community der Nutzer bisher erstellt hat. Das Einarbeiten in (neue) Themen geht einfacher und schneller.
Bereits eine Verdopplung der Verfügbarkeit von vorhandenem und eine verstärkte Kollaboration zum Austausch von neuem Wissen wäre ein riesiger Fortschritt. Wie oft wird in Ihrem Unternehmen an verschiedenen Stellen in einer Organisation Vergleichbares neu erfunden? Stellen Sie sich vor, diese Mühsal würde um die Hälfte reduziert! Ein enormer Gewinn an Zeit und weniger Stress wären damit verbunden.
- **Probieren:** Die Lernkurve in Organisationen kann über das Scheitern oder den Fehler eines Einzelnen hinaus gestärkt und beschleunigt werden. Die Digitalisierung macht es möglich, dass nicht jeder sich selbst einmal die Finger verbrennen muss, um zu wissen, was jedenfalls nicht funktioniert. Genauso wird es möglich, im Zuge der laufenden Arbeit Erfahrungen zu

teilen und Tipps für das weitere Vorgehen zu bekommen – im »normalen« Leben des digitalen Zeitalters bereits gängige Praxis.

Mit dem Zugriff auf entsprechende Erfahrungen und Personen erhalten Führungskräfte und Mitarbeiter die Möglichkeit, vorausschauend das eigene Handeln zu verbessern und nicht unnötig Energie auf Erfahrungsgewinn zu verschwenden. Voraussetzung für alle diese Effekte ist selbstverständlich, dass sich in einer Organisation die Kooperation und Kollaboration etablieren können und gemeinsam Vertrauen in das Geben und Nehmen aufgebaut wird. Eine schwierige Aufgabe in vielen Unternehmen.

Digital Leader schaffen deshalb nicht nur die technischen Möglichkeiten zum Studieren und Probieren. Das ist die einfachste Übung. Sie sind auch Vorbild im Umgang mit eigenem Wissen und mit Erfahrungen sowie im Umgang mit Wissen und Erfahrungen anderer. Sie sorgen für ein verändertes Verhalten der Mitarbeiter, damit der Pool an verfügbarem Wissen beständig wächst. Nur die jungen »Digital Natives«, die jetzt in die Unternehmen drängen, sind von Kindesbeinen dahingehend sozialisiert, Informationen transparent zu machen und zu teilen. Diese Nachwuchskräfte sollten nicht negativ beeinflusst werden, indem sie in einer Organisation schnell das Abschotten lernen – durch eine vorhandene Kultur des Silodenkens und der Abgrenzung nach dem Motto: »Wissen ist Macht – aber nur für mich.«

Macht über Follower

Digital Leader wissen, dass ihr Einfluss nicht verordnet ist – über die Funktion und Position auf der Visitenkarte. Ihre Macht ist erworben – über ihre Bedeutung und Anerkennung der Mitarbeiter.

Die Zahl der Follower der eigenen Mitteilungen und die Zahl von deren Weiterleitung macht Digital Leader stolz. Desgleichen Fragen zu eigenen Erfahrungen oder Empfehlungen zur Vernetzung im Unternehmen.

Digital Leader kommunizieren über soziale Medien, auch bei Projekten und über ihre Arbeit, soweit das ohne Einschränkungen, zum Beispiel durch rechtliche Vorgaben, möglich ist. Entsprechende Plattformen sind leicht verfügbar. Führungskräfte entscheiden und machen vor, wie diese Systeme funktionieren. Fangen Sie an, auch wenn es nur in Ihrem direkten Umfeld ist.

Natürlich gibt es – wie immer – Rahmenbedingungen zu beachten, wie den Datenschutz. In diesem Rahmen kann aber viel gestaltet werden. Die Bereitschaft zur Kooperation, zum Beispiel von Personalvertretungen, ist dann groß, wenn der Nutzen für die Mitarbeiter hoch ist, zum Beispiel durch Entlastung bei der Dokumentation der Arbeit. Nichts geht mehr in irgendwelchen E-Mail-Ordnern verloren, wenn auf einer gemeinsamen Plattform gearbeitet wird.

Die Digitalisierung ermöglicht kontinuierliche Lernprozesse und kurze sofortige Feedbackschleifen, mit Kollegen, Mitarbeitern, Partnern und auch, wie beschrieben, mit Kunden. Wichtiges Wissen entsteht erst durch die Kooperation und Kollaboration, wie zum Beispiel in Projekten, bei Ausschreibungen oder auch in der Zusammenarbeit mit externen Partnern (mehr in **Part 3.2 und 3.4**).

In der eigenen Aus- und Weiterbildung kombinieren Digital Leader die verschiedenen Methoden und Instrumente. Unter dem Begriff »Blended Learning« können verschiedene Mischungen erfolgen, je nach Bedarf und Situation, der Gewichtung und Qualität der Inhalte. Jedes Programm zum verknüpften Studieren und Probieren kann sich aus drei Gruppen bedienen – der Digitalisierung sei Dank:

✔ **Einheit von Zeit und Raum:** Die klassischen Präsenztrainings werden für komplizierte Inhalte und zertifizierte Lehrgänge nach wie vor bedeutsam sein. Dieses Wissen kann nicht nebenbei aufgenommen werden. Der direkte Austausch mit dem Trainer und der Dialog mit anderen Teilnehmern trägt zum Wissensaufbau elementar bei.

✔ **Einheit von Zeit:** In Webinaren, Onlinekonferenzen oder ähnlichen Formaten, mittlerweile vielerorts etabliert, können Inhalte in einer Gruppe vertieft werden. Das Lernen findet zur gleichen Zeit und im Dialog statt.

✔ **Einheit von Raum:** Einfache Inhalte, wie das Lernen standardisierter IT-Anwendungen oder die Wissensprüfung in Onlinetests, kann sich jede Person jederzeit auf der gleichen Plattform aneignen. Häufig werden Lernschleifen und spielerische Elemente als Anreiz eingebaut. Feste Termine werden gesetzt, um eine Lernstufe zu beenden und sich für die nächste zu qualifizieren.

Ein Ökosystem entsteht, in dem zugleich vorhandenes Wissen vermittelt wird und neues entsteht. Zum Gelingen sollte das Instrumentarium, je nach Ziel des Systems, im Ablauf strukturiert und gewichtet werden. Führungskräfte auf dem Weg zum Digital Leader sollten selbst diesem Prinzip folgen. Die digitale Transformation benötigt und ermöglicht das lebenslange und grenzenlose Lernen, formell und informell. Digital Leader orchestrieren diesen Prozess in ihrem Team, Bereich oder in der ganzen Organisation. Das Gamebook kann hierbei Ihr ständiger Begleiter im eigenen Lernprozess sein. Das ständige Studieren und Probieren hat enorme Auswirkungen auf das Arbeiten. In vielen Berufen ist heute nicht nur das Lernen, sondern auch das Arbeiten jederzeit und überall möglich. Daraus ergeben sich weitere Chancen und Herausforderungen für Digital Leader.

Fakt 5 – Arbeiten im Leben

Die Digitalisierung verändert das Arbeiten und die Arbeitswelt. Das spüren und erleben nahezu alle berufstätigen Menschen bereits in unterschiedlicher Art und Weise. Das Konzept der Work-Life-Balance aus dem letzten Jahrhundert wird ersetzt durch das Work-Life-Blending. Wir arbeiten in unserem gesamten Leben.

»Blending« bedeutet, dass wir freiwillig, selbstbewusst und bewusst Arbeiten und Leben mischen. Dazu zählt zum Beispiel die freie Gestaltung, wann wir wie mit wem worüber kommunizieren. Theoretisch können wir jederzeit und überall Nachrichten bearbeiten und versenden. Praktisch sollten wir uns beim »Blending« aber tunlichst davor hüten, um uns nicht selbst auszubeuten. Das Work-Life-Blending ist eine neue Kompetenz, sowohl individuell als auch systemisch, die folgende Komponenten beinhaltet:

✔ **Zunehmend flexible Arbeitszeiten und -orte:** Gefahr der Selbstausbeutung.
✔ **Abnehmende Präsenzkultur:** Innerhalb von Unternehmen entstehen neue Netzwerke.
✔ **Neue Formen der Arbeitsorganisation:** Unternehmen bestimmen neue Abläufe.
✔ **Veränderte Jobprofile:** Neue Kompetenzen und Kompetenztiefen werden erforderlich.
✔ **Höhere Selbstbestimmung:** Verantwortung des einzelnen Mitarbeiters steigt.
✔ **Temporäre Projektorganisationen:** In Unternehmen entstehen parallele Strukturen.
✔ **Flache Hierarchien:** Entscheidungen müssen schneller einfacher getroffen werden.

Digital Leader sollten für sich und ihre Mitarbeiter sehr aufmerksam darauf achten, wie das Work-Life-Blending gestaltet wird. Sie tragen eine große Verantwortung für sich und ihre Umgebung, nicht alle Möglichkeiten immer zu nutzen. Die richtige Mischung macht's! Digital Leader achten beispielsweise darauf, nicht jederzeit ihr Umfeld mit Nachrichten zu beglücken. Wer am Sonntagmorgen unbedingt E-Mails schreiben möchte, sollte erst am Montagmorgen auf Senden drücken. Damit wird der Freiraum von Kollegen, Mitarbeitern und Partner gewahrt, ihre jeweils eigene Mischung zu finden.

Leben ohne Stand-by-Modus

 Martin ist 34 Jahre alt und Manager. Martin greift jeden Morgen zuerst nach seinem Smartphone, noch während er im Bett liegt. Da hat sich nachts so einiges angehäuft, nicht nur beruflich. Martin beantwortet sofort einige Mails. Beim Frühstück liest er, was ihm als »Follower« die Portale und Apps so alles an Mitteilungen gesendet haben. Auf der Fahrt zur Arbeit wirft er auch im Stau oder an roten Ampeln immer wieder einen Blick auf sein Smartphone. Und so geht es weiter, den ganzen Tag.

Ständig lenken ihn E-Mails und andere Nachrichten aus den x Kanälen, die er ständig online hält, ab. Sogar in Meetings mit seinen Kollegen kann Martin dem kurzen Blick auf sein Display nicht widerstehen. Zu Hause, nach Feierabend, kommen er und seine Freundin zu spät zu einer Verabredung, denn: »Ich musste noch kurz ein paar Mails beantworten«.

Martin könnte auch Martina sein. Und ihr oder sein Verhalten hängt nicht zwangsläufig mit dem Job zusammen oder ist in einer bestimmten Position unbedingt notwendig. Befragungen in den USA haben gezeigt, dass viele Smartphonebesitzer bereits morgens im Bett Nachrichten bearbeiten, ein Drittel dies auch beim Autofahren macht und immer mehr ihr Gerät auch nachts am Bett liegen haben. Nachgewiesen ist auch, dass ständiges Onlinesein den Pegel der Stresshormone dauerhaft erhöht. Denn wer weiß, wenn es blinkt oder rüttelt, ob eine Nachricht wichtig oder unwichtig ist? Engagierte Führungskräfte und Mitarbeiter gehen schließlich davon aus, dass jede Nachricht wichtig sein könnte.

Sie können selbst am besten beurteilen, wie weit Sie diesem Profil von Martin entsprechen. Bestimmt haben Sie sich bereits bei vergleichbaren Verhaltensweisen »erwischt«. Wie auch immer: Wir sollten nicht im permanenten Stand-by-Modus leben. Einen Tag pro Woche ohne E-Mails und keine Telefone am Bett – das könnte eine Regel sein, die nur in absoluten Notfällen durchbrochen wird.

Digital Leader sind Vorbilder dafür, nicht in den permanenten Stand-by-Modus zu geraten. Und sie sind auch Vorbilder für die gesamte Gesundheit in einer Organisation und sorgen in ihrem direkten Einflussbereich für eine ausgewogene Belastung. Eine dauerhafte Überforderung von Mitarbeitern und Teams, die in Zeiten der Digitalisierung sehr leicht entstehen kann, ist zu verhindern.

Für Führungskräfte ist es jedoch eine Herausforderung, den höheren Druck durch die Digitalisierung zu regeln. Denn die Anforderungen an Selbstmanagement und Selbstverantwortung jedes Mitarbeiters im Unternehmen werden durch die Digitalisierung von Arbeitsprozessen gesteigert. Das klassische Management über alle Stufen einer Hierarchie hinweg wird durch die Schnelligkeit und Eigenständigkeit digitaler Kanäle unwirksam.

Nonterritoriale Arbeitsformen sollen die Agilität und Flexibilität erhöhen und das crossfunktionale, teamorientierte Arbeiten stärken. Die Digitalisierung macht's möglich: Arbeiten als Plug-and-play. Ohne eigenen Arbeitsplatz sollen neue Bürostrukturen und -ausstattungen, die mitunter Wohnungen ähneln, die Vernetzung erleichtern. Erste Studien zur Wirkung der neuen Arbeitsformen zeigen: Durch sie erhöht sich der Druck auf die Mitarbeiter, sich immer wieder neu zu orientieren. Der Zusammenhalt der Mitarbeiter leidet.

Dazu trägt auch die Arbeit im »Homeoffice« bei. Das Arbeiten im privaten Umfeld ermöglicht einerseits die bessere Abstimmung von Familie und Beruf, persönlichen Anliegen und beruflichen Anforderungen. Ein Klassiker ist: »Noch mal eben Mails verschicken, wenn die Kinder im Bett sind.« Andererseits kann die Verschränkung zur Selbstausbeutung führen. Die vereinbarte Arbeitszeit wird überschritten und berufliche Themen ragen unablässig in das Privatleben, faktisch oder auch nur in Gedanken. Statt eines ausgewogenen Work-Life-Blendings dominiert die Arbeit das Leben.

Digital Leader sind dafür verantwortlich, wie ihre »Digital Workforce« arbeitet, wie crossfunktionale und virtuelle Teams sich finden und zusammenarbeiten. Denn diese Teamstrukturen sind eine wesentliche Voraussetzung, dass Methoden und Instrumente der Führung wirksam werden können. Im Gamebook werden in Part 3.1 und Part 4.6 Teambuilding und Teammanagement in der digitalen Transformation und globalen Zusammenarbeit gezeigt.

Essenziell ist für Digital Leader auch der demografische Wandel, der zu einer Demokratisierung in Unternehmen führt. Die ältere Generation der Babyboomer ist vor allem digital fit zu machen und körperlich fit zu halten. Das wichtigste Element im Digital Leadership ist der Nachwuchs, der jetzt in die Unternehmen kommt. Mehr denn je handelt es sich um sehr souveräne und selbstbewusste Unternehmensbürger, die ganz eigene Vorstellungen vom Leben und Arbeiten haben.

»Digital Natives« wollen anders geführt werden

Die Generation Y ist in aller Munde. Von 1980 bis 1995 geboren, ist diese Gruppe in den Unternehmen »angekommen«. Zahlreiche Studien haben die Besonderheiten dieser Generation ausführlich untersucht. In diesem Gamebook wird kompakt auf die Anforderungen an die Führung eingegangen.

Das Y – im Englischen gesprochen Why – steht buchstäblich für das Programm dieser Generation. Das Warum besitzt in der Arbeit eine überdurchschnittlich hohe Relevanz. Arbeit muss Sinn machen und eine gemeinsame »höhere« Sache verfolgen, als nur Geld zu verdienen. Das Finanzielle ist für diese Generation »gesetzt«, nicht unwichtiger als für die Babyboomer oder andere.

Das gute Gehalt ist ohnehin Bedingung. Ganz einfach. Darum muss niemand kämpfen.

Die Generation Y ist anders zu führen, wie der folgende Exkurs zeigt. Die Älteren der Generation sind oft bereits selbst Führungskräfte und haben sich in den bisher analogen Unternehmen sozialisiert. Sie sehen sich insofern den gleichen Herausforderungen als Digital Leader gegenüber wie die älteren Kollegen.

So wird die Gen Y geführt

Die Generation Y, geboren von 1980 bis 1995, ist fast komplett in den Unternehmen angekommen. Sie ist als erste Generation mit dem Internet aufgewachsen. Und sie hat eigene Ansichten, was »gute Führung« bedeutet.

Der Autor hat eine Masterarbeit an der Goethe-Universität Frankfurt am Main betreut, die wesentliche Eckpunkte aufgezeigt hat. Das Ergebnis kann in fünf Punkten zusammengefasst werden:

1. **Verständnis:** Führungskräfte sollten sich zunächst mit den Bedürfnissen und Denkweisen der Generation Y beschäftigen. Gemeinsam sollten Perspektiven und Ziele abgestimmt werden. Das sogenannte »Revers-Mentoring« und anschließendes »Peer-to-Peer-Coaching« der Führungskräfte sind probate Maßnahmen dazu.
2. **Flexibilität:** Arbeitsweisen und Arbeitsbedingungen sollten anpassbar sein, zum Beispiel an die Lebenssituation. Die optimale Ausstattung der Arbeitsumgebung ist ohnehin Standard. Führungskräfte sollten sich vom Wunsch häufiger Präsenz verabschieden. Der persönliche Kontakt ist kürzer, dann jedoch viel intensiver. Führungskräfte sollten den eigenen Arbeitsrhythmus entsprechend umstellen.
3. **Partizipation:** Die Beteiligung an Entscheidungen, die die eigene Arbeit betreffen, ist elementar. Mitsprache und Mitwirkung tragen enorm zur Bindung an das Unternehmen bei. Führungskräfte sollten entsprechende Plattformen oder Prozesse strukturieren und etablieren. Damit wird die erfolgreiche Umsetzung von Entscheidungen erheblich gefördert.
4. **Entwicklung:** Weiterbildung und -entwicklung im Unternehmen sind für die Generation Y selbstverständlich, je nach Branche sogar wichtiger als die formale Karriere. Führungskräfte sollten sich von der Vorstellung verabschieden, »ihre« besten Mitarbeiter bei sich zu halten. »Job Enrichment« oder »Job Rotation« werden langfristig zu höherer Anerkennung und Attraktivität für neue Mitarbeiter führen.
5. **Kollegialität:** Transparenz über betriebliche Vorgänge und offene Kommunikation, auch zu Fehlern und Misserfolgen, zeigen ein Arbeiten auf »Augenhöhe«. Dadurch entsteht Autorität, Vertrauen und Energie, gemeinsam erfolgreich sein zu wollen. Denn das darf nicht vergessen werden: Die Generation Y will Leistung bringen, Arbeiten ist kein Selbstzweck und gute Bezahlung daher »gesetzt«, keiner besonderen Erwähnung wert.

Führungskräfte werden von der Generation Y zum »Loslassen« aufgefordert, um letztlich den Anspruch zu erfüllen: Mitarbeiter erfolgreich machen – und nicht nur als Vorgesetzter sagen, was getan werden soll.

Nun kommt die Generation Z, die »Digital Natives«, geboren ab 1995 bis ca. 2010, genau ist das Ende dieser Ära noch nicht zu bestimmen.

Die Ersten aus den Geburtsjahren vor 2000 kommen in den nächsten Jahren als ganze Jahrgänge in den Unternehmen an. Sie stehen für die Digitalisierung. Sie kennen keine Welt ohne das Internet. Die Trennung von Bit und Atom ist ihnen nicht bewusst, diese ist die Normalität. Jede Information ist jederzeit überall verfügbar. Alles ist transparent. Jeder hat den gleichen großen Einfluss, jeder kann ohne großen Aufwand Anerkennung bekommen, wird geliked oder gepostet.

Dadurch bekommt das Analoge in der Kommunikation eine neue Relevanz. Das Analoge ist die Ausnahme und wird so wieder wichtiger. Jeder erlebt diesen Trend, der – wie der Autor – an Universitäten tätig ist. Unmittelbares persönliches Feedback ist normal und wird erwartet. Wichtige Ereignisse, wie die Ergebnisse einer Präsentation oder Seminararbeit, wollen immer im direkten Austausch besprochen werden. Nicht nur schlechte Noten, auch sehr gute, die früher immer mitgenommen wurden: Was war sehr gut? Was kann ich über die Arbeit hinaus lernen? Eine lapidare E-Mail genügt nur in Ausnahmen.

Wer hier als Führungskraft viel gibt, bekommt auch viel zurück. Nach jedem Seminar bekommt man Rückmeldung, wenn man dies als Lehrender, also Führungskraft, möchte. Nicht einmal im Semester, sondern jederzeit. Diese Bereitschaft wird geschätzt, wenn dadurch im laufenden Betrieb Anpassungen vorgenommen werden, um besser zu werden. Der Autor dieses Gamebooks hat in den letzten Jahren keine Lehrveranstaltung eins zu eins so umgesetzt, wie diese am ersten Termin des Semesters geplant gewesen ist.

Natürlich wird es noch Jahre dauern, um allgemeingültig die Bedürfnisse der neuen Generation Z zu bestimmen. Erkennbar ist bereits jetzt, dass das höhere Selbstbewusstsein, die Interaktion auf Augenhöhe, das flexible Arbeiten, Verfügbarkeit aller Informationen und Transparenz von Entscheidungen mindestens genauso wichtig sein werden wie bei der Generation Y. Das Schlimmste für die Mehrheit in der Generation Z scheint zu sein, ohne ständige Interaktion zu arbeiten und nicht frei über die eigenen Ressourcen bestimmen zu können. Kurz gesagt folgt daraus für die Führung: Digital Leadership wird absehbar zum »State-of-the-Art« in der Führung von Unternehmen, um (junge) Mitarbeiter führen zu können.

Die Frage ist nicht, ob, nur wann dies so sein wird. Führungskräfte könnten zunehmend auch gefordert werden, sich auf die verschiedenen Generationen in den Teams einzustellen und hier zu vermitteln. Diese Aufgabe hängt stark von der Mitarbeiterstruktur und der Branche ab, wo wann in welchem Umfang die Generation Z ankommt und die Generation Y stärkt. In jedem Fall gilt für die Gewinnung von Mitarbeitern:

Digital Leader engagieren Talente – nicht um ihnen zu sagen, was sie tun sollen; die Talente sollen den Digital Leadern sagen, was getan werden könnte.

Haben Sie bereits Talente um sich, die Ihnen Impulse geben können? Das ist ein wichtiger Punkt. Zum Gelingen ist auch die Organisation in Unternehmen anders als bisher zu gestalten. Der Einfluss jedes Digital Leaders wird in Zukunft auch von der Gestaltung der Strukturen und Abläufe in Unternehmen abhängen – und zwar erheblich.

Fakt 6 – Parallelität der digitalen Organisation

Ihnen wird bereits klargeworden sein, dass die klassische Linienorganisation, eine kundensegmentierte Struktur oder auch kompliziertere Matrixorganisationen ohne Veränderungen nicht geeignet sind, die digitale Transformation zu bewältigen. Die Digitalisierung mag operativ in einzelnen Bereichen und Abteilungen umgesetzt werden, wie die Umsetzung neuer IT-Anwendungen. Bereits für deren Entwicklung sind neue Strukturen sinnvoll, um schneller zu einem Ergebnis zu kommen, das den Bedarf der Kunden besser erfüllt.

Das Thema Digitalisierung ist letztlich eine Angelegenheit des gesamten Unternehmens. Unterschiedlich sind nur die Rollen und Funktionen, die einzelne Abteilungen und Mitarbeiter inklusive der Führungskräfte übernehmen, künftig häufiger wechselnd und temporär. In der Praxis stellt sich Unternehmen die Frage: Raus oder rein mit der digitalen Einheit? Inkubatoren oder Innovationslabs stehen bei (großen) Unternehmen hoch im Kurs. Sie sind schnell aufgebaut und sichtbar, gut für das Image und erhöhen die Attraktivität für Bewerber und junge Mitarbeiter. Sie agieren ohne die Zwänge des etablierten Unternehmens. Querdenker bekommen Freiraum. Neue Ideen werden nicht sofort durch Bedenkenträger und die politischen Mühlen kaputt gemacht. So die Theorie.

In der Praxis haben sich unzählige verschiedene Formen von Labs und Inkubatoren zur Kooperation mit externen Partnern gebildet. Besonders Konzerne erhoffen sich, durch diese Schnellboote neue Fanggründe zu entdecken, die mit dem eigenen riesigen Dampfer nicht erreichbar sind. Neben dem Einsatz neuer Methoden müssen diese kleinen Einheiten ganz anders auftreten. Büros ähneln plötzlich Wohnungen. Jeder arbeitet mit jedem überall. Vieles wirkt gut gemeint und ist auch gut gemacht. Über die tatsächlichen Ergebnisse, ob diese Einheiten und Methoden attraktive neue Fanggründe entdeckt und aufgebaut haben, herrscht häufig Schweigen.

Lab 1886 der Daimler AG

 Der »Patent-Motorwagen Typ 1« von Carl Benz verließ 1886 die Werkstatt für die weltweit erste Fahrt eines Automobils mit Verbrennungsmotor. An den Erfindergeist der Unternehmensgründer Benz und später Gottlieb Daimler möchte der Automobilkonzern heute mit seinem Lab 1886 anknüpfen. Der Zweck ist »eine hocheffiziente, globale Innovationsmaschinerie« mit Standorten in Stuttgart und Berlin, Chicago und Kalifornien.

Bereits seit 2007 schafft das Lab – aus Perspektive des Konzerns – das beste Ökosystem für Innovationen. Das bedeutet, Erfinder sollten Platz zum Erfinden haben. Und Erfinder sollen entdeckt werden und eine Plattform finden können, um Ideen zu entwickeln, zu beschleunigen und im Markt zu etablieren. Eine Idee aus dem Vorläufer des Labs, der Abteilung Business Innovation, ist »Car2Go«, eines der ersten Carsharing-Unternehmen.

Geld verdient habe noch keine Idee aus den Digilabs der großen deutschen Konzerne. So das Fazit nicht nur zum Lab 1886. Das gelte für alle, auch die erfolgreichen Inkubatoren, berichtete die Wirtschaftszeitschrift Capital in einer Studie im Sommer 2017. Dennoch zeichnete das Magazin das Lab 1886 als eine der besten Inkubatoren deutscher Unternehmen aus. Buchstäblich habe das Lab 1886 geschafft, Ideen auf die Straße zu bringen. Offenbar ist die Umsetzung bis zur Marktreife eine große Herausforderung.

Das Lab 1886 dient jedoch als Vorbild, wie sich Organisation und Führung im digitalen Zeitalter parallel entwickeln. Im Lab greifen die im Konzern üblichen Entscheidungsprozesse nicht sofort. Vielmehr werden an klar definierten Schnittstellen die verantwortlichen Führungskräfte ins Boot geholt, damit diese involviert werden als Möglichmacher.

Ein Beispiel: Im »Shark Tank« präsentieren Mitarbeiter in zehn Minuten ihre Ideen und die weitere Umsetzung nach einem einfachen Prinzip: Das Problem A lösen wir mit B und dem Nutzen C für Kunden. Als nächsten Schritt brauchen wir XYZ, um weiterzumachen. Der nächste Meilenstein mit neuen Ergebnissen liegt möglichst nicht mehr als 100 Tage entfernt. Das anwesende Führungsgremium – mit Vorstand und Betriebsrat – entscheidet sofort nach allen »Pitches«: Hopp oder Top – bis zum nächsten Meilenstein.

Falls der »Pitch« für die Idee erfolgreich ist, können die Mitarbeiter sich voll auf die nächste »Sprintphase« in ihrem Projekt konzentrieren. Der direkte Vorgesetzte bekommt Unterstützung bei der temporären Besetzung der jeweiligen Stelle. Und die Mitarbeiter gehen auch kein Risiko ein: Sie können jederzeit in ihre normale Aufgabe zurückkehren.

> Diese Sicherheit fehlte im Jahr 1886. Erfinder setzen alles auf eine Karte – damals wie heute. Die Frage ist: Macht das vielleicht den entscheidenden Unterschied für den Erfolg von Labs in Unternehmen im Vergleich zu Start-ups? Die Macher und deren Bereitschaft, selbst Risiken einzugehen, sind letztlich entscheidend. Wer ohne doppelten Boden agiert, ist ganz überzeugt und voll engagiert dabei.

In den Vereinigten Staaten ist der Trend bereits gegenläufig. Separate digitale Initiativen werden beendet. Nicht nur Coca-Cola hat sein Lab wieder geschlossen. Denn die Praxis zeigt einige wesentliche Schwierigkeiten, mit denen Labs, die für sich gut funktionieren und eine tolle Atmosphäre verbreiten, kämpfen:

1. **Strategie und Ausrichtung unterschiedlich:** Gerade zu Anfang und durch das gewünschte Eigenleben der Labs entsteht eine eigene Dynamik, die mit der Vision des gesamten Unternehmens nicht unbedingt in Einklang steht.
2. **Unabhängigkeit gering und Wettbewerb hoch:** Letztlich gibt es immer den Zwang zur Rechtfertigung der eingesetzten Mittel. Denn Labs oder Inkubatoren sind keine Einheiten zur Grundlagenforschung. Sie wurden gegründet, um schneller neue Services oder Produkte für (neue) Kunden zur Marktreife zu bringen. Und dort steht die Einheit auch im Wettbewerb mit der Stammorganisation.
3. **Kompetenzen und Karriereschub gering:** Externe Spezialisten sind schwer zu rekrutieren und haben keinen Bezug zum Unternehmen, verschwinden irgendwann wieder. Topleute aus der Stammorganisation gehen nur zögerlich in die Labs, da die normale Karriere davon nicht profitiert.
4. **Ergebnisse eher bescheiden:** Die epochale Erfindung für das Stammgeschäft kommt sehr selten zustande. Eher sind es Verbesserungen für vorhandene Abläufe und Angebote, die Entwicklung von Prototypen. Dafür sind Labs oder Inkubatoren meistens etwas überdimensioniert.
5. **Integration unmöglich:** Labs sitzen als Außenposten häufig in Start-up-Zentren – Silicon Valley, Tel-Aviv, Singapur, Berlin, ... Das Lab funktioniert gewollt völlig anders. Das Team will genau deshalb dort nicht weg. Das gilt auch, wenn es näher am Unternehmen, in einem separaten Gebäude oder gar nur Stockwerk, aktiv ist. Eine Integration bedeutet letztlich die Auflösung.

Nehmen wir an, das Lab oder der Inkubator für Start-ups hat diese Schwierigkeiten gemeistert. Was passiert mit den Ergebnissen? Die größte Herausforderung steht noch bevor: die Anerkennung im Unternehmen und die Umsetzung der Innovationen.

Fazit: *Je erfolgreicher eine eigenständige digitale Organisation oder Unternehmung ist, desto schwieriger ist das »Reinholen« in die bestehende Organisation.*

Neben der Schwierigkeit, die verschiedenen Strukturen und Kulturen zusammenzuführen, gibt es einen ganz praktischen Grund dafür, nicht wieder zurück in die bestehende Organisation zu wechseln: Warum sollen wir zurück, wenn wir alleine erfolgreich geworden sind? Was ist der Vorteil für uns? Antworten könnten sein, dass die etablierte Organisation die notwendige Vertriebskraft oder das nötige Kapital besitzt. Dann wird es automatisch eine interessante Debatte zur Verteilung der Ressourcen geben. Darin sind die meisten »alten« Unternehmen sehr gut, Start-ups eher nicht.

Fazit: *Je geringer der Erfolg einer eigenständigen digitalen Einheit ist, desto geringer ist der Effekt für die digitale Transformation der bestehenden Organisation.*

Das Scheitern ist der Normalfall für Start-ups oder in Labs und Inkubatoren. In diesem Fall reagiert die Stammorganisation mit einem Reflex: Wussten wir es doch! Das konnte ja nichts werden! Machen wir es lieber selbst, so wie wir sind. Das Scheitern hat einen geringen Lerneffekt für die etablierte Organisation. Das Lernen aus Fehlern bleibt der Einzelfall. Und noch viel schlimmer: Für neue Initiativen wird der Aufbau viel schwieriger aufgrund der negativen Erfahrungen. Besserwisser fühlen sich in ihrer Meinung bestätigt, irgendwie schon selbst die digitale Transformation zu bewältigen.

Die beiden Situationen zeichnen die Pole, wie separate Einheiten zur digitalen Transformation für Unternehmen wirkungslos verpuffen. In jedem Fall sprechen diese Erfahrungen aus der Praxis eindeutig dafür, in jedem Unternehmen einen Weg zu finden, die digitale Transformation organisational mit bestehenden Strukturen zu verknüpfen.

Keine Zukunft ohne Herkunft

Eine separate Einheit ist zwar schneller aus dem Boden gestampft, kann aber keinen nachhaltigen Transformationseffekt für das gesamte Unternehmen entfalten. Die Frage, wie eine digitale Organisation entwickelt und gesteuert werden kann, könnte ein weiteres eigenes Gamebook füllen. Jeder Digital Leader kann jedoch grob den Rahmen setzen und erste Schritte unternehmen. Digital Leader profitieren von den Erfahrungen der letzten Jahre, dass eine eigenständige Einheit zumeist die einfachste und zugleich die wirkungsloseste Lösung ist, um das gesamte Unternehmen zu verändern. Part 4.8 im Gamebook widmet sich deshalb im Detail der wichtigen Frage, wie Digital Leader ihre Organisation im Unternehmen erfolgreich parallel gestalten können, damit die digitale Transformation gelingt.

In jedem Fall fragt sich eine Organisation immer: Und wer ist nun der Chef? Wer hat das Sagen zur digitalen Transformation? Einige Unternehmen haben bereits zum Mittel des »Chief Digital Officer«, kurz: CDO, gegriffen. Vergleichbar mit den Problemen externer Labs und Inkubatoren wird eine Person die Aufgaben der digitalen Transformation nicht lösen, genauso wenig wie eine einzelne Einheit. Mit einem CDO wird das Problem der Führung verlagert, aber nicht gelöst, mitunter sogar verschärft durch neue Verteilungs- und Machtkämpfe mit einer weiteren Funktion und Einheit im Unternehmen.

Internetunternehmen oder Start-ups haben keinen CDO. Warum? Weil die Digitalisierung die Sache des gesamten Unternehmens ist. Alle Führungskräfte und Mitarbeiter sind beteiligt an der digitalen Transformation. Diese Abteilung oder jener Bereich wird dies früher oder später sein, vollständig oder eher weniger intensiv, aber alle irgendwann und irgendwie.

Ein CDO allein schafft keine digitale Organisation. Jede Führungskraft kann ein Digital Leader sein, mehr oder weniger und egal auf welcher Ebene.

Besser kein CDO!

 Der Chief Digital Officer, kurz CDO, versucht bereits in einigen Unternehmen sein Glück. Der CDO soll von oberster, prominenter Stelle dafür sorgen, dass Unternehmen die Chancen der Digitalisierung nutzen können. Er soll das Geschäftsmodell auf neue Beine stellen, dabei unterstützen, die Geschäftsprozesse zu digitalisieren, und noch einiges mehr. Und das alles soll der CDO schaffen über die bestehenden Silos und Hierarchien hinweg.

So die Theorie. In der Praxis tauchen in Unternehmen viele Fragen zur neuen Funktion auf: Was ist konkret seine Aufgabe? Warum kann er diese besser erfüllen? Wie soll das gelingen? Woher kommen die Budgets, Ressourcen und Kompetenzen zur Umsetzung? Die Erfahrungen zeigen in vielen Fällen eindeutig: Besser kein CDO! Denn wesentliche Probleme werden durch eine neue Funktion nicht gelöst. Vier Aspekte stehen dabei im Mittelpunkt:

a) **Alle sind im Boot:** Die Digitalisierung ist keine Aufgabe einer Funktion oder eines Bereichs. Digitale Experten gibt es ohnehin in vielen Unternehmen, nicht nur in der IT und im Marketing. Die Digitalisierung verändert das ganze Unternehmen und ist eine Aufgabe für alle Bereiche, unabhängig davon, wann welche Veränderungen konkret umgesetzt werden. Insofern ist jeder CEO heute immer auch zugleich der CDO, ohne dass dies hervorgehoben werden muss.

b) **Probleme bleiben bestehen:** Die meisten traditionellen Organisationsstrukturen und Hierarchien sind »digitalfeindlich«. Jeder CDO stößt schnell an die Wände der Silos von Funktionen oder Regionen. Entscheidend ist, einen bimodalen Modus zu schaffen, zum Beispiel über einen sogenannten Digital Hub. Über neue Freiräume und Arbeitsformen können schnell passende digitale Lösungen entwickelt und umgesetzt werden.

c) **CDO muss sich abschaffen:** Wenn ein CDO erfolgreich ist und das Unternehmen auf neue Beine stellt, dann schafft er sich automatisch selbst ab. Sein Job ist erledigt, für das weitere Vorgehen ist diese Position nicht mehr nötig. Das wird er aber nicht tun, da er durch den Erfolg viel Macht hat. Die einzige Chance ist, in einer anderen Funktion aufzugehen, die höher angesiedelt ist. Interessante Diskussionen mit dem CEO sind dann garantiert.

D) **»Chief Digital Operation«:** Führung und Organisation von Unternehmen müssen ganzheitlich verändert werden, um eins zu werden.

Fazit: Statt einfach den CDO als »Allzweckwaffe« zu etablieren und dadurch auch die eigene Verantwortung auf eine neue Funktion abzuschieben, sollten Unternehmensleitungen schlauer vorgehen. Den eigenen Weg zu finden, kann etwas länger dauern, als einen CDO zu rekrutieren. Dafür sind aber die Veränderungen und Ergebnisse nachhaltiger, wenn von Anbeginn deutlich wird, dass die gesamte Unternehmensleitung hinter dem Vorgehen steht und Digital Leader sein möchte.

Digital Leader machen den Unterschied

Für die erfolgreiche digitale Transformation in Unternehmen sind viele Faktoren relevant. Dazu zählen besonders: eine attraktive Vision und Geschäftsstrategie, die passenden Strukturen und Prozesse, die notwendigen Fähigkeiten und Partnerschaften sowie nicht zuletzt die Unternehmenskultur. Zahlreiche Studien und Bücher haben inzwischen mögliche Vorgehensweisen und die wichtigsten Hindernisse identifiziert. Auch Praxisbeispiele, nicht nur von erfolgreichen Internetunternehmen, geben Impulse für Ihre Tätigkeit.

Wenn Sie alle Erkenntnisse und Erfahrungen zusammenfassen, ist der entscheidende Aspekt der digitalen Transformation immer der gleiche. Kurz gesagt: Sie als Führungskraft entscheiden, ob die digitale Transformation gelingt – oder nicht! Angefangen von der Unternehmensleitung bis zur untersten Führungsebene liegt es an Ihnen, ob die Strategie nicht nur ein Plan bleibt, neue Strukturen und Prozesse umgesetzt werden und auftauchende Hindernisse im Team bewältigt werden.

Digital Leader sind immer Vorbild und Möglichmacher, selten Vormacher.

Dieses Kapitel mit den sechs Fakten hat gezeigt: Eine erfolgreiche digitale Transformation im Unternehmen braucht eine veränderte Führung. Die veränderte Umwelt im digitalen Zeitalter erhöht zusätzlich die Notwendigkeit dafür, wie im nächsten Kapitel gezeigt wird.

Part 1.3 Führen in der VUKA-Welt

Das Akronym »VUKA« steht für die vier Wörter *Volatilität* und *Unsicherheit*, *Komplexität* und *Ambivalenz*, also für die Auswirkung der verschiedenen Elemente und gegenseitigen Einflüsse im »Big Picture« der digitalen Transformation. Wir sind alle mehr oder weniger von VUKA beeinflusst. In jedem Fall gehen Digital Leader mit den Faktoren der Volatilität, Unsicherheit, Komplexität und Ambivalenz virtuos um.

Der Begriff stammt aus der analogen militärischen Planung der 1990er-Jahre. Nach dem Ende des Kalten Krieges mit einem klar bestimmbaren und kalkulierbaren »Wettbewerb« wurde der Begriff VUCA – die englische Variante des Akronyms – in der US-Militärhochschule geprägt. Er umfasst die wesentlichen Merkmale in multilateralen Anforderungen mit mehreren Gegnern und unklaren Planungsgrundlagen. Tabelle 1 zeigt detailliert, was hinter den Begriffen steckt.

Der Begriff ...	... und was er beschreibt
Volatility (Volatilität)	Unser Umfeld ist volatil, das heißt schwankend und sprunghaft, beginnend im eigenen Team über die Kunden bis hin zur gesamten weltweiten wirtschaftlichen und auch politischen Entwicklung. Daher sollten wir uns von der Annahme – und bei manchen Menschen sogar Sehnsucht – verabschieden, dass vieles stabil wäre. Gerade vermeintlich »ruhiges Fahrwasser«, in dem man schwimmt, verleitet dazu, an dem festzuhalten, was man hat, oder nur auf das zu bauen, was man kann. Prinzipientreue braucht Pragmatismus, um konkrete und vor allem überraschende Anforderungen im Alltag erfolgreich zu nutzen. Statt einer Schwarz-oder-weiß-Haltung öffnet ein Sowohl-als-auch-Denken neue Optionen für das eigene Urteilen und Handeln.
Uncertainty (Unsicherheit)	Die Ungewissheit hinsichtlich der weiteren Zukunft und der Wirksamkeit unseres Vorgehens steigt tendenziell an. So paradox es klingt: Heutzutage ist das angenehme Gefühl der Sicherheit eher gefährlich. Denn automatisch versuchen wir, den bestehenden Status abzusichern, und reagieren dadurch wesentlich schlechter auf die unkalkulierbaren Schwankungen in der Umgebung. Unsicherheit ist keine angenehme Voraussetzung, gewiss. Sie macht uns jedoch achtsam, um Risiken zu erkennen und für diese Verantwortung zu übernehmen. Unsicherheit fördert ungeahnte Kreativität. Sie hilft uns, neue und vor allem die richtigen Fragen zu stellen: Schon eine mögliche Not macht erfinderisch. Dazu zählt zum Beispiel: »Welche meiner Stärken sind für eine neue Herausforderung im Beruf besonders bedeutsam und welche Fähigkeiten werden unwichtiger?« Unsicherheit wird so zum Auslöser für die Beherrschung von Komplexität.

Der Begriff ...	... und was er beschreibt
Complexity (Komplexität)	Die Vernetzung, Dynamik und Intransparenz in der Wirtschaft und in Unternehmen, in unserer direkten Umgebung und in unserem eigenen Handeln sind die wichtigsten Merkmale für Komplexität. Diese hat in den letzten Jahren durch die Digitalisierung vieler Branchen an Geschwindigkeit und Kraft gewonnen. Komplexität wirkt sich in unserem Alltag inzwischen nahezu sekündlich aus, indem irgendein Portal (wie Facebook) oder Messaging-Dienst (wie WhatsApp) irgendetwas mitteilt, was wichtig oder unwichtig, lustig oder bedrückend ist. Diese Informationsvielfalt führt nicht zu mehr Wissen, vielmehr zu mehr Verwirrung und zu mehr Aufwand beim Einordnen der Bedeutung. Wenig ist klar und eindeutig.
Ambiguity (Ambiguität)	Die Mehrdeutigkeit entsteht durch die nahezu unendliche Variationsbreite der Optionen, die sich uns bieten. Dieser Fortschritt, nicht nur technologisch, führt zu immer kleinteiligeren Entwicklungen, die kaum zu überschauen sind. Eindeutigkeiten gibt es nur noch in klar bestimmbaren Umgebungen und Situationen, zum Beispiel im Wettkampf im Sport: 90 Minuten dauert ein Fußballspiel von 22 Menschen zwischen zwei Toren mit einem Ball nach klaren Regeln. Wer die meisten Tore schießt, der gewinnt. Eine solche Klarheit ist aber die große Ausnahme. Die Perspektiven, die die Digitalisierung bietet, sind sehr ambivalent, positiv und negativ zugleich. Das Sammeln von Daten schafft einerseits die Möglichkeit für ein besseres Leben vieler Menschen und andererseits wächst der Wunsch nach Schutz der eigenen Person.

Tabelle 1: Die zentralen Begriffe der VUKA-Welt

Jede Sicherheit, die wir empfinden, ist in der digitalen Transformation eher eine Illusion. Unsicherheit schätzen Digital Leader trotzdem oder gerade deshalb als positiven Impuls: Die Möglichkeiten zur Gestaltung in viele Richtungen bieten wesentlich mehr Potenzial als eine Sicherheit, wie einen stabilen Ertrag, in nur eine Richtung zu beschützen. Digital Leader suchen nach immer neuen Quellen und wollen gleichzeitig möglichst wenig Wasser des bestehenden Stroms verlieren.

Digital Leader schaffen im Team höhere Toleranz gegenüber Unsicherheiten, damit das Unplanbare der digitalen Transformation als Chance genutzt werden kann.

Digital Leader zeigen die Möglichkeiten für Entwicklung und Wachstum in der VUKA-Welt und vermitteln gerade dadurch das Gefühl der Sicherheit. Sie zeigen Wege zur erfolgreichen Einflussnahme, für die es sich lohnt, die Komfortzone – also das sichere, bekannte, bequeme Umfeld – zu verlassen. Sie vermeiden Stillstand, aber auch eine dauerhafte Überforderung, die in der digitalen Transformation latent möglich ist.

Abbildung 3: Digital Leadership schafft Sicherheit trotz VUKA.

Je nach Ihrer aktuellen Lebens- und Berufssituation werden Sie die VUKA-Faktoren unterschiedlich gewichten und neu danach beurteilen, ob sie relevant, nützlich oder hinderlich sind. Denn die Wirksamkeit etablierter Methoden im Management und in der Führung, wie beispielsweise das klassische Projektmanagement, reduziert sich zwangsläufig. Ein Vergleich aus der Natur zeigt – zugespitzt – den Unterschied.

Traditionell gleicht Führung dem Arbeiten als Landwirt. Es wird eruiert, wie der Bedarf ist, und geplant, was angebaut werden soll. Dann wird gepflügt, gesät, gedüngt und geerntet. Das Wachstum der Pflanzen wird manchmal durch Unwetter erschwert, manchmal zerstört eine Dürre den gesamten Ertrag. Dann wird der Jahresplan verfehlt, ausnahmsweise. Die Abläufe sind zwar kompliziert, dennoch im Wesentlichen bekannt und kalkulierbar.

Digital Leader sind eher Wildwasserfahrer, die komplexe Herausforderungen bewältigen müssen. Die Strömung ist stark und kann zugleich schnell abbrechen. Die Hindernisse und Untiefen sind unbekannt. Hinter jeder Gabelung kann eine Stromschnelle lauern oder auch eine Felswand. Die Haltung (Mindset) und Fähigkeiten (Skillset) befähigen die Wildwasserfahrer, in jeder Situation die richtigen Bewegungen zu machen, ihre Aktionen ständig an die Umgebung anzupassen und die beste Kombination an Schlägen in Richtung Ziel umzusetzen. Im Routinemodus bei ruhigem Wasser und klarer Sicht stabil in Richtung Ziel fahren, ist ihnen ohnehin möglich.

Abbildung 4: Führen in der VUKA-Welt: Flexibles Agieren nach Prinzipien – weniger geregeltes Arbeiten nach Plan.

Hüten Sie sich vor alten Denkmustern

Die meisten Führungskräfte sind in der Ausbildung als »Landwirte« geschult worden. Und sie sind in Unternehmen weiter gefordert, traditionell das bestehende Geschäft zu optimieren. Digital Leader können darüber hinaus aber auch komplizierte Themen lösen. Sie wissen, dass die Komplexität einer Wildwasserfahrt nicht mit den gleichen Methoden beherrscht werden kann wie das Bestellen eines Feldes. Für die erfolgreiche Arbeit als Digital Leader ist es entscheidend, dass wir uns alter Denkmuster bewusst werden, die wir immer noch nutzen, um im Management Lösungen zu finden.

Typische Grundprinzipien der klassischen Führung werden in der VUKA-Welt zu Denkfallen. Die Fokussierung auf Ursachen und die Reduzierung von Zielen auf bekannte Sollgrößen, die Einkapselung auf beherrschbare Umfelder und die Reparatur der dringenden Probleme machen eine Aufgabe selten tatsächlich leichter. Eher sorgen diese Denkfallen dafür, in der VUKA-Welt anvisierte Ziele in Unternehmen *nicht* zu erreichen.

Jede Führungskraft ist wahrscheinlich schon einmal in ein solches Verhaltensmuster »gerutscht«. Bestimmt werden Ihnen sogar einzelne Situationen oder Ereignisse einfallen, in denen es in der Vergangenheit wirklich eine Ursache gab, ein Ziel oder Teilbereich den wesentlichen Fortschritt brachte. Und sicher wird es auch in Zukunft bei der Optimierung bestehender Systeme in Unternehmen diese einfachen Beziehungen geben. Die Gelegenheiten, dass das Ignorieren der Einflüsse von VUKA und die Reduzierung von Komplexität im Alltag zum Erfolg führt, werden jedoch immer seltener werden. Digital Leader wissen das ganz genau.

Problem	Lösung
Ursachenfokussierung: Wir identifizieren eine zentrale Ursache, zum Beispiel wird ein Schuldiger gefunden oder eine Person gesucht, die ein Problem lösen soll. Wenn der eine oder die andere gefunden ist, sind wir erleichtert.	**Fokus auf Wirkungen:** In der digitalen Transformation sind Ursache und Wirkung häufig nicht klar zu bestimmen. Während der Suche nach Ursachen können die Wirkungen die Umgebung schon wieder so verändert haben, dass eine neue Anpassung notwendig wird. Digital Leader prüfen erzielte Wirkungen.
Zielreduzierung: Wir optimieren eine Sollgröße, basierend auf der einen Ursache. Wenn die Kosten im Unternehmen zu hoch sind, dann meinen wir, die Reduzierung der Kosten sei die wichtigste Aufgabe. Dahinter verstecken sich aber zumeist andere Probleme, wie ein veraltetes Geschäftsmodell.	**Erweiterung der Perspektiven:** Die digitale Transformation macht das Testen neuer Ideen schneller und einfacher möglich. Statt lange Energie auf ein Ziel, das ggf. dennoch verfehlt wird, zu verwenden, verteilen Digital Leader zunächst die gleiche Energie auf mehr Ziele, um das wichtigste zu bestimmen.
Einkapselung: Wir ziehen uns in Bereiche zurück, die wir fehlerfrei beherrschen, und suchen dort Teillösungen. Völlig offen ist dabei, ob dieser Teilaspekt für die Gesamtaufgabe und unsere Zielsetzung eine hohe Relevanz besitzt oder nicht.	**Schaffen von Verbindungen:** Durch die Digitalisierung ist die Vernetzung mit anderen Personen und Partnern leicht. Dadurch können wir schneller besser werden, ohne die Fähigkeiten selbst zu besitzen. Digital Leader sind jederzeit offen für die Vernetzung, um Aufgaben optimal zu lösen.
Reparaturdienst: Der auffälligste Missstand wird isoliert angegangen. Der Klassiker hier ist: Oft kümmern wir uns ständig um die dringenden und nicht um die wichtigen Themen. Diese holen uns irgendwann ein, werden dringend und erst dann angegangen – häufig zu spät.	**Gestalten der Zukunft:** In der digitalen Transformation wird vieles dringend – und dies schneller als je zuvor. Digital Leader bewerten die Dringlichkeit durch ihren konsequenten Fokus auf die wichtigen Themen, um die Zukunft des Unternehmens erfolgreich zu gestalten.

Tabelle 2: Denkfallen in der Führung vermeiden

Digital Leader sehen in der VUKA-Welt eine ungeheure Vielfalt an Gestaltungsmöglichkeiten.

Das Loslassen von alten Denkmustern ist eine gute Voraussetzung, um als Führungskraft in der VUKA-Welt erfolgreich Lösungen zu entwickeln und umzusetzen, wie Sie im Folgenden sehen werden.

Part 1.4 Neues Denken lernen

Im Gamebook werden Sie sich in **Part 2** intensiv mit dem »Mindset« – der besonderen Haltung – und in **Part 3** mit dem »Skillset« – den spezifischen Fähigkeiten – als Digital Leader beschäftigen. Digital Leader erhöhen durch ihre besondere Haltung und erweiterten Fähigkeiten die Anpassungsfähigkeit eines Unternehmens. Sie nutzen die digitale Transformation für die Umsetzung innovativer Prozesse und Geschäftsmodelle. Das Wissen um VUKA schafft durch die bestehenden Unsicherheiten und Unklarheiten viele Chancen zur Entwicklung neuer Lösungen. Die Gefahr für das bestehende Geschäft ist dagegen unabwendbar. Die Frage ist nicht ob, sondern nur wann und wie stark die Auswirkungen auftreten werden.

Dieses Denken ist neu – und es gilt, dafür Platz zu schaffen. Das gelingt durch das Beseitigen von Hindernissen, die in den Köpfen vieler Führungskräfte stecken. Persönlich prägend sind Grundannahmen, häufig zugespitzt zu Glaubenssätzen, die unser Verhalten unausgesprochen bestimmen. Die folgenden fünf Fehlannahmen hindern die Entwicklung zum Digital Leader.

Fehler 1 – »Ich kann nicht, weil …«

In Unternehmen wird es *immer* Einflüsse und Abläufe, Strukturen und Menschen geben, die gegen Sie als Digital Leader wirken und arbeiten. Und eine digitale Transformation ist kein Sprint, sondern ein Langstreckenlauf. Jede digitale Transformation – ob ein ganzes Unternehmen oder nur einen Ablauf betreffend – endet anders, als Sie es am Anfang geplant hatten. Das alles ist normal – und es ist anstrengend.

Nichts zu tun, weil irgendetwas nicht passt oder Sie hindert, und abzuwarten, ist die schlechteste Option. Dann findet Zukunft ohne Ihr Zutun statt, und damit wahrscheinlich anders, als Sie es gerne hätten. Digital Leader haben eine Gestalterhaltung, wie Motivationspsychologen sagen, das heißt, sie sind die Gestalter ihres Umfelds. Dazu gehören auch frustrierende Momente oder das »Sackenlassen« nach einem Misserfolg und manchmal eine Nacht über Enttäuschungen zu schlafen. Danach entdecken Sie wieder, welche Möglichkeiten sich bieten. Erinnern Sie sich an die Regel zu Beginn des Gamebooks? Umwege nutzen!

»Auch aus Steinen, die einem in den Weg gelegt werden, kann man Schönes bauen«, wusste schon Johann Wolfgang von Goethe – ganz analog vor gut 200 Jahren.

Fehler 2 – »Ich habe noch Zeit!«

Wir Menschen denken linear. Vom aktuellen Stand prognostizieren wir die Zukunft – ohne Innovationen, die noch nicht absehbar sind. Und was wir nicht kennen, kalkulieren wir nicht ein. Die exponentielle Entwicklung von Neuem kommt aber überall vor, wie ein Beispiel aus der Natur zeigt: Eine erste Seerose ziert den Teich, plötzlich zehn oder zwanzig, die nach einer Woche zu sehen sind, und dann ... noch eine Woche später ist der Teich zugewachsen.

Die Digitalisierung ermöglicht noch schnelleres und unkalkulierbares Wachstum, das alle Lebensbereiche umfasst und alle Branchen irgendwann erfassen wird. Das zeigt die Statistik, wie lange eine Technologie brauchte, um weltweit 50 Millionen Nutzer zu gewinnen. Beim Telefon dauerte dies 75 Jahre, beim Fernsehen nur noch 13 Jahre, beim sozialen Medium Facebook 3,5 Jahre und bei Pokemon Go im Jahr 2016 gerade einmal 19 Tage, bis diese Zahl an Downloads des Spiels erreicht war. Die Trennung von Bit und Atom macht's möglich. Sie haben also keine Zeit zu verlieren, um Ihre Chancen zu großem Wachstum zu nutzen – für sich, das Team und Unternehmen.

Fehler 3 – »Ich habe nicht alles, was nötig wäre ...«

Natürlich nicht! Sie werden nie alle Ressourcen und Kompetenzen haben, die Sie für das Wachstum brauchen, und auch Ihr Team und Ihr Unternehmen nicht. Irgendetwas fehlt immer. Als Digital Leader schauen Sie, was Sie haben, was Sie sich erarbeiten können und welche Schritte Sie aktuell am weitesten in der digitalen Transformation voranbringen.

Sie konzentrieren sich auf das Beeinflussbare und wollen hier Effekte erzielen, um Ihre Zukunft zu gestalten. Sie nehmen auch das Ungeplante auf, als Impuls für neue Ideen und für den eigenen Fortschritt. Sie erkunden im Handeln, was (noch besser) geht. Und bei allem Respekt vor Ihren Bedenken, wenn Sie Ihr Unternehmen aktuell betrachten: Ohne die Überzeugung, sich auf das Beeinflussbare zu konzentrieren – das auch den Einfluss auf Ihren Chef und Ihre Kollegen, die Mitarbeiter und die Kunden umfasst –, werden Sie kein Digital Leader werden.

Fehler 4 – »Ich kenne die Ursachen«

Das traditionelle Management geht davon aus, dass es immer einen Grund für eine Wirkung gibt und dass man nur diesen beeinflussen muss, um eine andere Wirkung zu erzielen. Ursache und Wirkung verschwimmen jedoch durch die Digitalisierung zunehmend. Warum kaufen Kunden weiter in Läden, obwohl sie sich zuvor online informiert haben – und handeln dann beim nächsten Mal genau umgekehrt? Wo liegt die Ursache für welchen Kauf? Eine Studie hat »belegt«: Unternehmen erzielen mehr Erträge, wenn Mitarbeiter mit ihren Führungskräften zufrieden sind. Oder ist es umgekehrt: Mitarbeiter sind deshalb zufrieden, weil ihr Unternehmen mehr Ertrag erzielt? Niemand kann die Wechselwirkungen eindeutig bestimmen!

Digital Leader brauchen keine Ursache, um etwas zu verändern. Sie orientieren ihr Handeln an den Wirkungen. Was passiert und wie ich reagiere, das ist entscheidend. Wenn das Warum für das weitere Vorgehen leicht zu bestimmen ist – gut so! Wenn nicht: auch gut! Bis die Ursache ermittelt wurde, kann »der Markt schon wieder verlaufen sein«.

Fehler 5 – »Ich muss immer eine Antwort haben«

Vorgesetzte sagen, was Mitarbeiter tun sollen, so die altbekannte Annahme. Führungskräfte machen Mitarbeiter erfolgreich. Im Alltag hält sich hartnäckig der Glaube, die Arbeit sei gut organisiert, wenn der Chef auf alles eine Antwort hat und entscheiden kann.

In der digitalen Transformation können Führungskräfte alleine immer seltener die richtige Entscheidung treffen. Kein Wunder, wenn Ursache und Wirkung oft nicht mehr klar bestimmbar sind. Digital Leader bestechen vielmehr dadurch, immer häufiger die richtigen Fragen zu stellen. Zum Beispiel: »Warum muss es unser Unternehmen in fünf oder zehn Jahren noch geben?« Zweitens: »Was sollten wir dafür besser können als jeder andere?« Und drittens: »Was tun wir, um dahin zu kommen?« Dann räumen sie die Hindernisse aus dem Weg, die ihr Team am Antworten oder der Umsetzung der Antworten hindern, prüfen deren Vorschläge, finden heraus, was aus der Antwort folgt und wie es weitergeht.

Weitere Denkmuster identifizieren

Fallen Ihnen weitere Annahmen ein, die für Sie vielleicht hinderlich sind? Diese Glaubenssätze sind ganz normal, jeder Mensch hat solche Überzeugungen verinnerlicht. Eine weitere typische ist: Was ich mache, das klappt garantiert!

Die Konsequenz, die sich aus diesem Glaubenssatz ergibt, ist: Ich fange nicht an, ohne sicher zu sein, das anvisierte Ergebnis zu erreichen. Daher werden alle möglichen Risiken so lange abgewogen, bis nichts passiert oder ein sehr enger Rahmen gesetzt wird. Und dann geschieht das Unerwartete und Unkalkulierbare – was in der Digitalisierung ganz normal ist. Fazit: Wer zu viel plant, den überrascht jeder Zufall! Um die Zukunft der digitalen Transformation zu gestalten, braucht es andere Glaubenssätze.

Digital Leader führen, damit etwas klappen kann!

Meine Glaubenssätze entdecken

Digital Leader kennen ihre Grenzen. Sie lassen sich unterstützen, wenn im Dialog neue Erkenntnisse und Erfahrungen möglich sind. Sich als Führungskraft coachen zu lassen heißt, an seiner Haltung und an seinen Fähigkeiten zu feilen.

Für das Entschlüsseln von Glaubenssätzen ist ein Coaching sehr gut geeignet. Gemeinsam mit einem Coach werden hinderliche Überzeugungen entdeckt und bearbeitet. Der Coach benutzt als Sparringspartner eine ausgefeilte Fragetechnik, um bei der Führungskraft den eigenen Erkenntnisprozess zu fördern und damit das »Loslassen« der Glaubenssätze zu ermöglichen. Alternative Überzeugungen werden eigenständig verfolgt und mit dem Coach reflektiert. Schließlich bilden sich Glaubenssätze (niemand ist frei davon!), die für Digital Leader förderlich sind.

Im Ergebnis ermöglicht ein Coaching einen anderen Zugang zu vielen Aufgaben und macht deren Bewältigung damit leichter, reduziert den Aufwand und vor allem auch den damit verbundenen Stress.

Nach dem Lösen von hinderlichen Glaubenssätzen kann sich eine neue Denkstrategie als Digital Leader entwickeln. Anknüpfend an die Rules, die zu Beginn des Gamebooks formuliert wurden, bauen Mindest und Skillset auf folgenden Punkten auf.

Aufbau höherer Fehlertoleranz

Planbarkeit und Sicherheit sind eine Illusion. Das ist Gesetz in der digitalen Transformation. Daraus ergibt sich eine Zwickmühle: Einerseits tragen Führungskräfte Verantwortung. Daran ändert die digitale Transformation wenig. Andererseits müssen sie Mut haben, ihre bisher übliche Macht und Kontrolle abzugeben, um ihrer Verantwortung gerecht zu werden.

Gerade haben Sie einen tauglichen Glaubenssatz für Digital Leader kennengelernt: »Ich führe, damit etwas klappen kann.« Das bedeutet, Sie führen nicht so, dass ein Projekt oder Vorhaben klappen *muss*, egal was passiert. Sie führen so, dass die Chance, einen Erfolg zu erzielen, immer größer wird. Und dass die Zahl der Chancen steigt, die genutzt werden können.

Mit FAIL ist daher im Zusammenhang mit Digital Leadership nicht das Scheitern gemeint. Es stellt für Digital Leader vielmehr ein Akronym dar und bedeutet: *First Attempt In Learning*.

Je steiler die Lernkurve, desto größer der Fortschritt. Denn dadurch können Entscheidungen schneller getroffen werden, wie ein Produkt verbessert oder ein Projekt verändert werden sollte. Diese Dynamik ermöglicht nicht nur ganz neue Innovationen, sondern sichert auch das Stammgeschäft eher vor »digitalen Angreifern«. Je geringer diese Dynamik ist, ausgelöst durch die Führungskräfte, desto kleiner ist die Chance, das Stammgeschäft zu sichern.

Diese Überzeugung führt in der betrieblichen Praxis zum Beispiel dazu, dass Prototypen getestet werden können, die nicht im Detail ausgereift sind. Das Ergebnis: Fortschritte bewerten, schneller lernen, besser werden – oder auch feststellen, die Idee, das Projekt oder der Ablauf taugen doch nichts.

Erfolg aus dem Nichts

Weniger schnell zu lernen, hat im Zuge der Digitalisierung häufig dramatische Folgen. Erinnern Sie sich noch an die SMS? Sie stellte kurzzeitig einen Milliardenmarkt für Telekommunikationskonzerne dar.

Der Umsatz wurde von einem Start-up mit zunächst ein paar Dutzend Mitarbeitern fast völlig vernichtet. WhatsApp schob Textnachrichten ins Internet – mit einem winzigen kleinen Vorteil zu Beginn: Es wurde erkennbar, ob der Empfänger die Nachricht gelesen hatte. Der gesamte Dialog war sichtbar und durch kleine Symbole zu ergänzen. Mehr nicht. Dass der Dienst kostenlos war, war eher sekundär, da die SMS zumeist über Flatrates abgedeckt waren. Kunden haben dabei also nichts gespart. Der neue Service entsprach aber eher dem Bedarf der Kunden, ihren »Briefwechsel« sehen und mit Fotos verknüpfen zu können. Ausschlaggebend war also der am veränderten Kundenbedarf orientierte Nutzen. Denn auf Dauer benutzt niemand einen Service, der nichts nützt, nur weil dieser nichts kostet.

Das Angebot von WhatsApp wird bis heute permanent optimiert. Dabei wird genau beobachtet, wie der Service genutzt wird, um ständig das Angebot an das Kundenverhalten und den aktuell festgestellten Bedarf anzupassen. Schnell wurde beispielsweise der Gruppenchat ergänzt. In nur wenigen Monaten wurde der Nachrichtendienst zur ernsthaften Konkurrenz für die SMS. Aus dem Nichts.

Und in Zukunft? Wie in drei oder fünf Jahren Nachrichten übermittelt werden, das ist völlig ungewiss. Das Mobiltelefon könnte an Bedeutung verlieren. Intelligente Uhren oder Brillen können genauso sprachgesteuert werden und Mitteilungen einblenden. Beide wären, im Gegensatz zum Telefon, immer im Blick und griffbereit.

Der Begriff FAIL besagt also, dass Digital Leadership die Führung als vielfältigen, wechselhaften Prozess versteht, durch den Ziele erreicht werden. Digital Leader haben also zunächst dieselbe Zielsetzung wie das klassische Management: Sie wollen Erfolge erzielen, für sich persönlich, für das Team und für das Unternehmen.

Deutlich anders aber sind die Wege zu neuen Zielen. Digital Leader wissen, dass zum Ziel in der digitalen Transformation nicht die wenigen bekannten Wege führen. Sie setzen eine Kombination wechselnder Fähigkeiten ein, je nach der konkreten Aufgabe und Herausforderung gewichtet und je nach Ergebnissen neu justiert. Die Palette an möglichen Situationen ist groß. In Part 4.5 bis 4.12 lernen Sie die Spielkombinationen Ihrer Fähigkeiten als Digital Leader anhand typischer Situationen in der digitalen Transformation kennen.

Digital Leader machen vieles ganz anders, aber nicht alles völlig neu.

Ihre neuen Wege basieren auf einigen bekannten Grundlagen. Dazu gehört als Erstes, das Wort Leader, ganz ohne Digital, ernst zu nehmen. Sie kennen vermutlich die Definition, was eine Führungskraft von einem Vorgesetzten unterscheidet: Vorgesetzte sagen Mitarbeitern, was sie tun sollen. Führungskräfte machen Mitarbeiter erfolgreich.

Der Vergleich zwischen Manager und Leader zeigt, noch ganz analog, anhand von acht zentralen Aspekten die wesentlichen Unterschiede zwischen beiden auf. Die Liste könnte weiter verlängert werden. Zu beachten ist dabei: Gute Manager sind noch lange keine guten Führungskräfte. Gute Führungskräfte dagegen sind immer auch Manager – und meistens gute. Dieses Diktum gilt zweifellos auch für Digital Leader. Das Management ist auch ein Teil ihrer Arbeit.

Manager	Leader
Fokus Gegenwart: hat beste Übersicht über die Geschäfte	**Fokus Zukunft:** hat attraktive Perspektive für zukünftige Ziele
Ausgleich Interessen: balanciert vorhandene Kräfte	**Ausrichtung Interessen:** forciert den Wandel zur Zukunft
Forcieren der Umsetzung: realisiert Vorgaben optimal	**Forcieren der Ideen:** aktiviert überraschende Potenziale
Vermeidung von Risiken: strebt jederzeit Sicherheit an	**Bearbeitung von Risiken:** kann Ungeplantes nutzen
Probleme als Gefahr: strebt Lösungen zur Behebung an	**Probleme als Chance:** sieht Ansätze für neue Lösungen

Manager	Leader
Einhalten von Prozessen: optimiert den Ertrag des Geschäfts	**Nutzen von Prozessen:** steigert die Chancen für Geschäfte
Erteilung von Anweisungen: sagt, was zu tun ist	**Verfolgen von Regeln:** achtet auf einen festen Rahmen
Zurückhaltung als Person: agiert rein sach- und fachbezogen	**Einbringen als Person:** agiert auch empathisch und sachfrei

Tabelle 3: Unterschiede zwischen Managern und Leadern

Das klassische Management steht für die sogenannte transaktionale Führung – das beherrschende Modell bis in die 80er-Jahre des letzten Jahrhunderts. Jederzeit den Laden voll im Griff haben mit klaren Ansagen, was an Transaktionen zu tun ist. Fehler und Schwächen müssen schnell behoben und künftig vermieden werden. Defizite werden auch temporär nicht toleriert. Das Führen im Effizienzsystem ist den meisten Führungskräften als Manager vertraut, Optimierung ist für sie Alltag, häufig aus persönlicher Sicht allzu sehr.

Die »neue« Führung etablierte sich in den letzten Jahrzehnten als transformationale Führung. Das Transformieren von Verhaltensweisen und Einstellungen auf Basis der Überzeugung, sich für gemeinsame Ziele einzusetzen, ermöglicht das selbstständige Arbeiten der Mitarbeiter. Situativ soll auf die unterschiedlichen Bedarfe eingegangen werden, um die Leistungsbereitschaft und -fähigkeit der Mitarbeiter zu steigern.

Die beiden Konzepte Transaktion und Transformation werden heute in eine vierteilige Kompetenzkarte der Führung in Unternehmen zusammengeführt. Führung basiert auf vier Kompetenzfeldern: zuerst die fachlichen Kompetenzen, die zur Berufsausübung notwendig sind, bis hin zu notwendigen Zulassungen. Dann die methodischen Kompetenzen, wie für das Projektmanagement oder auch Präsentationen. Zu den sozialen Kompetenzen zählen die Kommunikationsfähigkeit oder auch das Veränderungsmanagement. Schließlich umfassen die persönlichen Kompetenzen ebenso vielfältige Aspekte wie die Wertorientierung oder auch das individuelle Zeitmanagement.

Das Kompetenzmodell ist der Ausgangspunkt für die heutige Entwicklung der meisten Führungskräfte und ermöglicht gezielte Maßnahmen zur Intervention, um »gute« Führungskräfte zu trainieren. Das bekannte Motto dabei lautet: Stärken stärken und Schwächen schwächen. Nicht alle Aspekte im Kompetenzmodell sind für die digitale Transformation überholt oder überflüssig, falsch und damit kontraproduktiv. Die Digital Leader Canvas knüpft zur leichteren Verständlichkeit und Nutzbarkeit sogar an die Vierteiligkeit an.

Methodisch liefert das bestehende Modell, wie weiter unten im Gamebook zu sehen ist, die Vorlage für die Digital Leader Canvas, die vier Spielgebiete besitzt. Auch einige Begriffe werden Sie wiederfinden – jedoch in einem völlig anderen Kontext.

Digital Leadership geht aber einige wesentliche Schritte weiter, um die heutigen Anforderungen zu erfüllen. Viele inhaltlichen Aspekte und bestehenden Kompetenzen werden weiterentwickelt. Klassische Mitarbeitergespräche im Jahresrhythmus oder mittelfristig geplante Weiterbildungen der Mitarbeiter kommen in Zeiten der digitalen Transformation immer zu spät. Wer diese Entwicklungsstufe noch nicht erreicht hat, kann als Digital Leader diese gleich überspringen. Um nur ein Beispiel zu nennen.

Digital Leadership ist kein alter Wein in neuen Schläuchen. Der entscheidende Unterschied zum klassischen Management ist der Perspektivwechsel in der Führung von »Inside-Out« zu »Outside-In«, der zu Beginn dieses Parts aufgezeigt wurde. Die Umwelt der Digitalisierung wird zum Antreiber. Das traditionelle Bild der Führungskraft als Macher und Beherrscher des Tagesgeschäfts löst sich auf.

Digital Leader sehen sich nicht als »Epizentrum« des eigenen Bereichs.

Das bisherige Kompetenzmodell – aus der Kombination von transaktionaler und transformationaler Führung – geht davon aus, dass Führung *immer* direkt Einfluss nehmen kann auf die Arbeit und die Abläufe, das Denken und Handeln der Mitarbeiter. Die Führungskraft ist stets selbst Gestalter, bis ins Detail. Diese Position ist heute nicht mehr möglich, um als Digital Leader erfolgreich zu sein, ist eine andere Haltung nötig.

Digital Leader wollen nicht immer selbst gestalten.

Erinnern Sie sich bitte an eine der Rules zu Beginn: die Lust am Machtverlust. Sind Sie schon bereit dafür? Das Loslassen von diesem Drang zur eigenen Gestaltung und direkten Einflussnahme ist elementar. So kann jeder Digital Leader im Team, interdisziplinär und crossfunktional, innerhalb und außerhalb der eigenen Organisation für das eigene Unternehmen erfolgreich sein.

Der indirekte Einfluss der Digital Leader als Möglichmacher ist mindestens so groß wie der bisherige Einfluss als Selbstmacher. Das Gamebook zeigt, wie das geht.

Agile Führung – das neue Gutwort im Management

 Digital Leader setzen auch Instrumente ein, die heute mit dem Begriff der agilen Führung verbunden und propagiert werden. Das Selbstmanagement der Führungskraft ist eine Voraussetzung für die Umsetzung der agilen Führung. Dazu ist ein veränderter Zugang zur eigenen Rolle wichtig. Sonst wird es zum Beispiel schwer, offen mit dem Scheitern und mit Fehlern umzugehen. Insofern ist agile Führung ein Teil von Digital Leadership. Agile Führung – als ein neues Gutwort im Management – greift allerdings kürzer. Drei Aspekte zeigen warum:

a) **Agilität ist nicht alles:** In der Digital Leader Canvas, die in **Part 1.5** vorgestellt wird, ist ein Element die Agilität. Isoliert entfaltet diese jedoch selten die mögliche und in der digitalen Transformation notwendige Wirkung, und zwar über die Tätigkeit und den Einfluss der Führungskraft hinaus. Digital Leader sorgen als Möglichmacher, zum Beispiel durch die Vernetzung anderer Partner, für Wirkungen, ohne selbst zu führen.

b) **Fokus auf Methoden:** Agile Führung wird in der Praxis zu häufig auf Methoden und Instrumente reduziert, die aus dem Silicon Valley kommend die Welt in Unternehmen verändern können. Der Fokus liegt darauf, mit den agilen Instrumenten schneller besser werden zu wollen. Das Mindset der Führungskraft kommt dabei zu kurz, obwohl dieses genauso wichtig ist für einen Digital Leader.

c) **Bimodalität der Führung:** Agile Führung beschreibt nur einen Teil der Führungswirklichkeit. Die Bimodalität von Führung und Management ist Kern der Digital Leadership. Beide Bereiche haben eine Bedeutung und werden auch in Zukunft ihre Berechtigung haben. Je erfolgreicher Digital Leader im Agilitätsmodus sind, umso wichtiger wird dann wieder die Arbeit als Manager, um die neuen Angebote und Abläufe, Produkte und Services effizient umzusetzen.

d) **Agile Führung und Digital Leadership verbindet die Überzeugung:** Das Management in Unternehmen ist wichtiger denn je – es erfolgt nur ganz anders.

Digital Leader führen bimodal

Wie in den Rules bereits beschrieben, schlagen in der Brust des Digital Leaders zwei Herzen. Zunächst sind Digital Leader auch Manager, ganz klassisch, um das bestehende Geschäft zu steuern und zu optimieren. Hier müssen sie entscheiden, Arbeiten verteilen und kontrollieren. Teilweise sind sie auch rechtlich verantwortlich und sogar haftbar, je nach Branche und Unternehmen, Position und Verantwortungsbereich. Daher sind auch Ihre traditionellen methodischen und fachlichen, sozialen und persönlichen Kompetenzen als Führungskraft nicht überflüssig.

Die Digitalisierung wird diese Situation jedoch verändern. Denn viele Routinetätigkeiten – und damit verknüpft die Kontrollfunktion der Manager – werden durch die Digitalisierung automatisiert. Je nach Branche und Unternehmen verläuft dieser Wandel früher oder später, schneller oder langsamer. Durch diesen Wandel erhalten Sie mehr Freiraum für die Aufgaben der Digital Leadership.

Und dafür schlägt das zweite Herz des Digital Leaders. Sie bestimmen über den Erfolg Ihres Unternehmens in Zukunft. Die Vernetzung und Offenheit, Partizipation und Agilität, wie Sie führen, ermöglicht es Ihrem Team, Bereich oder Unternehmen, schneller besser zu werden und Neues erfolgreich umzusetzen. Die Ressourcen dafür sind meist beschränkt, also ist deren optimaler Einsatz elementar. Das gelingt Ihnen als Digital Leader, indem Sie Ihre Fähigkeiten ergänzen und neu justieren. Auf diese Fähigkeiten und die dazu notwendige Haltung zum Experimentieren und Scheitern, Bewerten und Lernen gemeinsam mit den Mitarbeitern konzentriert sich dieses Gamebook.

10 Prozent sind ein guter Anfang

Nehmen wir an, aktuell sind Sie zu 95 Prozent als Manager tätig, agieren eng getaktet im Alltagsgeschäft. Nur einen kleinen Teil setzen Sie für Neues ein. Stellen Sie sich vor, Ihnen gelingt es durch die Optimierung auch der eigenen Arbeit, den Anteil zu verdoppeln, also auf zehn Prozent. Das ist ein sehr guter Auftakt. Sobald Sie gemeinsam mit Ihrem Team oder auch im gesamten Unternehmen durch die ersten Erfahrungen Vertrauen in die eigene Kompetenz, in die andere Art zu führen und zu arbeiten, bekommen, werden automatisch die Möglichkeiten erweitert.

Sie werden sich denken: Mir fehlt die Zeit, ich bin im Alltagsgeschäft als Manager gefangen. Stimmt! Je besser Sie es schaffen, als Manager im Alltag das Geschäft zu verbessern, umso größer werden Ihre Möglichkeiten zur Gestaltung des Neuen für die Zukunft des Unternehmens. Das gilt nicht nur für Sie als Person. Das gilt für Ihr Team und Unternehmen.

Je weniger Aufwand und Einsatz für die Routinen erforderlich sind desto mehr Ressourcen und Aufmerksamkeit können dem Neuen gewidmet werden. Einige Beispiele: Viele Kundenservices können automatisiert werden, sogar mit mehr Qualität durch die Nutzung aller Kundeninformationen in jedem Kundenkontakt. Die Produktion kann noch individueller werden durch IoT.

20, 30, 40, ... Prozent der Arbeitszeit im Modus als Digital Leader? Wer weiß, wie sich Ihr Arbeitsrhythmus verändern wird, wie Sie die eigene Arbeit neu organisieren werden und wie sich auch die Strukturen im Unternehmen durch die digitale Transformation verändern! Gewiss wird sich das Verhältnis nicht komplett umdrehen und Sie werden nicht nur noch zu fünf Prozent Manager sein. Sagen wir 50 zu 50, mehr oder weniger, flexibel und schwankend, je nach Situation und Bedarf. Das dürfte nach den bisherigen Erfahrungen ein gutes Verhältnis sein, langfristig betrachtet.

Effekte erzielen

Die Bimodalität in der Führung ermöglicht einem Digital Leader, die eigene Aufmerksamkeit und Fähigkeit je nach Situation und Bedarf so auszurichten, dass die größtmöglichen Effekte erzielt werden. Entscheidend ist dabei nicht allein die Quantität der bimodalen Führung, ob sie 10 oder 15 Prozent Ihrer Arbeitskapazität ausmacht. Entscheidend ist die Qualität, die Sie innerhalb der fünf, zehn oder x Prozent erreichen. Nur so können Digital Leader das Unplanbare der digitalen Transformation beeinflussen.

Die Qualität Ihrer Führung als Digital Leader wiederum wird dadurch beeinflusst, ob Sie eine neue Haltung einnehmen und neue Fähigkeiten besitzen. Letztlich aber sind die Ergebnisse entscheidend. Nur die Agilität zu verbessern, ohne irgendwann Wirkungen zu erzielen, wäre nutzlos. Dann wären auch die zehn Prozent Ihrer Arbeitskraft zu viel. Auf Dauer würde jeder Beteiligte schlicht die Lust verlieren, wenn die gemeinsame Energie – nach einer Eingewöhnungs- und Testphase – im Sande verläuft. Dagegen hilft auch die beste agile Methode nicht. In Part 3 zum Skillset wird gezeigt, wie Digital Leader direkt Effekte erzielen.

Flexibel führen mit Schieberegler

Sie sitzen im Meeting und sind gefordert, im operativen Routinemodus zu entscheiden: das Budget für das Update des IT-Systems, die Konditionen in einer Ausschreibung oder schlicht die Ressourcen- und Aufgabenverteilung im Team zu justieren, nachdem eine Mitarbeiterin in den Mutterschutz gegangen ist. Aktuell dürfte Ihr Arbeitsalltag mit diesen und vielen anderen unterschiedlichen operativen Themen geprägt sein.

Sie gehen aus dem Meeting heraus und wählen sich in eine Telefonkonferenz ein. Sie hören zu, was das Projektteam berichtet und wie das weitere Vorgehen sein soll. Sie fragen, wie das Team seinen nächsten Erfolg bewerten möchte oder auch – etwas provokant –, wann die erste Rechnung für den neuen Service erstellt werden kann. Sie entscheiden nicht. Entschieden, was passiert oder auch nicht, wird nach den gemeinsam festgelegten Prinzipien und Prozessen. So agieren Sie im Digital-Leader-Modus.

Parallel haben Sie eine Vorlage auf den Tisch gelegt bekommen, um eine Rechnung oder einen Urlaubsantrag abzuzeichnen. Nach der Telefonkonferenz fragen Sie nach, entscheiden und zeichnen ab. Und so geht es weiter, jeden Tag. Ihre Aufgaben pendeln ständig zwischen Management und Digital Leadership. Auf beides müssen Sie flexibel reagieren.

Digital Leader agieren nicht nur in einem Modus.

Ambidextrie fordert Bimodalität

 Die Stanford- und Harvard-Professoren Charles O'Reilly und Michael L. Tushman haben das Konzept der Ambidextrie (frei übersetzt: Beidhändigkeit) formuliert, nach dem etablierte Unternehmen durch die Entwicklung neuer Geschäftsideen erfolgreich die digitale Transformation gestalten können.

Langfristig überlebensfähige Unternehmen zeichnet aus, simultan ökonomische Effizienz (»Exploit«) und innovative Transformation (»Explore«) umzusetzen. Die parallele Anwendung beider Modi (Ambidextrie) ermöglicht die Steigerung des kurzfristigen Gewinns aus dem bestehenden Geschäft und die Entwicklung neuer Geschäftsmodelle für den langfristigen Erfolg.

Die besondere Herausforderung besteht im ambivalenten Verhältnis von »Exploit« und »Explore«: Eine Organisation, die gut im Optimieren ist, ist nicht automatisch gut im Erfinden. Und je besser der Effizienzmodus funktioniert, umso weniger könnte der Innovation Aufmerksamkeit geschenkt werden. Denn die Steigerung der Effizienz sorgt aktuell für immer bessere Ergebnisse. Innovationen erscheinen nicht notwendig. Eine bimodale Führung kann die Potenziale von »Exploit« und »Explore« durch Ausbalancieren aktivieren. Jede Führungskraft ist daher gefordert, diese Ambidextrie bei ihrer Arbeit im Auge zu behalten.

Um als Führungskraft anschmiegsam für die wechselnden Anforderungen zu sein – in der Psychologie wird von Plastizität im Verhalten einer Person gesprochen –, sind eine besondere Haltung und einige besonderen Fähigkeiten entscheidend. Flexibilität dient vielerorts als Sammelbegriff für das Spezifische in der Führung. Digital Leadership schafft Flexibilität, ohne beliebig zu werden, sich treiben zu lassen oder getrieben zu werden.

Nachdem die letzten vier Kapitel die wesentlichen Rahmenbedingungen gezeigt haben, damit Digital Leader erfolgreich sein können, geht es nun darum, wie Digital Leader selbst agieren. Zusammengefasst werden Haltung und Fähigkeiten zur Digital Leadership in der Digital Leader Canvas. Diese wird nun zum Abschluss des ersten Teils im Überblick vorgestellt. In **Part 2** steht das Mindset, also die besondere Haltung im Fokus. **Part 3** beschäftigt sich intensiv mit dem spezifischen Skillset. Und **Part 4** zeigt Spielkombinationen für die entscheidenden Aufgaben und typische Situationen jedes Digital Leaders in der Praxis.

Part 1.5 Digital Leader Canvas

Die Digital Leader Canvas umfasst übersichtlich alle Schlüsselqualifikationen für die Digital Leadership. Diese eröffnen zusätzliche Potenziale zur Stärkung der eigenen Führungskraft und werden vor allem durch die vielfältigen gegenseitigen Synergien sehr wirksam für die erfolgreiche Führung der digitalen Transformation. Diese Wechselwirkungen erhöhen den Einfluss eines Digital Leaders deutlich, zum Beispiel erweitert sich der Spielraum für Entscheidungen signifikant.

Die Wirksamkeit von Entscheidungen, die eine Führungskraft als Manager zur Optimierung des bestehenden Geschäfts trifft, profitiert davon, dass zugleich für die digitale Transformation ein anderer Entscheidungsmodus zugelassen wird. Kollegen und Mitarbeiter treiben hier eigenständig – im Rahmen der definierten Prozesse und Prinzipien – schneller bessere Entscheidungen voran. Dadurch wachsen übergreifend in einem Team, Bereich oder in einer ganzen Organisation die Überzeugung und das Vertrauen, dass die verantwortliche Führungskraft jeweils die bestmögliche Entscheidung trifft oder diese unterstützt.

Mit der Canvas steht Digital Leadern ein breites Aktionsfeld zur Verfügung, um Architekt der digitalen Transformation im Unternehmen zu werden.

Die Digital Leader Canvas enthält die spezifische Haltung und die Fähigkeiten der Digital Leader. Der traditionelle Führungsmodus ist nicht Bestandteil. Nicht alle Elemente der Canvas sind zu jeder Zeit gleichrangig wichtig. Die Canvas legt die Grundlage dafür, je nach Herkunft und Situation, Ziel und Bedarf die jeweils passenden Spielzüge auszuwählen und die beste Spielkombination zu bestimmen. **Abbildung 7** zeigt den dafür benötigten Spielplan. Dieser liegt dem Gamebook auch als separate Vorlage bei und steht im Internet zum Download zur Verfügung (siehe Tipp »Starten Sie sofort!«).

Die wesentlichen Spielregeln, die Sie als Rules am Beginn des Gamebooks finden, setzen den allgemeinen Rahmen. Die individuelle Ausgestaltung entwickeln Sie für sich selbst: welche Spielzüge für Sie übergreifend bedeutsam sind, welche Elemente situativ zum Einsatz kommen und auch, welche Handlungsfelder zunächst eher in der Reserve bleiben.

Sie würden sich überfordern, wenn Sie sofort alle Handlungsfelder gleichrangig bearbeiten wollten. Nutzen Sie zunächst die Felder und Spielzüge, durch die Sie schnelle Erfahrungen sammeln und Ergebnisse erzielen können – zusammen mir Ihrem Team, in Ihrer Abteilung oder Ihrem Bereich oder sogar im gesamten Unternehmen. Zur Umsetzung im Arbeitsalltag finden Sie in **Part 4** des Gamebooks vielfältige Unterstützung.

Digital Leader sind VOPA

VOPA – so lautet das Akronym aus *Vernetzung* und *Offenheit*, *Partizipation* und *Agilität*. Es macht die Eckpunkte der spezifischen Haltung und der Fähigkeiten der Digital Leadership deutlich. Die Vernetzung und Offenheit im Mindset, die Partizipation und Agilität im Skillset zeichnen Digital Leader aus. VOPA steht pointiert dafür, wie Digital Leader die Auswirkungen der Digitalisierung auf Unternehmen in der VUKA-Welt meistern können. Abbildung 5 macht diesen Zusammenhang deutlich.

Abbildung 5: Verbindung von VUKA und VOPA.

Ergänzt wird VOPA durch weitere Aspekte. Hinter jedem der vier Begriffe stehen weitere vier Aspekte, die die Haltung und Fähigkeiten konkretisieren. Die 4x4-Struktur der Digital Leadership können Sie sich insofern leicht merken.

Digital Leadership besteht aus einem 4x4-System.

Die Überschaubarkeit der Struktur soll den Zugang erleichtern. Selbstverständlich bestehen zwischen den Bereichen Überlappungen und Synergien. Das soll so sein. Denn es handelt sich, wie gesagt, um Schlüsselqualifikationen.

Digital Leader kombinieren im eigenen Spielplan ihr spezifisches Mindset und Skillset zur Erfüllung der konkreten Aufgaben und zur Aufnahme der Einflüsse in der digitalen Transformation. Sie bauen je nach Bedarf die beste Spielkombination auf. Das Gamebook ist daher kein Lehrbuch, dem eins zu eins immer gefolgt werden soll. Digital Leadership ist keine Standardlehre und kein Kompetenzmodell, das nur so als Ganzes oder gar nicht funktioniert.

Die Digital Leader Canvas ist ein Orientierungsrahmen mit hohem Praxisbezug. Sie ist für das Führen in Unternehmen *jetzt* gedacht, nicht zum Studieren für ein Führen irgendwann in der Zukunft. Nicht mehr, aber auch nicht weniger ist ihr Anspruch. **Abbildung 6** zeigt die 4x4-Struktur der Digital Leader Canvas.

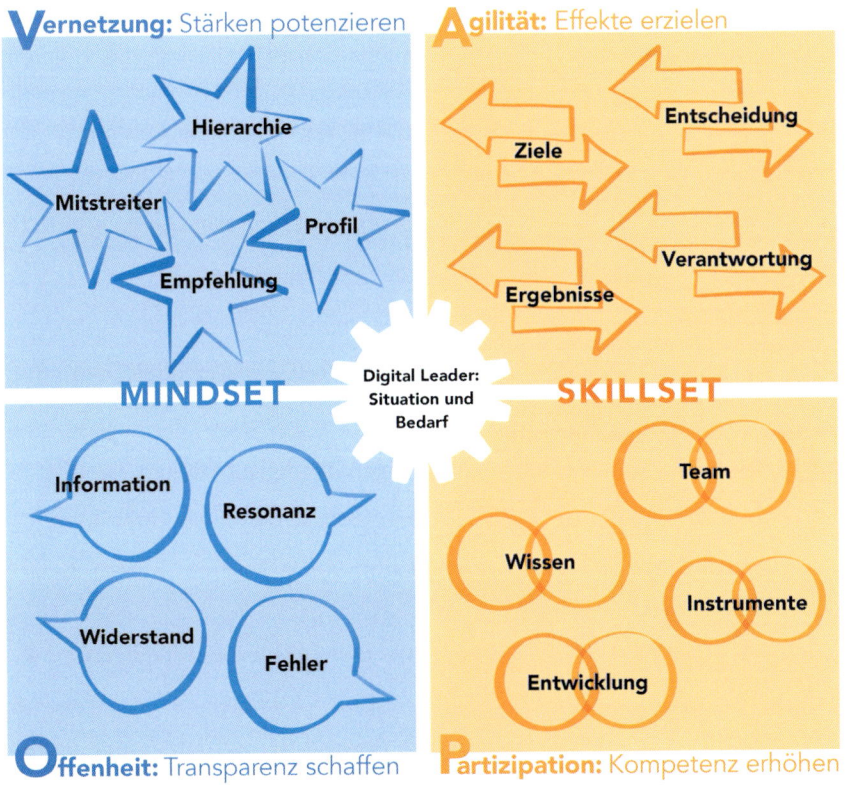

Abbildung 6: Digital Leader Canvas: Digital Leader kombinieren spezifisches Skillset und Mindset.

Das Mindset eines Digital Leaders besteht aus diesen wesentlichen Themen:

Vernetzung: Stärken potenzieren

 **Hierarchie:** Als kompetenter Partner über die eigene Linie hinaus agieren, Part 2.1

Profil: Teilhabe am eigenen Arbeiten ermöglichen, Part 2.2

Mitstreiter: Aktivierung der Mitarbeiter zur Stärkung der Kollaboration, Part 2.3

Empfehlung: Förderung der Vernetzung der eigenen Mitarbeiter, Part 2.4

Offenheit: Transparenz erhöhen

Information: Vollständige Kommunikation und Klärung von Themen, Part 2.5

Resonanz: Zeitnahe Bewertungen geben und Rückmeldungen verarbeiten, Part 2.6

Widerstand: Lösung von Konflikten und Nutzung aller Energien, Part 2.7

Fehler: Lernen sichern und Kontrolle vermeiden, Part 2.8

Das Skillset eines Digital Leaders zeichnet sich durch diese Themen aus:

Partizipation: Kompetenz erhöhen

Team: Abläufe verschlanken und Eigenständigkeit stärken, Part 3.1

Wissen: Austausch fördern und Hindernisse beseitigen, Part 3.2

Instrumente: Agile Methoden testen und etablieren je nach Bedarf, Part 3.3

Entwicklung: Fähigkeiten aufbauen und Potenziale stärken, Part 3.4

Agilität: Effekte erzielen

Ziele: Prozesse zur Vereinbarung, Bewertung und Anpassung verfolgen, Part 3.5

Ergebnisse: Veränderungen ableiten und Aufträge justieren, Part 3.6

Entscheidung: Prinzipien statt nur Hierarchien folgen, Part 3.7

Verantwortung: Handeln mit Ende-zu-Ende Orientierung, Part 3.8

Digital Leader entwickeln sich

Was für eine Aufgabe! Das soll ich als Führungskraft alles können und be-achten? Das denken Sie sich jetzt vielleicht, nachdem Sie die Digital Leader Canvas im Überblick kennengelernt haben. Und dieser Eindruck könnte sich in den nächsten Teilen noch verstärken, wenn Sie in die Details einsteigen. Denn das 4 x 4 im Mindset und Skillset ergänzen jeweils passende Tools zur erfolgreichen Umsetzung, die in den folgende Parts umgesetzt werden. Des-halb die Antwort auf Ihre Frage: Nein! Kein Digital Leader braucht immer alles, muss alles beachten. Erinnern Sie sich an die Rules für Digital Leader gleich am Beginn des Gamebooks: Sie folgen keinem Schema F.

Die Canvas enthält Schlüsselqualifikationen, mit denen Sie Ihre Spielkombina-tionen entwickeln und Ihren eigenen Spielplan bauen. Sie können ergänzen, was Sie zusätzlich im Bestand haben und was für Sie wichtig ist. Sie können parken, was für Sie absehbar weniger Relevanz besitzt.

Die Hauptsache ist, Sie beginnen und machen sich auf in Richtung Digital Leadership. Das können Sie – unabhängig davon, wo Sie und Ihr Unterneh-men sich befinden. Sie sind es, die Ihr Team und Ihren Bereich beeinflussen können. Diese werden von Ihrer Haltung und Kompetenzen als Digital Leader profitieren.

Der Weg ist nie zu Ende

Nie aufhören besser werden zu wollen, um zu den Besten gehören zu können: Das könnte ein Motto dafür sein, wie Digital Leader nach ständiger Weiterentwicklung streben.

Steve Jobs – bis zu seinem Tod im Jahr 2011 der legendäre Chef von Apple, dem lange Zeit weltweit wertvollsten Unternehmen – war besessen von einer Idee: »Einfachheit ergibt sich nicht durch das Ignorieren von Komplexität, sondern durch den meisterhaften Umgang damit«, sagte er in einem Interview. Jedes Produkt sollte intuitiv funktionieren.

Im meisterhaften Umgang war er kompromisslos und nicht immer emphatisch und auch nicht partizipativ. Den Anforderungen zur Vernetzung, Offenheit und Agilität folgte Jobs als Digital Leader jedoch jederzeit. Garstig konnte er werden, wenn seiner Vision für das Unternehmen nicht konsequent und kompromisslos gefolgt wurde. Und eine Vision zu formulieren, ist letztlich eine der wesentlichen Aufgaben für Digital Leader.

Perfektion ist für Digital Leader unerreichbar. Das ist nicht tragisch. Es liegt vielmehr in der Natur der digitalen Transformation, immer wieder aufs Neue Neues zu entwickeln. Die authentische Spielkombination dabei ist entschei-dend.

Damit hier kein Missverständnis aufkommt: Für Digital Leader gelten innerhalb und außerhalb der eigenen Spielkombinationen die sonst bekannten Regeln und Gesetze. Defizite in einigen Handlungsfeldern sind akzeptabel, solange nicht andere allgemeingültige Regeln oder sogar Gesetze gebrochen werden. Jede Form von informellem Mobbing oder auch Diskriminierung – um zwei Beispiele zu nennen – sind unentschuldbar, auch wenn im Übrigen die Fähigkeiten als Digital Leader exzellent sein sollten.

Den eigenen Spielplan erstellen

Mit dem Spielplan können Sie für sich die ersten Spielzüge als Digital Leader bestimmen, die Ihnen in einer akuten Situation als Führungskraft sofort helfen. Sie können ebenso grundsätzliche Themen für Ihre weitere Entwicklung als Führungskraft erfassen, unabhängig von aktuellen Aufgaben als Führungskraft. Und Sie können alle Bereiche verknüpfen – die übergreifenden Schritte und sofortigen Aktivitäten.

Der Spielplan ermöglicht das Sortieren, Gewichten und Verknüpfen Ihrer vorhandenen Kompetenzen mit den neuen Impulsen für Ihre Haltung und Fähigkeiten in diesem Gamebook. Sie erstellen ein prägnantes und präzises Bild für Ihren weiteren Weg. Sie sehen auf einen Blick, welche Potenziale Sie mit welchen Spielkombinationen aktivieren können, und erfassen, welche Erfahrungen hilfreich sind. Ihre Ergebnisse runden den Spielplan ab.

Mit dem Spielplan werden Sie Ihren eigenen Rhythmus finden. Ihre Spielkombinationen werden sich einschwingen und immer intuitiver werden. Idealtypisch könnten Sie irgendwann keinen Spielplan mehr brauchen oder den Plan nur noch zur Überprüfung oder Inspiration einsetzen, um etwas Neues zu probieren.

Der erste Spielplan wird nicht ihr letzter sein. Das steht jedenfalls fest. Eine ganze Reihe wird entstehen, wenn Sie Ihre Fähigkeiten anschmiegsam an neue Anforderungen und Herausforderungen der digitalen Transformation justieren. Der Spielplan ist ein lebendiges Dokument zur häufigen Inspiration und weniger Transpiration als Digital Leader.

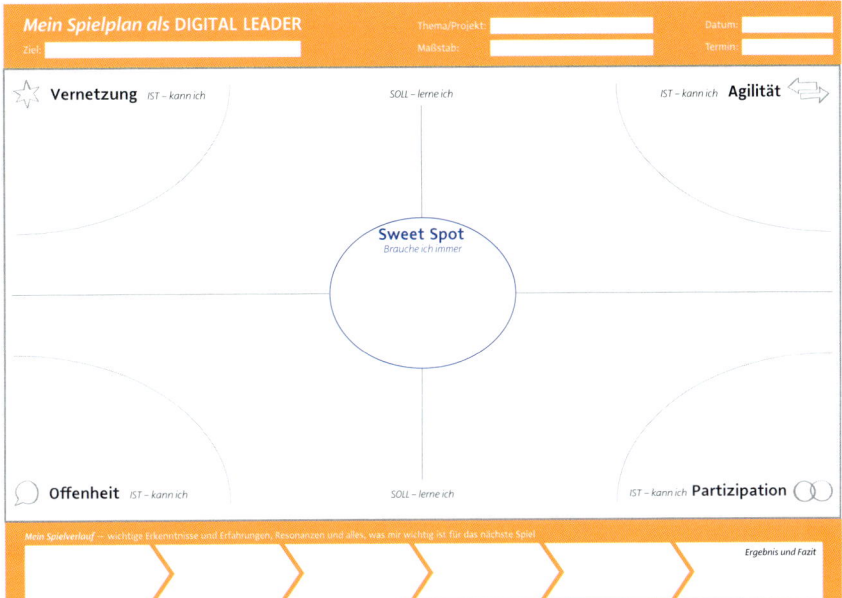

Abbildung 7: Der Spielplan für Digital Leader – die passenden Spielzüge bestimmen und kombinieren.

So wenden Sie den Spielplan an:

Kopfzeilen zur Bestimmung der Spielsituation

✔ **Thema/Projekt:** Hier tragen Sie den konkreten Anlass für den Spielplan ein, wofür Sie Ihre Spielzüge als Digital Leader bestimmen möchten. Dies kann ein konkretes operatives Vorhaben sein, wie die Entwicklung eines neuen digitalen Ablaufs, Services oder auch Produkts, oder auch »Allgemein« bezeichnet werden. Das bedeutet, der Spielplan gilt für Ihre gesamte Arbeit als Führungskraft.

✔ **Datum:** Diese Angabe ist besonders langfristig wichtig. Sie werden sich als Digital Leader weiterentwickeln. Dafür ist es sehr motivierend, über die älteren Versionen den eigenen Fortschritt zu sehen, wo Sie herkommen, was Sie sich angeeignet und wieder verändert haben.

✔ **Ziel:** Ihr Handeln wird gestärkt, wenn Sie eine emotional bewegende Perspektive haben. Das Ziel sollte also eine Wirkung Ihrer Digital Leadership beschreiben, kurz und prägnant. Ein Satz reicht. Der Beginn könnte sein: »Ich werde ...« oder »Ich bewirke, dass ...«

✔ **Maßstab:** Hier wird das Ziel in ein konkretes Resultat überführt, das Ihrem Team, Bereich oder Unternehmen nutzt, ebenfalls kurz und prägnant. Ein Satz könnte beginnen mit: »Mein ... wird ...« oder »Durch mich wird ...«

✔ **Termin:** Der Zeithorizont sollte natürlich zum Ziel passen und innerhalb eines Jahres liegen. Zwischentermine für Meilensteine sind wichtig, wenn Sie länger planen möchten. Kurze Abstände für »Quick Hits« der Spielzüge als Digital Leader fördern Ihre Motivation.

Plan für Ihre Spielzüge und Spielkombinationen

✔ **Sweet Spot:** In der Mitte tragen Sie Themen, Methoden oder Tipps ein, die übergreifend für Sie besonders wichtig sind, zum Beispiel weil Sie hier besonders große Wirkung entfalten können. Daher steht hier »Brauche ich immer«.

✔ **Vier Quadranten — VOPA:** Hier tragen Sie entsprechend den Kapiteln im Gamebook Ihre Spielzüge ein, die Sie einsetzen möchten (Methoden, Tipps etc.).
   - IST – kann ich: Hier stehen die Punkte, die Sie bereits beherrschen.
   - SOLL – lerne ich: Hier stehen die Spielzüge, die Sie sich noch aneignen möchten.

✔ **Verbindungen:** Verknüpfen Sie die wichtigsten Spielzüge zu einer Spielkombination, der Sie als Digital Leader folgen möchten. Heben Sie farblich oder fett die Aspekte hervor, die eng zusammenhängen und sich gegenseitig stärken. Maximal zehn Verbindungen sollten in der Regel genügen. Mehr wird Sie in der Praxis überfordern, wenn Sie diese Verbindungen bewusst verfolgen.

Fußzeile Bewertung der Spielzüge

✔ **Mein Spielverlauf:** Hier tragen Sie chronologisch Erfahrungen und Ergebnisse, Resonanzen und alles ein, was Ihnen wichtig ist in Ihrer Arbeit als Digital Leader. Je mehr, desto besser, um mit diesen Informationen den nächsten Spielplan erstellen zu können. Ziehen Sie im letzten Feld ein Fazit, wie Ihr Spielplan klappt — spätestens, wenn der gesetzte Termin erreicht ist.
   - Wenn der Platz nicht reicht, drucken Sie einfach einen weiteren Spielplan aus, schneiden die untere Zeile ab und kleben diese an den unteren Rand Ihres Spielplans. Fertig!

Sie werden sich fragen, wann Sie den Spielplan erneuern oder neu erstellen sollten. Auf alle Fälle, wenn der letzte Termin auf Ihrem Plan erreicht ist. Zuvor können Sie jederzeit den Spielplan verändern oder verwerfen, wenn Sie der Meinung sind, dass Ihre gewählte Spielkombination nicht geeignet ist, Ihre Ziele zu erreichen. Das ist Teil Ihres Selbstbewusstseins als Digital Leader, bei Problemen oder im Scheitern schnell zu lernen.

Eine Veränderung kann notwendig werden, wenn Sie sich zu Beginn, voll motiviert, zu viel vorgenommen haben. Oder in der Umgebung haben sich elementare Veränderungen ergeben, wie eine neue Struktur im Unternehmen, ein neuer Chef oder ein neues Aufgabengebiet für Sie. Für die Art und den Umfang der Veränderung oder Neuerstellung Ihres Spielplans kann es keine Regel geben. Auch die Anzahl an Punkten, die Sie vermerken, steht Ihnen frei: Mit nur zwei oder drei wird es schwierig, Wirkung zu entfalten und Erfahrungen zu sammeln. Mit mehr als zwanzig, in oder neben der Spielkombination arrangiert, wird buchstäblich der Überblick schwieriger. Fest steht nur, dass Sie als Digital Leader fortlaufend mit Ihrem Spielplan arbeiten und ihn bei Bedarf neu erstellen. Sie werden den Rhythmus finden, der zu Ihnen passt!

In Part 4.1 und 4.2 finden Sie Beispiele dafür, wie Sie Ihren Status ermitteln und den Spielplan erstellen können.

Starten Sie sofort!

Der erste Teil hat Ihnen erste Anregungen gegeben. Die dürfen nicht verloren gehen! Fangen Sie deshalb beim Lesen des Gamebooks an, Ihren ersten Spielplan zu erstellen. Sammeln Sie fortlaufend die Aspekte, Methoden oder Tipps, die Ihnen spontan für Ihre aktuellen Aufgaben hilfreich erscheinen. Blicken Sie vor dem Einstieg in Teil 2 auf diesen erst Part zurück und überprüfen Sie, welche Impulse bereits notiert werden könnten. Sortieren Sie diese in die passenden Felder der vier Bereiche, jeweils in IST und SOLL, und verknüpfen Sie die Punkte, die eng zusammenhängen.

Markieren Sie fett oder bunt die Punkte, die Sie sofort starten und in Ihrem Umfeld als Digital Leader testen möchten, am besten mit einem konkreten Ziel hinterlegt, zum Beispiel wie Mitarbeiter reagieren können. Holen Sie auch aktiv Feedback ab oder besprechen Sie Ihre Erfahrungen mit Ihren besten Kollegen. Im Spielplan halten Sie in der untersten Zeile diese Ergebnisse und Erfahrungen fest.

Am Ende der Lektüre werden Sie nicht nur den ersten Spielplan erstellt haben. Sie werden auch bereits Ergebnisse besitzen. Damit können Sie die nächste Version erstellen, optimiert mit den ersten Erfahrungen. Idealerweise ergibt sich ein Sweet Spot mit hohem Praxisbezug: Das ist Ihre grundlegende Spielkombination, der Sie in der weiteren Entwicklung als Digital Leader folgen.

Auf dem Arbeitshilfen-Portal zum Buch steht der Spielplan zum kostenlosen Download bereit. Die Zugangsinformationen finden Sie am Ende des Buches.

Viel Erfolg und auch Freude!

Ein typischer Spielplan soll Sie darin unterstützen, sich vorzustellen, wie das Ergebnis Ihrer Auswahl aussehen könnte. Einige Punkte werden für Sie eventuell noch unbekannt sein. Sie dürfen gespannt sein. Die Erklärungen finden Sie in **Part 2** und **Part 3** des Gamebooks.

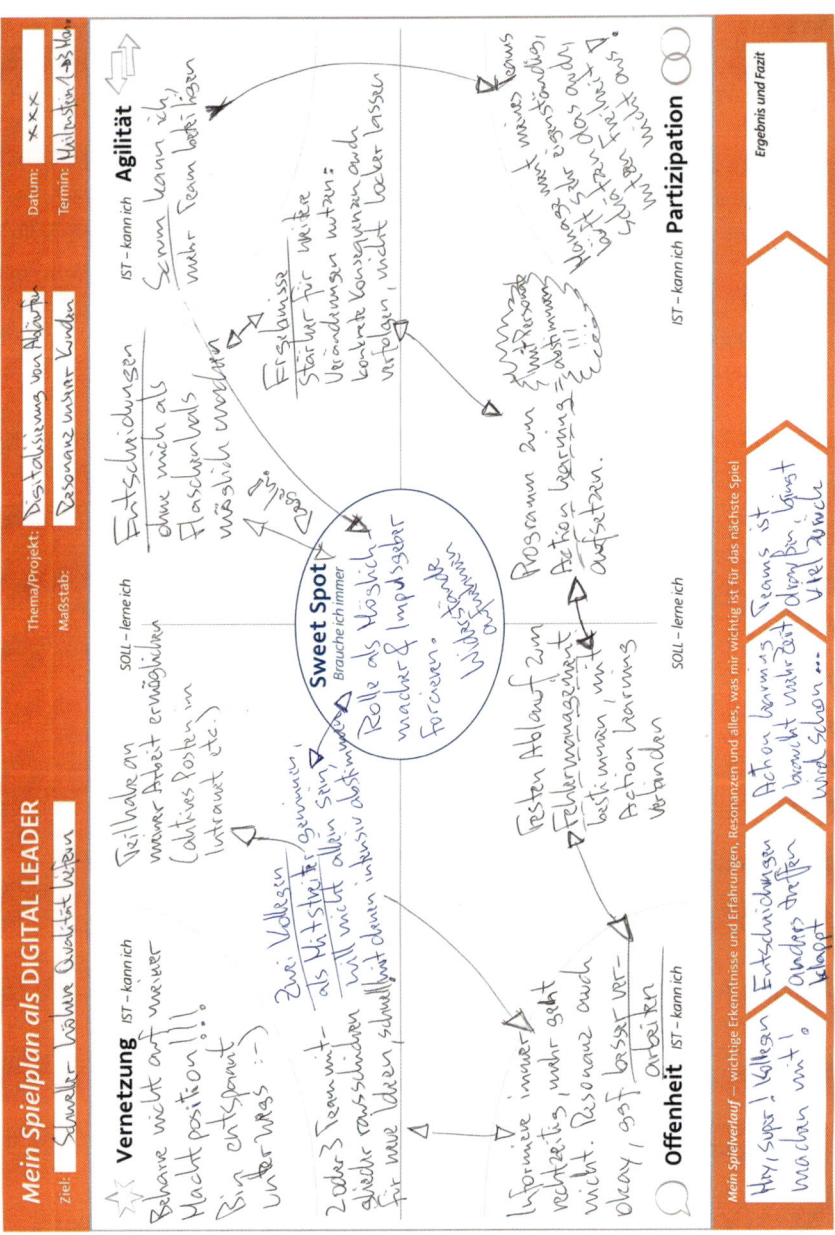

Abbildung 8: Beispiel für einen ausgefüllten Spielplan.

82

Machen Sie sich also beherzt auf den Weg zum Digital Leader! Und denken Sie daran: Digital Leader werden immer auf Hindernisse und Herausforderungen stoßen. Sie sind ein wichtiges Element der Führungsarbeit, um neue Wege beschreiten zu können. Stellen Sie sich vor, wie Ihr Weg bislang ohne Hindernisse verlaufen wäre. Wichtige, vielleicht sogar entscheidende Impulse, neue Pfade zu beschreiten, entstehen aus Problemen, die neue, ungewohnte Lösungen erfordern. Umwege führen manchmal schneller zum Ziel als gedacht.

Machen Sie sich beherzt auf den Weg zum Digital Leader. Im digitalen Zeitalter werden für Führungskräfte menschliche Attribute wichtiger denn je. Den Wunsch zum Entdecken und das Vermögen zum Durchhalten können uns kein Algorithmus und keine digitale Anwendung geben. Lucius Annaeus Seneca, römischer Dichter und Philosoph, gibt dazu einen wichtigen Gedanken mit auf den Weg – aus ganz analogen Zeiten, noch vor dem Buchdruck vor rund 2.000 Jahren:

Nicht weil etwas schwer ist, wagen wir es nicht. Weil wir es nicht wagen, ist es schwer.

Part 2

Mindset als Digital Leader

Das Game annehmen

Der erste Teil des Gamebooks hat Lust auf Veränderung gemacht. Als Erstes die Veränderung der eigenen Haltung als Digital Leader: Eine Haltung, die dazu ermutigt, zu neuen Ufern aufzubrechen, ohne sicher zu sein, welches Ufer wann erreicht wird, wie auf der Fahrt der Wind weht oder welche Stürme und Untiefen lauern.

Ihre neue Denkstrategie, die Sie in Part 1 aufgenommen haben, ist auch in kritischen Situationen zu behaupten – und diese Situationen gibt es reichlich. Zumindest das ist für Digital Leader sicher. Denn eigene Einstellungen und Vorstellungen zur Digital Leadership, die Haltung und Rolle als Digital Leader prallen auf die meist noch traditionelle Unternehmens- und Führungskultur.

Die ersten vier Kapitel in Part 2 betrachten das Spielgebiet der *Vernetzung*, um die eigenen Stärken zu potenzieren. Startpunkt für das Mindset als Digital Leader ist das Bewegen in der Hierarchie:

- **2.1. Hierarchie** – *Über die eigenen Linien hinaus agieren.* Das erste Kapitel packt den Stier bei den Hörnern. So nutzen Digital Leader den Rahmen der formalen und informellen Strukturen in Organisationen.
- **2.2. Profil** – *Teilhabe am eigenen Arbeiten ermöglichen.* Durch den Einblick in die eigene Arbeit erhöht sich der Einfluss jedes Digital Leaders in der Hierarchie. Das zeigt das zweite Kapitel.
- **2.3. Mitstreiter** – *Aktivierung der Mitarbeiter zur Stärkung der Kollaboration.* Ohne Mitarbeiter als »Spielpartner« wird die digitale Transformation nicht erfolgreich sein, ob in einem Team, einer Abteilung oder für das gesamte Unternehmen.
- **2.4. Empfehlung** – *Förderung der Vernetzung der eigenen Mitarbeiter.* Digital Leader gehen noch weiter. Sie lassen ihre »Spielpartner« sich eigenständig entwickeln und Einfluss nehmen, letztlich mit positiver Rückwirkung auf die eigene Position und Weiterentwicklung.

Anschließend folgen die Details zum Spielgebiet *Offenheit*, um die Transparenz weiter zu erhöhen. Auch hier basieren die möglichen Spielzüge auf dem Mindset, vollständige Kommunikation wirklich zu wollen und selbst Fehler als wichtigstes Element für den Fortschritt in der digitalen Transformation zu nutzen:

- **2.5. Information** – *Vollständige Kommunikation und Klärung von Themen.* Digital Leader fokussieren ihre Regelkommunikation so weit wie möglich und schaffen neue Räume für einen zukunftsorientierten Dialog.

- **2.6. Resonanz** – *Zeitnahe Bewertungen geben und Rückmeldungen verarbeiten.* Zum gemeinsamen Fortschreiten gehört der ständige Austausch zu den Ergebnissen und auch Rückschritten.
- **2.7. Widerstand** – *Lösung von Konflikten und Nutzung aller Energien.* Nur wenige Kollegen werden zu Beginn Unwissenheit, Ungewissheiten und das Unbekannte als Grundlage für neue Spielzüge aufnehmen. Zur besonderen Haltung der Digital Leader gehört daher, Konflikte und Widersprüche als Energie für das eigene Spiel anzunehmen.
- **2.8. Fehler** – *Lernen sichern und Kontrolle vermeiden.* Das Loslassen der Vorstellung, Probleme selbst zu regeln oder deren Lösungsweg genau zu kontrollieren, zeichnet schließlich Digital Leader besonders aus. Dadurch wird der Nutzen von Fehlern sogar größer denn je, weit über die künftige Vermeidung des konkreten Problems hinaus.

Sind Sie der Meinung: »Hey, alles kein Problem! Diese Punkte sind doch eine Frage der richtigen Methoden, weniger der Haltung.«? Dann zeigt Ihnen das folgende kurze Beispiel von traditionellen Entscheidungsprozessen in Organisationen, dass das Mindset die wesentliche Grundlage ist, um seine Fähigkeiten und Methoden als Digital Leader einsetzen zu können.

Die Beurteilung von Entscheidungsalternativen geht nach wie vor häufig davon aus, dass vollständiges Wissen über die Situation und direkter Einfluss auf die weitere Entwicklung besteht – in einer VUKA-Welt (**Part 1.3**) selbstverständlich eine völlige Illusion. Ohne die Haltung, dass jede Entscheidung eine geringe Halbwertzeit haben könnte, weil sich wesentliche Parameter und Annahmen ständig ändern können, wird es schwer, Entscheidungen anzupassen und gegenläufige Entwicklungen im Spielverlauf nutzen zu können. Das starre Festhalten an einer Entscheidung – wegen des befürchteten Gesichtsverlusts! – kann eine Führungskraft in der digitalen Transformation schnell ins Abseits manövrieren.

Das Gamebook möchte Ihnen Mut und Freude machen, immer wieder neu zu entscheiden. Idealerweise entwickelt sich darüber hinaus eine innere Haltung, durch die es unnötig wird, sich immer wieder neue Denkweisen in Erinnerung rufen zu müssen. Dann ist die höchste Stufe erreicht, intuitiv und spielerisch, den Wandel vorzuleben und Rollenmodell zu sein.

Digital Leader führen mit Herz und Hand, Emotion und Verstand.

Vernetzung: Stärken potenzieren

Part 2.1 Hierarchie – Über die eigenen Linien hinaus agieren

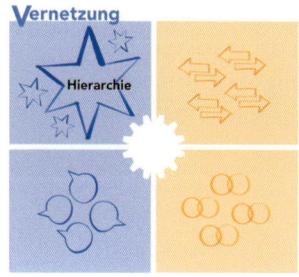

Kein soziales System besteht ohne Hierarchie. Ob die Familie oder der Verein, die Parteien, Verbände oder Unternehmen – überall bestehen hierarchische Strukturen. Diese sind meistens formal fixiert und dokumentiert. Wenn nicht, dann entwickeln sie sich informell und werden als gemeinsame unausgesprochene Grundüberzeugungen »gelebt«.

Spannend wird es, wenn formale Hierarchien und informelle Strukturen parallel bestehen, so wie in den meisten Unternehmen: »Das macht man hier besser so« oder »Kläre das vorher dort ab, sonst gibt's Probleme«. Mit solchen Sätzen treten ungeschriebene Hierarchien zutage. Jede Führungskraft sollte sich dieser Zusammenhängen bewusst sein, ganz unabhängig von der digitalen Transformation.

Formale Hierarchien können für die Wirkung als Digital Leader hinderlich sein, die digitale Transformation werden sie aber nicht verhindern können. Gerade die informellen Netzwerkstrukturen prägen Unternehmen und schaffen Möglichkeiten, im bimodalen Führungsmodus als Digital Leader zu arbeiten – und das gilt besonders, wenn die bestehenden Hierarchien sehr starr sind und das informelle Silodenken weitverbreitet ist.

Digital Leader sehen Hierarchien als notwendigen Gestaltungsrahmen. Sie hängen nicht an einer Funktion oder halten unbedingt an einer Aufgabenbeschreibung fest. Schon gar nicht grenzen sie sich selbstbewusst gegenüber anderen Bereichen ab und wehren sich gegen Einflüsse aus anderen Teams. Die Sicherung der Machtposition für das eigene Silo hat keine Priorität, denn:

Digital Leader wollen über formale Autorität hinaus agieren.

Wie weit reicht Ihre Autorität bereits über die formale Hierarchie hinaus? Ihre Haltung sollte sein, dass Führung nicht durch formale Autorität entsteht. Die Position in der Hierarchie beschreibt die Pflicht, verordnete Autorität zu nutzen. Die Kür als Digital Leader ist, informelle Autorität zu erarbeiten, um die digitale Transformation voranzutreiben. In der Digital Leadership stärkt

Autorität die Position als Führungskraft – und nicht wie bisher umgekehrt: Die Position gibt Autorität.

Eine Frage reicht

Führungskräfte treffen nicht immer die richtigen Entscheidungen. Aber Führungskräfte können immer häufiger die richtigen Fragen stellen. Denn die Unsicherheiten und Mehrdeutigkeiten im digitalen Zeitalter werfen immer wieder neue interessante Fragen auf. Technologische Sprünge führen dazu, dass bestehende richtige Antworten falsch werden und hinterfragt werden müssen.

In einem Meeting reicht ein kurzer Moment der Führung aus, um den entscheidenden Impuls zu setzen: »Ich schätze euren Mut und das Engagement für diesen neuen Kundenservice! Respekt! Die notwendigen Investitionen sind aus eurer Sicht ebenso beeindruckend. Seid ihr wirklich absolut sicher, dass niemand die gewünschten Leistungen und die anvisierte Qualität kopieren und digital nahezu ohne Kosten erbringen kann? Wenn zweifellos ja, dann macht es. Wenn vielleicht nein, dann prüft euch selbst noch mal genau.« Es stellt sich in der Folge heraus, es gab bereits Möglichkeiten, den anvisierten Service digital nahezu identisch zu erbringen – nur hatte dies bisher niemand gewagt. Das Projekt war vom Tisch. Die Gruppe wurde so vor weiteren hohen Investitionen in Zeit und Geld bewahrt. Und der Fragesteller hat dadurch hohe Autorität erlangt.

Die Haltung eines Digital Leaders, über die formale Hierarchie hinaus Autorität besitzen zu wollen, wird nicht immer sofort bejubelt, eher direkt angegriffen – besonders zu Beginn der digitalen Transformation und in der Etablierung der Digital Leadership. Der Umgang mit dieser »Herkunft« in Unternehmen ist für den Erfolg jedes Digital Leaders entscheidend. Daher widmen sich Part 4.11 und 4.12 im Detail der Überzeugung des Top-Managements und dem Umgang mit bestehenden Machtstrukturen. Zuvor wird in Part 4.8 gezeigt, wie in der bestehenden Hierarchie eine digitale Einheit aufgebaut wird.

Grundlage, um bei diesen Themen ins Detail zu gehen, ist eine stabile eigene Haltung zur Hierarchie. Ungünstig wäre nämlich, wenn ein Digital Leader bei der erstbesten Drucksituation auch in das Schema der eigenen »Siloverteidigung« rutscht, weil ein »Angriff von außen« kommt. Sofort wäre er gefangen in der Rolle, die eigene Funktion zu sichern. Ohne die eigene Vernetzung in einer Organisation, ohne das Denken und Handeln über den eigenen Bereich und die Funktion in der Hierarchie hinaus kann kein Digital Leader erfolgreich sein. In der digitalen Transformation wird auch kein Unternehmen nachhaltig erfolgreich sein, das nicht insgesamt eine silofreie und hierarchieunabhängige Führungskultur entwickelt. Der Digital Leader macht den Anfang! Die Vernetzung wird nicht über die eine Funktion, sondern über die verschiedenen Rollen in der Führung möglich.

Digital Leader führen über verschiedene Rollen, möglichst selten allein durch ihre Funktion.

Rollen übernehmen Menschen immer, bewusst oder unbewusst. Die Frau als Tochter, Freundin, Mutter, Ehefrau, Kollegin oder .... Der Mann als Sohn, Freund, Vater, Ehemann, Kollege oder .... Die Rollen sind häufig temporär und selbst gewählt – bis auf die Rolle als Kind seiner Eltern. Die kann sich niemand aussuchen.

Digital Leader nehmen, um als Möglichmacher der digitalen Transformation wirken zu können, aktiv viele Rollen ein – verbunden mit ihrer Funktion oder unabhängig davon. Über die Rollen verschaffen sich Digital Leader viel mehr Einfluss, als sie jemals alleine über ihre Funktion und den eigenen Platz in der Hierarchie ausüben könnten.

Digital Leader gewinnen Macht über die Relevanz ihrer Rollen im Unternehmen. Die Rollen reichen von spontanen und temporären, wie als Konfliktlöser für ein Team, bis zu geplanten und langfristigen Engagements, wie als Sponsor oder Pate für ein monatelanges Co-Creating-Projekt zur Entwicklung eines neuen digitalen Geschäftsmodells. Das Rollenverständnis als Digital Leader wird von einer Grundüberzeugung geprägt: Entscheidungen und die Planung von notwendigen Ressourcen und Kompetenzen erfolgen möglichst dort, wo schnell ein großer Effekt für das Projekt oder den Kunden erzielt werden kann.

Daraus ergeben sich für Digital Leader die folgenden fünf wichtigen Rollen:

Rolle 1 – Der Verantwortungsgeber

Die erste Rolle eines Digital Leaders ist, die eigene Führung zu teilen, Verantwortung auf spezialisierte Teams oder Projektgruppen vollständig oder temporär zu verlagern – neudeutsch bezeichnet als »Shared Leadership«. Dort werden die Bedingungen dafür geschaffen, dass die anvisierten Ergebnisse und Erfahrungen erreicht werden können.

Gemeinsam werden inspirierende konkrete Ergebnis- und Leistungsziele gesetzt, Mitarbeiter akquiriert und aktiviert, das Lernen über Fehler und Meilensteine überprüft. Daraus kann sich in dieser Rolle als Digital Leader ergeben, die Überzeugung in das schnelle Ende eines Projekts zu unterstützen, wenn die anvisierten Ziele sich als wirkungslos oder nicht erreichbar herausstellen.

Digital Leader werden ein Projekt nicht bis zum Ende umsetzen, um das eigene Budget zu sichern. Das analoge Input-Output-Planen, also die Kontrolle von »Das stecke ich rein und das leiste ich ab«, funktioniert in klar abgrenzbaren Aufgaben im operativen Effizienzmodus. Das Controlling in der digitalen Transformation ist geprägt vom Fokus auf den Outcome und Outflow, also die direkte Wirkung für die jeweiligen Kunden und die indirekten Wirkungen über das jeweilige konkrete Thema hinaus, zum Beispiel die Veränderung der Führungs- und Unternehmenskultur. Ein Digital Leader sichert, dass diese Perspektive nicht verlassen, sondern vielmehr dauerhaft etabliert wird.

Die Rolle der Verantwortungsübertragung kann – wie jede andere Rolle auch – zunächst nur im Verantwortungsbereich und Wirkungsrahmen der eigenen Funktion übernommen werden, also für das eigene Team, die Abteilung und den Bereich. Generell gilt für jede Rolle als Digital Leader, dass sie im stabilen eigenen Umfeld geprobt werden kann, um Vertrauen zu sich selbst zu gewinnen. Merken Sie sich: Ohne Anfang im Kleinen gelingt kein Fortschritt im Großen!

Digital Leader entwickeln innerhalb der Hierarchie in Unternehmen Keimzellen für die digitale Transformation.

Verantwortung geben ist mehr, als eine gute Teamarbeit zu ermöglichen. Das ist schon immer ein Teil guter Führung. Verantwortung geben bedeutet, dass im Team selbst über das Vorgehen entschieden und je nach Verlauf das Vorgehen justiert wird, inklusive der eigenen Ressourcen – immer im Rahmen der übergreifenden Ergebnis- und Leistungsziele (zum Aufbau von Teams mehr in Part 3.1). Verantwortung geben führt als »Nebeneffekt« auch dazu, dass der Digital Leader im Unternehmen nicht »einsamer Rufer in der Wüste« bleibt, sondern Verbündete gewinnt. Die beste Gelegenheit dafür bietet die projektbezogene Führungsrolle, unabhängig von der hierarchischen Funktion oder Position.

Das perfekte Angebot

Ein Projektteam soll an einem komplizierten Angebot für einen großen Kunden arbeiten. Der Kunde hat eine offizielle Frist Mitte des nächsten Monats gesetzt. Eine zweite Frist wurde durch die Führungskraft – als Teil seiner aufgabenbezogenen Führung – auf eine Woche vorher gesetzt, um ausreichend Zeit für die Kontrolle und zur Optimierung zu haben. Diese Frist wurde im Team abgestimmt und ihr wurde zugestimmt.

Damit das Projekt zu diesem Zeitpunkt abgeschlossen werden kann, müssen spezielle Aufgaben, wie das Zusammenstellen der Daten, Kalkulationen in Koordination mit anderen Abteilungen, Konzeptarbeiten oder auch die Ideenentwicklung im

Team, erledigt werden. Ohne die Führungskraft setzen sich Teammitglieder gegenseitig interne Fristen, um sicherzustellen, dass das Projekt synchron fortschreitet. Ebenso können Teammitglieder ihre Arbeiten gegenseitig kontrollieren, bevor sie damit weiterarbeiten, und so Kontrollverhaltensweisen ausüben. Außerdem können Teammitglieder denen Hilfe anbieten, die hinter dem Zeitplan zurück sind, um das Projekt gemeinsam rechtzeitig und erfolgreich abzuschließen.

Die Führungskraft wird nicht zwischendurch gefragt, ob die Konzeption und Konditionen passen. Das geschieht erst am vereinbarten Termin. Die Führungskraft wird nur konsultiert, wenn diese fachlich einen Mehrwert oder inhaltliche Impulse liefern kann – wie bei allen Teammitgliedern auch.

Am vereinbarten Termin wird das Angebot als Ganzes intensiv besprochen. Die Führungskraft kann die Position des Kunden einnehmen und Inhalte kritisch hinterfragen. Das Angebot wird durch diese Außensicht perfektioniert. Wichtige Aspekte, die vielleicht bisher zu kurz gekommen sind, fallen durch die Unbefangenheit des Verantwortungsgebers viel eher auf.

Selbstverständlich wird die Rolle als Verantwortungsgeber nicht sofort und in jedem Fall positiv aufgenommen werden. Zwischenschritte und Reflexionsschleifen können nötig werden (mehr dazu in **Part 2.3** zur Aktivierung der Mitarbeiter und **Part 2.6** zur Rückmeldung an Mitarbeiter). Das eigene Team oder neue Teams müssen sich häufig an diese Rolle gewöhnen, um aktiv die neuen Chancen zur eigenen Gestaltung zu nutzen. Digital Leader gehen dabei voran als Möglichmacher.

Rolle 2 – Der Impulsgeber

Die Rolle als Impulsgeber verstärkt die Wirkungen, die ein Digital Leader innerhalb der bestehenden Hierarchie erzielen kann. Die eigene Neugier für Trends bleibt nicht verborgen. Digital Leader agieren in einem Unternehmen, jedenfalls zu Beginn der digitalen Transformation, als eine Art Evangelist, der die »frohe Botschaft« der Digital Leadership in die Organisation trägt.

Digital Leader setzen sich immer wieder neu dafür ein, dass Innovationen im Unternehmen eingeführt werden können.

Wie weit sind Sie damit bereits gekommen? Zum Bereich der Innovationen gehören nicht nur neue digitale Geschäftsmodelle und -abläufe. Wichtig für die Führung sind parallel die Fortschritte in Richtung einer digitalen Organisation, angefangen von der Gestaltung von Arbeitszeiten und -räumen über die Etablierung neuer Technologien zur Kollaboration bis hin zur Etablierung paralleler Organisationsstrukturen – als Voraussetzung für die Entwicklung neuer Geschäftsmodelle.

Das gesamte Gamebook liefert vielfältigen Stoff und zahlreiche Ideen für Impulse, die Sie Führungskollegen in Ihrem Team, Ihrer Abteilung und Ihrem Bereich oder im gesamten Unternehmen geben können. Bereits im ersten Part und in allen weiteren Kapiteln werden Sie an vielen Stellen denken: »Das wäre direkt etwas für uns!« oder umgekehrt: »Ob das bei uns klappen würde?«. Daraus ergeben sich Impulse.

Jetzt Impulse bestimmen

 Führen Sie eine Liste mit drei Spalten: Links notieren Sie unter der Rubrik IST die aktuelle Situation oder einen konkreten Anlass bei einem Kollegen, im eigenen Team oder auf Unternehmensebene, wo Sie einen Impuls setzen möchten. In der Mitte unter SOLL schreiben Sie den Impuls auf, den Sie geben möchten, das kann ein Tipp oder ein Instrument oder ... sein. In der rechten Spalte unter TUN schreiben Sie schließlich konkret auf, was Sie wann wie machen, um den Impuls zu setzen.

Wichtig ist: Möglichst einfach und leicht, konkret und direkt hilfreich sollte der Impuls sein. Umso eher werden Sie als Impulsgeber auch positive Resonanz erhalten, ohne oberlehrerhaft zu erscheinen.

Sinnvoll ist sicherlich, zunächst »Genossen im Geiste« zu »impulsieren«. Ohne eine gewisse Empfangsbereitschaft versandet jeder Impuls oder aktiviert eher unnötig Widerstand, weil zum Beispiel der Kollege die eigene Position in der Hierarchie gefährdet sieht. Impulse sollten idealerweise verborgene Energien in Unternehmen wecken. Vermeintliche Kleinigkeiten, wie neue Arbeitsroutinen in Teams, sogenannte Workhacks (Part 3.3), können zeigen, dass anders zu arbeiten gar nicht »wehtut«, sogar vieles erleichtert, das bisher für Aufregung gesorgt hat.

Große Impulse können wirkungsvoll sein, wenn die digitale Transformation absehbar zur großen Herausforderung wird. Der »Check der Zukunft« aus Part 1.1 liefert über die zwei simplen Fragen »Warum muss es uns in zehn Jahren noch geben?« und »Wo und wie würden wir als konkurrierende Wettbewerber am besten unser Geschäft attackieren?« häufig viel neuen Stoff, ganz anders über das eigene Team, den Bereich oder das Unternehmen zu denken. Die Fragen stoßen quasi eine Tür auf, um dahinter ganz neue Antworten zu suchen und zu finden.

Testen Sie, wie weit Sie mit Ihren Impulsen gehen können. Sie könnten überrascht werden: Manchmal kommt man weiter als gedacht, wenn man einmal losgeht. Bitte beachten Sie allerdings: Digital Leadership wird in den meisten Unternehmen zunächst ein zartes Pflänzchen sein. Ein Digital Leader setzt Impulse so, dass er das Bestehende nicht wie ein Bulldozer auf dem Feld komplett platt macht. Insofern ist ein Digital Leader stets auch Brückenbauer.

Rolle 3 – Der Brückenbauer

Sie kennen bestimmt die Formel: Keine Zukunft ohne Herkunft. Selbst bei radikalen Veränderungen, die durch die digitale Transformation notwendig werden, gibt es in der Vergangenheit Themen, Fähigkeiten oder Verhaltensweisen, an die angeknüpft werden kann. Nicht alles ist per se schlecht oder völlig ungeeignet.

Das Problem ist, dass mitunter martialische Appelle aus dem Management – häufig unterstützt von Analysen übereifriger Strategieberater – genau diese Botschaft implizit vermitteln: »Wir müssen uns neu erfinden!« oder: »Unsere Strategie ist veraltet!«. Das mag rational stimmen. Ohne greifbare Details und eine realistische Perspektive für die Zukunft steigern solche Aussagen das Gefühl der Unsicherheit unnötig.

Entscheidend ist das »Abholen«. Gute Führungskräfte zeigen, welche Einstellungen, Fähigkeiten oder Verhaltensweisen auch in der Zukunft bedeutsam sind. Dadurch wird die Überzeugung gestärkt, vorhandene Unsicherheiten bewältigen und Unklarheiten beseitigen zu können. Dann steigt die Bereitschaft zur Kooperation, um auch unangenehme und ungewohnte Themen anzupacken.

Digital Leader machen Kollegen und Mitarbeiter zu Verbündeten.

Nur ganz selten – wenn das Geschäft zusammenbricht oder ein Unternehmen vor dem Ruin steht – kann eine völlige Neuorientierung und Neuerfindung in Unternehmen notwendig werden. Doch selbst dort kann, wenn das Unternehmen erhalten bleibt, meistens irgendetwas aus der Vergangenheit für die Zukunft positiv wirksam sein.

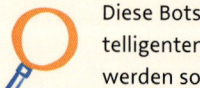

Der Mensch im Mittelpunkt

Diese Botschaft kommt überraschend, wenn der Kundenservice mit intelligenten Sprachsystemen, den Chatbots, zu großen Teilen digitalisiert werden soll – auf den ersten Blick. Verständlich ist, dass über Chatbots die Erreichbarkeit 24 Stunden am Tag und sieben Tage die Woche auf 100 Prozent steigt. Der Kunde wird als Mensch zudem noch zufriedener sein, wenn das Anliegen sogar im ersten Kontakt erfolgreich erledigt wird.
Zum Gelingen sind die Mitarbeiter gefragt, die das System mit den Antworten auf Fragen füttern. Quantitativ macht sich der Mitarbeiter insofern selbst überflüssig. Die Botschaft Mensch im Mittelpunkt ist jedoch doppeldeutig. Denn durch das neue System können sich die Mitarbeiter im Kundenservice viel stärker auf die menschlichen Anliegen der Kunden kümmern. Lästige Standardaufgaben, wie die Änderung von Kundendaten, entfallen weitgehend.

Der Bereichsleiter Kundenservice machte als Digital Leader seine Mitarbeiter zu Verbündeten: »Künftig ist Ihre Servicekompetenz viel wichtiger. Sie können sich voll und ganz einbringen, sich im intensiven Kontakt mit unseren Kunden weiterentwickeln.« Die Toleranz gegenüber Problemen in der Einführungsphase, die Bereitschaft, das neue System zu lernen und Fehler im Kundenkontakt auszumerzen, werden so erheblich gesteigert. Das sonst eher übliche Hadern, man habe es ja gewusst, dass das System ohnehin nicht so funktionieren würde wie versprochen, bleibt dann weitgehend aus.

Digital Leader erzählen als Brückenbauer stets auch Geschichten, wie das Beispiel zeigt. Diese Geschichten – im neudeutschen Fachjargon »Story Telling« – müssen nachvollziehbar und relevant sein. Eine mögliche Unschärfe in sprachlichen Metaphern oder tatsächlichen Bildern ist hinnehmbar, wenn die Kernaussage eindeutig ist. Hauptsache ist, dass die Geschichte geerdet ist und zuvor weniger Greifbares begreiflich macht (Details dazu in Part 2.5).

In der Digitalisierung gibt es überall Themen und Begriffe, die Angst dadurch machen, dass die Bedeutung für die Arbeit nicht klar ist – Big Data, Disruption, Blockchain, künstliche Intelligenz. Ein Digital Leader muss nicht alle Begriffe wörterbuchreif und in Detailtiefe erläutern. Wichtiger ist die Übersetzung: »Stellt euch vor, dass unser telefonischer Kundenservice zu jeder Zeit alle Kundenanfragen annimmt und automatisch die für uns lästigen Routinethemen sehr persönlich und immer wertschätzend sofort klärt! Wir kümmern uns um die wirklichen Probleme unserer Kunden. Das wird möglich durch künstliche Intelligenz.«

Digital Leader sind Vermittler des digitalen Zeitalters und sorgen dafür, dass Mitarbeiter an der digitalen Transformation teilhaben können.

Buzzword-Bingo

In Ihrem Einflussbereich starten Sie das Buzzword-Bingo. Jedes Teammitglied kann unklare Buzzwords posten oder an die Pinnwand hängen. Ein anderes Teammitglied, das eine Anwendung oder Wirkung für das Buzzword kennt, ergänzt. Um möglicherweise offengebliebene Begriffe kümmert sich der Digital Leader.

Buzzword-Bingo kann fortlaufend gespielt werden: Für besonders kreative Paare gibt es dann kleine Give-aways als »Prämie«. Auch bei einem Event oder in Workshops klappt das Bingo gut. Im Ergebnis wird nicht nur Wissen anschaulich und gemeinsam erarbeitet. Auch der Schrecken wird reduziert, was die digitale Transformation so alles bringen wird.

Nahezu alle Kapitel in **Part 2** und auch **Part 3** tragen zusätzlich und nahezu automatisch dazu bei, dass Sie diese Rolle als Brückenbauer erfüllen – meistens ohne groß darüber nachzudenken. Das kann auch für die nächste Rolle gelten.

Rolle 4 – Der Navigator

Mehr denn je schlüpfen Digital Leader in die Rolle des Navigators. Diese Rolle ergibt sich nahezu automatisch aus der Übergabe von Verantwortung, dem Impulsgeben und Brückenbauen. Dadurch werden Richtungen aufgezeigt und beim Verfolgen der gewählten Wege wird Unterstützung gegeben.

Die Rolle als Navigator ergibt sich nicht aus der hierarchischen Position, sondern viel eher aus der intensiven Kooperation mit anderen Führungskräften und den Mitarbeitern sowie durch die Koordination von deren Aufgaben. Das bedeutet, dass ein Digital Leader sich weniger durch das Vermögen, eigene Ideen durchzusetzen, auszeichnet als vielmehr dadurch, die Durchsetzbarkeit der besten Ideen zu ermöglichen.

Digital Leader zeigen Richtungen auf und forcieren die konsequente Umsetzung der gewählten Wege.

Der wichtigste Gesichtspunkt in Bezug auf die Rolle als Navigator ist das Thema Zielsetzung (mehr auch in **Part 3.5**). Bekanntlich weht für keine Mannschaft der Wind richtig, wenn niemand weiß, welchen Hafen man ansteuern möchte. Und die digitale Transformation bietet viele Winde aus unterschiedlichen Richtungen und viele Häfen. Windstill wird es nie werden. Umso wichtiger ist es, als Digital Leader die jeweils passende Spielkombination zu initiieren – nicht nur für sich selbst als Navigator, sondern auch für das involvierte Team.

SMART-Regel

Das Akronym SMART bedeutet »Specific Measurable Accepted Realistic Timely«. Die Ziele sind so spezifisch, dass die Ergebnisse nachvollziehbar sind, wenn auch nicht immer in Zahlen messbar. Das Vorhaben sollte akzeptiert sein: Die Gründe und Notwendigkeit sind klar. Und das Vorhaben sollte erreichbar und in einem realistischen Zeitrahmen zu erledigen sein. Die Erfüllung dieser Bedingungen schafft die Grundlage für das »Sell-in« der Beteiligten, also die Bereitschaft zur Kooperation.
Die Formel ist nicht neu, in der digitalen Transformation aber aktueller denn je. Und wie oft wird in Unternehmen nach wie vor wenig SMART gearbeitet!

Als Navigator kann ein Digital Leader diese Regel einbringen, damit Teams sich über die Richtung der Arbeit klarer werden und daraus selbst Arbeitsaufträge ableiten. Auch lässt sich fortlaufend prüfen, ob das Ziel noch erreichbar ist oder ob die Aufgaben oder sogar das Ziel selbst revidiert werden sollten.

Auf Basis von SMART hinterfragt ein Digital Leader zum Beispiel Projekt- oder Entwicklungsstände. Dadurch entstehen Anregungen, sich zu überlegen, ob zum Beispiel ein Ziel nur noch mit enormem Aufwand erreichbar ist.

Der Navigator forciert das ständige Justieren der Ressourcen, um möglichst schnell die Ziele zu erreichen – oder zu verwerfen. In der digitalen Transformation gibt es einfach zu viele Chancen, die nicht alle genutzt werden können. Daher stellt der Digital Leader nicht per Befehl, sondern über seinen Führungseinfluss als Navigator sicher, dass Teams nicht auf die falschen Karten setzen oder mit einem schwachen Blatt versuchen, das Spiel zu gewinnen.

Durch den Digital Leader als Navigator werden Hindernisse und Herausforderungen antizipiert und das Team vorausschauend sensibilisiert, ohne dass er selbst korrigierend eingreift (außer bei akuter Gefahr im Verzug). Der Navigator bietet hierbei Gelegenheit zur Reflexion über den Kurs und die gewählten Spielkombinationen an. Er achtet darauf, dass sich Teams – durchaus gut gemeint und engagiert – nicht in ein Thema oder Projekt verrennen. Der Erkenntnisprozess wird beschleunigt. Das Team wird gebeten, diese Erkenntnisse zu teilen und zu einer gemeinsamen Bewertung zu kommen. Besonders die agilen Arbeitsmethoden bieten dazu eine Vielzahl von Instrumenten (**Part 3.3**). Aber auch ein ganz normaler wöchentlicher, kurzer Jour fixe kann sehr viel leisten – mit den richtigen W-Fragen.

Die W-Fragen zum Navigieren

 Ein Jour fixe in laufenden Projekten kann durch einige wenige W-Fragen so fokussiert werden, dass schnell klar und Einverständnis erzielt wird, wie weiter vorgegangen werden sollte. Betrachtet wird ausschließlich der Zeitraum seit dem letzten Treffen: Was wurde erledigt? Was ist offen? Was brauchen wir akut, um weiterzumachen? Wie lautet das nächste Zwischenziel? Wer macht bis dahin was anders als geplant?

Länger als 30 Minuten sollte die Abstimmung nicht brauchen, bei guter Vorbereitung, das heißt mit Antworten als Vorschlag, können auch 15 Minuten genügen. Der Navigator stellt nur die Fragen!

Rolle 5 – Der Experte

Der Digital Leader kann in einem Team, einem Bereich oder für ein ganzes Unternehmen aber auch eine aktive Rolle übernehmen – als Experte. Dies wird nicht die Regel sein. Aufgrund der fachlichen Herkunft vieler Führungskräfte sollte diese Rille aber nicht zwanghaft unterdrückt werden. Es schadet ja nicht, dass ein Digital Leader in der Führung manchmal ein Digital Leader in der Technologie oder in anderen Themen der digitalen Transformation ist. Aus der Rolle als Experte leitet sich jedoch nicht der Führungsanspruch ab, wie dies traditionell in vielen Unternehmen bisher der Fall ist.

Digital Leader lassen zu, dass die eigenen Mitarbeiter mehr wissen als sie selbst. Sie fördern dies sogar. Das gilt einerseits. Zum anderen sind Digital Leader auch Experten, zum Beispiel für andere Führungskräfte als Kollegen, die Rat zur Digital Leadership suchen.

Digital Leader teilen ihr Expertenwissen aktiv und halten ihre Kompetenz nicht zurück.

Das Wichtigste in der Rolle als Experte ist, mit anderen Führungskräften Erfahrungen als Digital Leader zu teilen. Mit Sparringspartnern kann intensiver am gemeinsamen Fortschritt gearbeitet werden. Dies liest sich vielleicht zunächst banal. Aber ehrlich gefragt: In wie vielen Unternehmen ist es üblich, sich im Führungsteam gegenseitig fit zu machen, ungeachtet von Position und Funktion oder eigenen Interessen? Oft herrscht eine andere Denkweise vor: »So weit geht meine Liebe dann doch nicht! Als Digital Leader mache ich gerne viel und vieles neu. Aber Konkurrenten fit machen? Nein! Ellenbogen breit machen und bloß kein Expertenwissen teilen.«

Sind Sie erschrocken, falls dieser Gedanke auftaucht? Lassen Sie den Zweifel zu. Denn die jahrelange Sozialisation auf den etablierten Karrierepfaden mit der Folge permanenter Selbstoptimierung könnte hier durchschlagen. Sich dessen bewusst zu sein, dass die traditionelle Führungswelt häufig anders aussieht, ist der erste Schritt, künftig eine andere Haltung einzunehmen. Und darum geht es! Wer als Digital Leader mit der jüngeren Generation Y oder gar Z (geboren nach 1995) zu tun hat, wird schnell merken, dass dort die formale Karriere nicht die erste Priorität hat (**Part 1, Fakt 5**). Die alte Führungshaltung kommt hier meistens gar nicht gut an.

Für den Digital Leader als Experte ist das Teilen des Wissens elementar. Die einzelnen Erfinder und Eroberer neuer Märkte, die einen Bereich oder ein Unternehmen erfolgreich machen, können in der digitalen Netzwerk- und Plattformökonomie (Part 1.2, Fakt 3) und VUKA-Welt (Part 1.3) nicht mehr alleine den Fortschritt sichern. Der Digital Leader weiß um die Fakten und teilt deshalb sein Expertenwissen – auch aus eigenem Interesse.

Digital Leader sind überzeugt vom Prinzip des Gebens und Nehmens.

Sind Sie bereits überzeugt? Das Geben geht leicht, das Nehmen kann dauern. Aber langfristig werden Digital Leader Impulse von Experten zurückbekommen, die zuvor selbst unterstützt wurden. Wer gibt, der bekommt wieder. Sie denken: »Das ist idealistisch!« Wieso? In fast allen Unternehmen dürfte so langsam »der Schuss gehört worden sein«, dass durch Selbstoptimierung in Silos das Spiel verloren wird. Zum Gewinnen ist eine intensive Kooperation unumgänglich – über Funktionen und Bereiche hinweg. Und immer mehr traditionelle Führungskräfte merken, dass sie ihren Job alleine schlicht nicht mehr erfolgreich gestalten können und sie in der digitalen Transformation abgehängt werden. Fachwissen aus anderen Bereichen ist elementar.

Take My Time

Zugegeben, ein etwas ungewöhnlicher Tipp: Stellen Sie Ihren Führungskollegen eine Stunde Ihrer Zeit zur Verfügung, zum Beispiel zunächst einmal im Monat. Jeweils zehn Minuten pro Person. Da können Ihre Kollegen erfahren, was für sie von Ihrem Wissen und Ihren Erfahrungen wichtig ist.
Bestimmt wird der gegenseitige Austausch auch für Sie interessante Facetten zutage fördern. Lassen Sie sich überraschen! Anonymisiert können Sie anschließend die Erfahrungen im Intranet o. Ä. allen zugänglich machen. Falls einmal niemand Ihre Zeit in Anspruch nehmen möchte, haben Sie selbst eine Stunde Zeit für sich und Ihre wichtigen Anliegen.
Wer weiß – wenn Sie einmal angefangen haben mit »Take My Time«, ... vielleicht schließen sich andere Kollegen an und eine bisher unbekannte Dynamik entsteht.

Digital Leader können auch als Fachexperten gefordert und angefordert werden. In diesem Fall ist es wichtig, sich in die Reihe mit allen anderen Experten zu stellen, sogar im eigenen Team. Es gelten die gleichen Regeln für den Einsatz. Die Verantwortung, wie das Fachwissen genutzt wird, liegt jeweils beim Projektleiter oder einer anderen verantwortlichen Person. Vom Digital Leader wird das Ergebnis nur beurteilt, falls eine persönliche Gesamtverantwortung für das Thema oder Projekt besteht. Als Experte zieht sich ein Digital Leader sofort zurück, sobald das spezifische Wissen nicht mehr gebraucht wird. Floskeln wie »Was ich bei dieser Gelegenheit sagen wollte ...« sollten Sie sich möglichst verkneifen. Das Vertrauen, dass Sie als Digital Leader genau auf Ihre Rollen achten, wird sonst schnell untergraben.

Rolle klären und halten

Sobald Digital Leader in einem Team mehrere Rollen einnehmen, sollte in jeder Situation klar sein, welche Rolle gerade »gespielt« wird. Auch wenn dies manchmal etwas bemüht klingen sollte, ist eine kurze Bemerkung für alle Beteiligten hilfreich: »Ich bin hier als Experte für .... Meine Funktion als ... spielt keine Rolle.«

Die Bemerkung allein reicht nicht. In der Situation ist auch die Rolle durchzuhalten und nicht in die Führungsposition zu wechseln. Mitarbeiter könnten Sie in die andere Rolle drängen. Das ist verständlich zu machen: »Ich vertraue Ihnen, mit meinem Wissen als Experte ... optimal weiter zu bearbeiten. Wir sehen uns dann wieder, wenn ich als ... gefordert bin.« Das Wechselspiel der Rollen wird sich mittelfristig »einschwingen« – bei Ihnen und allen Beteiligten.

Zunächst ein kurzes Zwischenfazit: Über diese fünf Rollen verschafft sich jeder Digital Leader viele Möglichkeiten, über die eigene Position hinaus positiv für die digitale Transformation in Unternehmen wirksam zu sein, ohne sofort bei Kollegen auf Widerstand zu stoßen, weil man in »ihr Revier« vordringt. Alle Rollen der Digital Leader können sich in bestehenden Hierarchien eines Unternehmens entwickeln und dadurch diese Hierarchien weiterentwickeln, besonders die informellen Strukturen. Für die digitale Transformation sind diese sehr bedeutsam. Die Fähigkeit einer Organisation zur fortlaufenden Anpassung wird gesteigert, bevor formale Strukturen modifiziert werden können.

Holokratie: Das Ende der Hierarchie?

Konsequent weitergedacht könnte die Stärkung verschiedener Rollen sogar zur Auflösung der formalen Hierarchien führen, wenn diese für den Erfolg eines Unternehmens wirkungslos sind und stattdessen in Teams und Projekten die Organisation erfolgreich funktioniert. Nicht nur Digital Leader werden dann die Selbstorganisation und Selbststeuerung aller Teams zu schätzen wissen. Dann wäre die digitale Transformation konsequent in der Organisation zu Ende geführt: die Umstellung der Hierarchie auf ein Rollenkonzept!

Die Wortschöpfung Holokratie steht für dieses extreme Herrschafts- und Führungsprinzip, Autorität vollständig zu verteilen. Die Organisationsstruktur eines Unternehmens wird in das Netzwerk vieler autonomer und zusammenwirkender Rollen übertragen. Jede Rolle ist über einen speziellen Zweck, eine Zuständigkeit oder Aufgabe definiert. Sinnvolle Kombinationen oder gegenseitige Beschränkungen werden bestimmt und immer wieder justiert. Die Mitglieder einer Organisation übernehmen freiwillig verschiedene Rollen in verschiedenen Umkreisen. Die Gesamtzahl an Rollen ist theoretisch unbegrenzt, praktisch über die Verfügbarkeit und Beherrschbarkeit durch die einzelnen Mitarbeiter aber begrenzt.

Die Spannungen in der Zusammenarbeit – durch Fragen der Zuständigkeit, schlechte Leistungen, neue Anforderung der Kunden, Fehler usw. – sind die Auslöser für die ständige Optimierung des gesamten Systems. In sogenannten Governance-Meetings werden in einem integrativen Entscheidungsprozess Lösungen bestimmt. Dadurch können sich Rollen verändern oder auch neue Rollen begründet werden.

Die Holokratie erfordert bei allen Beteiligten ein ausgeprägtes Rollenbewusstsein und auch Toleranz zur Klärung von Konflikten und Entscheidungsfindung. Dafür ist der Zeiteinsatz hoch und die Dokumentation elementar, um Rollen und Abläufe für alle Rollenkreise verfügbar zu machen. Das Modell führt in der Praxis zu informellen Hierarchien, um den Aufwand zu reduzieren. Erfolgreiche Konfliktlöser besitzen informell höhere Macht als formal gleichrangige Rollenträger. Sie kommen schneller zum Punkt und die Arbeit mit den Kunden geht weiter.

»Delivering Happiness«: Zappos

 Berühmt ist der US-Onlinehändler Zappos für seinen Kundenservice. Die Ansprache der Kunden ist individuell, besser als im stationären Geschäft. Es hat sich eine Community gebildet. Ein Mitarbeiter telefonierte im Callcenter einmal zehn Stunden mit einem Kunden. Darauf ist das Unternehmen sehr stolz!

Die gut 1.500 Mitarbeiter des Unternehmens haben seit 2015 keinen Chef, außer der Geschäftsführung rund um CEO und Gründer Tony Hsieh. Die Vision prallte auf die Wirklichkeit:

- 18 Prozent der Mitarbeiter nahmen bei Einführung holokratischer Strukturen das Angebot zur Abfindung an.
- »Wir beschäftigen uns nun zu sehr mit uns selbst«, bemängeln laut zahlreichen Medienberichten viele Mitarbeiter. Viel lieber würden sie ihre Zeit für die Kunden einbringen.
- Nach wie vor tun sich viele Mitarbeiter schwer, ohne Chef zu arbeiten, der zum Beispiel bei Konflikten eine Entscheidung trifft.
- Im Ergebnis werden Spannungen nicht mehr ausgetragen, und es wird sich einfach informell irgendwie arrangiert.

Unabhängig davon, ob sich eine Organisation irgendwann in Richtung der Holokratie entwickelt, steht für jeden Digital Leader schon heute fest: Die eigenen Rollen sind transparent zu machen, damit die eigenen Mitarbeiter das eigene Verständnis nachvollziehen, sich darauf einstellen und einlassen können. Vertrauen ist die Grundbedingung. Vertrauen darauf, dass Mitarbeiter damit umgehen können oder den Umgang lernen werden, wie Digital Leader in den unterschiedlichen Rollen führen.

Digital Leader geben einen Vertrauensvorschuss.

Die Teilhabe am eigenen Arbeiten schafft die Basis, damit Mitarbeiter sich Schritt für Schritt auf den gemeinsamen Weg machen. Die Transparenz der eigenen Arbeit – inklusive Zweifeln und Bedenken – schafft die unbedingt notwendige Augenhöhe und zugleich bei Mitarbeitern das persönliche Verantwortungsbewusstsein, das Vertrauen nicht zu missbrauchen. Denn ein Digital Leader bleibt ja nach wie vor als Führungskraft für seinen Bereich verantwortlich.

Part 2.2 Profil – Teilhabe am eigenen Arbeiten ermöglichen

Digital Leader ist, wer viele Follower hat. Das ist zuge-spitzt formuliert. Die Formel zeigt jedoch, dass über die Teilhabe am eigenen Arbeiten und Denken der eigene Einfluss viel größer werden kann als in der traditionellen Hierarchie. In Realität können Digital Leader häufig keine Follower im Unternehmen besitzen: Es fehlen (leider) noch die entsprechenden Social-Media-Plattformen, die den unternehmensweiten Austausch und die Verknüp-fung aller Mitarbeiter ermöglichen. Aber auch unabhän-

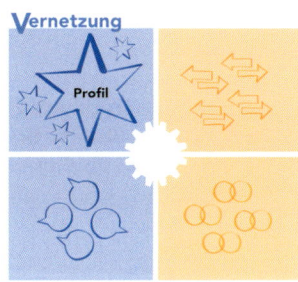

gig von diesem technischen »Beschleuniger« ist eine Profilierung als Digital Leader möglich und sinnvoll.

Die Teilhabe an der eigenen Arbeit zu ermöglichen, ist der Hebel, um das Profil als Digital Leader über die eigene Person hinaus zu entwickeln und Einfluss ausüben zu können. Sonst bleibt der Digital Leader in seiner Rolle allein, wie ein Spieler allein auf weitem Feld. Teilhabe bedeutet zunächst schlicht, selbst Transparenz über die eigene Arbeit und die eigenen Erlebnisse zu haben: Das möchte ich heute erreichen! Das habe ich erlebt! Das könnte für euch inter-essant sein! Dazu würde ich gerne mehr erfahren! Wichtig ist die sprachliche Leichtigkeit. Normale Umgangssprache ist immer am besten, ggf. auch mit Tippern (nicht zu viele natürlich). Und nur zur Sicherheit der Hinweis, was selbstverständlich sein sollte: Alle Mitteilungen werden selbst geschrieben!

Digital Leader formulieren eigene Mitteilungen schnörkellos, verständlich und persönlich.

Jeder Digital Leader kann das tun, und zwar analog und digital. Am besten ist sogar, wenn möglich, die Kombination: über das Intranet, um alle Mitarbeiter zu erreichen, und im direkten Umfeld, auch um den eigenen Mitarbeitern einen Anlass zu geben, mit Ihnen außer der Reihe persönlich zu sprechen. Per E-Mail ist die schlechteste Option: Fast jeder stöhnt über zu viele Mails. Da gehen die gut gemeinten Tipps oder auch Bitten schnell unter. Die Teilhabe am eigenen Arbeiten sollte durch neue, andere Spielzüge erfolgen.

Analog posten

Im digitalen Zeitalter sind analoge Methoden mit Papier und Stift zur Kooperation nicht veraltet. Falls Sie ein Büro oder festen Platz haben, dann bringen Sie irgendwo gut sichtbar große Post-its an, jeden Tag mindestens eins, immer mit Datum. Sie können auch extra ein Brett aufhängen. Die vier Farben der Klebezettel können Sie den vier Themen zuordnen: Ihre Ziele – Das möchte ich heute erreichen! Ihre Erlebnisse – Das habe ich erlebt! Ihre Impulse – Das könnte für euch interessant sein! Und Ihre Fragen – Dazu würde ich gerne mehr erfahren! Das steht natürlich nicht auf den Post-its, versteht sich, sondern ist für Ihre eigene Übersicht. Dazu am Ende mit Pfeil ein kurzer Hinweis, was mit der Notiz passieren soll: »Bitte zum Mitnehmen« oder »Danke für den Tipp«.

Die Regel für den Einsatz ist ganz einfach: Jeder, der vorbeikommt, kann sich das Post-it mitnehmen und später wieder zurückbringen – oder besser abschreiben –, damit andere auch die Chance zum Mitmachen haben. Wer einen Tipp geben möchte, der schreibt dazu ein eigenes Post-it (dazu einige leere neben die eigenen heften).

Mehr als zehn Post-its sollten es nicht sein, spätestens nach einer Woche werden alte Post-its abgehängt. Probieren Sie das analoge Posten aus. Erklären Sie am Anfang jedem, der vorbeikommt, was Sie da plötzlich machen, und seien Sie gespannt auf die Resonanzen.

Teilhabe bedeutet auch Interesse zeigen. Dazu ist es wichtig, von Mitarbeitern zu erfahren: Was möchtet ihr heute tun? Und wie kann ich euch dabei unterstützen? Daraus ergeben sich für Digital Leader wiederum eigene Ansätze oder sogar konkrete Aufgaben als Möglichmacher und für die Teilhabe an der eigenen Arbeit.

Die Teilhabe muss nicht tagesaktuell sein, kann es aber. Was spricht dagegen? Nichts anderes passiert bereits über E-Mails, stundenlang jeden Tag. Nur mit einem ganz anderen Fokus, dem der Auftragserteilung, Arbeitsverteilung und -verfolgung, eben wie es die Hierarchie vorsieht. Im transaktionalen, regulierten Betriebsmodus kann das in Zukunft auch weiterhin notwendig sein. Aber darum geht es ja in diesem Gamebook *nicht*. Es geht um die Spielzüge zur Gestaltung der Zukunft und nicht um die Profilierung des Digital Leaders heute. Die Profilierung, über die eigenen Verantwortungsbereiche hinaus die Digital Leadership in der Organisation zu verankern, dient nicht der Selbstdarstellung – zumindest nicht als primärer Selbstzweck. Die Teilhabe am eigenen Arbeiten ermöglicht viel eher und viel besser einen »Mitnahmeeffekt«.

Digital Leader bereiten Mitarbeiter auf Veränderungen durch die Digitalisierung vor.

Wie weit sind Sie bereits in der Vorbereitung? Vorbereiten bedeutet vor allem, durch das Vorbild bei der Teilhabe anderer ebenso Lust zur Vernetzung zu machen, statt von oben herab mehr Offenheit zu fordern. Letzteres passiert leider nach wie vor allzu oft, wenn Führungskräfte ihre Mitarbeiter zu mehr Beteiligung auffordern, selbst jedoch keine Offenheit zeigen. Kaum verwunderlich ist es deshalb, wenn dann die Möglichkeiten zur kooperativen Gestaltung gemeinsamer Perspektiven ungenutzt bleiben.

Walk the Talk

 Bei dieser Methode handelt es sich um einen ganz analogen Spielzug. Spontane Kontakte sind häufig intensiv und bleiben eher im Gedächtnis als Routine-Meetings oder geplante Einzelgespräche.

Sie laufen durch das Unternehmen, um vom Neuen zu berichten und Neues zu erfahren. Dazu nutzen Sie spontane Gelegenheiten, unterbrechen aber möglichst nicht Kollegen und Mitarbeiter bei der Arbeit. Die Kaffeeküchen oder neue »Lounge Areas« eignen sich dazu bestens. Alle Orte, wo man sich zwanglos trifft.

Nehmen Sie sich 15 Minuten pro Tag Zeit für Walk the Talk, wenn Sie im Büro oder an anderen Standorten unterwegs sind. Bitte nicht gleich am Morgen (Kontrollgang?!) und stets zu unterschiedlichen Zeiten, damit das Ritual nicht seine Spontanität verliert. Bestimmen Sie auch die Themen, die Sie adressieren und zu denen Sie etwas erfahren möchten. Aus dem informellen Kontakt können sich konkrete Tipps oder Aufgaben ergeben. Notieren Sie diese und haken Sie nach: Beim nächsten Kontakt von Walk the Talk fragen Sie beim Gegenüber, was daraus geworden ist. Damit zeigen Sie ehrliches Interesse an der Arbeit.

Aber aufgepasst: Zu viel »Hereinschneien« oder auch sich in Gespräche drängen kann kontraproduktiv sein. Die Mitarbeiter fühlen sich genervt und unter ständiger Beobachtung. Ein Digital Leader muss nicht immer und überall zu allem »seinen Senf dazugeben«.

Im digitalen Zeitalter sind digitale Plattformen und Instrumente selbstverständlich die erste Wahl (wie schon gesagt: ausgenommen E-Mails). Das gilt besonders, da die Mitarbeiter in Teams immer seltener persönlich zu erreichen sind (zu virtuellen Teams s. **Part 4.6**). Die Teilhabe am eigenen Arbeiten wird durch digitale Techniken jederzeit und überall möglich. Der Einsatz der entsprechenden Software ist inzwischen intuitiv und die Software unterstützt während der Nutzung, sodass es keine Hindernisse in der Anwendung gibt – eher in der Installation und internen Genehmigung.

Der Einsatz von Social Media und sonstigen IT-Systemen zur Teilhabe an der eigenen Arbeit und Teilnahme an der Arbeit der Kollegen und Mitarbeiter sollte sich in jedem Fall auf wenige Kanäle beschränken (idealerweise eine Plattform zur Kommunikation und zum Arbeiten). Für Mitarbeiter sollte keine zusätzliche Last geschaffen werden, zum Beispiel durch ständiges zeitraubendes Einloggen und Checken von verschiedenen Systemen. Allein der einfache und schnelle Zugang zu allen Informationen macht Lust zur Kooperation.

Die IT-Systeme in Unternehmen bestechen – außerhalb der fachlichen Anwendungen – nicht immer durch intuitive und flexible Nutzbarkeit. Viele Führungskräfte und Mitarbeiter setzen als »Work-around« daher WhatsApp ein. Was die Systeme im Unternehmen nicht können, zum Beispiel schnellen Ersatz bei Krankheit zu finden, wird so ganz pragmatisch gelöst. Der Nutzen siegt über alle Bedenken. Unabhängig von rechtlichen Grenzen und der Frage der Vertraulichkeit bewegen sich Digital Leader automatisch in einer Grauzone: Betriebliche und private Nutzung verschränken sich. Das Mobiltelefon als Fernbedienung des Lebens wird zum unabdingbaren Instrument der eigenen (Selbst-)Führung.

Das Gamebook möchte nicht empfehlen, dass ein Digital Leader jedes Spiel mitmachen muss, um zum Beispiel seinem Anspruch zur Teilhabe gerecht zu werden. Als temporäre Krücke, wenn es keine andere Möglichkeit gibt, die Mitarbeiter zu erreichen, können offene Nachrichtensysteme oder Social-Media-Portale nützlich sein. Wichtiger ist jedoch, dass ein Digital Leader es versteht, die Systeme inhaltlich optimal zu bespielen. Die Resonanz hängt, übrigens auch in öffentlichen Social-Media-Plattformen, vom geschickten Einsatz und der Verbindung von Begriffen ab. Wer postet, der sollte auch wissen, wie man zum Beispiel die richtigen Tags setzt. Hier kann gerade die Generation der »Babyboomer« (inzwischen fast alle über 50 Jahre alt), die alle auch ein Digital Leader werden können, schnell einiges von anderen lernen.

Crash-Kurs zum Posten

 Nicht jede Führungskraft ist geübt oder gar Profi bei der Frage, wie richtig gepostet wird, um die größtmögliche Resonanz zu erreichen. Der richtige Einsatz von Hashtags, Links oder Schlüsselwörter ist aber keine Wissenschaft für sich. Ein kurzer Crash-Kurs mit den eigenen Kindern, jungen Kollegen oder auch Studenten genügt. 10 bis 15 Minuten Einweisung reichen meist.
Lassen Sie sich zeigen, wie erfolgreiche Postings aussehen. Zeigen Sie die eigenen Nachrichten oder Kommentare, um diese für mehr Resonanz und Feedback zu verbessern. Lassen Sie sich über die Schulter blicken, wenn Sie die nächsten Postings absetzen. Und verknüpfen Sie sich mit Kollegen oder bekannten anderen Führungskräften, die das Posten gut draufhaben.

Ganz und gar nicht peinlich ist es, wenn ein Digital Leader sich Unterstützung holt, um in digitalen Techniken besser zu werden. Nur, besser werden sollte man dann natürlich. Dazu gehört auch, in den gängigen Social-Media-Business-Plattformen (wie XING oder LinkedIn) präsent und aktiv zu sein. Offenheit über kleine eigene Schwächen schafft Vertrauen bei Mitarbeitern, um später selbst Schwächen unbefangen anzusprechen und anzugehen.

Digital Leader setzen etablierte digitale Techniken wie selbstverständlich im Arbeitsalltag ein.

Für das eigene Profil oder die Anerkennung durch andere muss ein Digital Leader zwar kein Experte in den vielen digitalen Technologien sein. Zum Selbstverständnis gehört jedoch, sich laufend über die Techniken zu informieren, die im eigenen Arbeitsgebiet inhaltlich relevant sind. Ohne diese Kenntnisse wird die Gestaltung der digitalen Transformation für das eigene Team, den Bereich oder das Unternehmen auch inhaltlich schwierig. Da nützt dann auch die Fähigkeit zur bimodalen Führung wenig.

Project Oxygen: Die acht wichtigsten Fähigkeiten

 Von 2009 bis 2012 hat Google insgesamt über 10.000 fremde Bewertungen der eigenen Führungskräfte ausgewertet (aus Assessments, Feedbackrunden etc.). Die Daten wurden mit den erreichten Zielen der jeweiligen Teams und Bereiche verglichen und über zusätzliche Interviews wurden Korrelationen ermittelt und überprüft. Der Name des Projekts war Programm: Welche Fähigkeiten sind am wichtigsten, damit Mitarbeiter am meisten Luft für bessere Leistungen im Team bekommen?

Aus den Ergebnissen wurden *acht wesentliche Fähigkeiten* ermittelt. Alle basieren auf der Vernetzung als der besonderen Haltung der Führungskraft zur Teilhabe und Teilnahme am Schicksal der Mitarbeiter. Sie stellen gewissermaßen das Fundament für das Profil eines Digital Leaders dar:

1. Be a good coach
2. Empower your team and don't micro-manage
3. Express interest in team member's success and personal well-being
4. Be productive and results-oriented
5. Be a good communicator and listen to the team
6. Help employees with career development
7. Have a clear vision and strategy for the team
8. Have key technical skills to help the team

Zugleich hat das Projekt auch die *wesentlichen Fallen* ermittelt, die im digitalen Zeitalter verhindern, dass Manager in ihrer Funktion als Führungskraft erfolgreich sind:

1. Probleme, sich mit dem jeweiligen Team zu vernetzen und als Partner anerkannt zu werden. Meistens sind gegenseitig die Erwartungen und Möglichkeiten zur Teilhabe unklar.
2. Inkonsistente Verfolgung und Entwicklung der Leistungen im Team. Manager sagen nur, was zu tun ist, statt die eigenständige Entwicklung zu fördern.
3. Zu wenig Zeit für die Führung. Fokussierung auf die eigene fachliche Tätigkeit.

Gewiss hat Google mit den Ergebnissen die Welt nicht komplett neu erfunden. Die Studie hat aber – auf einer zuvor nicht verfügbaren riesigen Datengrundlage – eindeutig nachvollzogen, wie wirksam Führungskräfte im digitalen Zeitalter sein können, wenn sie wenige wirksame Spielzüge konsequent umsetzen. Das alles ist vor allem eine Frage der entsprechenden Haltung: konsequent anders zu handeln als bisher gewohnt, so das Fazit im Projekt.

Die Management Rules, die Google ermittelt hat, haben keinen Anspruch auf Allgemeingültigkeit, betonen auch die Studienleiter. Sie geben jedoch jedem Digital Leader wichtige Impulse, nicht nur die Teilhabe an der eigenen Arbeit zu ermöglichen. Die Mitarbeiter werden so für die Kollaboration gestärkt. Nicht alle Mitarbeiter oder andere beteiligte Führungskräfte warten darauf, sich aktiv und intensiv über die bestehenden Aufgaben hinaus in die digitale Transformation einzubringen.

Part 2.3 Mitstreiter – Aktivierung der Mitarbeiter zur Stärkung der Kollaboration

Jeder Digital Leader möchte wirken und nicht »Rufer in der Wüste« bleiben. Die Wirkung entsteht vor allem durch die Fähigkeit zur Ermutigung, damit die meisten eigenen Mitarbeiter auch schwierige Aufgaben und Projekte mit Zuversicht anpacken. Es ist nicht selbstverständlich, die Herausforderungen und Chancen der digitalen Transformation neugierig, offensiv oder sogar enthusiastisch anzugehen. Immerhin könnten die neuen Lösungswege und Abläufe, Services oder Produkte auch das eigene Arbeiten massiv verändern, ohne beim Start zu wissen, wann und wie diese Veränderungen eintreten werden.

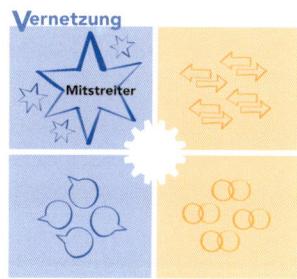

Für Digital Leader ist Kollaboration wichtiger als Kontrolle.

Digital Leader überzeugen ihre Mitarbeiter in der Regel nicht über einen unbegrenzten »Hurra-Optimismus« oder tränentriefende »Brandreden«. Charismatische Führungskräfte motivieren Mitarbeiter nachhaltig zur Mitwirkung und zum Durchhalten, kurz: zu großem Engagement. Digital Leader können charismatisch auftreten und ihre Mitarbeiter nachhaltig aktivieren. Und das gilt für jedes Unternehmen.

Gerade in homogenen Teams, deren Mitglieder sich in der gleichen Lebenslage und Aufbruchstimmung befinden, wie in jungen Start-up-Unternehmen, kann eine Führungskraft entsprechend wirksam werden. Hier ist Führung sogar viel einfacher, vergleichbar mit einer Fußballmannschaft: ein kleines Team, ein Ziel und eine ähnliche Lebenssituation. Da reicht manchmal sogar ein »Hurra, was heute wieder Tolles passiert ist«. Doch auch in diesen Umfeldern wird die Luft zur Begeisterungsfähigkeit viel dünner, wenn zum Beispiel ganz alltägliche Fragen, wie das fehlende Leben außerhalb der Arbeit oder der fehlende Erfolg im Markt, auf die Stimmung schlagen. Führungskräfte werden dann ebenso gefordert, ihre Mitarbeiter vielschichtiger anzusprechen, um die weitere Kooperation sicherzustellen.

Digital Leader streben nicht an, alle Mitarbeiter gleichermaßen zu aktivieren.

Stutzen Sie bei diesem Merksatz? Alle Mitarbeiter mitzunehmen, ist ein häufig formulierter Anspruch an Führungskräfte. Der ist auch gut so. Niemand soll emotional abgehängt werden, damit rationale Veränderungen im Arbeitsprofil

109

möglich sind. Solche Änderungen kommen durch die Digitalisierung von vielen standardisierten Abläufen immer häufiger und schneller vor.

Aktivieren zur Kollaboration bedeutet viel mehr als das Mitnehmen. Digital Leader haben zu akzeptieren, dass nicht jeder Mitarbeiter sich aktiv an der digitalen Transformation beteiligen möchte. Auch wenn ein Digital Leader zum Beispiel zunächst nur einen »harten Kern« aktivieren kann, darf sich daraus keine Zweiklassengesellschaft ergeben. Die Tür zur Mitwirkung bleibt für jeden jederzeit offen. Die Methoden zur Kollaboration (Part 3.3) ermöglichen und erfordern mitunter sogar die fortlaufende Integration neuer Beteiligter.

Jedes Bedürfnis von Kollegen und Mitarbeitern hat seine Berechtigung. Zwei sehr unterschiedliche Beispiele machen deutlich, dass für viele Mitarbeiter traditionell das wichtigste Bedürfnis ist, ihren Job möglichst gut zu machen:

- **Gebäudereiniger:** Hoher Zeitdruck, ungewöhnliche Arbeitszeiten und auch körperliche Beanspruchung gehören zum Alltag. Manchmal sind mehrere Jobs zu koordinieren. Über die Sicherheit in der täglichen Arbeit hinaus hält sich das Interesse an der Zukunft des Unternehmens in Grenzen. Beachtenswert für Digital Leader ist, dass viele Berufsbilder im Niedriglohnbereich von der Digitalisierung direkt existenziell betroffen sein können. Wird es in zehn Jahren noch Taxi- und Lkw-Fahrer geben, wenn selbstfahrende Fahrzeuge zum Standard werden?
- **Softwareprogrammierer:** Die Projekte gehen in der Digitalisierung nicht aus – im Gegenteil. Ständig neue Anforderungen und Anwendungen sind zu erfüllen. Die eigene Fachkompetenz bei immer neuen Technologien zu erhalten, ist Aufgabe genug. Manche sind sogar richtige »Nerds«, hoch spezialisierte und kompetente »Fachidioten« mit sozialen Defiziten. Tageslicht und Duschen begegnen ihnen eher unterdurchschnittlich häufig. Digital Leader haben zu tolerieren, dass für sie die Kollaboration über das eigene Spezialgebiet hinaus völlig uninteressant ist.

Zumeist zeigen die Mitarbeiter klar, wenn sie im Unternehmen allein die aktuelle Arbeit bewegt. Sie möchten schlicht mitgenommen werden, wenn sich im direkten Arbeitsumfeld und in der eigenen Tätigkeit Veränderungen ergeben – nicht mehr, aber auch nicht weniger.

Den Sinn stiften

Der Arbeit einen Sinn zu geben, ist keine außergewöhnliche Fähigkeit, die wenigen Menschen vorbehalten ist. Sie ist für Führungskräfte wichtig, wenn sie nicht nur motivierte, sondern auch zufriedene Mitarbeiter haben möchten.

Digital Leader geben der Arbeit von Mitarbeitern einen Sinn.

Bitte erschrecken Sie nicht vor diesem vermeintlich hohen Anspruch. Eine kompakte Betrachtung, wie Sinn entstehen, vermittelt und vertieft werden kann, ist ausreichend, um als Digital Leader die passenden Spielzüge zu wählen.

Der Sinn besitzt viele Bedeutungen

 Der Begriff Sinn ist bekanntermaßen sehr weit gefasst. Das Wahrnehmungsvermögen durch ein Sinnesorgan bedeutet das Wort genauso wie die sprachliche Einheit von Sätzen bis hin zur Bedeutung von Vorgängen und Handlungen in philosophisch-praktischer Sicht, etwa der Sinn des Lebens.

Das neudeutsche »Sensemaking« zeigt, dass Sinn individuell aktiv »gemacht« werden muss – übergreifend für die weitere Karriereplanung oder Kompetenzentwicklung oder auch nur auf die einzelne Situation oder Handlung bezogen.

»Sensemaking« wird mehr durch Plausibilität ermöglicht als durch Genauigkeit: Wichtig ist, dass eine Tätigkeit in die eigene Sicht der Welt passt. Im Ergebnis sagen dann Mitarbeiter eher flapsig: »Die Arbeit macht für mich Sinn.«

»Sensemaking« ist insofern die fortdauernde Konstruktion der gedachten Arbeits- und Lebenswelt. Der Sinn ist kein finaler Zustand oder ein überdauerndes Kennzeichen, vielmehr ein Prozess des Erwartens und Strebens.

Sinngebung in der Arbeit bedeutet, die kollektiven Ziele eines Teams mit den individuellen Motivationen und Erfahrungen eines Mitarbeiters zu kombinieren und zu verknüpfen. Unser Handeln erhält allerdings allein durch motivgerechte Ziele nicht immer mehr Sinnkraft. Anerkennung und Respekt für unsere Person sind – zum Beispiel – zwei Erfahrungen, die unser Handeln bestätigen und ihm noch mehr Sinn geben können. Umgekehrt können Anerkennung und Respekt allein, ohne gleichzeitige Beachtung unserer Ziele und Motive, für uns keinen nachhaltig wirksamen Sinn stiften.

Das Ergebnis dieses Zusammenhangs ist eindeutig – für jeden Menschen und bei allen Tätigkeiten: Das Zusammenspiel aus meinem Handeln, meiner Motivation und meinen Erfahrungen empfinde ich als sinnvoll und damit passend für mein Leben. Die Arbeit hat für mich und durch mich eine über das reine Geldverdienen oder die Pflichterfüllung hinausgehende Bedeutung. Deshalb bin ich bereit, noch mehr Energie zu aktivieren. Der Sinn beeinflusst positiv die Art, wie ich handele, wie ich mich einbringe und wie ich mich verwirklichen möchte.

Wenn für uns »etwas Sinn macht«, sind wir bereit, uns auch unter widrigen Umständen nachhaltig für unsere Ziele einzusetzen – und geben nicht auf. Und die Bewältigung von Herausforderungen und Problemen, die Art, wie wir etwas tun, erhöht wiederum die Bedeutung dessen, was wir tun. Dieser extrem positive Effekt der Sinnstiftung ist auch in der digitalen Transformation wirksam, die ja genügend Herausforderungen bietet. Je mehr Sinn die Arbeit für mich macht, desto engagierter bin ich und umso offener bin ich für die Kollaboration oder die Bewältigung von Hindernissen. Sinngebung ist deshalb ein sehr machtvolles Instrument für Digital Leader.

Die Aktivierung der Mitarbeiter gelingt eher, sobald der Einsatz wertvoll ist, auch ohne am Anfang genau zu wissen und klar messen zu können, wie das Ergebnis aussehen wird. Digital Leader zeigen ihren Mitarbeitern auf, welchen Beitrag sie zum Großen und Ganzen, zum Gelingen eines Projektes oder einer Initiative leisten können, auf Basis einer gemeinsamen Zielsetzung (**Part 3.5**).

Je praktischer und plastischer dieser Beitrag erscheint, umso höher die sogenannte handlungsauslösende Relevanz. Die bestehende Motivation des Mitarbeiters wird aktiviert, ohne immer neues Antreiben. Digital Leader müssen sich dazu nicht mit der Motivationsstruktur jedes einzelnen Mitarbeiters im Detail beschäftigen. Sie sollten jedoch wissen, wie die Motivation eines Menschen am besten aktiviert werden kann.

Der Wille versetzt Berge

 Diese Lebensweisheit wurde in der Motivationspsychologie nachvollzogen. Zugespitzt gilt: Je attraktiver die persönliche Erwartung an das Ergebnis und die Folgen daraus ist, desto stärker ist die Tendenz jedes Menschen zum Handeln. Desto größer ist auch die Toleranz gegenüber Unsicherheiten und Ungewissheiten, Enttäuschungen und Problemen, die das Handeln begleiten. Das Wollen ist sehr ausgeprägt.
Je stärker der Eigenanreiz durch die Verkettung der verschiedenen Elemente wird, desto größer wird das Durchhaltevermögen und desto länger hält der Wille an.
Nehmen wir Ihre Situation *jetzt*: Sie lesen dieses Buch, weil Ihnen diese Handlung in Ihrer spezifischen Situation ein Ergebnis verspricht, das über die reine Unterhaltung hinausgeht. Das Ergebnis der Lektüre und der Spielzüge, die Sie im Anschluss machen, soll sein, ein erfolgreicher Digital Leader zu werden. Die gewünschte Folge daraus ist, dass Sie in Ihrem Team, Bereich und Unternehmen die digitale Transformation erfolgreich gestalten.
Ihre Erwartung an das konkrete Ergebnis und die Folge ist eine innere, intrinsische Ursache für Ihr Handeln, dieses Buch zu lesen. Sie besitzen aber höchstwahrscheinlich keine konkrete Vorstellung davon, welche weiteren Folgen die Lektüre haben könnte, zum Beispiel in Form eines höheren Bonus oder größerer Anerkennung durch Ihre Kunden. Diese Folgeerwartung wäre eine extrinsische Motivation. Denn sie hängt von der Reaktion anderer Personen ab. Dieses Buch hingegen richtet sich als Impulsgeber an Ihre intrinsische Motivation.

Der innere Motivationsanreiz ist wesentlich wirksamer, wenn es darum geht, konsequent eine Aufgabe zu verfolgen, als ein rein äußerer Anreiz, etwa ein finanzieller Bonus. Anerkennung durch andere kommt zwar von außen, kann aber die innere Motivation verstärken oder erhalten, da sie sinnstiftend wirken kann (»Das, was ich mache, ist gut und wichtig.«). Daher ist das Thema Anerkennung für Digital Leader ein wichtiger Spielzug zur Aktivierung der Kollaboration, wie am Ende in diesem Kapitel gezeigt wird.

Digital Leader stiften Sinn als Vermittler von Erwartungen. Sie übersetzen dazu die Zielsetzung oder anstehenden Herausforderungen und Aufgaben in konkrete Handlungschancen für die Mitarbeiter, zeigen auf, welchen Teil sie beitragen können und wie wichtig dieser Teil ist. Die möglichen Ergebnisse und nützlichen Folgen aus dem gemeinsamen Handeln werden ebenso skizziert oder sogar – je nach Thema – konkret bestimmt. Wenige, gut überlegte Sätze sind dafür meistens ausreichend. Mit diesen formuliert ein Digital Leader auch eine eigene Erwartung. Das ist gut so. Denn fremde Erwartungen geben manchmal den entscheidenden »Schubs«, damit Mitarbeiter selbst die Überzeugung aufbauen, wirksam werden zu können.

Mit der eigenen Erwartung – ob vom Digital Leader angeregt oder selbst bestimmt – sorgen die Mitarbeiter für eine Selbstermutigung: Ja, das kann ich schaffen. Das Arbeiten für das mögliche Ergebnis ist attraktiv.

Lieber einen Tick zu viel

Wie sollten Erwartungen sein – leicht zu erfüllen oder eher fordernd? Grundsätzlich gilt, dass wir uns tendenziell eher überfordern sollten, als von Beginn an unterfordert zu werden.
Wenn wir wissen, das schaffen wir leicht, dann ist der Handlungsreiz, vor allem für eine besondere Anstrengung, eher gering. Fordernde Erwartungen sind motivierend, wenn zumindest vorstellbar ist, diese durch eigene Anstrengungen zu erfüllen. Eine Überforderung tritt ein, sobald eindeutig ist, dass durch keinen noch so großen Einsatz das anvisierte Ergebnis erreichbar ist.
Den »Erwartungshorizont« zu senken, das geht immer. Die Erwartungen nach oben zu revidieren – zum Beispiel mitten im Jahr für die laufenden Geschäftsziele –, ist eher schwierig: Meist fehlt die nachvollziehbare Begründung, warum plötzlich noch mehr gefordert wird.
Stellen Sie sich vor, zu Beginn einer Saison nimmt sich eine Sportmannschaft vor, als Aufsteiger nicht abzusteigen, und liegt dann in der Saison wie geplant im Mittelfeld. Dann soll versucht werden, noch unter die ersten drei zu kommen. Selbst wenn der Trainer diese Perspektive hat und in seiner Mannschaft das Potenzial sieht, sollte er nur eins nicht tun – diese neue Erwartung von außen an die Mannschaft herantragen. Vielmehr sollte er dafür sorgen, dass diese Erwartung aus der Mannschaft selbst entspringt, weil sie mehr als ursprünglich gedacht erreichen möchte.

Angemerkt sei auch ein wichtiger langfristiger Nebeneffekt. Erwartungen zu haben und diese auch zu erfüllen, stärkt das Gefühl der Selbstwirksamkeit: Wir merken, dass wir gestalten und Einfluss nehmen können. Wir erfahren, dass wir die Fähigkeit haben, besondere Anstrengungen zu unternehmen und auch mühevolle Tätigkeiten zu erledigen. Dieser Eindruck hält nach. Erwartungen entfachen dadurch zusätzliche Energie, um auch bei der nächsten Herausforderung zu beginnen und konsequent »am Ball zu bleiben«.

Fazit: Wir freuen uns anschließend besonders über einen Erfolg, wenn das Ergebnis nicht nur die Erwartungen von außen erfüllt, sondern auch auf den eigenen Fähigkeiten, der eigenen Disziplin oder Tüchtigkeit beruht – und aus unserer Sicht sinnvoll ist.

Digital Leader sollten Erfahrungen sammeln und beobachten, wie ihre Sinnstiftung angenommen wird. Dazu gehört, offen mit den Mitarbeitern über den Umgang mit eigenen und fremden Erwartungen zu sprechen und zu erfragen, ob die anvisierten Ergebnisse und Folgen für sie relevant sind. Nehmen Sie sich Zeit dafür. Denn die Sinnstiftung ist ein sehr wirksames Werkzeug, um Menschen für die digitale Transformation zu begeistern.

Das Können unterstützen

Mitarbeiter, die eine ausgeprägte Überzeugung haben und sich mit dem Unternehmen und ihrer Arbeit identifizieren, besitzen meistens klare Erwartungen, wie sie unterstützt werden könnten, um ihren Job zu machen. Diese Unterstützung durch Digital Leader ist ein weiterer wesentlicher Aspekt zur Stärkung der Kollaboration.

Individuelle Fähigkeiten

Mitarbeiter wollen nicht nur ermutigt, sondern auch in ihrer fachlichen und persönlichen Entwicklung unterstützt werden. Das wissen Führungskräfte, die die eigene Rolle darin sehen, ihre Mitarbeiter nachhaltig erfolgreich zu machen, schon lange. Neu in der digitalen Transformation ist, dass nicht klar definiert werden kann, welche Kompetenzen künftig notwendig und wichtig sein werden. Unterstützung und Ermutigung der Mitarbeiter bedeutet daher, ihnen das Entdecken und Entwickeln neuer Fähigkeiten zu ermöglichen, die für ein Projekt oder ein Thema kurzfristig von Bedeutung sein könnten.

Diese Selbstorganisation der eigenen Weiterbildung unterstützt jeder Digital Leader bei seinen Mitarbeitern, indem jederzeit Entwicklungsmaßnahmen besprochen und vereinbart werden können. Die fachliche und persönliche Entwicklung ständig mit Unterstützung des Digital Leaders zu forcieren, stärkt automatisch die Selbstständigkeit und Selbstverantwortung der Mitarbeiter. Der Nebeneffekt ist, dass Digital Leader sich viel weniger um die operative Umsetzung kümmern müssen und mehr Zeit für die zukunftsorientierten Aufgaben haben.

Die Routine des jährlichen Mitarbeitergesprächs nutzen Digital Leader zur gemeinsamen Reflexion, wohin der gemeinsame Weg geführt hat und wie der weitere Weg aussehen könnte. Die Festlegung der konkreten Schritte kann in diesem Rahmen anschließend jeden Tag und je nach Bedarf erfolgen, zum Beispiel für neue IT-Anwendungen. In den meisten Unternehmen dürften Führungskräfte für diese Weiterentwicklung der Mitarbeiter vom Personalbereich Unterstützung erhalten.

Der Digital Leader trägt die Verantwortung dafür, dass die Mitarbeiter an den Maßnahmen teilnehmen, die Zeit dafür haben, und dass das vorhandene Budget optimal eingesetzt wird. Ein weiterer Nebeneffekt dieser kontinuierlichen Weiterbildung ist die unmittelbare Wirksamkeit für die Aufgaben, die im Team, Bereich oder Unternehmen jeweils aktuell anstehen. Eine Entwicklung von Kompetenzen auf Vorrat – neben den grundlegenden Fachkompetenzen für den Routinebetrieb – ist im digitalen Zeitalter schlicht Geldverschwendung.

Kollektive Möglichkeiten

Ohne den gegenseitigen Austausch liegt das individuelle Können brach. Schlimmer noch: Wichtiges Wissen zur digitalen Transformation entsteht erst durch Kollaboration, selten durch geniale Einfälle einzelner Personen (Part 4.9 und 4.10. zeigen die konkrete Praxis für neue Produkte und Abläufe).

Die Aktivierung zur Kollaboration bleibt erfolglos ohne die Möglichkeit zur Kollaboration. Was sich selbstverständlich liest, das ist allzu häufig in Unternehmen noch nicht Standard. Ein Digital Leader lässt sich von etwaigen schwierigen Rahmenbedingungen nicht abhalten, im eigenen Einflussgebiet Lösungen zu finden, damit seine Mitarbeiter kollaborieren können. Zunächst schaffen die Maßnahmen eines Digital Leaders, die die Teilhabe am eigenen Arbeiten ermöglichen, eine erste Grundlage zur Kollaboration, wenn auch mit der eigenen Person im Mittelpunkt. Einige in Part 2.2 genannte Aktivitäten, wie analoge Postings, können auch Mitarbeiter umsetzen und so (temporär) fehlende digitale Systeme zur Kollaboration überbrücken.

Digital Leader nutzen soziale Medien und neue Technologien zur Vernetzung ihres Teams.

Sie sind schon vernetzt? Instrumente zur Kollaboration in Unternehmen gibt es heute »wie Sand am Meer«, inklusive kostenfreier Angebote. Die Leistungen der Systeme sind sehr vielfältig, ebenso die möglichen Situationen und Anforderungen in Unternehmen, deshalb werden hier keine speziell empfohlen. Digital Leader kommen nicht umhin zu bestimmen, sich mit solchen Tools zu beschäftigen und zu entscheiden, welche am besten für den eigenen Bedarf geeignet sind. Die gewählte Lösung muss nicht für das gesamte Unternehmen umgesetzt werden. Besonders bei webbasierten Lösungen sind teamweite oder sogar rein projektbezogene Lösungen möglich. In jedem Fall ist es elementar, allein schon aus Gründen des Datenschutzes und der Datensicherheit, dass die Rahmenbedingungen zur Nutzung von digitalen Services geklärt sind.

Bei der Auswahl spielt der Faktor »Usability«, also die intuitive Anwenderfreundlichkeit, die wichtigste Rolle. Niemand nutzt ein System, das nicht mit der fachlichen Tätigkeit unmittelbar verbunden ist, wenn zunächst tagelange Schulungen notwendig sind oder – ganz alte Schule – ein Handbuch während der Anwendung zum Nachschlagen eingesetzt werden muss. Die besten Systeme scheitern, wenn sie nicht einfach einsetzbar sind. Die Klagen der Unternehmen über mangelnde Nutzung der Systeme in der Praxis zeigen, dass dieser an sich triviale Hinweis nicht unnötig ist.

Zweitens sollte bei der Auswahl auf die Verknüpfbarkeit geachtet werden. Niemand setzt freiwillig mehr als drei oder vier IT-Systeme ein. Insofern wäre es ideal, wenn das Instrument zur Kollaboration mit einem vorhandenen Arbeitssystem zur Projektarbeit verknüpft werden könnte. Dadurch wäre aus der Kollaborationsanwendung heraus der direkte Zugriff auf relevante Dateien möglich. Ein separates Versenden von E-Mails mit nötigen Dateien zum Beispiel schränkt allein durch die zusätzlich notwendige Zeit im Bedienen mehrerer Systeme die Kollaboration ein.

Den Ball flach halten

Keine IT-Landschaft in Unternehmen wird je optimal für jedes Bedürfnis sein. Zudem gibt es unverrückbare Rahmenbedingungen im Einsatz der betrieblichen Standardsoftware. Wer hier als Digital Leader alles beachten und verknüpfen möchte, der wird scheitern.

Bestimmen Sie, wie der konkrete Nutzen des Kollaborationstools für Ihre Mitarbeiter aussehen kann, welches wichtige Ergebnis damit erreicht und welches akute Problem gelöst werden soll. Das muss das System leisten. Mehr zunächst nicht.

Bestimmen Sie zudem, wo Sie ggf. webbasiert außerhalb der unternehmens-internen IT-Infrastruktur Systeme nutzen können, zumindest temporär. Wenn der Nutzen groß und die Nutzung hoch ist, können auch etwaige Sicherheitsbedenken konstruktiv im Unternehmen gelöst werden.

Letztlich bewahrt keine Vorbereitung vor Überraschungen in der Anwendung und Resonanz. Immer ergeben sich Hinweise, wie der Austausch verbessert werden kann. Änderungen sollten dann schnell geschehen, damit die Nut-zung nicht aufgrund unbearbeiteter Hindernisse sinkt. Digital Leader schaffen daher von Beginn an einen Resonanzraum für Verbesserungen: Praktikabel sind Chats, Foren, Blogs oder auch kurze Treffen. Die Ergebnisse sollten umge-setzt und die Umsetzung der Verbesserungen sichtbar sein, wie bei Updates von IT-Systemen oder Apps heute üblich.

Digital Leader beobachten, wie im Team die Medien zur Kollaboration einge-setzt werden, und initiieren Verbesserungen.

Raum schaffen

Digital Leader sorgen dafür, dass ihr Team die Medien zur Kollaboration ein-setzen kann. Können und Zugang helfen jedoch wenig, wenn die zeitlichen Rahmenbedingungen nicht geschaffen werden. Haben Sie für Ihre Mitarbeiter bereits den nötigen Raum dafür geschaffen? Um ihre Ressourcen für die Kolla-boration einzusetzen, müssen Mitarbeiter darauf vertrauen können, dass dies auch als »Arbeit« anerkannt wird bzw. dass ihnen dafür genügend Zeit zur Verfügung steht. Der operative Effizienzmodus sollte deshalb nicht bei der erstbesten Gelegenheit die Kollaboration unterwandern. Digital Leader können ihre Mitarbeiter dabei mit einfachen Mitteln unterstützen, beispielsweise ein Meeting oder eine Telko am Tag 15 Minuten kürzer halten. Das reicht meistens, um die nötige Zeit für die Kollaboration neben dem Tagesgeschäft zu schaffen.

Digital Leader vermeiden es, den Einsatz zur Kollaboration mit der operativen Arbeit zu vergleichen und damit tendenziell abzuwerten. Vielmehr erkundi-gen sie sich nach Impulsen, die auch für die eigene Arbeit interessant sein können. Überraschende Fragen zeigen das Interesse: »Was haben Sie in dieser Woche gehört, das wir kopieren könnten?« oder: »Haben Sie etwas aufge-schnappt, womit wir bei uns etwas ersetzen können?«.

Aber seien Sie darauf gefasst: Das Umfeld könnte auf die intensive Kollabo-ration kritisch reagieren. Digital Leader und auch Mitarbeiter könnten von Kollegen gefragt werden: »Was macht ihr da? Das bringt doch nichts!« Die

Standardantwort kann lauten: »Stell dir vor, wir tauschen uns nicht aus. Dann werden wir rechts überholt. Nicht wann, nur ob ist die Frage.« Ergänzend sind aktuelle Beispiele von Themen, Tipps oder Ähnlichem dienlich, die ohne die Kollaboration nicht oder nicht so schnell angepackt worden wären.

Die Erfahrungen mit der Kollaboration sollten gemeinsam reflektiert werden. Das gilt besonders, wenn Kollaboration bisher alles andere als normal in einem Unternehmen war. Der konstruktive gemeinsame Umgang mit Kritik und Widerstand stärkt das Durchhaltevermögen und letztlich auch den Teamspirit.

Anerkennung zeigen

Anerkennung schließlich ist der vierte Aspekt zur Aktivierung der Kollaboration. Jeder Mensch braucht Anerkennung. Wer das leugnet, macht sich etwas vor. Digital Leader zeigen Anerkennung allein schon dafür, dass Mitarbeiter aktiv kollaborieren und dabei Risiken eingehen, die sie bislang nicht gewohnt waren. Wenn Sie so wollen, dann sind dies kleine »Vorschusslorbeeren«:

- »Mich freut euer Engagement, sich auf unsere neue Form des Austauschs einzulassen.«
- »Ich schätze es sehr, wenn euch mehr interessiert, als die tägliche Arbeit abzuwickeln, wenn ihr euch beteiligt und austauscht.«
- »Ich bin gespannt, was wir gemeinsam erfahren und entdecken, wenn wir uns stärker austauschen.«

Diese drei Sätze sind Beispiele, wie Anerkennung gezeigt wird für etwas, das erst entstehen soll. Dahinter steht unausgesprochen die vertrauensvolle Ermutigung: »Du schaffst das!« Was sich einfach liest, geht vielen Führungskräften nicht so leicht über die Lippen. Digital Leader denken immer dran: Wer zur Begrüßung eine kleine Blume mitbringt, bekommt einen Strauß an Zuneigung geschenkt.

Spielend in die Welt

»Wenn du liebst, was du tust, dann arbeitest du keinen einzigen Tag in deinem Leben.« Das ganz analoge Motto ist im digitalen Zeitalter aktueller denn je – zumindest für Lee McAteer, Inhaber des britischen Online-Reiseveranstalters »Invasion«. Das Spezialgebiet sind unvergessliche Camps, in denen die Gäste zum Beispiel selbst ehrenamtlich aktiv werden, je nach Fähigkeiten und Interessen, als Sporttrainer in Südafrika oder Lehrer in Thailand. Jede Fahrt erfolgt als Gruppe mit einer Aufgabe im Fokus.
Das Konzept funktioniert nur, wenn das Arbeiten selbst als Camp funktioniert – so McAteer. Neue Ideen können die Mitarbeiter im Bällebad spinnen, in der büro-

eigenen Disko oder vor allem durch die Vernetzung mit anderen Veranstaltern und Organisationen. Eine Kontrolle, wer wie was arbeitet, gibt es nicht. Auch nicht, wer wann Urlaub macht. Wichtiger sind immer wieder neue inspirierende Konzepte für Camps, die die wachsende Kundenschar begeistern können. Durch die Anerkennung für den gemeinsamen Erfolg engagieren sich die Mitarbeiter mehr als nötig.

Durch den Führungsstil funktioniert das Unternehmen wie eine Familie, jeder vertraut darauf, dass jeder für alle das Beste tut. Die Mitarbeiter haben darauf nicht gewartet. Die authentische Führung hat die Entwicklung ermöglicht, Skurriles wie überlebensgroße Comicfiguren überall im Büro eingeschlossen.

Anerkennung für gute Ergebnisse ist normal – aber nicht selbstverständlich. »Nicht geschimpft ist genug gelobt«, sagen die Schwaben. In Trainings erlebt der Autor es immer wieder, dass nach diesem Zitat als Provokation ein spontanes »Das kenne ich zu gut« aus dem Raum schallt. Für Digital Leader gilt: Keine Anerkennung geht gar nicht. Es geht nicht darum, bei jeder kleinen Gelegenheit sofort große Lobeshymnen anzustimmen. In manchen Kulturen, wie in vielen amerikanischen Unternehmen, wird sehr viel gelobt: »great job«, »awesome comment«, »incredible input«. Auch wenn der Job oder Beitrag nicht gut war. Ein Zuviel und Falsch macht jedes Lob wieder belanglos und kaum unterscheidbar.

Anerkennung sollte authentisch, angemessen und ehrlich sein. Eine individuelle Auszeichnung ist dabei nur in Ausnahmen nötig. Auch hier kommt es auf die Formulierung an, wobei am besten das gesamte Team und/oder das Ergebnis der Kollaboration in den Mittelpunkt gerückt wird. Das Glas ist dabei immer halb voll. Was erreicht wurde wird betont, weniger, was noch besser gemacht werden könnte. Erinnern Sie sich an die Digital Leader Rules ganz am Beginn des Gamebooks: »Ja, aber ...«, sagt ein Digital Leader nie, auch nicht versteckt. Drei Beispiele hierfür:

- »Das Ergebnis ist durch unseren intensiven Austausch möglich geworden. Danke allen, ich bin stolz. Meine Erwartungen wurden übertroffen.«
- »Wir sind weit gekommen. Ohne die gegenseitige Unterstützung hätten wir das nicht geschafft.«
- »Wie wir uns neuartig ausgetauscht haben, kann uns viel Mut machen. So werden wir noch ganz andere Herausforderungen gemeinsam erfolgreich anpacken.«

Aber auch, wenn das anvisierte Ergebnis deutlich verfehlt wurde, kann Anerkennung gezollt werden. Kein Digital Leader möchte, dass nach einer ersten schlechten Erfahrung das Engagement sofort sinkt. So könnte hier formuliert werden:

- »Wir alle haben uns mehr vorgenommen. Ungeachtet vom Ergebnis macht mir die Art, wie wir die Aufgabe im Austausch angepackt haben, viel Mut für die Zukunft.«

- »Zufrieden können wir trotz allem auf uns sein, wie wir durch die neue Art der Zusammenarbeit mehr gelernt haben als bisher.«
- »Lasst uns nicht verzagen. Positiv nehmen wir die Art mit, wie wir uns unterstützt und inspiriert haben. Darauf können wir aufbauen.«

Digital Leader setzen Anerkennung als einen wichtigen Spielzug zur Aktivierung ihrer Mitarbeiter ein. Die Kollaboration geht aber noch weiter. Digital Leader sorgen für die Vernetzung der eigenen Mitarbeiter, auch um mittelbar den eigenen Einflussbereich zu erweitern.

Part 2.4 Empfehlung – Förderung der Vernetzung der eigenen Mitarbeiter

»Stell dir vor, wir bilden unsere Leute weiter, geben viel Geld aus und dann verlassen sie uns!« Der CEO antwortet seinem Finanzkollegen: »Stell dir vor, was passiert, wenn wir sie nicht weiterbilden und sie bleiben!« Sie schmunzeln? Genau so könnten Sie argumentieren, wenn es darum geht, die eigenen Mitarbeiter zu vernetzen. Ja, sie könnten irgendwann weg sein. Das können Mitarbeiter immer. Eine ganz analoge, alte Faustregel besagt: Mitarbeiter entscheiden sich für ein Unternehmen oder eine Tätigkeit und gehen wegen ihrer Führungskraft.

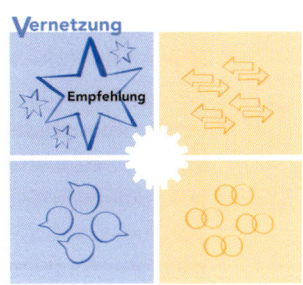

Stellen Sie sich vor, Sie schotten Ihre Mitarbeiter ab, geben keine Chance zu Inspiration und Austausch und die Mitarbeiter bleiben! Dann haben Sie als Führungskraft ein Problem für die digitale Transformation in Ihrem Team, Bereich oder für das gesamte Unternehmen. Sie erahnen, wissen aber nicht, was draußen los ist, bekommen keinen Input und kein Feedback. Niemand kann im digitalen Zeitalter alleine alle Anforderungen erfüllen und alle Herausforderungen bewältigen. Das schaffen Sie nur gemeinsam mit Ihren Mitarbeitern. Daher ist die Empfehlung, die Vernetzung der Mitarbeiter zu fördern, das vierte und letzte Kapitel zum Thema Vernetzung.

Digital Leader binden ihre Mitarbeiter durch vielfältige Chancen zur Vernetzung.

Wer rausgehen kann, der kommt auch gerne wieder. Gerade in den jüngeren Generationen Y und Z hat die Möglichkeit, sich zur eigenen Weiterentwicklung »draußen« umzuschauen, eine große Bedeutung und stellt daher eine gute Chance dar, um Mitarbeiter an ein Unternehmen zu binden (**Part 1.2, Fakt 5**).

Treue Mitarbeiter bekommen Digital Leader deshalb durch deren Vernetzung. Dabei gilt aber auch, wie bereits im Kapitel zuvor bei der Aktivierung zur Kollaboration, dass nicht jeder Mitarbeiter unbedingt darauf wartet, sich intensiv außerhalb der operativen Tätigkeit zu vernetzen, um dann auch neue Impulse in das Team einzubringen. Diese Bereitschaft hängt nicht zuletzt vom Tätigkeitsbereich ab. In marktorientierten Bereichen, wie Marketing oder Vertrieb, könnte der Wunsch zur Vernetzung unter Mitarbeitern ausgeprägter sein als in einigen Querschnittsfunktionen, wie HR oder Finanzen. Dennoch ist es für jeden Mitarbeiter wichtig, sich zu vernetzen, denn die digitale Transformation tangiert jede Tätigkeit. In jedem Fall sollten Digital Leader bei der Personalauswahl darauf achten, dass Mitarbeiter über den Tellerrand ihrer aktuellen Tätigkeit hinausblicken möchten.

Unbegrenzte Möglichkeiten

Je nach Branche, Größe des Unternehmens oder auch bereits vorhandenen Angeboten ist die Möglichkeit zur Förderung der Vernetzung mehr oder weniger unbegrenzt – für jeden Digital Leader. Unterschiedlich sind die vorhandene Auswahl und die internen Strukturen – bei einem Konzern mit 100.000 Mitarbeitern sicher anders als bei einem KMU mit 100 oder 10 Mitarbeitern. In Großunternehmen bestehen naturgemäß mehr Möglichkeiten zur internen Vernetzung, zugleich bestehen dort aber auch meist mehr Reglementierungen durch Betriebsvereinbarungen und Ähnliches. Digital Leader in kleineren Unternehmen können daher durchaus mehr Gestaltungsmöglichkeiten besitzen. Limitierend kann sich am ehesten das jeweilige Zeitbudget auswirken, da sich die Arbeit in den einzelnen Abteilungen auf weniger Mitarbeiter verteilt.

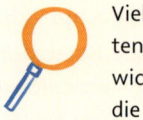

Klein hilft Groß

Viele Konzerne suchen Anschluss an externe kleine Start-ups, um erstens von deren Entwicklungen zu profitieren und zweitens, fast noch wichtiger, deren unternehmerische Dynamik zu importieren. Damit soll die eigene Organisation lernen, sich schneller und erfolgreicher in der digitalen Transformation zu bewegen.

Inzwischen hat sich der anfängliche Tourismus von Führungskräften in Start-up-Zentren sehr professionalisiert. Über 50 deutsche Unternehmen haben zum Beispiel im Silicon Valley eigene Verbindungbüros eröffnet, um die Vernetzung zu koordinieren und die Ergebnisse wieder in das eigene Unternehmen zu transferieren.

Co-Working zwischen den Mitarbeitern aus Großunternehmen und aus Start-ups ist eine der Arbeitsformen, die sich etabliert haben, um gegenseitig voneinander zu profitieren. In der Praxis zeigt sich, dass diese Vernetzung gefährlich sein kann – für die Start-ups. Talentierte Mitarbeiter lernen die Vorteile von größeren Unternehmen kennen, zum Beispiel besser geregelte Arbeitszeiten, größere Ressourcen, mehr Perspektiven und Sicherheit. Dafür akzeptieren sie einige Nachteile, wie längere Entscheidungswege oder auch, keine Aktienoptionen zu bekommen, falls das Start-up irgendwann an die Börse gehen sollte.

In Unternehmen selbst bestehen zahlreiche Möglichkeiten, die Vernetzung der Mitarbeiter strukturiert zu fördern. Digital Leader können diese nutzen oder auch im Unternehmen initiieren, wenn nicht für die gesamte Organisation, dann jedenfalls zunächst im eigenen Umfeld. *Nicht* genannt werden in der folgenden Aufstellung Maßnahmen, bei denen die Mitarbeiter vollständig in einen anderen Arbeitsbereich oder an einen anderen Standort wechseln.

Diese können für einen Digital Leader zwar durchaus positiv wirksam sein, jedoch eher langfristig (»XY kommt aus dem ›Stall‹ von .... Die sind immer gut!«):

- **Projekte:** Die bekannteste Form der Vernetzung außerhalb der Hierarchie, die nahezu in allen Unternehmen praktiziert wird. Digital Leader achten darauf, was der Mitarbeiter über das eigentliche Projektergebnis hinaus an Erfahrungen und Erkenntnissen mitbringt. Diese Erwartungen werden im Vorfeld miteinander geklärt.
- **Abordnungen:** Projektunabhängig werden Mitarbeiter temporär in einem anderen, thematisch nahe liegenden Bereich tätig, zum Beispiel wenn dort Kolleginnen zeitweise in den Mutterschutz gehen. Diese Variante bietet sich für Digital Leader an, wenn die Kompetenzbasis im eigenen Team erweitert werden soll. Häufig ist eine Abordnung auf dem »kleinen Dienstweg« zu organisieren.
- **Spezialisten:** Eigene Mitarbeiter können als Fachleute andere Bereiche unterstützen, auf Tages- oder Stundenbasis, für einzelne Meetings oder Workshops. Sie bringen die nötige Kompetenz ein und bringen garantiert interessante Erfahrungen oder auch erweiterte Kompetenzen mit zurück. Digital Leader sollten sich die Zeit nehmen, mit dem Mitarbeiter die Lerneffekte zu besprechen. Zehn Minuten reichen.
- **Gemeinwohl:** Das Engagement für übergreifende Aktivitäten im und vom Unternehmen – wie Betriebssport, Weihnachtsfeiern, Sponsorings, ... – fördert den bereichsübergreifenden Zusammenhalt, um auf dieser Grundlage die operative Vernetzung zu forcieren. Digital Leader sollten darauf achten, dass nicht immer dieselben Kollegen dabei sind. Schüchterne Mitarbeiter finden in der Kollaboration außerhalb der operativen Tätigkeit einen guten Startpunkt, um sich künftig mehr zu vernetzen.
- **Routinen:** Digital Leader können auch anregen, dass sich die eigenen Mitarbeiter bei vorhandenen Routinen im Unternehmen über den eigenen Bereich hinaus vernetzen. Betriebsversammlungen oder auch die Essenszeiten gehören zu diesen Routinen. Starten Sie – zum Beispiel – im Team einen Wettbewerb: Die drei interessantesten Begegnungen des Monats – beim Mittagessen in der Kantine.

Diese fünf Handlungsfelder bieten bereits reichlich Anlass zur Vernetzung. Hinzu kommen die Möglichkeiten zur externen Vernetzung der eigenen Mitarbeiter:

- **Fortbildung:** Die rein fachliche Weiterentwicklung ist Pflicht. Kür ist, sich mit den anderen Teilnehmern zu verbinden und Erfahrungen auszutauschen. Häufig ist der informelle Austausch genauso ergiebig wie das formal erlangte Wissen. Fragen Sie, welche Erfahrungen ausgetauscht wurden oder welche anderen Teilnehmer beeindruckt haben. Und wenn der Mitarbeiter einen Konkurrenten trifft und schätzen lernt? Das geschieht sowieso. Wenn Sie die Vernetzung wertschätzen, wird das Risiko gesenkt, dass Ihr Mitarbeiter den falschen Schluss zieht und das Unternehmen wechselt.

- **Exkursionen:** Workshops, Tagungen oder sogar Betriebsausflüge zu digitalen Hubs an entsprechenden Locations können in kurzer Zeit intensiv inspirieren. Digital Leader achten darauf, dass die Eindrücke vor Ort visuell gesammelt und für alle nutzbar gemacht werden, falls zum Beispiel nur ein Teil der Teams involviert ist. Berlin oder Barcelona sind beispielsweise Ziele, die hierfür zahlreiche Möglichkeiten bieten. In Deutschland gibt es – je nach Branche – viele kleine Zentren und interessante Unternehmen, gekoppelt häufig mit Universitäten (wie Biotechnik und Optik in Jena oder das Software Cluster im Rhein-Neckar-Raum).

- **Co-Working:** Über mehrere Wochen werden Mitarbeiter mit anderen Unternehmen ausgetauscht oder arbeiten gemeinsam an einem Projekt, das nicht alleine umgesetzt werden könnte. Die meisten Start-ups sind froh, wenn sie von Erfahrungen etablierter Unternehmen profitieren können, zum Beispiel im Vertrieb oder auch im Controlling. Digital Leader profitieren von den Kontakten in die jeweilige »Szene«, zu der sonst nur schwer Zugang zu bekommen ist.

- **Institutionen:** Verbände oder Universitäten bieten mittlerweile auch viele Möglichkeiten zur Vernetzung. Vertreter aus Unternehmen referieren bei Tagungen oder nehmen an Symposien teil. In der digitalen Transformation zählen weniger der Titel (was jemand ist) als die Kompetenz oder auch die Erfahrungen (was jemand zu sagen hat). Digital Leader, die sich ein bisschen in der Szene tummeln, werden schnell Anlässe zur Vernetzung finden – nicht nur der Mitarbeiter, sondern auch für sich selbst.

- **Ehrenamt:** Neudeutsch »Corporate Volunteering« bedeutet, dass Mitarbeiter ihre Fähigkeiten in »Non-Profit-Organisationen« einbringen, die von den Fähigkeiten und Leistungen der Unternehmen profitieren. Die Palette reicht von Engagements vor Ort »rund um den Kirchturm« bis zu Einsätzen in Entwicklungsländern. Wichtig ist, dass der Mitarbeiter seine Fachkompetenz einbringen kann. Diese Vernetzung ist nicht nur gut für das Image des Unternehmens. Der Horizont wird auch extrem erweitert. Der Erfahrungsschatz kann erheblich dazu beitragen, dass Mitarbeiter allgemein toleranter gegenüber Unsicherheiten werden und Unvorhergesehenes zum Fortschritt nutzen.

Die insgesamt zehn Gebiete zur Vernetzung sind natürlich nur mit der Zustimmung oder idealerweise mit dem Enthusiasmus des Mitarbeiters zu realisieren. Das versteht sich eigentlich von selbst, genauso die Beachtung der relevanten arbeitsrechtlichen Vorschriften.

Wie weit haben Sie bereits die Vernetzung der Mitarbeiter gefördert? Wie viele Empfehlungen haben Sie ausgesprochen? In jedem Fall sollten Sie überlegen und festlegen, wie Ihr »Angebot« aussieht.

Digital Leader besitzen ein eigenes Portfolio zur Vernetzung ihrer Mitarbeiter.

Bewegende Momente schaffen

Mitarbeiter möchten sich einfacher vernetzen, wenn über fachliche Impulse hinaus neue bewegende Erlebnisse gemacht werden. Kombiniert mit positiven emotionalen Erfahrungen wirken auch die inhaltlichen Themen stärker und länger nach.

Digital Leader können anregen, dass Mitarbeiter selbst empfehlen, was sie begeistern könnte. Dazu starten Sie mit dem Mitarbeiter ein kurzes Quiz. Das Ziel ist, dass der Mitarbeiter eine Option zur Vernetzung auswählt, die Sie als Führungskraft anbieten können. In diesem Kapitel wurden dazu viele Möglichkeiten gezeigt. Über die Methode können Sie – wenn nötig – auch gut bestimmen, welche Möglichkeiten Sie zur Vernetzung der Mitarbeiter aktuell besitzen.

Bei drei Fragen stehen jeweils mehrere Antworten zur Verfügung. Der Mitarbeiter wählt jeweils eine Rangfolge von 1 bis 3. Daraus ergibt sich eine Empfehlung an den Digital Leader, welche Vernetzung am besten für den jeweiligen Mitarbeiter geeignet ist.

- *Frage 1 lautet:* Wenn Sie sich für unser Team vernetzen, was begeistert Sie dabei am meisten? Antworten zur Auswahl lauten:
  - Neue Orte kennenlernen
  - Neue Menschen oder Kollegen treffen
  - Mit Experten zusammenarbeiten
  - Exklusives Wissen erlangen
  - Positive Bewertungen bekommen
  - Auszeichnungen erhalten
  - Sonstiges (zum Ergänzen des Mitarbeiters)
- *Frage 2 listet die Optionen auf,* die Sie als Digital Leader anbieten können. Falls Sie mehr als sechs haben, wählen Sie bitte die Optionen aus, die für Sie am einfachsten umsetzbar sind (vgl. die zehn oben genannten Möglichkeiten zur Vernetzung). Sonst hat der Mitarbeiter auch eine zu große Qual der Wahl. Gerne können Sie erneut »Sonstiges« ergänzen. Wer weiß, welche Ideen der Mitarbeiter hat!
- *Frage 3 grenzt den Einsatz ein,* den der Mitarbeiter bereit ist zu zeigen: Welchen Einsatz würden Sie im nächsten Jahr zur Vernetzung zeigen? Antworten zur Auswahl:
  - Insgesamt bis maximal eine Woche Arbeitszeit
  - Mehrere Wochen/Monate, zum Beispiel für ein Projekt
  - Temporär Arbeiten an einem anderen Ort
  - Lernen neuer Fähigkeiten
  - Vor- und Nachbereitung im privaten Umfeld

> – Fitmachen der Kollegen nach meiner Aktivität
> – Sonstiges (zum Ergänzen des Mitarbeiters)
>
> Auf Basis der Ergebnisse können Sie die beste Art der Vernetzung mit dem Mitarbeiter besprechen und festlegen. Selbstverständlich sind dabei – neben den gesetzlichen Regelungen – etwaige betriebliche Vereinbarungen zu beachten.

Für alle Formen der Vernetzung gilt, dass die beteiligten Mitarbeiter ihre Erkenntnisse und Erfahrungen teilen – idealerweise im digitalen Zeitalter über entsprechende Medien und Plattformen, zur Not auch über ein klassisches Rundschreiben. Ergänzend sind bei längeren Abwesenheiten »Welcome Home«-Teammeetings sinnvoll, um dem Mitarbeiter Wertschätzung für seinen Beitrag für die gemeinsame weitere Entwicklung zu zeigen und die Teilhabe aller im Team zu ermöglichen (auch das kann virtuell erfolgen über Web-Meetings).

Digital Leader achten darauf, dass das Engagement und die Ergebnisse der Vernetzung im eigenen Umfeld Aufmerksamkeit bekommen.

20 Prozent zum Vernetzen

Schon legendär ist die Regel bei Google, dass jeder Mitarbeiter 20 Prozent der Arbeitszeit für Tätigkeiten nach freier Wahl einsetzen kann. Die Vernetzung im Unternehmen spielt dabei natürlich die wesentliche Rolle, auch für das Unternehmen selbst, um das gesamte vorhandene Wissen für alle Projekte nutzbar zu machen.

Weniger bekannt ist, dass diese 20 Prozent keine völlig freie Zeit sind. Die Tätigkeit muss »OK« sein. Das bedeutet: »O – ein Objective haben« und dazu »K – ein Key Result« erreichen, welches das Unternehmen weiterbringt. Unter diesem Maßstab werden die Tätigkeiten von den Mitarbeitern ausgewählt oder Mitarbeiter zur Beteiligung an anderen Projekten eingeladen.

In einem zahlengetriebenen Unternehmen wie Google will jeder wissen, was die 20 Prozent konkret bringen. Im Unternehmen ist zudem transparent, wer was mit den 20 Prozent macht. Überraschende Spielzüge der Mitarbeiter für mögliche neue Spielkombinationen, also Geschäftsmodelle, sind sehr willkommen. Reine Spielereien macht niemand.

Der Zeiteinsatz zur Vernetzung ist in Unternehmen häufig Anlass zur Diskussion. In den meisten Jobbeschreibungen kommt dieser Punkt nicht vor. Und Mitarbeiter in jungen Digitalunternehmen vernetzen sich einfach, ohne groß zu fragen. Der gleiche Zugang zu den Angeboten wird vielerorts erwartet. Mitunter sollen komplizierte Verfahren zur Auswahl und Entscheidung eine leistungsgerechte Verteilung sichern, wer wann welche Maßnahmen wahrnehmen kann.

Digital Leader sind bestrebt, ihre Empfehlungen möglichst unbürokratisch umzusetzen. Sie setzen dabei auch auf ihre Mitarbeiter – buchstäblich gemeint: Sie arbeiten mit an der Vernetzung. Der Digital Leader empfiehlt und schafft die Rahmenbedingungen, wie in diesem Kapitel gezeigt. Dabei ist nicht ausgeschlossen, dass aktivere Mitarbeiter »mehr abbekommen«. Aber ist das schlimm? Es geht letztlich um den Erfolg des Teams. Das verantwortet der Digital Leader. Deshalb gehört zu seinen Aufgaben auch die Erläuterung der unterschiedlichen Formen der Vernetzung für verschiedene Typen von Mitarbeitern. Nicht jeder möchte mehrere Wochen für ein Co-Working-Projekt in einem Hotel wohnen, um bei einem Start-up zu arbeiten. Das darf für den Mitarbeiter aber kein Nachteil im Alltagsgeschäft sein.

Regel setzen

Digital Leader machen sich das eigene Führungsleben einfacher, wenn die Vernetzung wenigen klaren Regeln folgt, zum Beispiel wie sich Mitarbeiter für die Vernetzung qualifizieren können und wo die Grenzen sind.

Die Regeln hängen im Detail von den Möglichkeiten ab, die ein Digital Leader für seine Mitarbeiter identifiziert hat. Inhaltlich abgedeckt werden sollten jedenfalls diese Punkte: Das steht einzelnen Mitarbeitern und das nur dem Team zur Verfügung. Diese Vernetzung gehört zu den Aufgaben im Team/Bereich/Unternehmen. Und schließlich: Dieser Einsatz ist das Maximum für jeden Mitarbeiter in Bezug auf die Vernetzung, ohne direkten Nutzen für die Aufgaben im Team/Bereich/Unternehmen.

Ein kurzes Zwischenfazit

Die ersten vier Kapitel in diesem Part 2 des Gamebooks haben nicht nur die besondere Haltung der Digital Leader zur Vernetzung gezeigt. Die Umsetzung in der Praxis wurde ebenso aufgezeigt: In der Hierarchie über die eigenen Linien hinaus agieren; das eigene Profil durch die Teilhabe am eigenen Arbeiten stärken und diese ermöglichen; Mitstreiter aktivieren zur Stärkung der Kollaboration; und schließlich über Empfehlung die Vernetzung der eigenen Mitarbeiter fördern. Blättern Sie gerne noch einmal zurück, bevor Sie weitere Spielzüge aufgezeigt bekommen, um Ihren eigenen Spielplan als Digital Leader zu ergänzen.

Auf dieser Grundlage baut der zweite Teil von Part 2 auf: das Spielgebiet der Offenheit. Diese Haltung ist elementar für die Spielzüge und erfolgreiche Spielkombination als Digital Leader in der Information und in der Nutzung von Resonanzen. Vor allem die Energie von Widerstand und den Gewinn durch Fehler aufzunehmen, verlangt die Offenheit, als Führungskraft diesen Perspektivwechsel zuzulassen.

Offenheit: Transparenz erhöhen

Part 2.5 Information – Vollständige Kommunikation und Klärung von Themen

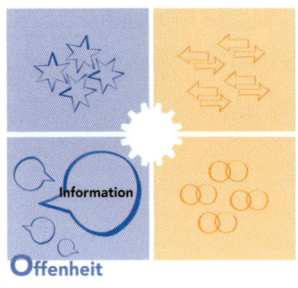

Das ist doch nichts Neues, denken Sie vielleicht. Die Kommunikation gehört schon immer zur Führung dazu. Das stimmt! In der Regel verläuft die Kommunikation in Unternehmen entlang der Hierarchie im arbeitsteiligen Routinebetrieb. Diese Kommunikation orientiert sich daran, was Mitarbeitern im Alltag nützen soll und was das Unternehmen für wichtig erachtet. Weniger im Fokus steht, was der jeweilige tatsächliche Bedarf der Mitarbeiter ist.

Die Regelkommunikation, um den Job zu machen, bestimmt 80 bis 90 Prozent der gesamten Kommunikation in Unternehmen. Diese Kommunikation hat auch ein Digital Leader zu verarbeiten und mit den Mitarbeitern zu teilen. Die dringenden Themen verdrängen dabei allzu häufig die wichtigen, die auch der einzelnen Führungskraft ein Anliegen wären.

Die übrige Kommunikation hängt häufig an Projekten. Diese eher hierarchieübergreifende Kommunikation löst sich mit Projektende wieder auf und verschwindet im Ablagesystem, wenn es gut läuft. In jedem Fall gilt: Kommunikation verschafft Macht. Wer die Kontrolle darüber hat, wer mit wem wann über etwas redet, der bestimmt, wie was entschieden wird.

Penibel wird in der Regelkommunikation darauf geachtet, keine Stufe zu überspringen. Für klassische Vorgesetzte ist es ein Albtraum, wenn ihre Mitarbeiter mehr erfahren und früher wissen, was passiert, als sie selbst. Führungskräfte verstehen sich, besonders im traditionellen transaktionalen Betriebsmodus, als Spinne im Kommunikationsnetz. Kaum ein Impuls geht an ihnen vorbei.

Dieses Kapitel zeigt die Gestaltungsmöglichkeiten für jeden Digital Leader in seinem Einflussbereich. Dazu gehört auch der Umgang mit der parallelen Kommunikation innerhalb und außerhalb der Organisation, die auf die eigene Arbeit reflektiert. Ein Überblick zu allen Möglichkeiten der internen Kommunikation kann ein anderes Buch füllen.

Macht anders gemacht

Ein Digital Leader möchte wie jede andere Führungskraft auch die eigenen Visionen und Ansprüche verbreiten und dazu Rückmeldung einholen. Nicht nur Letzteres erwarten Mitarbeiter mehr denn je von ihrer Führungskraft. Sie sollen zudem richtungsweisende Informationen bereitstellen, die Orientierung zur Gestaltung der eigenen Arbeit geben, und dafür relevante Themen im Dialog klären. Dadurch erhalten unausgesprochen die Mitarbeiter mehr Macht und Digital Leader über das selbsttätige Kommunikationsnetz, das sie aufbauen und pflegen, mehr Einfluss. Für die erfolgreiche digitale Transformation verändern sich die Informationspolitik und die Qualität der Kommunikation erheblich, basierend auf einer neuen Haltung in der Führung.

Digital Leader nutzen Kommunikation, um ihre Mitarbeiter machtvoll zu machen.

Wie viel Macht haben Sie bereits gegeben? Kein Digital Leader wird aus Eigeninteresse und als Machtinstrument Informationen vorenthalten, ausgenommen es bestehen rechtliche Beschränkungen – abhängig von der Struktur, Rechtsform und Regulierung eines Unternehmens – oder klare Vorgaben im Unternehmen, zum Beispiel in Bezug auf Finanzzahlen. Dritte Ausnahme sind Personalthemen. Hier ist nicht volle Offenheit gefragt, sondern das Gegenteil: Vertrauliches sollte vertraulich bleiben. Dazu zählen die direkte Beurteilung von einzelnen Mitarbeitern und die persönliche Entwicklung im Unternehmen.

Digital Leader können selbst weitere Grenzen für ihre Offenheit setzen, beispielsweise im Umgang mit öffentlichen sozialen Medien. Dann sind diese Grenzen den Mitarbeitern transparent zu machen und zu besprechen. Gleiches gilt bei Veränderungen, die sich zum Beispiel durch äußere Reglementierungen ergeben. Der transparente Umgang mit Themen, die nicht offen behandelt werden, steigert die Akzeptanz der übrigen Kommunikation eines Digital Leaders enorm.

Digital Leader machen die Grenzen für die Offenheit in der Kommunikation transparent.

Freunde in sozialen Netzwerken sein

 Soll ich mit meinen Mitarbeitern in öffentlichen sozialen Netzen befreundet sein? Ja, wenn sie einladen. Den Kontakt ablehnen macht keinen Sinn. Die eigenen Aktivitäten lassen sich ja leicht über andere Nutzer nachverfolgen. Inwiefern Sie selbst aktiv werden, um ein Netzwerk aufzubauen, hängt von der übergreifenden Netzwerkpolitik im Unternehmen ab. Zum Beispiel haben Unternehmen großes Interesse daran, dass offene soziale Netzwerke nicht zum Einfallstor für Wettbewerber und Abwerbungen werden.

Beachtet werden sollte auch, dass je nach Branche und Unternehmen Mitarbeiter vor allem über Plattformen kommunizieren und E-Mails völlig »old school« sind. Zudem könnte es sein, dass über anerkannte öffentliche Plattformen die eigenen Mitarbeiter sogar besser erreichbar sind als über unternehmensinterne Plattformen. Das gilt besonders, wenn unternehmensinterne Lösungen nicht mobilfähig und per App erreichbar sind.
Wichtig ist, für sich selbst klar zu regeln, in welchem Netzwerk welche Rolle eingenommen wird. Eine Regel kann sein: Berufliche Netzwerke für rein berufliche Kontakte und Nachrichten, private Netzwerke für rein private Kontakte und Nachrichten. Eine weitere bietet sich an: Nur interessante Mitteilungen von fremden Personen teilen, um eigene Mitarbeiter nicht indirekt zu bewerten, wer gute oder weniger gute Beiträge verfasst. Damit kann man Zeit sparen und Ärger vermeiden.

Mit den Grenzen der Offenheit im Unternehmen und bei der eigenen Person hat ein Digital Leader bereits ein erstes Thema verbindlich geklärt. Damit ist die Grundlage für die gesamte persönliche »Informationspolitik« gelegt. Über folgende fünf Themen können Digital Leader die jeweils beste Spielkombination für ihre Situation und ihren Bedarf aufbauen.

Aufmerksamkeit ausrichten

Ausgelöst durch die Digitalisierung stehen uns heute jederzeit und überall alle möglichen Informationen zur Verfügung. Das Durchdringen mit den eigenen Botschaften ist schwieriger denn je. Digital Leader können die Aufmerksamkeit ihrer Mitarbeiter im eigenen Umfeld zwar auf bestimmte Themen ausrichten, aber nicht eins zu eins steuern. Das Ausrichten gelingt über die Justierung der Instrumente, die für die eigene Kommunikation genutzt werden. Im Unternehmen vorhandene Plattformen oder Medien werden dabei auch eingesetzt, soweit wirkungsvoll für das jeweilige Ziel.

Digital Leader entscheiden, in welcher Situation sie welche Spielzüge in der Kommunikation machen.

Zur Entscheidung sind die folgenden Fragen hilfreich. Die Instrumente zur Kommunikation ergeben sich aus den Antworten:

- *Welche Ziele hat meine Kommunikation?* Die Information über Entscheidungen oder Ergebnisse ist nur die Basis. Die Wirkung ist das Ziel: Überzeugung schaffen oder Widerstände dämpfen. Die Information genügt dazu nicht allein.
- *Was sind zu welcher Zeit meine relevanten Zielgruppen?* Häufig stehen nur die eigenen Mitarbeiter im Fokus. Dann ist die Frage schnell beantwortet. Das gilt jedoch nicht immer. Andere Führungskräfte und Mitarbeiter kön-

nen als Beteiligte oder Betroffene in der digitalen Transformation dazugehören. Zudem existieren noch weitere Gruppen, wie Personalvertreter.
Mitunter sind einzelne Gruppen zu bestimmten Zeitpunkten besonders
relevant. Gewiss ist nicht jedes Detail immer vorab zu bestimmen, es ist
jedoch von Vorteil, sich einen Überblick zu verschaffen, wer wann welche
Relevanz für die eigene Kommunikation besitzt.

- *Was erwarten und bedenken meine Zielgruppen?* Wie heißt es so schön: Der
  Köder sollte dem Fisch und nicht dem Angler schmecken. Die Anforderungen dafür, Führungskräfte und Mitarbeiter »einzufangen« und zum Mitmachen zu bewegen, sollten daher erfüllt werden. Dabei sind vorhandene
  Bedenken und Fragen aufzunehmen. Niemand sollte wieder »vom Haken
  gehen«, weil ihm letztlich der Köder doch nicht schmeckt bzw. weil er Bedenken hat »zuzubeißen«, weil der Happen zu groß sein könnte.

- *Was sind meine Botschaften?* Übergreifend für Ihr gesamtes Vorhaben sollten Kernbotschaften formuliert werden. Diese Botschaften enthalten,
  was erreicht werden soll, warum das möglich ist und welche Rolle die Zielgruppe dabei hat. Die Erwartungen und Bedenken der Zielgruppe sollten
  hier Widerhall finden. Fatal wäre es – in der Praxis leider zu häufig Realität –, wenn die Botschaften »wie aus einer anderen Welt« wirken. Es
  geht nicht darum, sich anzubiedern oder zu schmeicheln, »nur« um das
  »Abholen« und das Gefühl, verstanden zu werden.

- *Welcher Dramaturgie folgt die Kommunikation?* Entscheidend ist die Festlegung der Interaktion, der Schnelligkeit und der Abfolge der Kommunikation. Die wesentlichen Meilensteine sollten identifiziert werden, wie
  zum Beispiel Workshop im Team oder Tagung mit allen Führungskräften.
  Gerade um die Flexibilität zu ermöglichen, sollte die Dramaturgie klar sein,
  um unerwartete Ereignisse oder Anlässe optimal nutzen zu können.

- *Welche Instrumente können meinen Bedarf am besten bedienen?* Die Maßnahmen drängen sich zumeist automatisch auf, um die Erwartungen zu
  erfüllen und die Dramaturgie umzusetzen (wie Events und Dialogplattfor-
  men bei einer sehr persönlichen Ansprache und direkten Beteiligung). Die
  Maßnahmen sollten unter vier Kriterien bewertet werden: a) kurzfristige
  Umsetzbarkeit, um schnell agieren zu können; b) regelmäßige Einsetzbar-
  keit, um die ständige Kommunikation zu sichern; c) ständige Verfügbarkeit, um die eigenständige Information etc. zu gewährleisten; d) Grad der
  Interaktion, um die Beteiligung zu ermöglichen.

- *Was nützt mir aus meiner bisherigen Kommunikation?* Sie starten nie bei
  null. Sie wissen, was ankommt oder wo in der Vergangenheit Stolperfallen
  lagen. Vielleicht ergeben gerade kritische Aspekte, wie das Reizthema der
  Rationalisierung der Arbeiten durch die Digitalisierung, eine Möglichkeit,
  Aufmerksamkeit zu erzeugen. Nur was auffällt, kann wirksam sein.

Aus den Antworten entwickeln Digital Leader ihre Spielzüge und Spieltaktiken zur Kommunikation, um bei Kollegen und Mitarbeitern durchzudringen, deren Aufmerksamkeit zu bekommen und auszurichten. Digital Leader kümmern sich viel intensiver um die eigene Kommunikation als andere Führungskräfte. Nehmen Sie sich Zeit, damit Ihre Informationen wirkungsvoll sind und kein »Schall im All« bleiben!

Kurz und bündig

 Schnell ist etwas gesagt und – bereut. X-fach geht jeden Tag in Unternehmen die Kommunikation fehl. Die unzureichende Information ist ein Dauerbrenner. Deshalb sind wenige Minuten Nachdenken immer gut investiert, allein um stundenlanges Nacharbeiten zu vermeiden.

Sie brauchen kein ganzes Konzept zu erstellen. Beantworten Sie die Fragenliste kurz und bündig. Beschränken Sie sich für die erste Version auf eine halbe Stunde. Mit der Zeit entwickeln Sie dafür eine Routine. Die Fragen dienen dann zur Überprüfung und Reflexion über Ihre Spielzüge und Spieltaktiken.

Zusätzlich kann der kurze informelle Austausch mit vertrauenswürdigen Kollegen oder Mitarbeitern sinnvoll sein, um Ihre Ideen abzugleichen: »Was hältst du von ...?«, »Was könnte die Wirkung sein ...?«, »Was würdest du anders machen ...?«.

Es gibt nicht *die* Maßnahmen, die *immer* in der Kommunikation umgesetzt werden sollten. Es gibt kein Standardprogramm »aus der Schublade«, passend zu einem bestimmten Typ von digitaler Transformation. Das Gamebook vermittelt aber die notwendigen Grundlagen, um jeweils die Spielkombination zu bestimmen, die bestmöglich den Anforderungen entspricht.

Lassen Sie sich nicht davon abbringen, wenn im Einzelfall rückblickend Maßnahmen vielleicht zu früh, zu viel oder zu spät initiiert worden sind. Allein die Tatsache, dass Sie sich intensiv mit dem Thema Information beschäftigen und stets nach der besten Lösung streben, wird für Aufmerksamkeit und Anerkennung sorgen. Nur ein völliges Verpuffen sollte vermieden werden. Dazu dienen einige Regeln, die sich in der Praxis bewährt haben:

- **Personale Kommunikation als Schnittpunkt:** Erinnern Sie sich an die Digital Leader Rules zu Beginn des Gamebooks? Analog sein ist eine Regel! Wesentliche Informationen zu Meilensteinen oder bei einschneidenden Veränderungen benötigen die Face-to-Face-Kommunikation, nur im Notfall und kurzfristig auch über digitale Medien. Einen Heiratsantrag schickt man auch nicht per E-Mail. Die Resonanz kann man so unmittelbar aufnehmen – nicht nur bei einem Heiratsantrag. Im Nachgang können dann Hintergründe und vertiefende Informationen passend zum Bedarf besorgt und geliefert werden.

- **Routineinformation und Aktionen verknüpfen:** In Unternehmen existieren in der Regel bereits fortlaufende interne Kommunikationsmaßnahmen (wie Intranet und Mitarbeiterzeitung, Betriebsfeste und Mitarbeiterversammlungen, Tagungen und Konferenzen der Führungskräfte). Diese fordern die Aufmerksamkeit und Zeit der Kollegen und Mitarbeiter und können ggf. auch für die eigenen Themen eines Digital Leaders genutzt werden. Parallel können eigenständige Aktivitäten sinnvoll sein. Die Koordination sollte dazu führen, dass in einer Kommunikationsarchitektur mit der passenden Dramaturgie die richtigen Akzente gesetzt werden können und ein »Communication Overload« verhindert wird. Es kann auch ein Zuviel an Information und Medien geben. Das Motto sollte sein: Wenig, aber richtig und passend zum Bedarf jeder Zielgruppe.
- **Differenzierung nach den Zielgruppen:** Sobald mehr als die eigenen Mitarbeiter involviert sind, sollte gut überlegt sein, wie der Bedarf und die Interessen der Adressaten erfüllt werden, um Aufmerksamkeit zu bekommen. Dazu zählen Auswahl der Inhalte, Komplexität der Darstellung, Sprachstil, ... Eine Präsentation für alle wird immer ein fauler Kompromiss sein. Die Zeit zur Aktualisierung an den wichtigen Stellen sollte drin sein. Besonders konfliktträchtige Themen oder ein hohes Widerstandspotenzial – das es in der digitalen Transformation regelmäßig gibt – sollten antizipiert werden. Gegebenenfalls wird eine eigene Kommunikationskette rund um die Kernbotschaften geformt.
- **Beteiligung sorgt für Ergebnisse:** Die Beteiligung ist keine Beschäftigungstherapie. Die investierte Zeit sollte auch ein Ergebnis liefern, das für die Beteiligten relevant ist. Wenn nicht klar ist, was zum Beispiel ein Meeting oder Workshop bringen soll, dann lieber darauf verzichten oder absagen, wenn zum Beispiel die Grundlagen wegfallen. Wenn die Beteiligung Ergebnisse liefert, wäre es fatal, wenn diese schnell wieder in der Schublade verschwänden, ohne Rückmeldung, wie die Ideen bewertet werden. Dann wird die Beteiligung beim nächsten Mal wesentlich geringer ausfallen, da ja die Erfahrung gezeigt hat: »Das bringt ja eh nichts!«

Zuletzt hängt die Spielkombination stark vom Unternehmen und der Branche ab. Die analoge Information kann sehr aufmerksamkeitsstark sein, weil diese heutzutage bereits wieder ungewöhnlich ist:

- **In Produktionsbetrieben** haben wenige der vielen gewerblichen Mitarbeiter direkten Zugang zum Intranet. Das vermeintlich altertümliche »Schwarze Brett« oder die »Wandzeitung«, an der alle jeden Tag vorbeikommen, leisten dort häufig noch gute Dienste.
- **In Handelsbetrieben** ist die mobile Kommunikation wichtig, da dort die Mitarbeiter mit den entsprechenden Geräten ausgestattet sind.

- In **Vertriebsorganisationen** können Printmedien als hochwertiger Teaser für die dort übliche Onlinekommunikation dienen. Das direkte Erleben ist hier besonders wichtig, um Vertriebler zu begeistern.
- In **Serviceunternehmen** gehören die direkte Papierkommunikation oder auch die Mobilkommunikation zur Grundausstattung, um Mitarbeiter ohne Computerarbeitsplatz zu erreichen.

Digital Leader prüfen, welche vorhandenen Ressourcen und Kompetenzen in Unternehmen sie einsetzen können. Besonders bei speziellen Medien, zum Beispiel bei Sonderausgaben oder Web-Specials, sollte auf das spezifische Wissen und die Erfahrungen der internen oder externen Spezialisten zurückgegriffen werden. Der Digital Leader agiert dann, wie so oft, in seiner Rolle als Impulsgeber und Koordinator, der dafür sorgt, dass alle Informationen zeitnah erfolgen.

Aktualität sichern

Nichts ist so alt wie die Zeitung von gestern – oder heute das Posting von heute Morgen. Digital Leader können schnell ins Hintertreffen geraten, wenn Mitarbeiter mehr als sie selbst wissen. Das ist nicht tragisch, solange Sie versuchen, am Puls der Zeit zu bleiben und schnell zu reagieren. »Das kann ich mir auch noch morgen oder nächste Woche anschauen« ist in Zeiten der Digitalisierung ein hohes Risiko für die eigene Führung.

Neuigkeiten verbreiten sich aber nicht erst in digitalen Zeiten wie ein Lauffeuer. Gerüchte besaßen schon immer Flügel. Digital Leader lassen Gerüchte nicht kalt. Sie fragen sich, welche Auswirkungen diese haben könnten, und reagieren entsprechend, je nachdem, ob das Gerücht stimmt oder nicht.

Unser Laden wird dichtgemacht

Der Führungskreis eines Maschinenbauunternehmens, gehobener Mittelstand, fuhr zur Klausur nach Bratislava – soll schön sein und ist gut erreichbar. Und viele der anderen Städte in Europa hatte man schon mal gesehen. Mehr hatte sich die Geschäftsführung bei der Wahl nicht gedacht. Plötzlich kursierte im Unternehmen das Gerücht, der Service sollte in die Slowakei verlagert werden. Vielleicht auch Teile der Entwicklung. In dem Land wird gut Deutsch gesprochen. Automobilhersteller haben dort bereits Standorte. Natürlich hat niemand offiziell der Geschäftsführung über die Befürchtungen berichtet. Das Gerücht »machte die Runde«: Das ganze Kundenservicecenter soll dichtgemacht werden. Schnell kam das Gerücht auch bei der Assistenz der Geschäftsführung an. Umgehend wurde eine Information für alle Mitarbeiter vorbereitet. Alle Führungskräfte wurden separat informiert und sprechfähig gemacht, ein kurzer Fragen-Antworten-Katalog beigelegt, um auch Fragen zur Zukunft, über die

aktuellen Planungen hinaus, zu beantworten. Der Betriebsrat wurde persönlich informiert. Die Kernbotschaft lautete: Es gibt keinen Plan, irgendeine betriebliche Tätigkeit auszulagern in die Slowakei. Und übrigens: Bratislava ist eine Reise wert für jeden, der etwas Neues erleben möchte.
Der Sturm blieb so zum Glück im Wasserglas. Die Aktualität und Eindeutigkeit der Information war dafür die beste Grundlage.

Digital Leader nutzen den »Flurfunk«, ob im räumlichen oder digitalen Flur wie Foren o. Ä. Der »Flurfunk« ist in mehrerlei Hinsicht ganz praktisch: Er schafft zusätzliche Anlässe zur Information und Klärung von Themen, die Mitarbeiter sind in der Situation aufnahmebereit und müssen nicht extra aktiviert werden. Der Digital Leader profitiert dabei von seiner Vernetzung, zum Beispiel über »Walk the Talk« (Part 2.2) und die Aktivierung von Mitstreitern (Part 2.3).

Digital Leader machen sich Freunde, bevor sie diese brauchen.

Haben Sie bereits gute Freunde? Die sind wichtig, denn: »Der Prophet gilt nichts im eigenen Land.« Das gilt manchmal auch für Digital Leader: Sie bleiben nun einmal in der Rolle der Führungskraft. Also ist es wichtig, für die eigene Kommunikation vertrauensvolle Botschafter zu haben, die Anerkennung genießen, Einfluss besitzen und selbst schnell kommunikativ reagieren können. Anerkennung genießen sogenannte Change Champions, die Leistungsträger einer Organisation. Einfluss haben die Change Agents, die glaubwürdige Botschafter sind und auch Gerüchte aufschnappen, zum Beispiel in der Raucherecke oder Kaffeeküche. Dieses Netzwerk ist rein situativ, informell und freiwillig aktiv und agiert nicht im Geheimen, sondern aus eigener Überzeugung und ohne Anordnung.

Keinen Geheimbund schmieden

 Change Champions und Change Agents sind Fachbegriffe aus dem Change-Management. Das sind Bezeichnungen für eine Rolle, keine offiziellen Titel. Digital Leader bauen zu ihnen schlicht eine freundschaftliche Beziehung auf, ohne andere Mitarbeiter dadurch auszugrenzen.
Sie machen auch kein Geheimnis aus ihrer Beziehung, erläutern vielmehr ihre Erwartungen: »XY ist einer unserer Leistungsträger, dessen Meinung uns allen wichtig sein sollte. Mir ist es wichtig, diese zu kennen.« Oder zum Change Agent: »Seine Meinung ist bedeutungsvoll bei uns. Ich möchte, dass ihm meine Position klar ist. Und mich interessiert umgekehrt seine Meinung.«
Informieren und das Thema klären ist insofern auch in Bezug auf die Botschafter eine ganz normale Sache. Digital Leader profitieren hier erneut von ihrer Haltung großer Offenheit.

Digital Leader haben einerseits eine Bringschuld für die zeitnahe Information und Klärung von Themen. Andererseits haben Mitarbeiter eine Holschuld. Niemand muss und kann heute als Führungskraft mehr ständig alle Information »fressfertig« auf den Tisch legen. Dafür gibt es vor allem die digitalen Medien! Und die Mitarbeiter haben die Verpflichtung, sich hier nicht nur alle persönlichen, sondern auch die im Team/Bereich/Unternehmen relevanten Informationen zu besorgen.

Digital Leader formulieren hier eine deutliche Erwartungshaltung und klären diese mit den Mitarbeitern (in **Part 2.3** wurde die positive Kraft und das Formulieren von Erwartungen bereits aufgezeigt). Insbesondere soweit das Holen von Informationen keine Tradition hat, können gemeinsam die Erwartungen an die gegenseitige Bring- und Holschuld schriftlich fixiert werden, inklusive der positiven Ergebnisse und Folgen. Dazu zählen zum Beispiel: Kollegialität in der Zusammenarbeit, unkomplizierte und schnelle Klärung von Themen, weniger Stress untereinander.

In Internetunternehmen ist es durchaus üblich, dass Mitarbeiter, die ihrer Holschuld dauerhaft nicht nachkommen, kein Platz im Team oder Unternehmen haben. Diese »klare Kante« ist hier Tradition und allgemein akzeptiert. Jede andere Sanktionierung wäre »ein stumpfes Schwert«. Die Regulierung kann in vielen anderen Unternehmen, die gerade erst die Möglichkeiten zum Holen aller Informationen schaffen, häufig über das positive Beispiel und über Vorbilder geschaffen werden.

Hier steht's ja!

Die Change Champions und Change Agents können beide bei der Etablierung der Holschuld von Informationen sehr wirksam sein. Kollegial können sie anderen Mitarbeitern, die hinterherhinken, über die Schulter schauen. Gemeinsam werden die Informationsquellen und Arbeitssysteme durchstöbert. Nach wenigen Minuten ist das Problem meistens Geschichte.

Der Digital Leader gibt dazu einen kleinen Wink: »Es würde mich freuen, wenn einer von euch eurem Kollegen kurz zeigen könnte, wo was zu finden ist und wie er sich beteiligen kann.« Das Ergebnis muss nicht nachgefragt werden. Die Folge im Verhalten der Mitarbeiter wird automatisch sichtbar.

Apps sind heute die bevorzugte Form der sofortigen Information und auch Koordination – mit vielen Chancen zur passgenauen Kommunikation überall und jederzeit sowie entsprechenden Herausforderungen. Letztlich sind die Anwendungsmöglichkeiten und Vorteile für alle Beteiligten groß – weit über die Information hinaus.

Nicht jedes Unternehmen hat ein entsprechendes Tool im Einsatz. Nicht jeder Digital Leader findet sofort die perfekte Umgebung vor, um die eigene Information optimal auszurichten. Eine individuelle Lösung, mit seinem Team zu kommunizieren, ist in der Zwischenzeit häufig nötig, zur Not können für die Alltagskommunikation auch geschlossene Gruppen in öffentlichen Netzwerken oder frei verfügbare Systeme genutzt werden (Part 2.3 hat das Für und Wider von WhatsApp-Gruppen bereits thematisiert). Apps können nicht die ganze Kommunikation abdecken, aber die aktuelle Information, die alle Mitarbeiter wirklich erreicht, wesentlich erleichtern.

Die App macht's möglich

Die Leonardo Hotel Gruppe ist europaweit an über 30 Standorten mit 2.500 Mitarbeitern aktiv. Weniger als die Hälfte aller Mitarbeiter war jedoch im Job per E-Mail erreichbar. Die übergreifende Kommunikation fand daher nur zwischen Führungskräften statt, Information und Kommunikation litten an diesem Flaschenhals.

Allerdings hatte jeder Mitarbeiter ein Mobiltelefon. Mit der neuen App »leapp« sind heute alle erreichbar und können sich vernetzen, Gruppen bilden, sich zu bestimmten Themen informieren und Best Practice teilen, alles über Ländergrenzen hinweg, wie bei anderen offenen Netzwerken bereits gewohnt. Ein Newsfeed informiert zusätzlich über relevante Nachrichten für alle, einzelne Bereiche oder Standorte. Nach nur neun Monaten hatte sich die App als das wichtigste Kommunikationsinstrument etabliert, andere Maßnahmen konnten eingestellt werden. Der Grund liegt im hohen Alltagsnutzen und auch Unterhaltungswert. Gepostet werden besonders kreative Drinks, außergewöhnliche Dekorationen oder auch erfolgreiche Events für Kunden. Neue Wettbewerbe wurden initiiert, zum Beispiel das »Best Team in Town«, an dem sich sofort fast alle Hotels beteiligten.

Der Erfolg führte dazu, dass bislang informelle Kommunikationswege, wie WhatsApp-Gruppen zur Schichtplanung und Vertretungssuche, auf »leapp« integriert wurden. Das »Onboarding« neuer Mitarbeiter ist enorm erleichtert, da schnell alle Informationen verfügbar sind und sich neue Mitarbeiter schnell im Unternehmen vernetzen können.

»leapp« beschleunigte nicht nur den Kommunikationsfluss. Ganz neue Themen wurden entwickelt und letztlich wurde, was so ursprünglich nicht geplant war, der operative Aufwand erheblich reduziert. Und nicht zuletzt: Die Mitarbeiterbindung ist gestiegen und die ungewollte Fluktuation wurde reduziert.

Die digitale Kommunikation besitzt eine Herausforderung, die jeder Digital Leader bewältigen sollte – nicht nur für sich, sondern auch für die Mitarbeiter: die ständige Verfügbarkeit und dadurch mögliche Erreichbarkeit. Das Thema Work-Life-Blending ist zu klären und im Alltag zu steuern (Part 1.2, Fakt 5).

Verfügbarkeit regeln

Zur vollständigen Information und Klärung von Themen in der digitalen Transformation gehört auch die leichte und zugleich geregelte Verfügbarkeit aller Informationen, auch solcher aus der Vergangenheit. Das Verstecken in persönlichen E-Mail-Ordnern oder im hintersten Winkel einer Datenablage ist als Spielzug tabu.

Digital Leader profitieren von den IT-Anwendungen, die sich in vielen Unternehmen bereits etabliert haben. Besonders bei gemischten Teams mit Mitarbeitern ohne eigenen Arbeitsplatz oder Computer als Arbeitsinstrument sind Apps, wie gezeigt, das jedermann zugängliche und allerorts jederzeit verfügbare Instrument. Digital Leader gehen mit den unbegrenzten Möglichkeiten aber sehr bewusst um. Eine »Dauerbeschallung« ist absolut kontraproduktiv! Sie werden selbst beurteilen können, inwieweit Sie den folgenden Merksatz bereits beachten:

Digital Leader achten darauf, mit ihren Mitarbeitern nur in Ausnahmen außerhalb der üblichen Arbeitszeiten zu kommunizieren.

E-Mails getaktet verschicken

Sie können Nachrichten schreiben, wann Sie möchten. Nur versenden, das sollten Sie außerhalb der üblichen Arbeitszeiten nur im Notfall oder in klar vereinbarten Arbeitssituationen. Studien haben gezeigt: Je mehr E-Mails der Chef am Wochenende versendet, desto mehr Zeit beschäftigen sich die Mitarbeiter außerhalb der Arbeitszeit damit, auch ohne zu antworten. Da kommt schnell eine halbe Stunde zusammen – pro Person. Begrenzen Sie außerdem die Zahl der Empfänger auf das absolute Minimum. Das Rechenexempel sollte Skeptiker überzeugen: Wenn bei vier Mails an jeweils fünf Mitarbeiter alle mit »Allen antworten« reagieren, ergibt das 120 Mails. Wen nur eine wirklich dringende Mail an die zwei direkt beteiligten Mitarbeiter versendet wird und beide an alle antworten, dann sind dies nur sechs Mails.

Die konsequente zeitliche Taktung der eigenen Aktivitäten zur Information und Klärung ist ein Aspekt. Die Auswahl der Inhalte ist das zweite wichtige Thema. Nahezu jede Information kann, sollte von einem Digital Leader jedoch nicht über das Mobiltelefon per Mail, App oder ein anderes Nachrichtensystem als »Single Point of Contact« gespielt werden.

Die nahezu unbegrenzten Optionen und die barrierefreie Nutzbarkeit der mobilen digitalen Kommunikation sorgen zwar dafür, dass heute kein Mitarbeiter mehr von der Kommunikation ausgegrenzt wird. Trotzdem sollten nicht alle Möglichkeiten auf einen Schlag über den Mitarbeitern »ausgeschüttet« werden, vielmehr sollten sie schrittweise und je nach Resonanz der Mitarbeiter auf- und ausgebaut werden. Nutzen und Spaßfaktor ergänzen sich dabei, wie im Beispiel der Hotelgruppe oben gezeigt. Die Entwicklung von offenen sozialen Netzwerken oder Kommunikationssystemen, wie WhatsApp, kann als Vorbild dienen. Ausgehend von einer Kernfunktion mit hohem Nutzwert, übersichtlich aufgebaut und mit leichter Anwendbarkeit, werden kontinuierlich neue Funktionen ergänzt und je nach Resonanz weiterentwickelt.

Je nach Bedarf des einzelnen Nutzers sollten die Funktionen so angeordnet werden können, dass die wichtigen Informationen stets als Erstes im Blick sind. Das ist Standard im privaten Umfeld und nichts spricht dagegen, auch in Unternehmen diesen Anspruch umzusetzen. Mit dem Eintreten der Generation Z (Geburtsjahr ab 1995) in den Arbeitsmarkt wird die selbst regulierte Verfügbarkeit von Informationen künftig sogar unverzichtbar werden, um ein attraktiver Arbeitgeber sein zu können. Digital Leader gehen hier erneut voran.

Die Verbindung der Daten erfordert die Regulierung von Datenschutz und Datensicherheit. Kein Digital Leader kann im Detail zu den aktuellen datenrechtlichen Rahmenbedingungen informiert sein, die für das eigene Unternehmen gültig sind. Aber Sie können in Ihrer Haltung der Offenheit einen gestalterischen Blickwinkel auf das Thema einnehmen, das in den meisten Unternehmen eher leidvoll betrachtet wird. Statt im Thema ein »Damoklesschwert« zu sehen, das über allen gewünschten Anwendungen schwebt, fragen Sie eher, wie die anvisierte Lösung aufgebaut werden sollte. Die verantwortlichen Spezialisten werden mit ihren Kompetenzen als »Möglichmacher« involviert.

Spielzug für »Reichsbedenkenträger«

 In Unternehmen werden Digital Leader nicht immer auf Kollegen treffen, die die gleiche Offenheit besitzen, um kreative Lösungen anzustreben. Stattdessen sehen diese ihre Rolle eher als Bewahrer und bringen bekannte »Killerargumente« wie: »Das geht nicht, weil das System das nicht kann/die Gesetze anders sind/unsere Regeln das nicht vorsehen.«
Ein Workshop kann in dieser Situation der passende Spielzug sein. Der Termin dauert nicht länger als zwei Stunden.
Machen Sie zunächst einen Schritt zurück und holen Sie Ihre Kollegen ins Boot. Zuerst erläutern Sie ohne Überschwang das Vorhaben – die Situation, das Ziel und wesentliche Anwendungen – und klären Verständnisfragen. Niemand bewertet das Vorhaben. Alle Punkte werden für alle notiert. Das Vorhaben wird so für alle auf einen Blick sichtbar.

Zweitens besprechen Sie die Bedenken. Erneut ganz nüchtern werden die Fakten sortiert und notiert: Welche Faktoren sind bei dem Vorhaben zu beachten? Welche Beschränkungen gibt es warum? Was sind absehbare Veränderungen in der Zukunft (z. B. Gesetzesänderungen)? Erneut werden alle Punkte sichtbar notiert, am besten direkt neben der ersten Gruppe.

In der dritten Runde fragen Sie: Was bedeutet es für uns, wenn wir die angestrebte Veränderung nicht umsetzen? Dazu können Verlust von Mitarbeitern oder Kunden gehören. Umgekehrt: Welche Chancen bekommen wir, wenn wir die Umsetzung gemeinsam schaffen? Dazu kann genannt werden: innovative Softwarelösungen, neue Partnerschaften mit Lieferanten oder Kundengruppen aufbauen. Und schließlich: Wie schaffen wir es gemeinsam, die Herausforderungen zu bewältigen? Hier werden die Rollen aller Beteiligten als Gestalter deutlich. Erneut werden alle Punkte sichtbar notiert, am besten direkt neben den ersten beiden Gruppen.

Mit Blick auf das gesamte Ergebnis werden die Ansatzpunkte bestimmbar, beides zu erreichen: die Ziele und die Beschränkungen zu beachten. Zum Schluss werden die ersten Schritte festgelegt, wie die Chancen erreicht werden können. Dies kann zunächst »nur« die Erstellung einer Projektplanung für die mögliche Umsetzung sein, falls die Widerstände weiter vorhanden sind. Immerhin! Ohne die gemeinsame Auftragsklärung im Workshop wäre dies nicht möglich gewesen.

Anlässe strukturieren

Das Gamebook durchziehen viele Spielzüge, die dazu beitragen sollen, die Aktivitäten im operativen Effizienzmodus zu verschlanken, um vor allem Zeit für die Digital Leadership zu schaffen. Die digitale Transformation wird die Endlichkeit der Aufnahmefähigkeit allerdings nicht verändern. Das ist keine Frage der Zeit. Deshalb besteht eher die Gefahr, dass sich die Aufmerksamkeit durch die Vielfalt der Informationen und Kommunikationskanäle in zu viele Richtungen parallel auffächert. Die Überforderung könnte dauerhaft zum Rückzug führen, weil Mitarbeiter denken: »Das bringt nichts. Ich blicke nicht mehr durch. Da mache ich lieber nur meinen Job.«

Die digitale Kommunikation ist zeitsparend und in der Kürze häufig vieldeutig. Fragen bleiben offen. Die personale Kommunikation, die zeitfressend ist, sollte deshalb Antworten geben, Klarheit und Eindeutigkeit schaffen. Daher haben sich, wie das folgende Beispiel zeigt, in Internetunternehmen Routinen ausgebildet, um die Aufmerksamkeit zu bündeln und das Kommunikationsnetz mit eindeutigen Botschaften zu befruchten. Zum Gelingen ist etwas ganz Analoges wichtig: Disziplin zum »Timeboxing« für die effiziente Nutzung des wertvollsten Guts, der Zeit.

Klein, aber fein

 Micro-Meetings von maximal 15 Minuten sorgen bei Google schnell für gute Ergebnisse. Und Führungskräfte bekommen mehr Freiraum, ihren Kalender so zu strukturieren, dass dieser nicht nur voll mit Besprechungen ist. Für jedes Meeting wird zuvor das anvisierte Ergebnis mitgeteilt. Nur die Personen nehmen teil, die für das Ergebnis entscheidend sind, nicht alle, die irgendetwas dazu sagen können. In einem möglichst kleinen Rahmen gehalten, werden nur die nötigsten Ressourcen gebunden.

In jedem Micro-Meeting gibt es zwei wichtige Rollen: die »Note-Keeper« und die »Decision-Maker«. Diese zwei Rollen dienen dazu, nicht den Fokus in Meetings zu verlieren und die vorbereitete Struktur beizubehalten. Ideen, die hier vorgestellt werden, müssen weitestgehend strukturiert und vor allem datengestützt sein. Ohne diese Aufbereitung findet kein Meeting statt. Das Ergebnis wird auf einer gewissen Datenbasis getroffen werden und nicht aufgrund individueller Vorlieben.

Lesen bildet

In Meetings starten Teilnehmer häufig mit unterschiedlichen Wissensständen. Besprechungen werden verzögert, in dem die Vorgeschichte, die früheren Ideen, Daten etc. einleitend wiederholt werden. Durch oftmals aufkommende Diskussionen wird noch mehr Zeit verschwendet.

Bei Amazon starten Meetings speziell bei komplexen Themen mit 30 Schweigeminuten. In dieser Zeit lesen die Teilnehmer das Memo, das die Kurzzusammenfassung des Meetingthemas enthält. Danach können alle fokussiert auf das Ziel des Meetings hinarbeiten. CEO Jeff Bezos lässt dazu absichtlich immer einen zusätzlichen Sitzplatz leer, der sogenannte »empty chair«. Dort sitzt immer der Kunde mit am Tisch, für den alle Entscheidungen hier getroffen werden.

Diese Meetingregeln dienen als Anregung, wie kleine kreative Maßnahmen das verbindliche Klären von Themen beschleunigen können. Wichtig sind Verbindlichkeit und Wirksamkeit der Regeln für die weitere Arbeit aller Beteiligten (mehr zu diesen Workhacks in Part 3.3). Digital Leader machen dabei von sich aus keine Ausnahmen, etwa statt 15 doch 30 Minuten für ein Micro-Meeting anzusetzen. Sie nehmen aber Bitten um Ausnahmen auf, wenn die Mitarbeiter plausibel machen, dass sie einmal die 30 Minuten brauchen, um ein Thema vollständig klären zu können.

Die Wirkung des »Timeboxings« zeigt sich in gesparter Zeit und guten Ergebnissen. Denn effizientes Arbeiten wird auch künftig einen hohen Stellenwert haben, nicht nur in einzelnen Meetings. Indirekt wirken sich ergebnisreiche Treffen und der damit geschaffene Freiraum positiv auf das Engagement der Mitarbeiter aus. Ihr Chef sorgt dafür, dass sie sich um die für sie wichtigen Dinge kümmern können, und hält sie nicht vom Arbeiten ab. Dieser Effekt ist für Digital Leader langfristig besonders deshalb wichtig, um die Energie in der Organisation voll auf die digitale Transformation ausrichten zu können.

Im eigenen Einflussbereich können Digital Leader dafür sorgen, dass Informationen gut fließen. Dazu zählt auch, Pakete zu schnüren, um die Aufmerksamkeit nicht übermäßig zu belasten. Auch hier bietet die Digitalisierung Instrumente, um mit der eigenen Offenheit auch die gewünschte Resonanz zu erhalten. Denn es nutzt wenig, zur falschen Zeit richtige Informationen bereitzustellen oder Themen zu klären, wenn die Beteiligten »den Kopf woanders haben«.

Digital Leader beachten die Aufnahmebereitschaft in ihrer Umgebung.

Just in time

Die digitale Transformation kann auch dazu beitragen, die Zahl der Anlässe, die zur Information und Klärung von Themen notwendig sind, zu reduzieren. In der Praxis werden in Unternehmen aus einem Anlass oft unnötig viele: zum Beispiel je ein Meeting zur Vorbereitung, Durchführung und Nachbereitung bei Workshops oder Tagungen. Mehr als zwei Anlässe braucht es jedoch heute im Idealfall dafür nicht: je einen Kontakt zur Vorbereitung und für die Durchführung, die die Nachbereitung enthält.

Viele Anwendungen und Systeme ermöglichen die Dokumentation von Ergebnissen in Realzeit und die Lieferung von Dokumenten »just in time«. Nach Meilensteinen oder nach Tagungen werden die Ergebnisse zusammengefasst. In den Zeiten von Echtzeitkommunikation sollte es so sein, dass mit dem Verlassen des Konferenzraums die Präsentationsunterlagen in der passenden Version für die Mitarbeiter vorliegen oder zumindest als E-Mail sofort anschließend versandt werden. Bei entsprechender Vorbereitung ist das kein Problem und zeigt dem Empfänger nur, wie wichtig Information und Person sind.

Das ist ein Service für Führungskräfte und Mitarbeiter. Alle sind in der akuten Situation für die Themen aufnahmebereit und können sofort die Punkte rausziehen, die für die eigene Arbeit relevant sind. Nach wenigen Tagen mit vielen anderen neuen Informationen fragt man sich: »Wie war das noch?«

Schließlich achten Digital Leader bei der Strukturierung der Anlässe auch auf den passenden Kommunikationsraum, damit sich ein Diskurs und gute Gespräche entwickeln können. Der Aspekt ist nicht neu, wird aber von Führungskräften bisher selten bewusst eingesetzt. Sie kennen die »Off Sites«, Tagungen, die weitab vom Büro stattfinden. Die Themen sind meist die gleichen wie am Arbeitsplatz, es passiert aber viel mehr, meistens außerhalb der eigentlichen inhaltlichen Arbeit. An der Bar kommt man sich näher, hier werden Themen heiß diskutiert, ohne dass Hierarchien eine Rolle spielen. Am nächsten Tag bleibt nichts Negatives hängen, dafür aber die Erinnerung, dass der Kollege doch nicht so ein »sturer Bock« ist wie gedacht.

Digital Leader brauchen keine komplett neue Bürowelt, um passende Kommunikationsräume zu schaffen. Zudem ist die schönste neue Welt schnell die normale und irgendwann wieder die alte. Meistens braucht es nicht viel, um durch die veränderte Umgebung neue Gedanken entstehen zu lassen. Je nach Team und Typen können die Ideen unterschiedlich sein, eins aber ist sicher: Der Nutzen ist hoch, die Kosten meist gering.

Tapetenwechsel tun gut

 Überlegen Sie sich, wo ein Tapetenwechsel nützlich und leicht machbar ist – und zwar temporär. Haben Sie schon mal in einer Straßenbahn ein Meeting gemacht, im Wissen, an der Endstation ist mit dem Meeting Schluss? Die Dichte der Kommunikation ist völlig neu und anregend. Oder Sie können sich zum Frühstück in einem Café in der Innenstadt treffen, um einmal ohne die ganzen Charts und Tabellen wieder das Große und Ganze in den Blick zu nehmen.

Die Teammitglieder können auch Ideen einbringen, wo sie sich gerne aufhalten. Jüngere möchten gerne einmal den Kinosaal mieten, wenn die Büros im Sommer brütend heiß sind. Oder einen Bus aus dem eigenen Fuhrpark schnappen und zu Mittag zum Picknick in den Park fahren. Automatisch kommen Themen hoch, die im Büro irgendwie nicht gelöst werden. Und dann kommen vielleicht die entscheidenden Ideen, die sich beim normalen Hin- und Her-Wälzen einfach nicht einstellen wollen.

Im passenden Kommunikationsraum entfaltet sich auch ein Instrument, das zur Vermittlung von Informationen schon immer extrem wirkungsvoll war: das Erzählen von Geschichten, die begeistern oder aufwühlen.

Geschichten erzählen

Das Geschichtenerzählen, neudeutsch »Story Making«, ermöglichen und das »Story Telling« forcieren – darum geht es in der personalen Kommunikation. Die digitale Transformation soll neue Geschichten im Unternehmen entstehen lassen – darum dreht sich das gesamte Gamebook. Und zum Entstehen sollten attraktive Geschichten erzählt werden, die den Weg bereiten – darum geht es nun in diesem Kapitel. Geschichten sollen letztlich inhaltlich positiv wirken und unterhaltsam sein. Das bedeutet in Unternehmen selbstverständlich nicht Unterhaltsamkeit nur zum Plaudern und Plauschen.

Digital Leader wollen gute Geschichten erzählen und setzen immer konkrete Beispiele in ihrer Information ein.

Fallen Ihnen spontan gute Geschichten ein, die Sie in der Vergangenheit in Ihrer Führung bereits erfolgreich genutzt haben? Beispiele sind wichtig, um allgemeine oder übergreifende Themen greifbar zu machen. Beispiele sollten das gewünschte Verhalten der Beteiligten aufgreifen oder auf das Verhalten Einfluss nehmen. Sätze für Beispiele fangen an mit: »Das bedeutet für Sie ...«, »Sie können dann ...«, »Künftig können Sie ...« oder ganz schlicht: »Zum Beispiel ...«.

Gute Geschichten gehen weiter, sie regen die Vorstellungskraft an und aktivieren positive Emotionen. Damit dies gelingt, gibt es einige wenige, jedoch wichtige Elemente für »Geschichtenerzähler«, die helfen, die Aufmerksamkeit auf sich zu ziehen:

✔ **Einstieg:** Hallo, wichtig! Die Zuhörer oder auch Leser sollten bei den ersten Sätzen klar erkennen, dass die folgende Geschichte bedeutsam ist. Eine persönliche Anekdote oder ein aktuelles Erlebnis, das zur Geschichte angeregt hat, kann die Zuhörer oder Leser versammeln: Ich möchte wissen, wie es weitergeht!

✔ **Beziehung:** Nach dem Einstieg sollte in der Geschichte immer wieder die persönliche Ansprache der Zuhörer oder Leser erfolgen. Rhetorische Fragen an die Zuhörer oder auch Leser, die nur im Stillen beantwortet werden, führen zum Beispiel zu dieser Verbindung.

✔ **Bilder:** Konkrete Bildmotive (auch mehrere gekoppelt) können die gesamte Geschichte tragen. Die Bilder können über die einzelne Information hinaus sogar eine ganze Kampagne oder ein Projekt tragen (wie das unten aufgeführte Beispiel »Hund und Herrchen« zeigt).

✔ **Metaphern:** Sinnbilder schaffen sprachlich einen Vergleich, wie häufig in Märchen. Das eigentliche Thema wird damit indirekt angesprochen. Diese Distanz ermöglicht zum Beispiel, unangenehme Wahrheiten elegant zu verpacken.

✔ **Szenarien:** Perspektive in die Zukunft richten: Das wäre, wenn ...! Szenarien zu möglichen Ereignissen oder Ergebnissen in der Zukunft, die wünschenswert oder faszinierend sind, schaffen die Basis für die folgende gemeinsame Reise.

✔ **Spannungsbogen:** Beginn und Ende werden verbunden, der Bogen schließt sich wieder, zum Beispiel, indem zu Beginn eine Szene aus der Führungsarbeit geschildert wird und die Auflösung zum Schluss erfolgt (viele TV-Reportagen sind so angelegt). Die Spannung sollte bis zur Pointe erhalten bleiben.

✔ **Relevanz:** Insgesamt sollte die Geschichte für die Zuhörer oder Leser Anknüpfungspunkte besitzen, wie kollektive Erfahrungen oder Erlebnisse, ggf. auch außerhalb des Unternehmens. Bei Veränderungen bieten sich auch Situationen an, die lästig sind und geändert werden.

✔ **Authentizität:** Die Geschichte sollte zum Erzähler passen und nicht völlig aufgesetzt wirken: »Was erzählt der denn jetzt plötzlich für Geschichten?« Fangen Sie klein an, falls Sie bisher Geschichtenerzählen noch nicht als Spielzug in Ihrem Portfolio als Führungskraft hatten.

Diese Punkte sind selbstverständlich nicht alle auf einmal einzusetzen. Das kann eine Geschichte schnell überfrachten. Probieren Sie einfach aus, wie Sie welches Element einbringen können, was Ihnen mehr oder weniger liegt, wie die Resonanz ist. Authentisch zu sein, wird bei jeder Geschichte mehr geschätzt als die perfekte Inszenierung. Das gilt besonders für Digital Leader, die ja eher nebenbei Geschichtenerzähler sein werden – auch wenn das Erzählen selbst viel Freude macht.

Start planen

 Ein guter Einstieg hilft jedem Geschichtenerzähler, auch für das eigene Selbstbewusstsein. Planen Sie den Einstieg, die Kombination von Bild und Text. Digital Leader erleben viel, da könnte es häufig ein guter Anfang sein, einen aktuellen Bezug zu schaffen. Bei Präsentationen könnte dies so aussehen: »Verehrte Damen und Herren, Sie erwarten jetzt sicher, dass ich einen brillanten Vortrag halte. Aber ehrlich: Ich bin kein großer Redner. Stattdessen werde ich Ihnen eine Geschichte erzählen. Eine wahre Geschichte, die ich kürzlich erlebt habe und die viel mit unserem Thema heute zu tun hat ...«

Ein letzter wichtiger Aspekt für Digital Leader als Geschichtenerzähler: die situative Angemessenheit. Um den besonderen Bedürfnissen der Mitarbeiter bei Transformationen zu entsprechen, ist es auch wichtig, den richtigen Tonfall zu treffen. Permanente Erfolgsstorys und Lobeshymnen können kontraproduktiv wirken, wenn auf dem Flur negative Meldungen vorherrschen. Die Geschichten sollten nicht völlig konträr zur allgemeinen Lage sein, »wie von einem anderen Planeten«. Und irgendwelche »Blendraketen«, die in der Kommunikation gezündet werden, verpuffen schneller als gedacht. Wobei Verpuffen sogar positiv wäre – schlimmer wäre es, wenn der Eindruck entstünde, die Führungskraft wisse nicht, was wirklich los ist. Das Vertrauen würde so schnell untergraben.

Hund und Herrchen

 In der Telekommunikation ist nur eins klar: Die Bedarfe der Kunden werden immer vielschichtiger und verändern sich immer rasanter, forciert durch die Digitalisierung. Die Veränderung einer Organisation und der Abläufe in Richtung einer rein kundensegmentierten Struktur besaß in einem »Telko-Laden« (Eigenbeschreibung) ein großes Hindernis in der Unternehmenskultur: Für die Mitarbeiter waren alle Kunden gleich wichtig und wurden deshalb auch gleich behandelt.
In einem Wachstumsmarkt war diese Haltung kein Problem, vielmehr Voraussetzung, viele Neukunden möglichst gut zu betreuen. Das änderte sich jedoch, nachdem der Markt zu einem Verdrängungswettbewerb geworden war: Kunden zu binden und mehr Umsatz mit jedem Kunden zu machen, benötigt eine individuellere Ansprache.

Eine Geschichte wurde eingesetzt (in Präsentationen, aber auch im Intranet und in Newslettern), um die Führungskräfte und Mitarbeiter abzuholen und in die Zukunft zu führen – die Beziehung von Hund und Herrchen. Ausgangspunkt war ein Bild: Zwei Hunde, eine Dogge und ein Pinscher, schauen sich an. Die Botschaft war, nicht nur für Hundebesitzer: Jedes Tier ist gleich wichtig und benötigt genau deshalb aber eine unterschiedliche Betreuung. Der große Hund (= großer Geschäftskunde) braucht mehr und hat auch mehr Potenzial. Der kleine Hund (= Schüler und Studenten als Neukunden) ist mit weniger zufrieden, kann sich sogar selbst pflegen. Die Mitarbeiter wurden aktiviert, die Geschichte weiterzuspinnen. Was können wir als Herrchen tun, um unsere verschiedenen Hunde glücklich zu machen? Was bekommen wir dann von ihnen zurück? In kurzer Zeit entstanden in Workshops viele neue Ideen. Die Überzeugung in die nachfolgenden Veränderungen wurde gestärkt. Und vor allem: Der Überzeugung »Alle Kunden sind wichtig« wurde nicht widersprochen, sie wurde aber in die neue Zeit der Digitalisierung transportiert.

Selbstverständlich wollen und bekommen Digital Leader bereits zur eigenen Information etliche Rückmeldungen, nicht nur zur Kommunikation, zumeist auch zu den Inhalten und Themen. Daraus ergeben sich neue Impulse zur Entwicklung der digitalen Transformation und vor allem für die Spielzüge als Digital Leader.

Part 2.6 Resonanz – Zeitnahe Bewertungen geben und Rückmeldungen verarbeiten

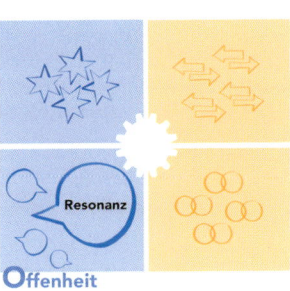

Die Offenheit für das Teilen von Information und das Klären von Themen war der erste Schritt. Rückmeldungen aufnehmen und annehmen gehört aber ebenso dazu. Die nächste Stufe der Entwicklung eines Digital Leaders ist, die Rückmeldungen zu bewerten und für das weitere Vorgehen produktiv nutzbar zu machen. Letzteres ist schwer möglich ohne eine Haltung der Offenheit für andere Positionen und Urteile. Viele Innovationen zur erfolgreichen digitalen Transformation basieren gerade auf diesem Austausch zum Korrigieren und Verbessern, Forcieren und Stabilisieren. Positive, neutrale und negative Resonanzen können gleichermaßen wertvoll sein.

Digital Leader sorgen dafür, dass die Ergebnisse aus den vielfältigen Resonanzen strukturiert und für die Arbeit priorisiert werden.

Nicht allerbeste Freunde, jedoch allerbeste Zuhörer

Die beiden Gründer von Google, Larry Page und Serge Brin, sind alles andere als beste Freunde. »Ich fand ihn ziemlich unerträglich«, wird Page in einem Interview der Zeitschrift Wire zitiert. »Wir fanden uns gegenseitig unerträglich«, ergänzt Brin. »Aber wir haben viel Zeit damit verbracht, uns zu unterhalten. So entstand ein Funke zwischen uns.«
Die intensive gegenseitige Rückmeldung und Bewertung geht heute weit über die Beziehung der Gründer von Google hinaus. Die zeitnahe und intensive Rückmeldung ist ein wesentliches Element der gesamten Unternehmenskultur und ist institutionalisiert: In den »Thanks God It's Friday«-Meetings (TGIF) werden jede Woche die wesentlichen Fragen aller Mitarbeiter im Konzern bearbeitet.
Global können von jedem Mitarbeiter Fragen eingestellt und anschließend ausgewählt werden. Die Themen mit der höchsten Zustimmung werden im Meeting (außerhalb der Zentrale als Live-Websession) von den Gründern beantwortet. Die gegenseitige Resonanz trägt wesentlich zum gemeinsamen Selbstverständnis bei.

Bei Start-ups führt die Verarbeitung von Rückmeldungen mitunter zu radikalen Kurswechseln. Solche Reaktionen auf Feedbacks sind zwar im Alltag anderer Unternehmen eher die Ausnahme, die Beispiele zeigen jedoch die enorme Kraft, die Resonanzen für das weitere Vorgehen haben können. Die Grundlage ist die Haltung der Offenheit, die Digital Leader auszeichnet – bis hin dazu, die eigenen Vorhaben infrage zu stellen.

Dann machen wir es anders

Die Unternehmer Joe Gebbia, Brian Chesky und Nathan Blecharcyk gründeten im August 2008 ihr Unternehmen. Nach fünf Jahren waren sie bereits Marktführer – weltweit. Das Unternehmen vermittelt heute in über 34.000 Städten und über 190 Ländern Unterkünfte – ohne selbst eine einzige zu besitzen oder anzubieten. Ursprünglich hieß das Unternehmen »Airbedandbreakfast« und wurde erst später umbenannt in die Verkürzung »Airbnb«. Zunächst richtete sich das Angebot an Kongressteilnehmer in großen US-amerikanischen Städten. Die Gründer hatten aus der eigenen Not, in San Francisco bei Tagungen keine günstigen Unterkünfte zu finden, eine Tugend gemacht. Das Konzept von »Airbedandbreakfast« war zu Beginn, bei jemandem in seiner Privatwohnung einen Schlafplatz (»Air« steht für die Luftmatratze) und Verpflegung zu finden. Diese Tradition gab es an kalifornischen Universitäten schon länger und wurde nun zu einer Onlineplattform. An die Untervermietung ganzer Wohnungen bis hin zur Anmietung von Schlössern dachte keiner der Gründer.

Mit dem ursprünglichen Profil des buchstäblichen »Airbedandbreakfast« wäre das Angebot schnell versiegt, das Unternehmen in der Versenkung verschwunden. Wohl kaum hätte sich mit der Ursprungsidee ein Netzwerk bilden können, das explosionsartig wächst. Es kam anders – durch folgende Bewertung und die Verarbeitung der Rückmeldung: Einer der ersten Investoren riet den Gründern, das Geschäftsmodell zu ändern, bevor es überhaupt richtig ins Laufen gekommen war. Das Angebot sollte auf alle Nutzer und Anbieter ausgeweitet werden und diese sollten die Vorteile weitererzählen – was auch geschah. Der Rest ist bekannt: Airbnb ist die Plattform für Unterkünfte aller Art, inklusive über 1.000 Schlösser, und hat mehr Kunden als die größten Hotelketten auf dem Globus.

Digital Leader müssen keine so enge Partnerschaft aufbauen, wie bei vielen Unternehmensgründern üblich, um Resonanzen nutzbar zu machen – auch für sich selbst. Die positiven Folgen durch Resonanzen können sehr wirksam sein, ohne gleich so spektakulär sein zu müssen. Viel ist bereits durch einen positiven Umgang mit Resonanzen dafür, den Mut zum Risiko im eigenen Umfeld zu erhöhen, erreicht. Das bedeutet im Transformationsmodus für Digital Leader: Nicht sofort korrigierend reingrätschen, wenn das Risiko nicht belohnt wird, sondern zum Scheitern führt. Die wertschätzende Resonanz und Beurteilung ist elementar, damit im eigenen Team, Bereich oder Unternehmen Vertrauen entsteht. Digital Leader gehen dafür in Vorleistung.

Den Wert schätzen und abschätzen

Wertschätzung wurde in den letzten Jahren zu einem etwas strapazierten Begriff, der die Führung in Zukunft entscheidend prägen soll – Missverständnisse inklusive. »Muss ich meine Mitarbeiter nun in Watte packen?«, fragen in Trainings Führungskräfte teils verunsichert, teils ablehnend. Die Antwort lautet: Nein! Wertschätzung heißt nicht, wahllos Belohnungen zu verteilen, stets nur positive Rückmeldung zu geben bis hin zur Lobhudelei. Der Wert einer Tätigkeit wird sogar weniger geschätzt, wenn alle Resonanzen gleichrangig positiv sind.

Wertschätzung bedeutet im Kern den respektvollen Umgang mit Personen, deren Leistungen und Ergebnissen. Jeder Mensch und seine Arbeit stellen einen Wert an sich da. Digital Leader gehen einen Schritt weiter, damit die Wertschätzung auch für alle Beteiligten einen Wert über die Situation hinaus bekommt. Zur Resonanz gehört auch, den Wert abzuschätzen, also eine Bewertung zu geben und gemeinsam die Rückmeldung zu verarbeiten.

Nicht nur Daumen verteilen

 Likes verteilen, ob als Daumen, Smiley oder andere Icons, wurde ermöglicht durch die Digitalisierung und ist die schnellste Art der Resonanz. Inflationär eingesetzt werden die Likes als Wertschätzung wertlos. Und viel wichtiger: Das Feedback alleine über Icons gibt nur die spontane Stimmung wieder, keine inhaltliche Bewertung.

Digital Leader sollten sich die Mühe machen, Beiträge zu kommentieren, vor allem bei den eigenen Mitarbeitern. Damit zeigen Sie Wertschätzung, den Beitrag wirklich gelesen und eingeschätzt zu haben. Die Palette reicht von »Guter Hinweis für uns« über »Interessant, das weiter zu denken. Meine erste Idee dazu in Richtung ... , um ...« bis zu einer ausführlichen eigenen Stellungnahme.

Jeder inhaltliche Beitrag regt alle Beteiligten an, auch selbst bei Diskussionen mitzumachen und gemeinsam beim Thema weiterzukommen.

Wertschätzung gründet in der Haltung von Offenheit gegenüber der anderen Person und Position in jeder Situation, unabhängig von den Taten und Leistungen – und zwar immer wieder neu. Versteckte Vorurteile sind tabu, die sich zum Beispiel in Gedanken äußern wie: »Was will der denn schon wieder« oder »Mal sehen, was die wieder verbockt hat«.

Für ein wertschätzendes Auftreten und Wirken sind fünf Punkte wesentlich:
- ✔ **Handreichen:** Wertschätzung ist immer individuell, auf die jeweilige Person oder den jeweiligen Personenkreis bezogen, zeigt das eigene Interesse und ist urteilsfrei. »Mir ist unser Treffen/Telefonat ein wichtiges Anliegen« oder »Ich freue mich, mehr zu verstehen zu ...«.
- ✔ **Anerkennung:** Das Bedürfnis aufnehmen geht am besten durch eine Zusammenfassung der Anliegen in eigenen Worten, erneut ohne Bewertungen: »Ich habe verstanden, dass .... Ist das richtig?«, »Ihr Anliegen ist .... Stimmt meine Zusammenfassung?«.

✔ **Augenhöhe:** Mitarbeiter kennen sich im Thema zumeist besser aus. Selbst um Rat zu ersuchen oder Unterstützung anzubieten, schafft eine gleichrangige Beziehung: »Wie könnten die Auswirkungen für uns sein?« oder »Was kann ich tun?«.

✔ **Genauigkeit:** Zum Inhalt wird konkrete Anerkennung gegeben. Standardfloskeln und Pauschalurteile haben keine Wirkung, können sogar wie unverdienter Beifall wirken, wenn der Kontext, in dem die Rückmeldung gegeben wird, inhaltlich eher kompliziert ist. Ein Beispiel: »Ihre Anstrengungen stehen außer Zweifel« ist eine pauschale Formulierung und kann ein zweifelhaftes Lob sein. Besser ist, einen konkreten Bezug zu schaffen: »Ihr Einsatz für ... mit ... ist vorbildlich für die weitere Arbeit.«

✔ **Teilhabe:** Wertschätzung ist schließlich immer auch emotional. Mensch zu sein und auch Emotionen zu zeigen, ist einfach und schafft Bindung. Teilen Sie ein Gefühl zum Abschluss mit, ohne Bezug zu anderen Personen in oder außerhalb der Situation: »Mir geht's jetzt besser, weil ...«, »Noch bin ich etwas erschrocken, was vor uns liegt. Ich bin aber überzeugt, das schaffen wir, weil ...«.

Idealerweise wird das wertschätzende Auftreten zur Routine und muss nicht ständig geübt werden. Intuitiv wird eine Nähe aufgebaut, ohne sich anzubiedern. Auf dem Weg dorthin können Sie die genannten fünf Punkte vor einem Treffen oder ausführlichen Telefonat als Stichpunkte aufschreiben wie auf einen Spickzettel. Notieren Sie auch die Erfahrungen, die Sie machen.

Nach zehn ersten »Versuchen« legen Sie alle Zettel nebeneinander und erkennen auf einen Blick, wie weit Sie gekommen sind und wie Sie den wertschätzenden Umgang verinnerlicht haben. Mit Personen im Umfeld, denen Sie vertrauen, können Sie Ihre Erfahrungen teilen und die weiteren Schritte besprechen. Ergänzend können Sie bei ganz alltäglichen Resonanzen, wie in der digitalen Korrespondenz, die eigene Wertschätzung erhöhen. Dazu gibt es ganz einfache Spielzüge.

Grußformel wechseln

Die leichteste Form, einer anderen Person die eigene Wertschätzung zu zeigen, ist die individuelle Begrüßung oder Verabschiedung. Im digitalen Zeitalter gehen diese Formeln in der Masse an Nachrichten häufig ganz unter.

Gezielt können die Begrüßung oder Verabschiedung individuell gestaltet werden, vor allem zum Abschied: »Einen guten Start in die Woche wünscht ...«, »Sonnige Grüße!«, »Ihnen ein erholsames Wochenende«. Die kleine Geste, an den Empfänger zu denken, fördert die Beziehung in Hinblick auf die nächste Resonanz. So viel Zeit kann sein. Die nötige Zeit kann durch die Reduzierung der Nachrichten leicht eingespart werden. Weniger besser machen! Seien Sie gespannt auf die Resonanzen!

Sender und Empfänger werden in der Regel nicht sofort und immer auf der gleichen Wellenlänge liegen. Digital Leader gehen, wie so oft und als Führungskraft üblich, in Vorleistung. Und das nicht nur einmal, sondern mehrmals und wahrscheinlich mehr als selbst gewünscht.

Digital Leader erwarten nicht, dass ihnen die gleiche Wertschätzung entgegengebracht wird.

Ihr Streben nach gegenseitiger Wertschätzung könnte wenig Resonanz finden, bis hin zur Ignoranz von Kollegen, um zum Beispiel den eigenen Machtbereich zu verteidigen. Dann ist dieser Konflikt zu klären, mit einzelnen Personen oder im Team, mit oder ohne Moderation oder Mediation (**Part 2.7** widmet sich im Detail der Lösung von Konflikten).

Ihr Durchhaltevermögen ist auf jeden Fall erforderlich, um typische gruppendynamische Prozesse gegenseitiger Bestätigung im eigenen Team zu verhindern oder zu durchbrechen. Gerade in homogenen Gruppen, wie auch in Familien, ist das Streben nach Harmonie sehr ausgeprägt und wird schnell zum Selbstzweck. Konstruktive Kritik zur Verbesserung der Gemeinschaft wird kaum mehr als solche wahrgenommen, eher als »Nestbeschmutzung« ausgelegt. Der Resonanzraum bekommt eine sehr hohe innere Stabilität, die jede Veränderung extrem erschwert.

Echokammer vermeiden

Resonanzen werden wertlos, wenn diese nur das bestätigen, was Beteiligte ohnehin wissen oder erwarten. Für die gegenseitige Bewertung und Rückmeldung besteht die Herausforderung in der Tatsache, dass sich Mitarbeiter eher unterstützen, wenn die gegenseitige Resonanz positiv ist, unabhängig von der wirklichen Situation. Je negativer das Feedback ist, desto stärker ist die Tendenz, andere Beziehungen aufzubauen oder sogar sich von Kollegen zu distanzieren. Der professionelle Anspruch, auch bei ständiger Kritik eine offene Haltung einzunehmen, kann nicht von jedem Mitarbeiter erwartet werden.
Bewertungen, die schlechter sind als die eigene Einschätzung, wirken psychologisch als Bedrohung. Sie könnten dazu führen, sich mit Kollegen zu umgeben, die eher Bestätigung geben, wie Studien und Experimente bereits gezeigt haben. Schnell ist ein Team in einer Echokammer gefangen!
Das wertschätzende Auftreten des Digital Leaders kann eine Umgebung schaffen, in der die Toleranz gegenüber Kritik und zunächst negativen Rückmeldungen deutlich höher ist. Der Digital Leader ist besonders im gegenseitigen Umgang mit Resonanzen ein entscheidendes Rollenvorbild. Je geringer die Wertschätzung durch die Führung, desto stärker die Flucht in die Echokammer.

Resonanzräume schaffen

Zeitnah Resonanz zu geben und zu verarbeiten bedeutet nicht, ständig und überall über alles zu reflektieren. Auch bei bester Aufnahmebereitschaft wären alle Beteiligten schnell überfordert. Überforderung entsteht zudem, wenn inhaltlich Lob und Kritik bunt gemischt werden. Dann gewinnt über die selektive Wahrnehmung das Negative eine Bedeutung, die dem Thema ggf. nicht angemessen ist. Und das Lob wirkt faul, obwohl es ehrlich und ernst gemeint war.

Eher sollte Kritik mit der Anerkennung für die Anstrengung kombiniert werden, die nur nicht zum gemeinsam gewünschten Erfolg geführt hat. Besonders bei engagierten Mitarbeitern wird die konstruktive Wirkung das Vertrauen stärken. Beim nächsten Mal klappt es besser!

Tatsächliche Leistungsprobleme können selbstverständlich auch durch wertschätzende Resonanz und noch so gut getaktete Bewertungen nicht verdeckt werden. Dann sind Taten gefragt, möglichst das Können der Beteiligten zu verbessern. Doch auch diese Erkenntnis ist eine wertvolle Verarbeitung der Rückmeldung. Auf Basis einer gemeinsamen Bewertung lassen sich viel besser und schneller Leistungsdefizite beheben als bei einem Vorschlag oder einer Anordnung durch die Führungskraft.

Digital Leader achten auf Ausgewogenheit aller Bewertungen und der eigenen Resonanz auf Rückmeldungen von Mitarbeitern.

Alle agilen Methoden besitzen Resonanzräume, die im Ablauf fest verankert sind und die Verarbeitung von Rückmeldung innerhalb des jeweiligen Instrumentariums sichern (**Part 3.3**). Zudem besitzen viele Unternehmen Maßnahmen für Resonanzen, wie das traditionelle jährliche Mitarbeitergespräch oder in Programmen für das Qualitätsmanagement (QM). Sie denken jetzt vielleicht, wir wären froh, wenn wir diese Aktivitäten konsequent umsetzen würden. Allerdings beziehen sich zum einen viele Maßnahmen im QM auf den vorhandenen Betriebsmodus, um hier die Betriebsprozesse zu steuern und zu verbessern. Zum anderen können Digital Leader aber auch froh sein, wenn bestehenden Maßnahmen nicht so rund laufen: Die Bereitschaft für neue Resonanzräume ist dann höher, da die bekannten ja nicht so gut taugen.

Digital Leader schaffen ihre eigenen Räume und Routinen für Resonanzen.

Welche Räume und Routinen besitzen Sie bereits? Aus vorhandenen, mit agilen Methoden verknüpften und eigenen Spielzügen können Sie die eigene

Kombination aufbauen. Auf Basis der Resonanzen, also dem Umfang der Beteiligung und der Qualität der Ergebnisse, wird die Kombination fortlaufend
ergänzt, Spielzüge werden gestrichen oder ersetzt. Das Feedbacksystem ermöglicht, dass untereinander im Team kontinuierlich Bewertungen gegeben
werden können – ohne Beteiligung des jeweiligen Digital Leaders.

Das System kann sehr unterschiedlich ausgeprägt sein, auch abhängig von
den Rahmenbedingungen im Unternehmen, wie Bestimmungen in Betriebsvereinbarungen oder Absprachen mit der Personalvertretung. Jederzeit möglich und gut geeignet sind analoge Verfahren. Gerade durch die Digitalisierung
vieler Abläufe bekommt der menschliche Kontakt eine höhere Bedeutung. Erinnern Sie sich an eine wichtige Regel für Digital Leader am Beginn des Gamebooks: Analog sein!

Einzelresonanzen verarbeiten

 Viele Resonanzen im Arbeitsalltag erfolgen schon immer spontan, auf
dem Flur (»Du sag mal ...«) oder in kurzen Mails (»Kannst Du mal drü-
berschauen ...«), jeweils eher informell. Die nachfolgenden Maßnahmen
ermöglichen, einzelne Resonanzen zu verarbeiten und über den Anlass
hinaus nutzbar zu machen:

✔ **Flashbacks für die Kurzbewertung:** Bewegende Erlebnisse und Erfahrungen
sind sehr wahrscheinlich während der digitalen Transformation. Sie erzeugen einen emotionalen Nachhall und beschäftigen jeden Menschen intensiv.
Digital Leader schaffen für Mitarbeiter den Raum, mit ihnen kurz, in maximal
15 Minuten, und zeitnah, in Wochenfrist, die Resonanz auf die bewegende
Situation zu bearbeiten und für das weitere Vorgehen einzuordnen. Am
besten erfolgt das Treffen persönlich, ist aber genauso gut auch per Telefon
oder Websessions möglich. Flashbacks können mit jeder Gefühlsart und
jedem Inhalt verbunden sein. Das Anliegen wird dem Digital Leader zuvor
stichpunktartig mitgeteilt. Es können, müssen aber nicht weitere Maßnahmen abgeleitet werden. Die wichtigste Folge des Flashbacks ist: Die große
Energie des Erlebten versandet nicht. Bei negativen Gefühlen wird der
Umgang mit diesen gestärkt. Im positiven Erleben wird der Handlungsdrang
untermauert.

✔ **Peer-to-Peer-Feedbacks:** Hier geht es um die kollegial Unterstützung der Führungskräfte untereinander. Der Umgang mit der selbstbewussten Generation Y
und Z könnte ein Thema sein. Oder auch der Umgang mit Widerständen anderer
Kollegen, die noch nicht so ganz auf der Spur zur Digital Leadership sind. Wie
beim Flashback ist Vertraulichkeit zum Inhalt unverzichtbar. Art und Weise,
Umfang und Ergebnis erfolgt wie beim Flashback mit den Mitarbeitern: Der
Charakter des Peer-to-Peer-Feedbacks ist informell und spontan.

✔ **Realtime-Online-Feedback:** Das 360-Grad-Feedback ist durch die Digitalisierung jederzeit möglich. Statt nur einmal im Jahr stichtagsbezogen gegenseitig
Rückmeldung einzuholen, kann im Prinzip jeder jederzeit jedem Rückmeldung

geben, auch ganz kurz: »Tolle Moderation«, »Langweilige Präsentation«, »Hilfreiche Rückmeldung«, ... Das ist außerhalb von Unternehmen im privaten Umfeld seit Jahren gang und gäbe. Die Systeme können die Feedbacks thematisch sortieren und kategorisieren. Schnell kommen viele Dutzend oder Hunderte Rückmeldungen zusammen, die natürlich nur von einem streng begrenzten Personenkreis einsehbar sind. Ein Gesamtbild entsteht. Ausreißer können besser eingeordnet werden. Die selektive Wahrnehmung der Vergangenheit — häufig ein Problem bei jährlichen Feedbacks — ist ausgeschlossen. Im persönlichen Gespräch können die Daten gemeinsam bewertet und das weitere Vorgehen abgeleitet werden.

Selbstverständlich benötigt die Umsetzung Zeit (diese Zeit zu schaffen, ist Thema in **Part 4.3**). Das gilt nicht nur für die eigene Person. Auch im Team sind für das Aufnehmen und Verwerten der Resonanz die entsprechenden, wenn auch kleineren Zeiträume zu schaffen. Man nimmt sich dann die Zeit, wenn der Nutzen für die eigene Arbeit vorhanden ist. Denn die meisten Maßnahmen sollten freiwillig erfolgen. Nur eine Maßnahme ist verbindlich, um den gemeinsamen Austausch zu befördern und auf einen Punkt zu fokussieren. Idealerweise agiert der Digital Leader in der Rolle als Impulsgeber und sein Team entscheidet (in **Part 3.3** wird die Entwicklung und Umsetzung von sogenannten Workhacks vertieft). Wie bei den Einzelresonanzen bieten sich einige etablierte Methoden für Gruppen an.

Gruppenresonanzen verarbeiten

Im operativen Alltag bestehen einige Möglichkeiten, um schnell Resonanzen zu ermitteln und zu verwerten. Die nachfolgende Aufstellung dient als Anregung, darauf basierend eigene Varianten zu entwickeln.

✔ **Blitzlicht am Ende jedes Meetings:** Für alle sichtbar hat der jeweilige Gastgeber im Raum das Ziel des Treffens und seine Erwartung für die Beiträge der Teilnehmer formuliert, zum Beispiel: Ziel = Projektplanung überprüfen und Aufgaben justieren, Erwartung = realistische Arbeitsergebnisse der nächsten zwei Wochen einbringen. Das Blitzlicht am Ende bezieht sich auf die Prüfung, ob Ziele und Erwartung erreicht wurden. Das ist die Pflicht. Die Kür ist: »Das nehme ich als neuen Impuls mit!« Jeder schildert in einem Satz den wichtigsten Input aus dem Team für seine Arbeit.

✔ **Shop-Floor-Meetings zu Beginn des Arbeitstages oder der Arbeitswoche:** Die wichtigsten Ereignisse und Ergebnisse sowie anstehenden Arbeiten werden reflektiert — im Stehen. Dauer maximal 15 Minuten, auch als Websession machbar. Das Besondere ist der Einstieg. Jeder Teilnehmer berichtet in einem Satz: Das war mein Lerneffekt für euch. Wer keine Erfahrung hatte, kein Problem, dann beim nächsten Mal.

✔ **Lessons-Learned-Session bei Bedarf für ein Thema:** Jedes Teammitglied kann das maximal einstündige Treffen einberufen, um zu einem Thema die eigene »Lehre« und Lösung für das Problem vorzustellen, zum Beispiel für einen schwierigen Arbeitsprozess oder eine komplizierte IT-Anwendung. Das Ziel ist, Resonanz zur anvisierten Lösung zu bekommen von anderen Mitarbeitern, die das gleiche Thema interessiert. Falls ein Fachbereich oder Experte zur Lösung wichtig ist, wird dieser direkt eingeladen. Die Teilnahme ist freiwillig, aus Kollegialität aber selbstverständlich. Das Blitzlicht wird in der Session eingesetzt. Die Ergebnisse werden dokumentiert und allen Mitarbeitern bereitgestellt.

✔ **Feed fixe zur monatlichen Themenverknüpfung:** Der Name als Ableitung aus dem Jour fixe ist Programm für die schnelle Rückkopplung zu allen möglichen Themen, aktuelle im Team und Unternehmen oder außerhalb, zum Beispiel Erkenntnisse aus externen Seminaren oder von Messen. Ideal wäre das Sammeln der Themen und deren Ankündigung zuvor über eine digitale Plattform (s. o. »Thanks God It's Friday« bei Google). Es gibt nur eine Regel für die Präsentation eines Themas inklusive des konkreten Wunschs für Feedback: die Dauer von maximal zwei Minuten! Der Moderator (also Digital Leader) fragt stets zum Schluss nach maximal zehn Minuten pro Thema: Wer nimmt was mit? Insgesamt sollte das Treffen 100 Minuten dauern. Wenn also mehr Themen eingereicht werden, wird zuvor ausgewählt, wenn es weniger sind, dann ist der Feed fixe kürzer.

Selten wird eine ausgewählte Maßnahme oder Kombination auf Anhieb perfekt klappen. Das »Einschwingen« ist Teil davon, Resonanzen verwertbarer zu machen. Besonders kritische Themen mit verschiedenen Ansichten können die Wirkungsmöglichkeiten der »normalen« Resonanzräume sprengen. Es könnte sogar sein, dass ein Thema durch die Resonanz erst zum Problem wird, das geklärt werden muss. Seien Sie beruhigt: Unter der Decke garte der Konflikt schon längst. Der Resonanzraum hat das Thema nur offensichtlich und greifbar gemacht. Das Problem mit den Widerständen und Konflikten, die daraus resultieren können, ist anschließend auf anderen Wegen zu bearbeiten.

Besondere Auswirkungen von Resonanzen sind Widerstand und Konflikte. Nicht nur bei der digitalen Transformation gehören beide zur Normalität. Der Unterschied ist, wie Digital Leader mit Widerstand und Konflikten umgehen: Sie geben die Möglichkeit für neue Spielzüge. Aus einem notwendigen Umweg kann sich eine bessere Alternative ergeben, ein Ziel zu erreichen.

Part 2.7 Widerstand – Lösung von Konflikten und Nutzung aller Energien

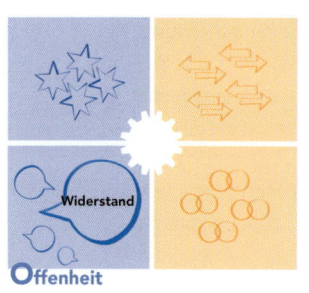

Widerstand ist normal. Keine Veränderung ohne Widerstand. Jede Veränderung tut weh irgendwie, löst daher Widerstand aus und führt zu Konflikten. Wie das Ei zur Henne gehören sie in der digitalen Transformation dazu. Daher sollte eher das Ausbleiben von Widerstand in der digitalen Transformation beunruhigen!

Digital Leader nehmen Widerstand auf. Denn das Ignorieren, Verdrängen oder schlicht Abblocken von Widerstand führt zu noch stärkeren Blockaden. Verstärkter Druck erzeugt Gegendruck. Und wenn der aktive Widerstand immer ins Leere läuft, dann entsteht die einfachste und am schwierigsten aufnehmbare Art von Widerstand: die Gleichgültigkeit und »Egal-Haltung«.

Widerstände zeigen sich vielfältig: aktiv oder passiv, verbal oder nonverbal. Daraus ergibt sich eine interessante Mischung, wie die Übersicht in **Abbildung 9** verdeutlicht. Fest steht: Das Schlimmste ist Schweigen und Nichtstun. Beim passiven nonverbalen Widerstand sind die Handlungsmöglichkeiten sehr eingeschränkt. Aktiver Widerstand zeigt in jedem Fall, dass noch Interesse an der Sache und einer Klärung besteht. Wer sich ärgert, der hat noch Interesse an einer Veränderung.

Die Beispiele in **Abbildung 9** können alle bei der digitalen Transformation auftreten. Und mit diesen auch alle Formen des Widerstands. Der Digital Leader ist dabei ebenso Betroffener oder auch Beteiligter und als Treiber der digitalen Transformation häufig Auslöser von Widerstand. Deshalb sind der richtige Umgang mit Widerstand und das Lösen von Konflikten elementar, um möglichst alle Energien für die Transformation zu nutzen, statt durch permanente Streitereien zu vergeuden. Dieses Kapitel zeigt, wie dies einem Digital Leader gelingen kann.

Digital Leader dulden Konflikte und Auseinandersetzungen nicht. Sie schreiten auch nicht mit einem »Machtwort« ein, um Widerstand zu brechen. Sie vermeiden außerdem abschätzige Floskeln: »Jetzt lasst diesen Quatsch endlich sein.« Das wäre ein Bagatellisieren, womit nichts erreicht wird. Harmonie als Selbstzweck ist ebenfalls nicht das Ziel eines Digital Leaders. Diese Harmonie führt unausweichlich zur Schweigsamkeit. Niemand möchte die Harmonie in einer Gruppe oder im Team belasten. Dann schweigt man lieber, bevor es

	Verbal	Non-verbal
Aktiv	Vorwürfe, Gegenargument, Drohung, Polemik, … *Zum Beispiel häufig bei:* Neue Geschäftsstrategie, Neue Vertriebssturkturen, Restrukturierungen	Unruhe, Gerüchte, Streit, Intrigen, Gruppenbildung, … *Zum Beispiel häufig bei:* Fusionen, Zusammenschluss Standorte/Abteilungen
Passiv	Bagatellisieren, Herumdebattieren, sturer Formalismus *Zum Beispiel häufig bei:* Neue Unternehmensziele, IT-Implementierungen	Schweigen, Lustlosigkeit, Abwesenheit, innere Emigration, Krankheit, … *Zum Beispiel häufig bei:* Neue Führungsstruktur, Kostensparprogramme, Schließung Standorte

Abbildung 9: Formen des Widerstands.

Stress gibt oder man sich unbeliebt macht. Das Problem dieser »Echokammer« wurde bereits im Exkurs im letzten Kapitel deutlich. Digital Leader machen deutlich, dass Widerstand ausgehalten und Konflikte ausgetragen werden müssen.

Digital Leader aktivieren die nutzbare Energie von Widerstand und Konflikten.

Das Konfliktmanagement gehört, auch unabhängig von der digitalen Transformation, zu den wenig geschulten und geprobten, schon gar nicht geliebten Tätigkeiten von Führungskräften. Und zweifellos ist die positive Wendung von Widerstand und Konflikten eine Herausforderung. Ohne Zweifel wird auch nicht immer gelingen, die Energie des Widerstands positiv zu nutzen und einen Konflikt zufriedenstellend für alle Beteiligten zu lösen. Die negativen Wirkungen sind aber in jedem Fall einzudämmen. Dazu ist zuallererst zu beurteilen, ob es sich um einen Konflikt handelt, den ein Digital Leader als Führungskraft beherrschen muss.

Ein Streit muss kein Konflikt sein

Das Wort »Konflikt« wird oft sehr schnell in den Mund genommen. Doch nicht jeder Streit und jede Diskussion ist sofort ein Konflikt. Wesentliches Merkmal eines Konflikts ist, dass Ziele oder Wertvorstellungen von Personen oder Gruppen unvereinbar oder gegensätzlich erscheinen. Deshalb reicht die bloße Auffassung darüber, dass man sich in entgegengesetzte Richtungen bewegen will, für einen Konflikt aus. Verschärft wird ein Konflikt, wenn die Parteien voneinander abhängig sind und nicht losgelöst agieren können. Der inhaltliche Konflikt ist zu unterscheiden von den Reaktionen auf Konflikte und dem konkreten Konfliktverhalten in der aktuellen Situation, zum Beispiel die Verweigerung von Leistung oder Kooperation.

Weil die Beteiligten voneinander abhängen, jedoch auf der Sachebene Unterschiedliches erreichen wollen, kommt es zum einen zu Belastungen auf der Beziehungsebene, die mitunter starke Emotionen hervorrufen. Außerdem kommt es zu einer Hemmung des Umfelds, in dem der Konflikt stattfindet. Entscheidungen, die aufgrund eines schwelenden Konflikts nicht getroffen werden, lähmen den Fortschritt.

Digital Leader tolerieren in ihrem direkten Umfeld keinesfalls, wenn Widerstand und Konflikte Grenzen überschreiten oder völlig destruktiv auf das Team, den Bereich oder das Unternehmen wirken. Einfach den Widerstand ins Leere oder den Konflikt ungehindert laufen zu lassen, sind beides keine Optionen. Eine unkritische Eigensicht auf die Vorteile einer Aktivität ohne den Blick auf die Außenwirkung verhindert den Umgang mit Widerstand und Konflikten.

Alles um die Ohren gehauen

Der Vorstand war enthusiastisch. Das erfolgreiche »Start-up« mit den vielen innovativen Ideen und Produkten würde dem eigenen Softwareunternehmen viele Impulse geben – von der Entwicklung bis zum Vertrieb. Schon während seiner Rede, die von der neuen gemeinsamen Zukunft schwärmte, war ein Tuscheln zu hören. Und direkt nach der Rede trat der Betriebsratschef an das Mikrofon und stellte die erste Frage: »Werden jetzt bei uns Stellen abgebaut, besonders in der Entwicklung?« Dazu war zuvor kein Wort gesagt worden!

Der Vorstand fühlte sich völlig unberechtigt angegriffen und reagierte unwirsch. Die Situation eskalierte, die Risiken dominierten die Debatte und die Pläne wurden dem Vorstand fast buchstäblich »um die Ohren gehauen«. Der Flurfunk transportierte die Ergebnisse in wenigen Minuten an andere Standorte.

Der Konflikt war jedoch absehbar. Zuvor waren mehrfach Entwicklung und Vertrieb angetrieben worden, im Wettbewerb schneller und aggressiver zu sein. Der Kauf wurde reflexartig so interpretiert, dass die Leistung offenbar – trotz aller Anstrengungen und guter Zahlen – nicht ausreichend gewesen war. Die Führungskräfte und Mitarbeiter wurden jedoch nicht »abgeholt« und das Konfliktpotenzial nicht adaptiert.

Digital Leader sollten sich bewusst sein: In Konfliktsituationen zeigt sich die Nachhaltigkeit jeder Veränderung (und damit der Führung!) darin, schnellstmöglich wieder produktiv und zielorientiert zu arbeiten. Permanenter Widerstand und schwelende Konflikte behindern nicht nur die digitale Transformation – sie können diese verhindern.

Für die Lösung von Konflikten ist die Kenntnis der Ursachen hilfreich. Folgende Zusammenhänge in Konflikten sind bei der digitalen Transformation in Unternehmen von besonderer Relevanz:

- **Starke Emotionen unabhängig von Fakten:** Bei Veränderungen treten häufig Verlustängste auf, zum Beispiel an Macht und Einfluss oder schlicht nur Aufgaben zu verlieren, sogar wenn dies gar nicht zur Debatte steht. Die Perspektive möglicher neuer Chancen tritt zurück, da das Ist sicher und das Soll unsicher ist. Die Folge ist die emotionale Abwehr gegenüber der sachlichen Veränderung und, sobald ein äußerer Anlass den Reiz schafft, die äußere Abwehr und Suche nach dem Konflikt zur Verteidigung der eigenen Position (im Verhalten zeigt sich dann ein »Revier markieren« oder »Claims abstecken«).
- **Zielkonflikte und Überforderung:** In Veränderungen können Ziele miteinander konkurrieren oder sich einzelne Ziele im Verlauf als unrealistisch erweisen. Zudem kann sich eine Arbeitsüberlastung ergeben, sei es durch die Menge oder Komplexität an Aufgaben. Führungskräfte und Mitarbeiter werden allzu häufig mit der Lösung alleine gelassen und irgendwann brechen die latenten Konflikte aus, mitunter an einer ganz anderen Stelle, zum Beispiel, wenn eine andere oder neue Aufgabe übernommen werden soll.
- **Schuldsuche und -zuweisungen:** In Veränderungen läuft nie alles glatt oder 100 Prozent nach Plan, auch ausgelöst durch eine Überforderung. Also kommt der Moment, in dem nach der Verantwortung für Fehlleistungen oder Probleme gesucht wird – darüber entstehen Konflikte, die zur eigentlichen Problemlösung allerdings wenig beitragen. In diesem Fall ist es entscheidend, sich auf die Lösung des Problems zu konzentrieren. Über die Gründe für die Entstehung kann später diskutiert werden. Meist sind dann die Emotionen wieder so weit reduziert, dass für die Zukunft mögliche Konflikte bereits im Entstehen entschärft werden können.
- **Heterogenität von Teams:** Während der digitalen Transformation müssen sich laufend neue Teams »finden«, was meist nicht ohne Reibungen verläuft – im Team und unter verschiedenen Teams. Effektive oder vermeintliche Statusunterschiede, Generationenkonflikte oder auch die Unterschiede Mann und Frau können dazu beitragen, dass in Teams Konflikte entstehen, die mit der eigentlichen Veränderung nichts zu tun haben. Umso wichtiger sind gemeinsame Ziele und Entwicklungsperspektiven, um

sich letztlich in Konflikten immer auf einen gemeinsamen Nenner verständigen zu können. Sonst ist ein »wildes Gezerre« um die beste Position und Funktion, das beste Vorgehen und die geeigneten Methoden absehbar.

Angesichts der vielen möglichen Ursachen sollten sich Digital Leader dem Konfliktmanagement möglichst vorausschauend widmen. Wesentliche Widerstände und Konflikte fallen selten »vom Himmel«. Digital Leader als aufmerksame Beobachter und Treiber der digitalen Transformationen können die potenziellen gegenläufigen Energien gut abschätzen. Mit diesem Bewusstsein sind tatsächlich auftretende Widerstände und Konflikte selbstbewusst anzugehen.

Einen Schritt voraus sein

 Der Einsatz sollte für Digital Leader mit ihrer Haltung der Offenheit keine Herausforderung sein – im Gegensatz zu einer traditionellen Vorstellung im Management, dass Widerstand und Konflikte lästige Nebenwirkungen der eigenen Arbeit sind.

✔ **Antizipation:** Zum Nutzen von Widerständen und der Energie von Konflikten ist deren Vorwegnahme der erste Schritt. Potenzielle Widerstände und deren Hintergründe zu erkennen, kann auch zum Verbessern der geplanten Veränderungen dienen. Bilden Sie dazu Szenarien, was passiert, wenn …. Falls die präferierte Variante ein extrem hohes Widerstandspotenzial birgt, sollte gut überlegt werden, ob der mögliche Erfolg den dazugehörigen Aufwand zur Konfliktbeherrschung rechtfertigt. Die Antizipation ermöglicht einem Digital Leader zudem, frühzeitig die relevanten Informationen zu vermitteln und einen Dialog aufzubauen — vor einer Eskalation. Denn häufig entstehen Konflikte aus einem Missverständnis oder schlicht aus Unwissen.

✔ **Entschlüsselung:** Konflikte entstehen aus den verschiedensten Gründen, häufig erst auf der Beziehungsebene und sachlich zunächst schwer nachvollziehbar. Jeder Widerstand enthält versteckte Botschaften. Die Ursachen von Widerstand sind deshalb unbedingt zu entschlüsseln: Bedenken, Befürchtungen, Angst, Unsicherheit oder grundsätzliches Misstrauen gegenüber dem Management liegen den Symptomen oft zugrunde. Nicht selten liegt hinter dem Widerstand und Konflikt eine andere Enttäuschung oder Verletzung aus der Vergangenheit, die nicht bearbeitet wurde und nun »hochkommt«. Oder vieles hat sich aufgestaut und brachte das Fass bei der aktuellen Gelegenheit zum Überlaufen.

✔ **Vorbereitung:** Besonders bei größeren Vorhaben der digitalen Transformation können vorausschauend Maßnahmen angekündigt werden, die zur Bearbeitung von Konflikten dienen. Damit wird gezeigt, dass die Konfliktlösung ein wichtiges Anliegen ist. Von Anfang an kann so ein Konflikt kanalisiert werden und verbreitet sich nicht unkontrolliert. Schließlich gibt es in der Praxis ein spannendes Phänomen: Plötzlich entstehen weniger Widerstände und Konflikte.

Die Selbstbeschäftigung und Selbstregulation greift vor einer Eskalation: »So schlimm ist das Ganze doch nicht«, »Mal sehen, das wird sich schon lösen« oder »Lass uns das Ganze erst einmal so lösen, bevor wir das Thema an die große Glocke hängen«.

✔ **Rolle:** Schließlich sollte sich der Digital Leader über seine eigene Rolle in Bezug auf den entstandenen Widerstand und im Konflikt im Klaren sein. Auch als Spielmacher muss die eigene Person und Position nicht der Auslöser sein. Ist man »nur« der Blitzableiter oder funktionsbezogener Ansprechpartner für einen Konflikt? Wird auf einen nur alles abgeladen, was sich aufgestaut hat, ggf. zu Themen, die gar nichts mit der Veränderung zu tun haben?

Als engagierter Digital Leader kann es – trotz vieler Werkzeuge – schwerfallen, Konflikte nicht persönlich zu nehmen. Für die persönliche Distanz können folgende Punkte hilfreich sein:

- **Eigene Emotion unterscheiden:** Die eigene Reaktion (Enttäuschung, Frust, Trotz, Aggression, ...) ist vom Inhalt des Konflikts zu trennen. Ist die eigene Aufregung wirklich berechtigt? Lohnt sich die Aufregung angesichts der tatsächlichen Sachlage? Sind die eigenen Ziele wirklich gefährdet?
- **Fremde Emotion betrachten:** Sich in die Lage des Konfliktgegners zu versetzen, kann die eigene Emotion reduzieren. Was bewegt die anderen? Welche Interessen stehen hinter der Reaktion? Hat der Stress noch weitere Hintergründe und sammelt sich im Konflikt der aufgestaute Frust? Ist die Reaktion schlicht unabwendbar gewesen?
- **Distanz schaffen:** Auf wenn es schwerfällt, die Konfliktträger sollten nicht angegriffen werden. Das löst kein Problem. Und man braucht als Digital Leader die anderen Führungskräfte und Mitarbeiter wahrscheinlich noch. Das Sprechen in der Ich-Form und über eigene Emotionen sowie über beobachtete fremde Emotionen zeigt, dass einem dennoch ein Konflikt nicht egal ist und man sich aktiv einbringen möchte.
- **Grenzen ziehen:** Auf Grundlage der Distanz wird, wenn notwendig, bestimmt und freundlich im Ton gesagt, wo der Konfliktträger überzogen hat im persönlichen Angriff. Man macht deutlich, dass zur Lösung des Konflikts ein angemessener und respektvoller Umgang erwartet wird. Zum Inhalt des Konflikts wird dabei nichts gesagt.

Digital Leader sollten Konflikte nicht persönlich nehmen, vielmehr in ihrer Rolle annehmen und zu einer Lösung beitragen.

Zusätzlich können im eigenen Wirkungskreis klare Regeln für den Ablauf bei Konflikten formuliert und mit den Mitarbeitern abgestimmt werden. Zum Beispiel kann verbindlich festgelegt werden, die Inhalte in einem festen Schema zusammenzufassen, um auf dieser Basis an der Lösung des Konflikts zu arbeiten. Ergänzend kann für eine größere Distanz ein »Kummerkasten« installiert werden. Zugang haben eine externe Personengruppe im Unternehmen (wie HR-Abteilung) oder komplett externe Berater/Mediatoren. Letzteres macht erfahrungsgemäß nur bei größeren und absehbar konfliktträchtigen Transformationsprojekten Sinn. Denn im Alltag sollten Konflikte im eigenen Umfeld gelöst werden – also dort, wo sie entstanden sind.

Ich rufe zurück

Manche Widerstände und Konflikte »poppen« plötzlich hoch oder landen wieder auf dem eigenen Tisch: ein Anruf, eine Mail oder ein Zwischenruf bei einer Veranstaltung, die plötzlich Zweifel schüren oder Konflikte säen. Dann heißt es: Zeit zum Durchschnaufen gewinnen, um zumindest eine Eskalation zu vermeiden.

Bei einem Anruf zur Not einen Termin vorschieben und den sofortigen Rückruf danach versprechen, bei einer Mail auch in jedem Fall anrufen, um den Konfliktträger und das, was in den Zeilen verborgen ist, besser zu verstehen. Und in Meetings bei Präsentationen oder auf der Bühne den Ball zurückspielen, zum Beispiel: »Ihre Meinung interessiert mich sehr und ich möchte sie ganz verstehen. Können Sie mir bitte noch mehr erklären, wie Sie zu Ihrer Meinung kommen?« Verlangen Sie wertschätzend vom Infragesteller, Kritiker etc. eine detailliertere Erläuterung, um ein besseres Gefühl für die Beweggründe und den sachlichen Teil des Konflikts zu bekommen sowie selbst durchschnaufen zu können.

Letztlich zählt für den Digital Leader das persönliche Gespräch. Sie stehen in der Verantwortung und sollten sich nicht hinter den anderen Maßnahmen wegducken. Die Wertschätzung (**Part 2.6**) ist dafür eine sehr gute Grundlage.

Die Kunst des Gesprächs

Die Chancen einer Konfliktlösung erhöhen sich enorm durch eine geschickte Gesprächsführung. Das gilt auch akut, wenn Mitarbeiter oder andere Führungskräfte »ins Büro schneien« oder E-Mail-Pingpong »hochpoppen lassen« – also eine sofortige Lösung verlangen. Im anderen Extrem ziehen sich Konflikte latent durch ein Team oder Projekt – bis der Digital Leader sich der Lösung widmet.

Grundsätzlich gilt, dass immer die konkrete Konfliktsituation verlassen wird, kurzfristig durch einen Rückruf in fünf Minuten und entsprechende Vorbereitung oder eine kurze Toilettenpause in einem Meeting. Bei längerfristigen Konflikten erfolgt die Vereinbarung separater Termine zur Konfliktklärung. Sehr selten ist das Schaffen dieser Distanz nicht möglich, wenn zum Beispiel akute Gefahr im Verzug ist oder ein Konflikt gar nicht ausgetragen werden kann. Dann bietet sich an, im Anschluss den schwebenden Konflikt zu klären.

Folgendes Vorgehen ist sinnvoll, sowohl in einer konkreten Gesprächssituation als auch in einem längeren Prozess mit mehreren Treffen:

✔ **Interessen anerkennen:** Zunächst geht es darum, das vorhandene Interesse der Konfliktparteien anzuerkennen, jedem Raum zum Artikulieren der Thematik zu geben, ggf. mit Spielregeln oder einem Fragenset zu: »Was ist das Thema? Was ist die Kritik, das Problem, ...?« Die Aussage der anderen Partei ist kurz in eigenen Worten zusammenfassen: »Ich habe verstanden, dass ...« Gegenseitig wird das Einverständnis eingeholt: »Stimmt diese Beschreibung? Habe ich etwas vergessen?« Wichtig ist, keinerlei Bewertung zu geben, der Einsatz der Wörter gut oder schlecht, falsch oder richtig ist zu vermeiden. Und vor allem ist die Lösung des Konflikts noch nicht das Thema!

✔ **Emotionen reduzieren:** Das Hochschaukeln erfolgt zum Beispiel durch zu schnell verfasste E-Mails oder unüberlegte Calls, lapidare Aussagen etc. Die zeitliche Distanz zur Konfliktsituation oder einem Ereignis ist wichtig. Das bedeutet, nicht jedem jederzeit und öffentlich Feedback zu geben. Allein dadurch verschärfen sich Konflikte.

✔ **Fakten isolieren:** Meist geht der eigentliche Anlass eines Konflikts schnell unter. Auch die Auswirkungen einer bestimmten Handlung oder Nichthandlung sind nüchtern zu bestimmen und schriftlich festzuhalten, ggf. mit den Konfliktparteien zu teilen. Am besten werden die Fakten für die Konfliktsituation nebeneinander aufgelistet. Immer noch steht die Lösung nicht im Mittelpunkt, kann sich aber schon andeuten.

✔ **Vorgehen bestimmen:** Mögliche Lösungen des Konflikts werden skizziert und es wird miteinander abgewogen, welche Variante die Fakten am besten abbildet. Mit der Entscheidung für eine Präferenz werden die Rollen und Aufgaben der Beteiligten festgelegt. Nur im Ausnahmefall erfolgt die Anweisung der Führungskraft, was jeder tun oder lassen soll.

✔ **Ergebnisse verfolgen:** Teil der Lösung ist, die weitere Entwicklung zu bewerten. Am Ball zu bleiben, ist elementar, damit der Konflikt nicht wieder durchsickert, vielmehr konsequent an der Lösung gearbeitet, diese nicht unterlaufen wird. Ein ungelöster Konflikt reduziert das Engagement, bei der nächsten Gelegenheit gemeinsam eine Lösung anzustreben.

Und dann sind da noch die »politischen Interessen«, die gerade bei einem möglichen Machtverlust beginnen könnten. Denn häufig entstehen Konflikte durch »Machtspiele«, »Claims abstecken« etc. Führungskräfte sind Beteiligte und Betroffene zugleich. Im Extremfall kann nur eine Entscheidung durch die nächsthöhere Ebene die Konflikte lösen. Oder eine Entscheidung wird getroffen, die zwar den Konflikt nicht löst, jedoch eine Grundlage für die weitere Arbeit schafft. Die Führungskraft sollte dafür den Entscheidern einen konkreten Vorschlag unterbreiten, der die Interessen und Fakten sowie verschiedene Lösungsoptionen enthält. Dadurch bleibt auch die eigene Vorarbeit zur Konfliktlösung nicht umsonst.

Falls auch die Strategie der Deeskalation nicht funktioniert, besteht die Möglichkeit für einen weiteren Spielzug. Eine Schiedsstelle kann die Lösung eines Konflikts moderieren. »Antragsteller« kann jede Führungskraft und jeder Mitarbeiter sein. Grundlage für die Moderation sind dabei inhaltliche Informationen, die der »Antragsteller« liefern muss: Wer sind die Beteiligten? Was ist das konkrete Problem? Warum entsteht daraus der Konflikt? Welche Alternativen gibt es? Welche Auswirkungen sind jeweils zu erwarten, auch für die Beteiligten? Warum wurde bislang das Problem nicht gelöst? Interessant ist in der Praxis: Allein die Tatsache, dass es eine Schiedsstelle gibt, reduziert die Zahl der Konflikte. Man einigt sich vorher oder versucht, Konflikte nicht eskalieren zu lassen.

Mediation ist keine Schande

 Digital Leader wissen, dass sie nicht alles regeln können. Auch in der Lösung von Konflikten haben sie nicht die Weisheit gepachtet. Sie sind aber auch hier erneut Möglichmacher von weiteren Spielzügen. Dazu gehört, Unterstützung von außen zu ermöglichen. Vor allem bei tief liegenden Konflikten kann eine Mediation sehr wirkungsvoll sein. Der Mediator kommt von außen oder aus einem spezialisierten internen Bereich, der sonst keine Verbindung zu den Beteiligten besitzt.

Mit dem Mediator findet eine sogenannte Auftragsklärung statt, um die gemeinsamen Erwartungen und das Vorgehen zu vereinbaren. Alle Beteiligten müssen sich auf dieser Basis zur Mediation freiwillig entscheiden. Ein guter Mediator wird auch mitteilen, wenn der Fall nicht von ihm Erfolg versprechend betreut werden kann. Der Mediator ist Frau oder Herr des Verfahrens. Den Digital Leader interessiert allein das möglichst positive Ergebnis. Der Verlauf der Mediation – unabhängig vom Ergebnis – wird nur reflektiert, wenn die Beteiligten dies wünschen.

Trotz aller Bemühungen, Widerstände und Konflikte zu lösen, werden nicht immer alle Themen zur Zufriedenheit aller Beteiligten gelöst werden können. Diese Situation ist transparent zu machen, um die Bereitschaft aufzubauen, den Konflikt ruhen zu lassen.

Entscheiden Sie selbst, wie weit Sie im Management von Konflikten sind – für sich, andere Kollegen und Ihre Mitarbeiter.

Digital Leader sorgen auch bei ungelösten Konflikten für ein konstruktives Miteinander.

Die Erfahrung zeigt ganz eindeutig: Wo nachhaltig ein produktiver wertschätzender Umgang mit Widerständen und Konflikten gepflegt wird, auch ohne diese zu lösen, dort wird insgesamt die Zusammenarbeit harmonischer. Der gemeinsame produktive Umgang mit Widerständen und Konflikten schafft die Grundlage für die letzte Stufe, die ein Digital Leader mit seiner Haltung der Offenheit erreichen kann und die eine entscheidende Grundlage für die erfolgreiche digitale Transformation ist: Fehler und Probleme positiv zu nutzen, ist eine Königsdisziplin für jeden Digital Leader.

Part 2.8 Fehler – Lernen sichern und Kontrolle vermeiden

Fehler sind zu vermeiden und werden sanktioniert – so das Credo in vielen Unternehmen. Im Ergebnis streben Führungskräfte und Mitarbeiter danach, Fehler zu vermeiden oder diese zu verdecken. Der Fehler darf nicht wieder passieren! Das stimmt prinzipiell – für den üblichen Betriebsmodus. In den Routinetätigkeiten, ob in der Herstellung oder bei Dienstleistungen, geht es darum, möglichst hohe Qualität zu niedrigen Kosten zu erreichen. Klassische KVP (für »Kontinuierlicher Verbesserungsprozess«) oder QM-Systeme zur Kontrolle und Prüfung haben hier nach wie vor ihre Berechtigung. Die Ziele der Führungskräfte und häufig auch ein Teil der Entlohnung orientieren sich an diesen Maßstäben. Das wird auch für Digital Leader gelten, die nur sehr, sehr selten zu 100 Prozent im Innovationsmodus aktiv sein werden.

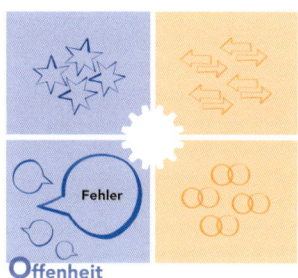

Versuch und Irrtum sind ein eng verbundenes Paar, um in der digitalen Transformation erfolgreich zu sein. Der größte Fehler wäre der Versuch, unbedingt einen Fehler zu vermeiden. Nur wer nichts wagt und tut, bleibt fehlerlos. Wer schnell handelt, sogar unfertige Produkte und Services probiert, der möchte aus Defiziten lernen. Nur über Fehler sind die Fortschritte erzielbar, die für die schnelle Anpassung an veränderte Rahmenbedingungen im digitalen Zeitalter sorgen.

Denn: Keine Innovation ohne Fehler. Aus Irrtümern können sogar die Ideen entstehen, die für den entscheidenden Fortschritt sorgen, der sonst nicht möglich geworden wäre. Das Mantra »Fail fast, fail often, fail cheap« aus dem Silicon Valley oder die Abkürzung FAIL für »First Attempt In Learning« drücken diese Bedeutung prägnant aus. Dahinter steht die Überzeugung, dass Fehler der beste Impuls zur Anpassung und für den Fortschritt sind. Die Frage ist nicht, ob eine Veränderung stattfinden muss, nur wie oft und wie umfassend. So kann ein Unternehmen in der digitalen Transformation mithalten.

Fehler sind also kein Selbstzweck. Wer viele Fehler macht, entwickelt sich nicht automatisch und positiv weiter. Einfach mal zu erlauben, Fehler zu machen, das wäre genau falsch! Ebenso verkehrt wäre, von oben anzuordnen, dass Fehler jetzt erwünscht und nützlich sind, ohne einen Rahmen zu schaffen. Eine produktive Fehlerkultur zu entwickeln, gelingt nur mit klaren Prinzipien und Prozessen, um den gemeinsamen Lernfortschritt zu sichern.

Digital Leader nutzen Fehler systematisch als notwendiges Element für den Fortschritt.

Die Haltung der Offenheit wird im Umgang mit Fehlern auf die Probe gestellt. Gerade in Unternehmen, in denen Qualität und Zuverlässigkeit zum Kern des eigenen Selbstverständnisses gehören – und das sind die meisten –, bedeutet das Lernen aus Fehlern eine Zumutung. Die bisherige Komfortzone, jederzeit volle Kontrolle über die eigenen Leistungen zu haben, wird verlassen.

Die Themen der letzten drei Kapitel, »Kommunikation transparent gestalten«, »Resonanz geben« und »Konflikte lösen«, sorgen für eine stabile Grundlage dafür, in der Zusammenarbeit mit einem Team, Bereich oder dem ganzen Unternehmen das Vertrauen aufzubauen, um Fehler offenlegen und gemeinsam nutzen zu können. Aus dieser Basis kann eine Fehlerkultur entstehen, die nicht nur für die digitale Transformation von großem Vorteil ist.

Single Loop und Double Loop Learning

Das Lernen aus Fehlern in der digitalen Transformation kann auch im Standardmodus von Unternehmen positiv für den Fortschritt genutzt werden, anstatt zu vermeiden und zu verhindern, dass ein Fehler nochmals passiert. Denn Fehler können auch im Betriebsmodus »nur« ein Symptom von tiefer liegenden Ursachen sein. Sie sollten deshalb der Auslöser sein, zunächst einen Schritt zurück zu machen, um das Zusammenspiel der verschiedenen Akteure und Systeme in einer Organisation aufmerksam zu betrachten und dann zu verbessern.

In Organisationen ist Single Loop Learning weitverbreitet. Die meisten QM-Systeme basieren darauf, nach festen Regeln und Maßstäben an festen Checkpunkten die Maßnahmen zu überprüfen und daraus Verbesserungen abzuleiten. Diese einzelne Lernschleife hinterfragt aber nicht, ob die dahinterliegenden Ziele und Strategien richtig sind. Beispiel: Bei einer Fehlerquote y oder der Zielverfehlung um über x Prozent sollten nicht nur die Maßnahmen optimiert werden (»Single Loop«), sondern vielmehr auch die Ziele überprüft, also eine zweite Schleife gedreht werden. Das wird im Prozess des Lernens in Organisationen als »Double Loop« bezeichnet. Fehler werden dazu genutzt, das Vorhaben zu prüfen und ggf. fallen zulassen, sobald klar wird, dass sich die Zielsetzung nicht mehr verwirklichen lässt. Wenn sich dabei immer wieder herausstellt, dass die gesetzten Ziele falsch sind oder sich ein Ziel als völlig falsch erwiesen hat, sollte die Ideenentwicklung und Entscheidungsfindung betrachtet werden, die offenbar untaugliche Ergebnisse produziert. Diese weitere Schleife könnte sogar »Triple Loop« genannt werden (was in der Praxis aber unter dem Double Loop subsummiert wird).

Der gleiche Prozess kann bei vielen anderen Aspekten, die im Unternehmen wichtig sind, umgesetzt werden. Beim Kompetenzaufbau könnte beispielsweise festgestellt werden, dass die für das Projekt notwendigen Fähigkeiten die Mitarbeiter um ein Vielfaches überfordern. Dann kann nicht nur gefragt werden, was zum Aufbau der

Fähigkeiten getan werden muss, sondern auch, ob grundsätzlich das Thema oder Projekt im Unternehmen überhaupt erfolgreich umgesetzt werden kann.

Digitalisierte Abläufe schaffen durch die vorhandenen Daten und Informationen ein breites Fundament für einen vertieften Lernprozess und eine schnellere Lernkurve. In Echtzeit sind Auswertungen verfügbar. Unmittelbar können vorausschauend Veränderungen vorgenommen werden, bevor ein Fehler passiert oder ein Ziel verfehlt wird (wie in **Part 1.2** bereits gezeigt). Nur damit kein Missverständnis entsteht: Ausnahmen sind selbstverständlich Hochrisikoberufe, in denen Fehler katastrophale Folgen haben können, wie im Operationssaal, in Flugzeugen oder bei der Banküberweisung. Hier gilt Nulltoleranz gegenüber Fehlern. Das ist selbstverständlich.

Digital Leader besitzen ein reiches Portfolio an Spielzügen. Deren Auswahl und Kombination richten sich nach der Herkunft und aktuellen Situation im Unternehmen. Dabei muss Schritt für Schritt vorgegangen werden, es dürfen nicht mehrere Stufen in der Entwicklung einer neuen Fehlerkultur übersprungen werden. Das Vertrauen, Fehler machen zu dürfen, und die Fähigkeiten, Fehler positiv zu nutzen, entwickeln sich eng gekoppelt.

In einem Unternehmen, in dem bisher Fehler strikt reglementiert, kontrolliert und sanktioniert wurden, sollte nicht sofort genau das Gegenteil praktiziert werden, etwa Auszeichnungen für Fehler zu verteilen und den Nutzen von Fehlern plakativ zu propagieren. Führungskräfte und Mitarbeiter, die lange in einer völlig anderen Welt gelebt haben, werden solche Maßnahmen als netten Versuch werten – im besten Fall. Unverständnis und Ablehnung über diesen »neumodischen Kram« ist eine wahrscheinliche Reaktion.

Digital Leader agieren hier intensiv in ihrer Rolle als Impulsgeber und Brückenbauer (**Part 2.1**). Sie sorgen dafür, dass Fehler von Beginn an zumindest für einen kleinen Fortschritt sorgen. Denn der eigentliche Grund für die Kontrolle von Fehlern war ja schon immer, durch ihre künftige Vermeidung Effizienz und Qualität zu steigern, also einen Fortschritt zu erzielen. Transparent zu machen, dass das »neue« bessere Vorgehen ohne den Fehler gar nicht möglich geworden wäre, ist eine wichtige Aufgabe von Digital Leadern.

Für die Auswahl der Maßnahmen und Methoden sind folgende Faktoren entscheidend:

✔ **Beteiligung erleichtern:** Die Hindernisse (emotional oder auch zeitlich) sollten möglichst gering sein. Die Beteiligung darf keine unüberwindbaren inneren Widerstände auslösen, zum Beispiel den Gedanken: »Oh Gott, da muss ich mich vielleicht auf die Bühne stellen und zeigen, wie blöd ich bin!«

✔ **Multiplikation ermöglichen:** Die Aktivitäten sollten leicht wiederholbar oder kopierbar sein und nicht zu kompliziert. Wenn das Fehlermachen gelernt werden muss, darf nicht auch die Methode dazu schwierig sein.

✔ **Ergebnisse sichern:** Entstandene und eingebrachte Fehler sollten auch zu spürbaren Resultaten führen, die möglichst im gesamten Unternehmen verfügbar gemacht werden. Damit wird der inhaltliche Wert größer und zugleich der Lernprozess zur »Fehlernutzung« gefördert.

✔ **Für Aufmerksamkeit sorgen:** Der Nutzen sollte sich schnell verbreiten können, um die Teilnahme zu sichern und zu verstetigen. Die Art und Weise der »Fehlersicherung« sollte interessant dargestellt werden (z.B. durch Storytelling, s. **Part 2.5**).

Alle Formen zum Verarbeiten von Fehlern eint das kollaborative und hierarchiefreie Vorgehen. Die Suche nach Schuldigen, jede persönliche oder gruppenbezogene Sanktionierung sind tabu. Der wirkliche Nutzen entsteht erst durch gegenseitigen Austausch und Befruchtung auf der Grundlage des negativen Ereignisses. Erst dieser Prozess macht es möglich, dass über das einzelne Ereignis hinaus der Fehler für den weiteren Verlauf nachhaltig nutzbar wird. Das reine Analysieren durch die verantwortliche Führungskraft oder den Mitarbeiter schafft nicht diese Dynamik.

Digital Leader achten im Umgang mit Fehlern auf die hierarchiefreie Kollaboration aller Beteiligten.

Damit es gelingt, die Lerneffekte von Fehlern zu sichern, müssen die Mitarbeiter als Mitstreiter gewonnen werden (**Part 2.3**). Auch Mitarbeiter brauchen in diesem Kontext eine Haltung der Offenheit und eine erhöhte Lernbereitschaft. Wichtig ist für sie zu lernen, in welcher Situation Fehler vorteilhaft sind, und Vertrauen darauf zu entwickeln, dass diese Fehler nicht persönlich genommen werden und entsprechende Nachteile nach sich ziehen.

Digital Leader sorgen für die entsprechende Umgebung. Sie machen deutlich: Fehler sind ein Teil, um das eigentliche Ziel zu erreichen. Fehler sind Mittel zum Zweck, schneller besser werden zu können. Niemand braucht Angst vor den Folgen von Fehlern zu haben. Projekte können scheitern und Hoffnungen enttäuscht werden. Den Mut zu haben, Vorhaben zu beenden, ist fast wichtiger, als sie zu beginnen.

Zeigen Sie Vertrauen, dass das jeweilige Vorhaben gelingen kann, und machen Sie deutlich, dass die Möglichkeit von Fehlern oder sogar das Scheitern dazugehören. Diese Möglichkeit wird nicht aktiv eingeplant oder gar angestrebt. Die Unplanbarkeit, wann wie ein Fehler geschehen könnte, wird akzeptiert. Niemand hofft und wartet darauf, dass Fehler passieren. Beim Eintreten wird der Fehler dazu genutzt, das eigentlich Geplante voranzubringen oder – im Extremfall – fallen zu lassen, wenn sich die ursprüngliche Planung als illusorisch erweist.

Hundebiss vermeiden

Das jahrelang aufgebaute Vertrauen in den besten Freund des Menschen wird in einer Sekunde zerstört, wenn der Hund – warum auch immer – zubeißt. Die schmerzende Wunde verheilt schnell, die innere Verletzung des Vertrauens braucht viel länger zur Genesung.

Im Umgang mit Fehlern sollte das Hundebiss-Syndrom vermieden werden: Eine falsche Reaktion kann jahrelanges Zutrauen, dass Fehler wichtig und richtig sind, zerstören. Digital Leader halten deshalb ihre Reaktion im Zaum, wenn Regeln für die Nutzung von Fehlern gebrochen werden oder sogar bewusst schädliche Fehler in Kauf genommen werden. Die Wertschätzung sollte so lange wie möglich erhalten bleiben. Ein »Ausraster«, Fehler strikt zu reglementieren, spricht sich schnell herum: »Wenn's drauf ankommt, dann darfst du doch keinen Fehler machen!«

Schließlich ist – je nach Wirkungskreis eines Digital Leaders – im Team, Bereich oder ganzen Unternehmen die Spielkombination an Maßnahmen zu etablieren, damit die offene Haltung aktiviert wird und die Fehler nutzbar gemacht werden können.

Drei Aktionsfelder bauen dabei aufeinander auf. Zunächst sollten Regeln gesetzt und dann Standards geschaffen werden. Damit ergeben sich bereits genügend mögliche Spielkombinationen. Schließlich könnten Leuchttürme als Höhepunkt im Fehlermanagement aufgebaut werden, quasi ein Spielzug für das i-Tüpfelchen.

Regeln setzen

Fehler als Teil des Fortschritts anzusehen und systematisch zu nutzen, ist bisher in Unternehmen eher ungewöhnlich. Für die Etablierung dieser Einstellung sind Regeln wichtig, die den beteiligten Führungskräften und Mitarbeitern Sicherheit vermitteln. Insgesamt sollte das »Regelwerk« nicht länger als zwei DIN-A4-Seiten sein, also kurz und bündig die Eckpunkte festlegen. Der Begriff Regel kann geändert werden, falls dieser in der Organisation eher negativ verstanden wird: Eckpunkte, Guideline, Prinzipien o.Ä. Der Titel sollte aber kennzeichnen, dass es sich um einen verbindlichen Rahmen für die Spielzüge handelt, um eine positiv wirksame Fehlerkultur auszubauen. Motivierend wirken dabei aktivierende Formulierungen wie »Wir machen ...« statt mahnende wie »Wir müssen ...«. Inhaltlich enthalten sein sollten folgende Aspekte:

✔ **Ziel und Perspektiven:** Zwei oder drei Sätze sollten genügen, um die Gründe und den Nutzen zu bestimmen, nun systematisch Fehler zu bearbeiten. Besonders der Vorteil für den operativen Alltag ist konkret zu benennen, zum Beispiel: »Wir werden künftig weniger Energie verschwenden. Über die Auswertung unserer Fehler werden wir die Erfolgsaussichten unserer Projekte erhöhen.«

✔ **Fokus und Grenzen:** Die Inhalte und Bereiche, die enthalten sind, sollten klar benannt und abgegrenzt werden. Zum Beispiel könnte die operative Tätigkeit nicht enthalten sein, da diese durch vorhandene QM-Systeme abgedeckt wird. Oder der operative Bereich wird zum Thema, wenn dort »Double Loop Learning« notwendig ist (s. den Exkurs weiter oben), weil zum Beispiel die Zielsetzung fehlerhaft ist. Ebenso ist wichtig, die Art der Fehler einzugrenzen. Fauxpas im Alltag, wie E-Mails an falsche Empfänger zu senden oder Inhalte bei Präsentationen zu vergessen, gehören nicht dazu.

✔ **Rollen und Aufgaben:** Im Prinzip sollte die Beteiligung jedem und jederzeit möglich sein. Ideal wäre, dass Fehler eingebracht werden können, auch ohne eigene Verantwortung. Damit wird eine hohe Durchlässigkeit ermöglicht, falls sich direkt Betroffene nicht trauen oder die Relevanz geringer einschätzen. Klar sein sollte zudem, wie die Ergebnisse umgesetzt werden, also wer wie über den weiteren Verlauf entscheidet (dem agilen Entscheidungsprozess widmet sich Part 3.7 intensiv).

✔ **Maßnahmen im Überblick:** Stichpunktartig werden die Aktivitäten aufgelistet, wann welche Maßnahmen zur Verfügung stehen. Die meisten Aktivitäten werden ein Angebot sein. Zum Einsatz kommen sie nur, wenn der Bedarf vorhanden ist: ohne Fehler keine Aktivität.

Je nach Situation und Bedarf können Themen ergänzt werden, zum Beispiel Bezüge zu bestehenden Aktivitäten oder bereits vorhandene positive Beispiele, bei denen Fehler genutzt wurden. Das Regelwerk sollte – je nach Wirkungsbereich des Digital Leaders – im Team, Bereich oder im ganzen Unternehmen besprochen und feinjustiert werden. Sogar die Entwicklung der Regeln kann gemeinsam erfolgen, wenn bereits Erfahrungen bestehen. Auch Anpassungen sind selbstverständlich jederzeit möglich, wenn das Vorgehen nicht wie erhofft wirksam ist.

Standards schaffen

In Part 3.3 werden agile Entwicklungsmethoden vorgestellt, die alle die Nutzung von entstehenden Problemen und Fehlern ermöglichen. Themen und Projekte, die mit diesen Methoden umgesetzt werden, besitzen insofern einen festen Prozess. In Part 2.6 wurde gezeigt, wie Digital Leader generell Resonanzen sichern und Rückmeldungen verarbeiten. Besonders geeignet aus den dortigen Spielzügen ist die »Lessons Learned Session«, die flexibel bei Bedarf eingesetzt wird und schnell zu Ergebnissen führt. Zu einem Thema –

hier: der Fehler – wird das resultierende Problem aufgezeigt und direkt ein Lösungsvorschlag diskutiert. Beteiligt sind alle Personen und Funktionen, die zur Umsetzung benötigt werden.

In Situationen, wo zwar der Fehler bekannt ist, aber mögliche positive Folgen daraus noch nicht erkennbar sind, kann ein Zug zurück gemacht werden – mit einer »Lessons Wanted Session«. Der Unterschied besteht darin, dass im Meeting die möglichen Folgen aus einem Fehler bestimmt werden. Die Offenheit für alle möglichen Folgen ist dabei wichtig. Wenn beispielsweise eine Kernfunktion in einem neuen digitalen Service nicht wie geplant realisiert werden kann, fehlerhaft oder unvollständig funktioniert, könnte der gesamte Service infrage gestellt werden. Das gilt insbesondere, wenn die notwendigen Kosten zur Umsetzung den möglichen Nutzen der Anwendung weit übersteigen.

Eine »Lessons Wanted Session« kann jeder Beteiligte einberufen. Bei der Terminankündigung werden der Fehler kurz umrissen und die Bereiche/Funktionen aufgeführt, deren Teilnahme hilfreich wäre. Die Teilnahme ist freiwillig. Die Dauer sollte eine Stunde nicht übersteigen, inklusive der Festlegung des weiteren Vorgehens. Dieses wird mit dem Digital Leader abgestimmt, dessen Teilnahme an der Session selbst ist nicht erforderlich. Das Ergebnis, welche Spielzüge folgen sollten, ist entscheidend. Keinesfalls anzuraten ist eine Beschäftigung mit Fehlern »nebenbei« in anderen Meetings unter »Sonstiges«. Dadurch werden kein systematisches Lernen aus Fehlern und keine Entwicklung einer Fehlerkultur möglich. Für Letztere ist die leichte Verfügbarkeit der Erkenntnisse durch vergangene Fehler zu gewährleisten.

Der Nutzen von Fehlern sollte weit über das jeweilige einzelne Ereignis hinausreichen. An diesem Punkt zeigt sich erneut sehr deutlich, dass die Bereiche im Mindset und Skillset jedes Digital Leaders eng gekoppelt sind. Part 2.5 zeigt, wie Informationen geteilt und Themen geklärt werden können. So machen digitale Plattformen am einfachsten den Zugang zu allen Fehlern und deren Lerneffekten möglich. Damit kann vermieden werden, dass negative Erfahrungen doppelt und dreifach gemacht werden müssen.

Leuchttürme aufbauen

Die Höhepunkte im Management von Fehlern schaffen Anlässe für die Kommunikation und erhöhen zusätzlich die Aufmerksamkeit. Soweit die Standards etabliert sind und routiniert ablaufen, bestehen zwei Möglichkeiten, die Fehlerkultur als wesentlichen Bestandteil für den Fortschritt im ganzen Unternehmen zu profilieren: Veranstaltungen und Auszeichnungen. Beide beweisen eine völlige Offenheit im Umgang mit Fehlern. Nochmals soll ausdrücklich betont werden, dass sich nur erfahrene Spieler auf diesem Feld bewegen sollten.

Die Veranstaltungen sollten für jedermann im Unternehmen offen sein. Der Kreativität sind keine Grenzen gesetzt, die »Pleiten, Pech und Pannen« für jedermann sichtbar darzustellen und damit während der Veranstaltung zu arbeiten. Die Fehler sollten gut vorbereitet werden, möglichst alle in der gleichen Art und Weise, zum Beispiel maximal drei Seiten einer Präsentation zu Ziel, Umsetzung und dem resultierenden Fehler mit maximal fünf Minuten Redezeit. Das Ganze natürlich möglichst authentisch, bloß nicht marketingmäßig geglättet.

»Fuck-Up Nights« sind die bekannteste Form dieser Veranstaltungen. Dort wird unterhaltsam gezeigt, welche »dicken Böcke geschossen wurden«. Die Schadenfreude gibt es kostenlos dazu, ebenso wie die Lehren aussehen und was andere daraus lernen können. Mittlerweile organisieren Unternehmen gemeinsam solche Events, auch um eine genügende Menge an Fehlern und Teilnehmern zu bekommen. Oder Wirtschaftsförderungen richten »Fuck-Up Nights« aus, um am Standort den Erfahrungsaustausch zwischen den Unternehmen zu fördern. Fehler von anderen zu sehen und darüber zu staunen, was alles passieren kann während der digitalen Transformation, ist meistens spannender und ehrlicher, als große Erfolge zu feiern.

Während der Veranstaltungen können auch Auszeichnungen verteilt werden – quasi als absoluter Höhepunkt. Auszeichnungen eignen sich generell gut, um als Leuchtturm Aufmerksamkeit zu erzeugen. Von der Ausschreibung bis zur Prämierung entstehen mehrere Anlässe. Die Freude über den Gewinn der »Goldenen Zitrone« wird nur ungeteilt sein, wenn im Unternehmen die Anerkennung für Fehler bereits ausgeprägt ist. Die Kreativität kann erneut voll zur Geltung kommen, diesmal für mögliche Kategorien und die Ausschreibung bis hin zur Zeremonie und dem Preis bei der Verleihung am »Fail Day« (der Tag des Fehlers ist eine weitere Idee, die bereits umgesetzt wurde). Beachtet werden sollte, dass eine ausreichende Menge an relevanten (und nicht nur amüsanten) Fehlleistungen vorliegt, die öffentlich darstellbar sind (manches unterliegt der Vertraulichkeit oder gesetzlichen Regulierungen). Peinlich wäre, wenn nach den ersten Malen der Nachschub versiegen würde.

Digital Leader achten darauf, nicht den Bogen zu überspannen und nach einem sehr ambitionierten Spielzug plötzlich allein auf weiter (Spiel-)Flur zu stehen. Denn Fehler zu machen, ist wie gesagt kein Selbstzweck. Über die Leuchttürme darf nicht der Eindruck entstehen, dass Fehler an sich einen

Wert besitzen, ohne für den weiteren Fortschritt nachvollziehbaren Nutzen zu stiften. Daher sollten Leuchttürme die logische Folge aus dem lange geübten Umgang mit Fehlern und Fehlleistungen bis hin zum kolossalen Scheitern sein. Umgekehrt geplant, also Leuchttürme als Speerspitze einzusetzen, birgt die große Gefahr, die Organisation abzuhängen und das eigentlich wichtige Thema zu »verbrennen«, eine Fehlerkultur aufzubauen.

Penguin Award

 Pinguine sind kluge und sicherheitsorientierte Tiere. Bei der Fischjagd springt zuerst ein Pinguin in das kalte Wasser, während seine Artgenossen auf der Eisscholle geduldig warten, ob kein Feind im Wasser ist. Sobald klar ist, dass »das Wasser rein ist«, folgen alle anderen Tiere.

So wird die Gemeinschaft geschützt und sich gegenseitig geholfen. Es kann aber auch sein, dass der erste Pinguin gefressen wird. Und genau darum geht es beim »Penguin Award« von Google.

Die Auszeichnung geht an Mitarbeiter, die mutig waren und bravourös mit Projekten gescheitert sind. Der Konzern will seine Angestellten ermuntern, ohne Versagensangst Neues auszuprobieren, eben der erste Pinguin im Wasser zu sein. Praktischer Nebeneffekt: Die gesamte Belegschaft kann die Fehler der Pioniere künftig vermeiden. Denn gefressen wird in diesem Fall ja niemand.

Mit der Auszeichnung wird eine Plattform geschaffen, das Eingehen von Risiken zu belohnen und das persönliche Scheitern als Teil des gemeinsamen Erfolgs zu akzeptieren. Anstatt Kritik und Spott zu ernten, wird der Mut zur offenen Kommunikation von Fehlern prämiert. Kollegen, die vom Scheitern profitiert haben, oder die Mitarbeiter selbst, die ihre Erfahrungen teilen möchten, können Bewerbungen einreichen. Die Preisträger sind unternehmensweit bekannt und anerkannt. Denn ohne die ersten Pinguine wäre für alle nachfolgenden Artgenossen das erfolgreiche Fischen nicht möglich geworden.

Damit ist **Part 2** abgeschlossen. In den beiden Spielgebieten *Vernetzung* und *Offenheit* für das spezifische *Mindset* eines Digital Leaders wurden bereits etliche Spielzüge gezeigt. Einige mögliche Spielkombinationen haben Sie bereits im Kopf. Deshalb ist nun eine gute Gelegenheit, den Spielplan (**Part 1.5**) zu ergänzen, falls Sie nicht ohnehin parallel zum Lesen mit diesem arbeiten.

Nun folgt in **Part 3** das spezifische *Skillset* zur *Partizipation* und *Agilität*, die hinter dem dritten und vierten Buchstaben in VOPA stecken. Dieses Akronym steht symbolisch für die besondere Haltung und Fähigkeiten zur Digital Leadership, die in der Digital Leader Canvas zusammengeführt sind. Denken Sie bitte immer an die Regeln zu Beginn des Gamebooks: Es gibt kein Schema F für die beste Führung. Digital Leader agieren anschmiegsam, je nach ihrer Situation und den Bedarf machen sie als Spielmacher die besten Züge und Kombinationen. **Part 3** liefert Ihnen dazu weitere interessante Anregungen.

Part 3

Skillset als Digital Leader

Im Game mitspielen

Mitspielen wollen ist das eine. Mitspielen können ist das andere. Das Skillset der Digital Leader sorgt für die Effekte, um in der digitalen Transformation erfolgreich zu sein. Digital Leader fokussieren ihr Handeln auf die Frage: Was kann ich tun? Weniger: Was soll ich tun?

Die Konzentration auf die vorhandenen eigenen Ressourcen ermöglicht, jederzeit Spielzüge zu machen und Spielkombinationen aufzubauen. Digital Leader agieren wie ein guter Koch, der die Zutaten benutzt, die er aktuell besitzt und zu denen er leicht Zugang hat. Vorhandene Rezepte dienen eher als Rahmen, weniger als verbindliche Vorlage. Der Koch beginnt also nicht erst, wenn alles vorhanden ist, was im Rezept gefordert wird.

Beim Kochen fokussiert der Koch dann nicht darauf, was bei dem Rezept alles schiefgehen könnte. Es soll aber auf jeden Fall der Totalverlust, also ein völlig ungenießbares Gericht, vermieden werden. Falls dann das Gericht doch nicht so recht mundet, ist Kreativität gefordert, um anstelle des geplanten Gerichts aus den Zutaten etwas ganz anderes zu machen. Vielleicht lässt sich aus dem Ergebnis beispielsweise ein Extrakt für die nächste Limonade kreieren, auf das man sonst nie gekommen wäre. Dabei lässt sich der Koch von anderen inspirieren, schaut über den eigenen Tellerrand zu anderen Seiten des Tischs und bindet Partner ein, die gute Ideen haben.

Statt immer neue Rezepte zu planen und alle Zutaten dafür zu suchen, nutzt dieser Koch jede Gelegenheit, um neue Gerichte zu kreieren. Die Vielzahl an Proben wird schnell auch zu Köstlichkeiten führen, die den Gast begeistern. Denn nicht jedes Rezept, das auf dem Papier lecker aussieht, schmeckt dem Kunden auch wirklich gut.

Digital Leader sind überzeugt, wer zu viel plant, den überrascht jeder Zufall.

Das Kochen ohne Rezept, bei dem alle Zufälle, die dabei entstehen, genutzt werden, erfolgt jedoch alles andere als zufällig. Das Skillset der Digital Leadership bietet ein breites Instrumentarium, um die vorhandenen Fähigkeiten in einer Organisation variabel und dadurch optimal zu nutzen sowie im Spielverlauf neue Ressourcen aufzubauen. Die *Partizipation* sorgt für den Gewinn an Kompetenzen. Das zeigen die ersten vier Kapitel in **Part 3**:

- **3.1 Team – Abläufe strukturieren und Eigenständigkeit stärken:** Über seine verschiedenen Rollen innerhalb der bestehenden Hierarchie baut ein Digital Leader unterschiedliche Teams auf und führt diese zu Ergebnissen.

- **3.2 Wissen – Austausch fördern und Hindernisse beseitigen:** Der gegenseitige permanente Transfer von Erfahrungen und Ergebnissen schafft neues Wissen, das der gesamten Organisation bereitsteht.
- **3.3 Instrumente – Agile Methoden testen und etablieren je nach Bedarf:** Aus der Vielzahl an vorhandenen Instrumenten wird je nach Situation und Bedarf das Set bestimmt, um die aktuell beste Lösung für die jeweiligen Kunden schnell zu etablieren.
- **3.4 Entwicklung – Fähigkeiten aufbauen und Potenziale stärken:** Partizipation benötigt schließlich auch das individuelle Können. Die Weiterentwicklung der Kompetenzen erfolgt aus der Praxis für die Praxis.

Letztlich zählen die Ergebnisse, die für ein Team, eine Abteilung und ein Unternehmen als Mehrwert entstehen. Die *Agilität*, das letzte Spielgebiet eines Digital Leaders, sorgt dafür, dass die Energie aller Beteiligten in der digitalen Transformation in gleiche Richtungen wirkt. In vier Kapiteln wird im Detail gezeigt, wie bekannte Kernthemen der Führungsarbeit in der Digital Leadership angegangen werden:

- **3.5 Ziele – Prozesse zur Vereinbarung, Bewertung und Anpassung verfolgen:** Im Rahmen der übergreifenden Unternehmensvision entwickeln sich einzelne Ziele laufend weiter, vor allem ausgelöst durch den Fortschritt der digitalen Transformation in der Umwelt.
- **3.6 Ergebnisse – Veränderungen ableiten und Aufträge justieren:** Resultate der Arbeit können auch bei Erreichung von Zielen zu Veränderungen führen, um in der digitalen Transformation mithalten zu können. Denn was heute gut ist, wird morgen Standard sein und übermorgen veraltet.
- **3.7 Entscheidung – Prinzipien statt nur Hierarchien folgen:** Die Macht der Daten und Fakten in der Digitalisierung wird nutzbar mit verbindlichen Prinzipien und Prozessen. Einzelne Personen werden weniger wichtig, um über das weitere Vorgehen zu entscheiden.
- **3.8 Verantwortung – Handeln mit Ende-zu-Ende-Orientierung:** Schließlich steht die gesamte Unternehmung im Fokus jeder Führungskraft, egal in welcher Funktion oder Rolle jemand Verantwortung trägt. Die Forderung ist nicht neu, für den Erfolg in der digitalen Transformation ist die Umsetzung jedoch elementar.

Vergessen Sie nicht, auch in diesem Part Ihren Spielplan als Digital Leader parat zu haben. Dann können Sie sofort einige Spielzüge probieren und Ihre Spielkombination optimieren. Gemeinsam können Sie mit Ihren Mitarbeitern erste Erfahrungen sammeln, wie Partizipation und Agilität neue Energien freisetzen, diese ausrichten und schneller zu besseren Ergebnissen führen.

Partizipation: Kompetenz erhöhen

Part 3.1 Team – Abläufe strukturieren und Eigenständigkeit stärken

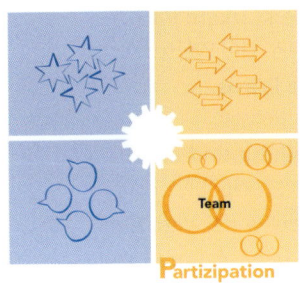

Teamarbeit wird schon immer gepriesen, gefordert und gefördert. Das theoretische Fundament für Digital Leader, wie Teams geführt werden können, ist breit. In der Praxis zeigen sich nach wie vor und allzu oft die folgenden beiden Ausprägungen. Erstens: Am Ende entscheidet doch der Chef, was passiert und wer was macht. Im Team entwickelt sich dann »business as usual«, jeder macht, was er soll. Der bekannte Ablauf trifft auch bei der zweiten extremen Ausprägung zu, wenn TEAM als Akronym eingesetzt wird: »Toll Ein Anderer Macht's«. Diesem Motto folgt das »Nicht-Engagement«: Bloß nicht den Finger heben und eine Aufgabe übernehmen. Dann bleibt die Arbeit garantiert an mir hängen.

Für Digital Leader sollten diese Probleme nicht relevant sein – vorausgesetzt ihre Führung in der Teamarbeit folgt den Eckpunkten in diesem Kapitel. Das Wesentliche ist: Sie strukturieren die Abläufe und stärken die Eigenständigkeit in ihren Teams. Warum die Mehrzahl? Hat ein Digital Leader nicht nur »sein« Team? Nein, denn innerhalb der digitalen Transformation werden Führungskräfte verschiedene Rollen einnehmen. Der Digital Leader agiert über die Linien der Hierarchie hinaus, um auch selbst erfolgreich zu sein, wie die Spielzüge in Part 2.1 zeigen. Das Führen von unterschiedlichen Teams ist dafür ein wesentliches Element und steht in diesem Kapitel ausführlich im Mittelpunkt.

Digital Leader sind so erfolgreich wie die Teams, die sie führen.

Ihre Rolle als Verantwortungsgeber und Impulsgeber (Part 2.1) können sie voll ausleben. Für das »Empowerment«, die Stärkung und Befähigung von Teams, wird ein Digital Leader viele weitere Rollen einnehmen, ohne jemals selbst im Team Inhalte zu erarbeiten. Je nach Team, Thema und Situation können die Rollen wechseln und sich Schwerpunkte herausbilden.

Rolle	Aufgaben	Verhalten
Koordinator	Ziele vereinbaren, Abläufe organisieren, Termine achten, Abstimmung intern und extern	Kein Herrschaftsgebaren, verbindlich, unprätentiös
Moderator	Kommunikation im Team sicherstellen, Verständnisprobleme klären, Ergebnis festhalten	Bildlich und einfach kommunizieren, neutrale Position einnehmen
Konfliktmanager	Konflikte der Mitglieder lösen, gegenseitigen Respekt fördern, persönliche Angriffe unterbinden	Eskalation entgegenwirken, Konflikt analysieren und Lösung vorschlagen
Berater	Vorgehen für Lösung empfehlen, Best Practice in Methoden einbringen	Nicht überheblich, kein Besserwisser, lösungsorientiert und kollegial
Bewerter	Ergebnisse einordnen, Konsequenzen ableiten und weiteres Vorgehen justieren	Nüchtern und analytisch argumentieren, fair und gleichartig einordnen
Verkäufer	Ergebnisse präsentieren, Teaminteressen vertreten	Visualisieren, sprechen und überzeugen, selbstbewusst auftreten
Verhandler	Ressourcen und Termine klären, Ausstattung sichern und ggf. verbessern	Realistische Perspektiven haben, geschickte Verhandlungsführung

Tabelle 4: Digital Leader als Teamleiter

Im Bilden und Führen von Teams zeigt sich die Virtuosität eines Digital Leaders, die Spielzüge zu passenden Kombinationen zu fügen (die Besonderheiten bei virtuellen Teams zeigt **Part 4.6**). Durch die Partizipation werden die notwendigen Energien und Fähigkeiten aktiviert, die für die digitale Transformation notwendig sind. Im Prozess der Kooperation und Kollaboration entsteht wesentliches neues Wissen, das vorher nicht vorhanden war und auch die besten Experten allein nicht besitzen und entwickeln konnten. Niemand weiß zudem, welche Bedeutung das aktuell relevante Spezialwissen künftig haben wird. Teams ermöglichen, das Nadelöhr Expertenwissen erheblich zu weiten. Der »Nebeneffekt« ist, die Abhängigkeit von der Verfügbarkeit einzelner Experten weitestmöglich zu reduzieren. In gut strukturierten und starken Teams ist der Ausfall eines Mitglieds eher zu kompensieren, damit nicht sofort die gesamte Arbeit brachliegt.

Digital Leader sorgen dafür, dass über Teams das notwendige Wissen zur digitalen Transformation entsteht.

Wie gut sind Ihre Teams bereits aufgestellt? Sie werden sich fragen, warum hier von Teams in der Mehrzahl die Rede ist. Ganz einfach: Unterschiedliche Teams, die Sie führen, können für die digitale Transformation relevant sein! Jedenfalls nicht nur das Team mit disziplinarischer Verantwortung. Als größtes Team könnte man natürlich das ganze Unternehmen mit allen externen Partnern betrachten. Um diese Ebene geht es in diesem Kapitel nicht. Und das kleinste Team in Unternehmen sind zwei oder drei Personen, die sich einen Aufgabenbereich teilen, wie beispielsweise das Empfangspersonal im Zweischichtbetrieb oder auch in der Warenrücknahme oder in der Telefonzentrale. Zwischen diesen beiden Polen existieren vielfältige andere Teamstrukturen und ein Mitarbeiter kann sich zugleich in mehreren Teams unterschiedlicher Art befinden. Durch die allgemein bekannte Definition des Teams als Gruppe von Individuen, die abhängig voneinander und gemeinsam für das Erreichen spezifischer Ziele verantwortlich sind, ergibt sich keine feste Anzahl an Personen oder Abgrenzung nach Abteilungen. Das war bereits in ganz analogen Zeiten so.

Für die Tätigkeit als Digital Leader sind außerhalb der hierarchischen Organisation folgende feste Teamstrukturen besonders relevant (informelle Teams, wie Freundesgruppen oder Interessengruppen, können in Veränderungsprozessen auch Einfluss haben, jedoch nicht aktiv geführt werden):

- **Projektgruppe:** Zum Standard von Transformationen gehört die Projektgruppe, in der alle Prozesse und Aufgaben zusammenlaufen. Koordination und Steuerung stehen also im Vordergrund, aber auch die Umsetzung übergreifender Maßnahmen (wie in der Analyse, Kommunikation und Qualifizierung von Führungskräften und Mitarbeitern). Der Digital Leader fungiert häufig als Teamleiter.
  Die Gruppe selbst kann in der Teilnehmerzahl variieren, je nach Thema und Vorhaben. Bei mehr als 25 bis 30 Mitgliedern wird jedoch die Zusammenarbeit schwierig. Aus Gründen der Effizienz bieten sich dann im Routinebetrieb virtuelle Teamräume und Teamsitzungen an, um Kosten und Zeit zu sparen. Bei definierten Meilensteinen sind persönliche Treffen und der direkte Dialog wichtig, um den Zusammenhalt zu fördern und auch, um Konflikte konstruktiv zu lösen. Die Projektgruppe arbeitet auf der Basis von Aufträgen eines Entscheidungsgremiums (Lenkungsausschuss o. Ä.) und liefert auch in diese Richtung Ergebnisse. In Ausnahmesituationen, wie bei großen IT-Investitionen oder Beteiligung an Unternehmen, ist die Unternehmensleitung auch in der Projektgruppe vertreten.
- **Arbeitsgruppen:** Häufig sind Arbeitsgruppen der Projektgruppe zugeordnet. Bei kleineren und begrenzten Vorhaben kann auch alleine eine Arbeitsgruppe tätig werden, die sich um die Thematik kümmert. Denn nicht jedes Thema während der digitalen Transformation sollte in ein Pro-

jekt münden. Es kann durchaus sinnvoll sein, eine Aufgabe »tiefer zu hängen«, indem eine Arbeitsgruppe gebildet wird.

Denn in einer Arbeitsgruppe erfolgt die fachliche Umsetzung, inhaltliche Verknüpfung oder Zulieferung von Informationen. Arbeitsgruppen kümmern sich bei größeren Veränderungen häufig um abgegrenzte Teilprojekte, die ein besonderes Wissen benötigen oder in einem Unternehmen bis an die Basis reichen, beispielsweise die Prüfung und Testung von Arbeitsprozessen. In der Regel sind Arbeitsgruppen auf maximal zehn Personen beschränkt, weniger wäre besser. Der Digital Leader wird als Verantwortungsgeber und Impulsgeber aktiv, der bei Problemen unterstützt oder auch Arbeitsstände bewertet.

- **Task-Force:** Das »Sondereinsatzkommando« wird aktiv a) außerhalb von geplanten Projekten, b) im Fall von unerwarteten Ereignissen, die dringend bearbeitet werden müssen, und c) zur Beschleunigung von permanenten Veränderungsprozessen. Gerade beim letzten Anlass können Fehlentwicklungen außerhalb der Veränderungsroutinen behoben werden. Schnelligkeit und Fokussierung sind wesentliche Attribute, damit die »Eingreiftruppe« ein Thema erfolgreich fixieren kann, bei dem (überraschend) hoher Handlungsbedarf besteht.

Das Team sollte aus erfahrenen Mitgliedern bestehen, die sich nicht lange mit Teamfindung und Selbstorganisation etc. aufhalten müssen. Mehr als fünf bis sechs Mitglieder sind daher nicht zu empfehlen, ggf. unterstützt von Spezialisten oder Back-Office-Mitarbeitern, die Teilaufgaben übernehmen oder für Entlastung sorgen. Der Digital Leader kann alle Rollen übernehmen und auch die Task-Force leiten oder nur als Berater/Spezialist tätig sein.

Two Pizza Rule

 Amazon, inzwischen ein Konzern mit über einer halben Million Mitarbeitern, folgt dieser Regel. Soweit wie möglich sind die Teams nur so groß, dass ihre Mitglieder sich mit zwei Pizzen ernähren können (pro Mahlzeit natürlich). Wenn die Projektgruppen größer sind, dann werden temporäre Arbeitsteams gebildet, die mit zwei Pizzen satt werden.

Der Hintergrund für diese skurrile Regel ist: Fünf bis maximal sechs Personen in einem Team müssen keine Hierarchie aufbauen. Die gemeinsame Arbeit am Ziel steht im Fokus und die Abstimmungen dazu sind einfach. Die Two-Pizza-Teams können sich schnell finden, gehen wieder auseinander und bilden sich wieder neu. Eine schnellere und plausiblere Methode zum Bilden und Arbeiten in Teams gibt es nicht.

Struktur schaffen

Die Bestimmung, welche Teamstruktur für die Unterstützung von Veränderungsprozessen am sinnvollsten ist, hängt von den Zielen und der Komplexität des konkreten Vorhabens während der digitalen Transformation ab. Drei Gruppen für die Strukturierung von Teams können grob unterschieden werden:

- **Großprojekte:** Wenn absehbar und nachvollziehbar ist, dass es sich um ein temporäres und größeres Vorhaben handelt, wie einer Restrukturierung durch die Digitalisierung von Abläufen oder Angeboten, ist eine Projektgruppe in der Regel sinnvoll, meist unterstützt von Arbeitsgruppen. Es ist hierbei immer das ganze Unternehmen beteiligt. Und wenn sich die Aufgaben letztlich doch als überschaubar herausstellen, kann man immer noch ein »Downsizing« der Projektgruppe vornehmen. Es sollte möglichst keine Überraschungen im Projektverlauf geben, und wenn doch, dann ist zur schnellen Lösung eine entsprechende Projektteamstruktur etabliert.
- **Standardprojekte:** Im Fall von abgegrenzten Vorhaben genügt eine Arbeitsgruppe (wie bei IT-Implementierungen) oder eine Task-Force (wie bei standort- oder abteilungsbezogenen kurzfristigen Anpassungen). Hierbei ist wichtig, den Auftrag während der Arbeit nicht permanent zu erweitern. Zumeist ergibt sich zwar aus den Ergebnissen weiterer Anpassungsbedarf (wie aus neuen Vertriebsprozessen ein neues CRM-System zur Pflege und dem Ausbau der Kundenkontakte). Jedoch sind zur Umsetzung andere Kompetenzen und ggf. auch eine andere Teamstruktur notwendig. Daran scheitern häufig Teams: Der Auftrag entwickelt sich weiter und wird vom gleichen Team bearbeitet, das hierfür aber weder von der Struktur noch vom Kompetenzprofil der Mitglieder her geeignet ist.
- **Dauerprojekt:** Während der permanenten digitalen Transformation liegt der Schwerpunkt auf dem fortlaufenden Lernprozess. Arbeitsgruppen oder eine Task-Force können zwar temporär ergänzen, falls ein Veränderungsschub notwendig ist, um kurzfristig Marktchancen oder Wettbewerbsdruck zu nutzen. Auf Dauer wird damit aber selbst das anpassungsfähigste Unternehmen überfordert sein, die digitale Transformation allein über Arbeitsgruppen zu gewährleisten. Der Digital Leader identifiziert und initiiert, wann sozusagen ein »Turbo« eingeschaltet werden sollte, um sehr schnell die richtigen Spielzüge zu machen. Dann gilt es, die entsprechenden Ressourcen »freizuschaufeln«. Bei einer unabweisbaren Dringlichkeit dürfte dies gelingen.

Digital Leader achten darauf, die passende Teamstruktur zu schaffen und die Teamaufgabe nicht zu überladen.

Nach Bestimmung der Teamstruktur gilt die Aufmerksamkeit der Auswahl und Entwicklung dieser Teams. Idealtypisch sollte dies als Teil der allgemeinen Organisationsentwicklung im Unternehmen etabliert sein – als eine Grundlage einer übergreifenden hohen Veränderungsfähigkeit – und nicht erst bei einer konkreten Veränderungsinitiative eingeübt werden müssen. In einer Organisation sollte ein Grundverständnis für teambasiertes Arbeiten und den Aufbau von Teams vorhanden sein. Sonst besteht die Gefahr, dass a) bei Veränderungen die verantwortlichen Teams in ihrer Arbeit innerhalb der Organisation isoliert werden und b) ungeübte Führungskräfte und Mitarbeiter sich zunächst »finden« müssen.

Digital Leader können eigenständig »ihre« Teams entwickeln und quasi einen eigenen »Mikrokosmos« schaffen, wenn nötig. Sie können schlecht auf Teamarbeit verzichten, nur weil bisher in einem Unternehmen keine crossfunktionale Kooperation eingeübt wurde. Umso wichtiger ist dann, als Digital Leader die folgende Checkliste für die Festlegung der Teamstruktur zu bearbeiten:

✔ **Anlass:** Das spezifische Problem oder die Herausforderung sollte klar sein, um das Team zu bilden.
✔ **Ziel:** Das anvisierte Ergebnis der Teamarbeit sollte eindeutig, erreichbar und bewertbar sein.
✔ **Termin:** Das Ziel sollte in einem realistischen Zeitraum erreicht werden können und über Meilensteine verknüpft werden.
✔ **Inhalt:** Die Tätigkeit muss für eine Teamarbeit geeignet sein, und die Leistungen im Team müssen bestimmt werden.
✔ **Entscheidungen:** Das Team kann alle Maßnahmen ergreifen, die für das Ziel und die Erfüllung der Aufgaben notwendig sind.
✔ **Rollen:** Die verschiedenen Funktionen und Aufgaben sollten bestimmt sein, ebenso deren Verhältnis und die wichtigsten Schnittstellen, ggf. wird dazu eine Skizze erstellt.
✔ **Ressourcen:** Es stehen die Mittel und/oder die Zeit für die Arbeit bereit. Dazu sind ggf. mit Führungskollegen Absprachen zu treffen.
✔ **Rahmen:** In der Organisation kann die Teamarbeit durch entsprechende Regeln oder Routinen unterstützt werden, wie zum Beispiel durch IT-Tools oder Reportings.

Auf dieser inhaltlichen Grundlage sind die Teammitglieder zu bestimmen oder die Auswahl zu bewerten. Die Mannschaft für einen Veränderungsprozess oder ein Projekt, das der Digital Leader verantwortet, sollte maßgeblich persönlich geprägt sein. Da die Gefahr besteht, dass in Unternehmen Proporz- oder politische Erwägungen einen Einfluss besitzen, ist die systematische und transparente Bestimmung und Bewertung der Kompetenzen und Personen elementar. Sie finden, das ist zu viel Aufwand?

Stellen Sie sich vor, das Team wird zusammengewürfelt aus Personen, die gerade Zeit und Lust haben, berufen werden oder sich berufen fühlen und einigermaßen zum Thema passen. Oder das andere Extrem: Das Team besteht immer aus den gleichen Mitgliedern, da die sich ja in der Vergangenheit bewährt haben. In beiden Fällen ist die Chance gering, das passende Team zur jeweiligen Anforderung und für die absehbaren Herausforderungen aufzustellen. Außerdem hilft das Nachdenken über das Team, sich noch mehr Klarheit über das Vorhaben zu verschaffen und die Überzeugung in die Erreichbarkeit der Ziele zu stärken: Ja, wir können das, was wir wollen! Deshalb lohnt sich die Mühe sowohl für den Digital Leader selbst als auch für die gesamte Organisation. Denn eine hohe Durchlässigkeit, sich in neuen Teams engagieren zu können, fördert die Kollaboration der Führungskräfte und Mitarbeiter, sich für die digitalen Transformationen stärker einzubringen (**Part 2.3**).

Digital Leader können sich bei der Bearbeitung der folgenden Fragenliste unterstützen lassen, üblicherweise in Unternehmen durch die Personalabteilung oder auch externe Dienstleister. Die Auswahl erfolgt auf Basis der Teamstruktur, die mit der o. g. Checkliste erstellt wurde:

✔ **Haltung und Fähigkeiten:** Welche Kompetenzen werden benötigt? In welchen Bereichen sind diese Personen am ehesten zu finden? Sind externe Partner einzubeziehen?

✔ **Aufgabe und Aufwand:** Wer soll welche Aufgabe und Verantwortung übernehmen? Welchen Aufwand benötigt die einzelne Aufgabe für welchen Zeitraum?

✔ **Kooperation und Kollaboration:** Welche besonderen Erfahrungen und Verhaltensweisen sind erforderlich? Auf welche Methoden oder Formen der Zusammenarbeit müssen sich die Teammitglieder einlassen?

✔ **Vorgehen und Auswahl:** Wie erfolgt die Ausschreibung und Auswahl der Kandidaten? Wie kann der Ablauf möglichst transparent und zugleich einfach sein? Welche Rahmenbedingungen sind im Unternehmen zu beachten?

Im Laufe der Zeit wird jeder Digital Leader die passende Spielkombination finden, um schnell das jeweils am besten geeignete Team zusammenzustellen. Das gilt neben der Auswahl auch für den Aufbau des Teams sowie für den nächsten Schritt nach der Strukturierung.

Geben und Nehmen von Mitarbeitern regeln

Secondment – so lautet der englische Begriff für die Abstellung von Personal, das temporär in Teams und anderen Bereichen arbeitet. Unterstützung »auf Zuruf« und kollegiale Hilfe können im Einzelfall durchaus funktionieren. Auf Dauer sollte ein Digital Leader aber einen transparenten und möglichst einfachen Prozess im Unternehmen

anregen und mitgestalten, wie das Geben und Nehmen von Mitarbeitern gestaltet wird, natürlich immer auf Basis der Freiwilligkeit der Beteiligten.

Als wichtigster Aspekt zeigt sich in der Praxis, den »Ersatz« im abgebenden Bereich zu regeln. Das wird in Qualität und Quantität nie zu 100 Prozent gelingen, was am temporären Charakter und der Flexibilität jeder Abstellung liegt, die zum Beispiel auch länger andauern kann. Das Geben und Nehmen gilt insofern auch für die beteiligten Führungskräfte: Wer einmal einen Mitarbeiter kollegial abgibt, der bekommt bei Bedarf im Gegenzug auch einen dazu.

Team aufbauen

Die Präsenz scheint bedeutsam zu sein, damit Teams sich finden. Ein Indiz dafür ist: Die persönliche Begegnung ist für Teambuildings in den letzten Jahren wichtiger geworden, da im Alltag die direkte Zusammenarbeit weniger geworden ist. Für den Aufbau eines Teams gilt das Motto: Man hat keine zweite Chance für den ersten Eindruck.

Das »Teambuilding« selbst ist abhängig von der Ausgangslage (Teamkultur im Unternehmen, Veränderungs- und Handlungsdruck, Aufgaben, Zeitraum ...), aus der sich der Bedarf für die Teamentwicklung und auch die Möglichkeiten ergeben. In einem Zug von null auf hundert zu starten, das sollte auch bei der Teamentwicklung vermieden werden.

Ein Digital Leader setzt passgenau Entwicklungsmaßnahmen für das jeweilige Team um.

Die psychologische Sicherheit, ohne Furcht etwas sagen zu können und dabei nichts zu verlieren, ist elementar. Wir Menschen haben – evolutionär geprägt – eine Aversion dagegen, irgendetwas zu verlieren.

Schlüssel zum Engagement

Bei Google wurde intensiv nach einem Erfolgsrezept geforscht, was im Unternehmen die erfolgreichen Teams von weniger erfolgreichen unterscheidet. 250 Eigenschaften wurden bei fast 200 Teams überprüft und mit den Ergebnissen, die die Teams erzielt haben, verglichen. Daraus ergaben sich praktisch nutzbare Hinweise für die Entwicklung von Teams.

Die Annahme lautete, dass es eine bestimmte Mischung von Kompetenzen und Typen in einem Team geben dürfte, die für den Erfolg verantwortlich ist. Diese Annahme erwies sich als völlig unzutreffend. Wer im Team ist, das spielt keine Rolle. Wie im Team gearbeitet wird, umso mehr.

Die Interaktion und der Beitrag zum Gesamtergebnis sind entscheidende Faktoren – zumindest bei Google. Fünf Faktoren wurden extrahiert aus der riesigen Menge an

Daten. Wenn alle diese Faktoren zusammenspielen, ist die erfolgreiche Kooperation und Kollaboration im Team sehr wahrscheinlich:

- **Psychologische Sicherheit:** Die Mitglieder können Risiken eingehen, ohne an Reputation oder Ansehen zu verlieren, wenn etwas schiefgeht.
- **Zuverlässigkeit:** Die Mitglieder können sich aufeinander verlassen, dass gegenseitig die Arbeit termin- und fachgerecht erledigt wird.
- **Klarheit:** Die Ziele, Rollen und Vorgehensweisen sind verbindlich geklärt.
- **Relevanz:** Die eigene Arbeit ist für jedes einzelne Mitglied bedeutsam.
- **Wirkung:** Der eigene Beitrag und Einsatz führt zu einem spürbaren oder sichtbaren Ergebnis.

In der Praxis achtet der Digital Leader darauf, dass sich Teams finden und die gemeinsame Arbeit abstimmen können – und zwar nicht rein fachlich. Die Emotion kommt meistens viel zu kurz, obwohl diese über das Gefühl der psychologischen Sicherheit entscheidet. Die Zeit dafür, mitunter einige Stunden, sind in jedem Fall gut investiert. Durch den geringen Aufwand für ein ggf. notwendiges Konfliktmanagement wird sich der Aufwand für die Teamfindung sogar direkt mehr als refinanzieren.

Der erste Schritt für die gemeinsame emotionale Basis ist nicht schwer. Wichtig ist beim Kennenlernen, aus der Situation des gegenseitigen Abtastens und Abwägens herauszutreten. Das gilt auch für Personen, die sich vermeintlich über die Arbeit bereits gut kennen. Im Teambuilding spielerisch kleine Peinlichkeiten zu bestehen und Schwächen zu gestehen, stärkt das gegenseitige Vertrauen, auch im weiteren Verlauf Probleme zugeben und bewältigen zu können, statt bei der erstbesten Gelegenheit in den Modus von Anschuldigung und Verteidigung zu schalten.

Das bin ich

 Ein Team sollte sich in kurzer Zeit nicht nur über den Austausch der Fähigkeiten und Erfahrungen kennenlernen. Wichtig ist vielmehr, sich als Person emotional positiv zu öffnen. Daher sollte beim Kennenlernen der Mensch hinter der Fassade des Managers oder Mitarbeiters sichtbar werden. Drei unterschiedliche Methoden ermöglichen erste gemeinsame Erfahrungen. Die Übungen können auch kombiniert werden:

- **Auge in Auge:** Zum Start von neuen Teams, zum Beispiel bei Kick-offs, mit mehr als 20 Personen schauen sich die Teilnehmer gleich zu Beginn tief in die Augen. Paare werden gebildet, möglichst von Personen, die sich nicht oder wenig kennen. Die Aufgabe ist einfach: Im Stehen zwei Minuten anschauen, nichts sagen und nicht bewegen. Jedes In-die-Augen-Schauen ist intensiv und persönlich. Die unausweichliche Nähe schafft eine Offenheit, ohne peinlich zu sein. Häufig wird leise gelacht oder danach gegenseitig berichtet, wie man sich fühlt und was alles entdeckt wurde, an was das Gegenüber gedacht haben könnte in den zwei Minuten. Zu 99 Prozent positiv gestimmt und emotional geöffnet kann die Zusammenarbeit beginnen.

- **Flunkerrunde:** Für Teams bis 20 Personen eignet sich die Flunkerrunde. Vier Fragen werden jeweils mit einem Wort beantwortet: Das ist mein Traumberuf! Das ist mein Hobby! Das ist meine Lieblingsmusik! Das ist mein Traumauto! Die Erarbeitung kann einzeln oder in Paaren erfolgen: Dann stellt das Gegenüber die Antworten seines Partners vor. Alle vier Antworten werden pro Person auf ein Flipchart geschrieben und nacheinander vorgestellt. Der Gag ist: Eine der Antworten ist falsch und das gesamte Team errät, wobei geflunkert wurde. Meistens treten, auch bei Teams, die sich bereits kennen, einige überraschende, aber nicht zu persönliche Details und auch Gemeinsamkeiten zutage.
- **Mein Dreiklang:** Für Teams bis 15 Personen kann das persönliche Kennenlernen bereits Inhalte transportieren. Jede Person schreibt in fünf Minuten den eigenen Dreiklang auf: 1. Das möchte ich einbringen/Das kann ich besonders gut, 2. Das kann ich eher nicht und 3. Das müsst ihr wissen, wenn ihr mit mir zusammenarbeitet. Letzteres können auch skurrile Eigenarten oder Rituale sein, die einer Person wichtig sind, um gut arbeiten zu können. Die Vorstellung erfolgt persönlich, ggf. in einer Websession, je Person in maximal zwei Minuten.

Das rationale Erfahren und emotionale Erleben gehen Hand in Hand. Wer kleine Schwächen zugibt und mit den anderen darüber spricht, kann anschließend in der Zusammenarbeit über Probleme reden. Und das Team hat einen ersten Eindruck, welche Hindernisse im weiteren Verlauf der Zusammenarbeit auftauchen könnten.

Fest steht nur eins, wenn es darum geht, ein Team aufzubauen: Der direkte persönliche Kontakt ist unbedingt erforderlich, zur Not über eine Websession. Neue Teams zu formen, gelingt am besten, wenn auf gemeinsame Erfahrungen aufgebaut werden kann. Die Spannbreite, wie der Austausch und die Abstimmung der Teamarbeit erfolgen können, ist jedoch extrem breit. Die Teamarbeit kann bereits beim Kennenlernen beginnen.

Seenot-Übung

 Unter Druck erweist sich, wie ein Team funktioniert. Not gemeinsam zu bewältigen, schweißt zusammen. Eine Simulation zeigt zu Beginn des Teamaufbaus, dass eine Mannschaft stärker ist als jedes einzelne Mitglied. Die Seenot-Übung ist geeignet bei einem Event mit mindestens 10 bis maximal 100 Teilnehmern und dauert 15 Minuten. Es wird nur eine Frage gestellt, die auch Rekruten bei der Aufnahmeprüfung der US-Navy beantworten müssen: »Mein Schiff geht unter! Was sind die fünf wichtigsten Gegenstände, die ich in das Rettungsboot mitnehmen sollte?« Zur Auswahl stehen auf einer Liste 15 Gegenstände. In drei Schritten wird die richtige Lösung gesucht:

- Erstens hat jeder Teilnehmer im Stillen drei Minuten Zeit, die Top 5 zu identifizieren. Wenn ein Schiff untergeht, bleibt auch nicht mehr Zeit. Wer möchte, der kann auch alle Gegenstände auf der Liste benennen. Aber alle Gegenstände kann niemand tragen!

- Zweitens werden in einer Gruppe zu maximal sechs Personen, die zuvor zufällig zusammengestellt wurden, die einzelnen Lösungen verglichen. Erneut stehen drei Minuten zur Verfügung, die Top 5 der Gruppe zu bestimmen. Die Gruppe bestimmt im Anschluss einen Delegierten.
- Drittens treffen sich zum Schluss alle Delegierten, um alle Gruppenergebnisse zu bewerten und eine Lösung der Top 5 für alle zu bestimmen. Das Ergebnis wird vorgestellt. Nur erfahrene Seeleute werden alleine die richtige Lösung haben. Meistens liegt das gesamte Team (fast) richtig. Auch einzelne Gruppen können die beste Lösung bereits gut treffen – je nachdem, wie gut im Team gearbeitet wird. Die Botschaft ist eindeutig: Teamarbeit lohnt sich.

Die Unterlagen – die Liste der 15 Gegenstände und die Auflösung der Top 5 – sind im Internet verfügbar. Die gedruckte Vorlage der Gegenstände sollte drei Spalten für die drei Schritte enthalten: Einzel, Gruppe, Team.

Bei einer etablierten teambasierten Organisationskultur kann sich eine Arbeitsgruppe in einer Telefonkonferenz konstituieren, wenn zuvor die soeben genannten Grundlagen von Ziel bis Ressourcen schriftlich an alle Teammitglieder kommuniziert sind. Hingegen kann im anderen Extrem ein mehrtägiger Workshop mit einem hohen Anteil an Kennenlern-Elementen notwendig sein, um eine neue Projektgruppe zu gründen, die danach einige Monate eng zusammenarbeiten soll. Anschließend wird evaluiert, ob die Maßnahmen die gewünschte Wirkung erzielt haben oder wo noch Nachbesserungen erfolgen sollten. Und während der Teamarbeit erfolgen ggf. weitere Justierungen, um die Teamarbeit zu unterstützen.

Alphateam statt Alphatiere

Aus dem Sport ist die Erfahrung bekannt, dass viele Stars noch lange keine gute Mannschaft machen. Es kommt darauf an, dass sich die einzelnen Stärken ergänzen, dass im Spiel Hierarchien fließen können und nicht nur Häuptlinge auf dem Platz ihr Revier abstecken.

In einem Pharmaunternehmen wurde als Folge der Digitalisierung mit neuen Kundengruppen und -bedürfnissen der Vertrieb komplett neu aufgestellt, die Kundensegmente und nicht mehr Regionen waren die prägende Struktur. Die Gewichte im Team verschoben sich, einige verließen die Mannschaft und wenige neue kamen hinzu. Jeder hatte aber ein starkes Selbstbewusstsein und war auch ein guter Einzelkönner, wie die Verkaufserfolge in vielen Jahren bewiesen hatten.

Die Herausforderung war, aus vielen Alphatieren, die sich bisher kaum in die Quere kamen, nun eine Mannschaft zu bilden mit Kundenmanagern, Segmentleitern und Regionalkoordinatoren, die aufeinander angewiesen waren. Klar war, alle mussten ihre angestammten Positionen und Rollen verlassen. Das Teambuilding durfte nicht dazu führen, dass jeder besser sein wollte als der andere. Irgendwelche spektakulären Aktionen im Klettergarten oder bei Rallyes hätten nur das bisherige Verhalten gefördert. Also mussten neue Rollen geprobt werden.

Im Kloster sah die Situation anders aus. Niemand konnte in seiner Rolle weitermachen. Zunächst kam zum Auftakt der »Vertriebstagung« ein Mönch, der erklärte und zeigte, wie seine Gemeinschaft funktioniert, wie jeder auf den anderen angewiesen ist, zugleich seine Individualität behält und Vorlieben pflegt. Überraschend durften die Teilnehmer auch die Zutaten für ihr eigenes Mittagessen im Garten pflücken und kochen, ohne jede Vorgabe, wer was macht. Dennoch ergab sich schnell eine gewisse Ordnung. Erst gegen Abend wurde kurz über ein paar aktuelle Unternehmensthemen zwanglos berichtet.

Nach zwei Tagen hatten sich die Teilnehmer kennen- und schätzen gelernt, gemeinsam neue Erfahrungen gesammelt, wie man Probleme angeht, am besten gemeinsam, wie man sich organisiert und neue Wege beschreitet, nämlich auch am besten gemeinsam. Die Projektgruppe wurde etabliert und Konsens zum Auftrag erzielt. Natürlich gab es bei der Veränderung und Etablierung der neuen Vertriebsstruktur Probleme. Aber dann konnten die Führungskräfte auf gemeinsame Erfahrungen im Kloster zurückgreifen, durch Kooperation Lösungen zu finden, anstatt Probleme zu diskutieren.

Teams führen

Für den Digital Leader ist in allen seinen Rollen im Arbeitsalltag ein produktives und kooperatives Teamklima selbstverständlich von hoher Bedeutung, es ist aber kein Selbstzweck. Zum Beispiel bedeutet »sich gut zu verstehen« nicht, dass es im Team keine Konflikte gibt. Konflikte sollten konstruktiv, das heißt lösungsorientiert ausgetragen werden und weder verschwiegen noch als Möglichkeit von Schuldzuweisungen genutzt werden (Part 2.7 hat zur Lösung von Konflikten bereits alle wichtigen Details aufgezeigt).

Bemerkenswert ist, dass sich der Umgang mit Konflikten und die Bewältigung anderer kritischer Situationen positiv auf das gegenseitige Vertrauen auswirkt. Schwierige Situationen erfolgreich zu bestehen, schweißt zusammen, vor allem, wenn es nicht um fachliche, sondern um menschliche Themen geht. Die Sicherheit, sich aufeinander verlassen zu können, wenn es darauf ankommt, wird erhöht.

Die Hormondosis steigert das Vertrauen

Die sinnhafte und vertrauensvolle Zusammenarbeit in einem Team steigert nachweislich die individuelle Motivation und Leistungsfähigkeit. Und das geschieht ganz objektiv durch die Ausschüttung des Hormons und Botenstoffs Oxytocin. Dagegen kann sich niemand wehren. Und Digital Leader können den Mechanismus im Gehirn jedes Menschen nutzen. Experimente und Erhebungen in Unternehmen zeigen die folgenden Ergebnisse, wie Vertrauen geschaffen wird. Einiges wird Ihnen nach den ersten beiden Parts im Gamebook bekannt vorkommen:

- **Leistungen sofort anerkennen:** Nur unmittelbar nach Erreichen eines Ziels wirkt persönliches Lob und prägt sich als positive Erfahrung ein. Je überraschender und individueller das Lob, umso besser, der Wert der Auszeichnung ist dagegen sekundär, mitunter sogar kontraproduktiv, da engagierte Mitarbeiter ihre Leistung nicht wegen des finanziellen Anreizes bringen.
- **Neue Herausforderungen schaffen:** Schwierige, aber fachlich lösbare Aufgaben spornen an. Die Konzentration und die Bereitschaft zur Kooperation steigen signifikant. Wichtig ist es, einen absehbaren Zeithorizont zu besitzen und ein konkret messbares Ergebnis, das beeinflusst werden kann. Ohne die Überzeugung, durch eigenes Handeln eine Wirkung erzielen zu können, fängt niemand an.
- **Mehr Spielraum geben:** Das Team soll selbst entscheiden, wie es die Aufgabe angehen wird. Die Selbstorganisation wird dazu führen, dass auch überraschende und neue Lösungen gefunden werden können. Letztlich zählen das Ergebnis und das Wissen, es selbst gepackt oder auch verfehlt zu haben.
- **Für Transparenz sorgen:** Die Ungewissheit über Rahmenbedingungen, wie die übergreifende Geschäftsstrategie und -planung, lösen Bedenken und Nachdenken aus, mitunter auch Stress, je nach der Betroffenheit. Klarheit, auch über negative Themen, schafft die Möglichkeit, mit diesen Aspekten umzugehen und sich aktiv an der Gestaltung der Zukunft zu beteiligen.
- **Wachstum als Person unterstützen:** Über das rein Fachliche hinaus kümmern sich Digital Leader auch um die Person. In der digitalen Transformation gehört dazu an erster Stelle das Work-Life-Blending. Digital Leader schaffen Verhältnisse, damit Mitarbeiter das eigene Verhalten selbst frei steuern können, angefangen beim Verzicht auf E-Mail-Versand außerhalb der Arbeitszeiten.
- **Schwächen zeigen:** Schließlich fragen Führungskräfte um Rat, offenbaren eigene Unsicherheiten, in denen das Team Unterstützung geben kann. Wissenslücken können Digital Leader besonders bei der nachwachsenden Generation Z leicht zeigen. Diese Augenhöhe im täglichen Umgang ist wichtiger als offene Türen oder – in deutschsprachigen Unternehmen – das Duzen. Beide schaffen nur oberflächlich Vertraulichkeit.

Das eigene Team profitiert

Auch für »seine Mannschaft« kann ein Digital Leader alle genannten Aufgaben und Methoden sinnvoll einsetzen: Die Struktur des eigenen Teams kann überprüft werden; die Motivation der Mitglieder wird über neue Rollen und Aufgaben aktiviert; die Auswahl neuer Mitarbeiter kann sich stärker als bisher an der Fähigkeit zur Integration in das Team und zur Inspiration für das Team ausrichten; neue Instrumente beleben den Alltag und ermöglichen neue Facetten in der Zusammenarbeit. »Business as usual« als eine der größten Gefahren für die Umsetzung der digitalen Transformation wird so im Arbeitsalltag vermieden.

Zudem ist eine Verfolgung der Leistungen einzelner Mitglieder möglich, die für das ganze Team transparent gemacht werden können (dem Geben und Verarbeiten von Resonanz widmet sich Part 2.6). Durch dieses Wechselspiel von Einzel- und Teamerfolg steigern Digital Leader die Leistungs- und Zukunftsfähigkeit ihres Teams als Ganzes.

Digital Leader beobachten fortlaufend, wie sich das eigene Team entwickelt, und setzen entsprechend neue Impulse.

Flexibilität, die gefordert und gefördert wird, darf die Mitarbeiter nicht überfordern. Ein Digital Leader sorgt deshalb für Stabilität in der Grundstruktur und schiebt die Verantwortung nicht vollständig in das Team. Die Anzahl und Dichte an Spielkombinationen zur Teamführung hat Grenzen, ebenso die Selbstorganisation der Mitarbeiter. Ein Digital Leader bleibt eine Führungskraft, die eigene Entscheidungen korrigiert, besonders wenn das Gegenteil dessen eintritt, was die Absicht war. Bitte beobachten Sie genau, wie Ihr Team agiert und reagiert. Wenn die Mitarbeiter engagiert und erfolgreich sind, ist es die Führungskraft auch. Ein gutes Team gibt dem Digital Leader viel Energie zurück.

Teams müssen sich begegnen können

Unser Arbeiten und unser Leben verschmelzen zunehmend, ermöglicht durch die ständige Erreichbarkeit und auch technische Arbeitsfähigkeit vieler Menschen. Manche Mitarbeiter trödeln deshalb herum, denn: »Das kann ich auch noch später erledigen«. Viele arbeiten mehr, als sie müssten, bis hin zur Selbstausbeutung.
Damit machte ein Chef Schluss. Stephan Aarstol von Tower, einem Unternehmen für »Stand Up Paddle Boards«. Seine Idee war: »Meinen Mitarbeitern ihr Leben zurückgeben«. Dazu zählte in San Diego auch ungestörte Zeit am Strand. Und sein Deal war: In fünf Stunden Arbeit sollen Mitarbeiter ihre Jobs erledigen, am Stück voll konzentriert ohne Pause von 8 bis 13 Uhr. Die gleichen Tätigkeiten und dieselbe Menge an Aufgaben für gleiches Gehalt, nur kürzer arbeiten. Danach: Freizeit!
Alle waren begeistert – zunächst. Jeder arbeitete voll fokussiert – bis die Zusammenarbeit und der Zusammenhalt litten, die Bindung an den Job und das Unternehmen nachließ und die Zahl der Kündigungen deutlich anstieg. Aarstol handelte und drehte das Rad zurück zu normalen Arbeitszeiten. Nur im Sommer, in der Strandsaison, können die Mitarbeiter frei entscheiden, ob sie bereits um 13 Uhr nach Hause gehen, bei gleicher Arbeit und gleichem Gehalt. Die wenigsten nehmen das Angebot dauerhaft an.

Schließlich ist der teamübergreifende Wissensaustausch, ob persönlich oder virtuell, für den Erfolg der jeweiligen Teamarbeit essenziell. Für diesen Austausch stehen dem Digital Leader weitere Spielzüge zur Verfügung. Zugleich sind Hindernisse zu beseitigen, um die Partizipation zu ermöglichen und abzusichern. Das zeigt das nächste Kapitel.

Part 3.2 Wissen – Austausch fördern und Hindernisse beseitigen

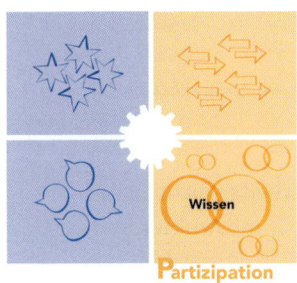

Wissen ist Macht. Wer mehr weiß, der hat mehr Macht – so das Mantra mancher Führungskräfte in stark hierarchisch geprägten Unternehmen, um die eigene Position auszubauen und Karriere zu machen. Stopp! Das ist übertrieben, könnten Sie jetzt denken. Vielleicht. Die Zuspitzung zeigt jedenfalls, dass Digital Leader einige Hindernisse beseitigen können, damit der Wissensaustausch nachhaltig erfolgt. Eine gute Grundlage ist die eigene Haltung zur Vernetzung und Offenheit. Sie fördern den Austausch von Wissen durch die Teilhabe am eigenen Arbeiten, auch zur eigenen Profilierung (**Part 2.2**). Ebenso sorgt die vollständige Kommunikation und Klärung von Themen (**Part 2.5**) für eine Vorbildfunktion. Dieses Kapitel zeigt den nächsten Schritt, die Vernetzung des Teams, des Bereichs und des gesamten Unternehmens.

Die Digitalisierung ermöglicht, das gesamte Wissen in einer Organisation verfügbar zu machen. Erinnern Sie sich an **Part 1.2** mit den wesentlichen Faktoren, die die Führung beeinflussen! Fakt 4 ist »Studieren und probieren«. Wissen entsteht mit der 70-20-10-Formel. 70 Prozent aller Lernaktivitäten eines berufstätigen Menschen finden im Arbeitsablauf statt, in der Praxis durch Erfahrungen. 20 Prozent entstehen im Austausch mit anderen Führungskräften, Teammitgliedern, Kollegen und auch Partnern außerhalb des eigenen Unternehmens. Nur 10 Prozent basieren – bezogen auf das gesamte Leben – auf der formalen Aus- und Weiterbildung. Der Austausch von Erfahrungen aus der Arbeit und von Wissen ist demnach die Basis für 90 Prozent an Kompetenzzuwachs. Wenn zunächst nur ein kleiner Teil davon gehoben wird und die Hindernisse dafür beseitigt werden, dann hat jeder Digital Leader bereits viel erreicht.

Digital Leader aktivieren das vorhandene Wissen für alle in der eigenen Mannschaft.

Der erste Schritt ist, die vorhandenen Aktivitäten stärker für den Austausch zu nutzen und das damit verbundene Wissen im Umfeld der eigenen Mitarbeiter verfügbar zu machen – und zwar im Rahmen der vorhandenen Kommunikationsinstrumente. Drei Bereiche sind sehr naheliegend:

✔ **Weiterbildungen multiplizieren:** Jeder Mitarbeiter kann über seine Teilnahme an Trainings, Seminaren, Kongressen o. Ä. berichten: 1. Das sind meine wichtigsten Erkenntnisse! 2. Das sind die drei wichtigsten Informationen für alle! 3. Das sollten wir sein lassen! 4. Das sind neue nützliche Quellen für uns! Die Unterlagen für alle verfügbar zu machen, ist selbstverständlich. Jeder Teilnehmer an den Fortbildungen kann auch standardmäßig in einer Stunde — physisch oder als Websession — über das Wissen berichten und Fragen beantworten. Jeder kann teilnehmen.

✔ **Routinen schaffen:** Nach jedem Meeting und Workshop wird kurz gefragt: Was ist von unserer heutigen Arbeit für alle nutzbar — außerhalb des fachlichen Themas? Das kann ein Ablauf, ein Instrument oder ein Arbeitsmittel sein. Wenn in 90 Prozent der Fälle die Antwort »Nichts!« lautet, ist das normal. Bei den restlichen 10 Prozent ist wichtig, dass dieser Input nicht verloren geht.

✔ **Erfahrungen nutzen:** Über den Einsatz neuer Methoden und Instrumente bis hin zu Tipps für die schnellere Erstellung neuer Tabellen und Charts kann berichtet werden. Der Digital Leader kann hier als Sammler und Verbreiter für den Input der Mitarbeiter dienen, wenn zunächst keine Plattform vorhandene ist.

Die Aktivierung vorhandener Wissensquellen profitiert selbstverständlich erheblich von digitalen Plattformen zur Kollaboration und zum Wissensaustausch. Das ist der zweite Schritt, der wiederum von der eingeübten Praxis im ersten Schritt sehr profitiert. Denn bei der Etablierung von Social Media o. Ä. ist es wichtig, dass zuvor erste Erfahrungen mit dem gegenseitigen Ideen- und Erfahrungsaustausch gemacht worden sind.

Sogenannte »Wikis« sind verbreitete, leicht zu bedienende Systeme, die es ermöglichen, Inhalte zu veröffentlichen, die von einer großen Anzahl von Nutzern sofort bearbeitet werden können (der hawaiianische Ausdruck »wiki« bedeutet »schnell«). Das Besondere an Wiki-Systemen ist ihre Offenheit: Im Gegensatz zu Weblogs können die Inhalte im Prinzip von jedem Nutzer bearbeitet, ergänzt oder auch gelöscht werden. Die meisten Systeme bieten jedoch Funktionen an, die unerwünschte Zugriffe verhindern können, wie zum Beispiel Zugriffskontrollen und Versionierung (Protokollierung der Bearbeitungen und Erhalt alter Versionen).

Das Ziel ist der leichte Wissensaustausch, um aktuelles und neues Wissen für alle Mitarbeiter verfügbar zu machen. Bei Transformationen können über Wikis die Komplexität reduziert, Ergebnisse leicht verfügbar gemacht und Links zur Vertiefung gesammelt werden. Jedes Wiki sollte ein Thema haben. Es können also bei der digitalen Transformation eine Vielzahl unterschiedlicher Gebiete abgedeckt werden, um die jeweils relevanten Informationen leicht verfügbar zu machen. Change-Manager unterstützen in der Konzeption und Redaktion des Wikis das Kernteam, da die fortlaufende Betreuung natürlich in den Händen der Mitarbeiter liegen sollte.

Wikis brauchen Redakteure

Von Anfang an sollte man sich keine Illusionen darüber machen, dass viele Mitarbeiter aktiv an Wikis mitwirken werden. Dass es nur wenige Aktive geben wird, ist nicht negativ, wenn die Beteiligten die Kompetenzträger sind und sich wirklich dafür einsetzen (auch im bekannten Wikipedia sind weniger als ein Prozent der Nutzer aktive Redakteure).

Wikis zu starten, sollte jedoch nicht die isolierte Idee einer Abteilung sein, sondern eine möglichst breite Basis besitzen, beispielsweise bei Tagungen als gemeinsame Initiative beschlossen werden.

Ein harter Kern von Mitarbeitern erstellt einen Basisinhalt, damit von Anbeginn ein hoher Nutzwert für die tägliche Arbeit gegeben ist. Danach erfolgt die selbstständige Ergänzung mit »Master-Nutzern«, die alle Artikel bearbeiten können. Die Gefahr des Missbrauchs ist gering, da jeder Beitrag personalisiert ist und von jedem Mitarbeiter kommentiert werden kann. Sinnvoll sind häufig auch Wikis für einzelne Standorte oder auch die Führungskräfte. Zudem sind kleine Anreize wichtig, durch die zu Beginn die Nutzung motiviert wird, zum Beispiel durch Informationen, die nur im Wiki verfügbar sind, oder kleine Preise für die ersten neuen Beiträge.

Bitte nicht erschrecken! Digital Leader müssen nicht zu IT-Spezialisten werden, um das Intranet zu pflegen oder auch Wissensplattformen zu managen. Aber auch das Projektmanagement profitiert beispielsweise von entsprechender Software, die Wissen leichter verfügbar macht und Arbeitsprozesse einfacher strukturieren lässt. Und nicht zuletzt sind IT-Projekte selbst ein wesentlicher Teil der digitalen Transformation und häufig Auslöser für Veränderungsprozesse, die ein Digital Leader gestalten darf.

Digital Leader sind auch beim Thema IT typische Generalisten. Grundkenntnisse in digitalen Anwendungen sind in jedem Fall hilfreich. Das gilt besonders, um Hindernisse zu beseitigen, die auf dem Weg zur Implementierung von Wissensplattformen liegen. An erster Stelle solcher Hindernisse steht das Diktum »Geht nicht!« aus Fachabteilungen, das auf die Haltung »Geht nicht gibt's nicht!« eines Digital Leaders prallt. Ein Digital Leader kann in diesem Fall aktiv die Rolle als Mittler einnehmen und helfen, den Konflikt zu lösen (**Part 2.7**).

Vor allem aber ist die Kollaboration zum Laufen zu bringen. Denn was nützt die schönste Pipeline, wenn kein Öl fließt! **Part 2.5** hat bereits den engen Zusammenhang von Bring- und Holschuld in der Information sowie die entsprechenden möglichen Spielzüge für Digital Leader gezeigt. Das gilt im Austausch von Wissen ebenso.

Digital Leader zeigen den persönlichen Nutzen und die leichte Austauschbarkeit von Wissen auf.

Digitale Plattformen erhöhen die leichte Austauschbarkeit und Verfügbarkeit – das ist einfach! Führungskräfte und Mitarbeiter sollten nicht doppelt und dreifach Daten ablegen müssen. Idealerweise ist alles auf einer oder zwei Plattformen erreichbar. Schwieriger ist zu erreichen, dass die Mitarbeiter den persönlichen Nutzen erkennen und sich die Zeit für das Vernetzen nehmen.

Das gegenseitige Geben und Nehmen schafft nachhaltig Vorteile. Das ist schon immer so und weiß eigentlich jeder. Im digitalen Zeitalter fehlt diese Erfahrung in Unternehmen häufig jedoch. Dafür, dass sich das ändert, sorgen zu Beginn die Change Champions und Change Agents (Part 2.5) als Vormacher und Einfachmacher für alle anderen Mitarbeiter. Im Laufe der Zeit wird sich im Miteinander eine neue Form der Anerkennung entwickeln. Die Zahl der Follower zeigt die Relevanz und den Einfluss jedes Mitglieds einer Organisation. Wer sich abschottet und keinen Beitrag für die Gemeinschaft leistet, braucht sehr gute Argumente für seine Haltung. Die Generationen Y und Z, die in die Unternehmen drängen, sind hierfür die besten Fürsprecher und Mitstreiter aller Digital Leader (Part 1.2).

Einen Schubser geben

Manchen Führungskräften und Mitarbeitern fällt es schwer, sich im Unternehmen offen mitzuteilen. Was privat in Social Media leicht ist, wird mit Betreten des Unternehmens (ob vor Ort oder virtuell) mitunter zu einer Herausforderung.

Ein kleiner Schubser reicht meistens. Digital Leader können ein überraschendes Rollenspiel einsetzen: Sie spielen das Posten live mit dem Mitarbeiter. Starten Sie das Gespräch mit der Frage: »Welchen Post hast du als Letztes kommentiert?« Dann schlüpfen Sie in die Rolle des Empfängers und antizipieren die positive Wirkung: »Dein Kommentar war wertvoll, weil ...« Es ist egal, ob die ... richtig oder falsch sind. Es geht um den Impuls, dass der Kommentar dem Empfänger weitergeholfen hat. Dann fragen Sie: »Was war dein letzter Post?« Nach der Schilderung geben Sie spontan einen möglichen Kommentar ab, der vielleicht Ihrem Mitarbeiter helfen würde. Fragen Sie nach dessen Meinung dazu! Ob »Hey, ist ja toll ...« oder »Na ja, ich weiß nicht« – alle Antworten sind gut, um zum Abschluss motivierend zu sagen: »Ich werde dir gerne folgen und freue mich auf deine weiteren Beiträge und den Austausch.«

Der dritte Schritt baut wiederum auf dem zweiten auf, dass in einem Team, Bereich oder Unternehmen der informelle Wissensaustausch in Social Media, Wikis o. Ä. etabliert ist. Die höchste Stufe ist, dass im Austausch von Wissen selbst neues Wissen entsteht. Es gibt einen Anknüpfungspunkt: Die klassische Entwicklungsarbeit in Unternehmen kennt diesen Zusammenhang bereits. Gemeinsam werden neue Produkte »erfunden«. Die wesentlichen Unterschiede zum Austausch in der digitalen Transformation sind: Der traditionelle Austausch verläuft abgeschottet in einer dafür spezialisierten Einheit und erfolgt zielorientiert auf eine Anwendung X oder ein Produkt Y hin. Diesen Prozess wird es weiterhin geben, vor allem im Standardbetriebsmodus, sobald das Ziel bereits bestimmt und als erreichbar definiert ist. Im Innovationsmodus erfolgt der Austausch prinzipiell unbegrenzt und ergebnisoffen, selbstverständlich im Rahmen der Mission des Unternehmens (Part 3.5). Dabei besteht natürlich immer die Gefahr, dass auch viel nutzloses Wissen entsteht. Wahrscheinlich gilt das sogar für das meiste. Ohne dieses würde das nützliche Wissen aber nicht entstehen. Im nachfolgenden Part 3.3 wird gezeigt, wie agile Methoden den Auswahlprozess steuern können, um dysfunktionale Entwicklungen schnell zu beenden.

Digital Leader schaffen die Rahmenbedingungen für die Entstehung neuen Wissens.

Wie weit sind Sie bereits? Sie sollten wissen: Die Entstehung neuen Wissens ist nicht planbar, weder in Art noch Umfang. Der Prozess dafür ist allerdings gut zu gestalten. Diese Spielzüge sind die Kür. Die ersten beiden Schritte zuvor, zum reinen Austausch von Wissen, sind die Pflicht für einen Digital Leader.

Mit »Action Learning« zu neuem Wissen

Die digitale Transformation liefert laufend, mehr und schneller denn je Anlässe, neu zu lernen und Wissen entstehen zu lassen. Digitalisierung heißt Lernen: jetzt, immer und überall. Das strukturlose individuelle »Learning by doing« versagt. Zudem würde es dem Selbstverständnis des Digital Leaders als Spielmacher widersprechen. Er möchte durch die Mitwirkung aller Spieler verbessern, was und wie sie spielen.

Genau das passiert im »Action Learning«. Anhand einer realen Herausforderung entsteht durch die Anwendung von »Action Learning«-Methoden ein doppelter Nutzen: Erstens lernt eine Organisation in der Veränderung über den Einzelfall hinaus und zweitens können sich Individuen und Mitarbeitergruppen weiterentwickeln, ebenfalls nicht nur auf den Einzelfall bezogen.

Für einen Digital Leader ergeben sich im »Action Learning« selbst etliche persönliche Vorteile, das Wissen zu vertiefen. Zugleich lernt er, die Motivation »seiner Leute« an der digitalen Transformation zu steigern und die Veränderungsfähigkeit im Unternehmen generell zu erhöhen. Denn über das »Action Learning« wird der Nutzen jeder Transformation über die eigentlichen Zielsetzungen hinaus erhöht. Durch das neue Wissen wird die Attraktivität des Wandels gesteigert:

- ✔ **Aufbau einer Lernkultur:** Der unmittelbare Transfer in die Praxis aktiviert Führungskräfte und Mitarbeiter, auch künftig an vergleichbaren (Veränderungs-)Maßnahmen teilzunehmen.
- ✔ **Weiterbildung im Unternehmen:** Der Ressourceneinsatz wird auf ein Minimum begrenzt, was wiederum die Unterstützung der Unternehmensleitung für die Maßnahmen sichert.
- ✔ **Erhöhung von Transparenz:** Die Veränderung an sich wird durch die intensive Begleitung und Beschäftigung nachvollziehbarer und nachhaltiger.
- ✔ **Geschäftlicher Mehrwert:** Das Lernen wird sofort operativ wirksam und die Effekte sind gemäß den zuvor definierten Maßstäben feststellbar.

Die Reflexion und Realisation im Austausch der Mitarbeiter finden als eng verbundener Ablauf statt. Alle Beteiligten, auch der Digital Leader, verstehen sich als Lernende, die wissen, dass sie nicht über alle Kompetenzen verfügen und diese gemeinsam entstehen lassen. Es darf keine »Besserwisserei« für den Veränderungsprozess geben, nach dem Motto: »Das war schon immer so« oder »Das hat noch nie funktioniert«.

Mit einer offenen Einstellung wird es dagegen möglich, Fach- und Expertenwissen mit dem wie bei Veränderungen üblichen Erfahrungslernen zu verbinden. Wird Neuland betreten, überwiegt tendenziell der explorative Anteil. Sind bestehende Kompetenzen operativ elementar, wird bestimmt, welches Expertenwissen zusätzlich benötigt wird. Erfahrungen werden zu Überprüfung und Justierung eingesetzt – durch »Action Learning« eben nicht nach einem Projekt oder bestimmten Zeitraum, vielmehr fortlaufend.

Bei fortlaufenden Veränderungs- und Lernprozessen ist eine Institutionalisierung angebracht, das heißt, die Methoden des »Action Learning« werden der gesamten Organisation zur Verfügung gestellt. Der Digital Leader ist dann der Initiator und ggf. zu Beginn auch Moderator, bis die jeweiligen Teams die Instrumente beherrschen – von der Festlegung des Lernprogramms und -ablaufs über Instrumente und Medien für die Reflexion sowie das Erproben neuer Lösungen bis hin zur persönlichen Entwicklung und simultanen Kompetenzgewinnung der Organisation. Auch durch diese Aufgabe erzielt der Change-Manager einen individuellen Lerneffekt.

»Action Learning« besteht daher aus mehreren Modulen, die als Ganzes und in Teilen, je nach Anlass und Bedarf, zum Beispiel durch die Komplexität der Aufgaben oder Zahl der beteiligten Abteilungen, eingesetzt werden können. Zu den wichtigen Standards gehören drei Formate, um die sich der Lernprozess dreht:

- ■ **»Design-Team«:** Koordiniert wird der Prozess durch ein »Design-Team«, das bei abgegrenzten Projekten durchaus mit dem Projektteam identisch sein kann. Hier treffen sich alle Beteiligten und Betroffenen der Bereiche oder Standorte. Vor dem Start neuer Aktivitäten wird hier das vorhandene Wissen überprüft und der Bedarf zur Ergänzung ermittelt. Auf dieser Basis werden dann die Lerninhalte bestimmt. In der Folge hat das Design-Team die Aufgabe, den Ablauf zu steuern, die »Sets« zu koordinieren, Arbeitsaufträge zu verteilen, Lernaufgaben zu prüfen und zu überarbeiten und die Lernfortschritte zu verfolgen. Wichtig ist dabei, dass individuelle Erfahrungen in der Anwendung von Wissen eingebracht werden. Das Team kümmert sich auch um Dokumentation und Kommunikation.

- **»Sets«:** In kleinen Gruppen, zum Beispiel in Fachbereichen oder bei Teilprojekten, werden die konkreten Probleme und Herausforderungen, die sich aus der Aufgabe ergeben, bestimmt und die notwendigen Lösungen durch Kombination von Wissen und Erfahrung entwickelt, um die Ziele einer Veränderung zu erreichen. Explizit ist der »Blick über den Tellerrand« durch Einholen weiterer Expertise gewünscht, auch um ggf. für die weitere Arbeit neue produktive Beziehungen zu anderen Abteilungen oder externen Dienstleitern aufzubauen.
- **»Qualitätszirkel«:** Diese moderierten »Feedbackrunden« als Treffen von maximal zwei Stunden unterstützen das Design-Team und die Sets durch den Blick von außen und ein strukturiertes Verfahren, um den Lernerfolg für das konkrete Vorhaben und das gesamte Unternehmen zu sichern. Erfahrene Moderatoren stoßen den Reflexionsprozess an, an welchen Stellen Lernergebnisse erzielt worden sind (mit entsprechend bereits nutzbaren operativen Auswirkungen), wo Nachholbedarf besteht und wie dieser angegangen werden kann.

Planen, Handeln und Lernen als Einheit ermöglichen auch dem Digital Leader, Erfahrungen und Ergebnisse sofort für das weitere eigene Vorgehen nutzbar zu machen. Das abstrakt angeeignete Wissen sowie Erfahrungen aller Beteiligten und Betroffenen einer Veränderung werden durch das »Action Learning« verbunden. Durch die Dokumentation der Ergebnisse wird nicht nur das individuelle Kompetenzprofil gestärkt, vielmehr profitiert jedes Unternehmen von der Weiterentwicklung der beteiligten Projektteams oder Abteilungen. Und nicht zuletzt: Die vielen Unwägbarkeiten einer Transformation, die die Lernbedingungen beeinflussen und Inhalte verschieben, können durch die Instrumente im »Action Learning« in den fortlaufenden Arbeitsprozess eingebracht werden. Entsprechende Änderungen werden nicht nur operativ erfasst, vielmehr auch ins Lernprogramm integriert. Wissen kann sich so stets erneuern. Und die tagesaktuellen Tätigkeiten können auf einen Fundus an Erfahrungen und Kompetenzen zurückgreifen, die sich bewährt haben und die zugleich ständig weiterentwickelt werden.

Gesetze im Wandel, Wandel durch Gesetze

In einer Kanzlei für Rechts- und Steuerberatung sowie Wirtschafts- prüfung ändern sich fortlaufend die Rahmenbedingungen – durch die Gesetze und Verordnungen. Aber nicht nur das. Standardabläufe in der Steuerberatung und Wirtschaftsprüfung werden digitalisiert. Fachkom- petenzen und Arbeitsverfahren veralten schnell. Parallel entsteht, durch Aufträge von Mandanten, in einzelnen Bereichen neue »Best Practice«, was aber als solches gar nicht bekannt ist und auch niemandem sonst, außer per Zufall, bekannt würde. Die fortlaufende Erneuerung und Transferierung von Wissen und Abläufen in der gesamten Kanzlei ist demnach elementar, um schnell und hochwertig für Mandan- ten Lösungen zu entwickeln und – auch die eigene Zukunft zu sichern.

Alleine jedem Mitarbeiter und Berufsträger zu überlassen, immer für alle mitzuden- ken »Was könnte wen warum interessieren?«, wäre eine Überforderung. Zugleich ist aber jeder gefordert, sein Fachwissen aktuell zu halten – und da kann jeder von anderen im Unternehmen profitieren. Eine Maßnahme oder allein der Appell, Wissen zu teilen und mitzuteilen, hätte nicht geholfen. Zudem ist in der Branche Zeit Geld: Jede Minute, die »verschwendet« wird – das bedeutet, die nicht für Kunden nütz- lich ist –, wird vermieden. Durch den hohen Ausbildungsstand wurde angenommen, dass jeder Mitarbeiter grob weiß, welches Wissen er für seinen Job braucht und was ihm fehlt, vor allem welche Mandate und Fachgebiete ihn interessieren. Beson- ders der Nachwuchs fordert gleichzeitig Herausforderungen und möchte nicht nur »08/15-Fälle« bearbeiten.

Was wurde nun getan, um im Wissensmanagement vorhandene Ergebnisse leicht zu dokumentieren und die Kompetenzen jedes Mitarbeiters zu entwickeln? Verantwortlich für die Nachhaltigkeit und Durchdringung in der Praxis ist das »Know-how-Team«. Es tagt alle zwei Wochen und prüft – anhand konkreter, stets anspruchsvoller Mandate – fachübergreifend das Wissen, identifiziert Lücken und verfolgt deren Schließung. Das Schließen erfolgt in kurzen »Sets« der jeweiligen Fachabteilungen und von freiwilligen »Specialists«, die sich in diesem Bereich selbst verbessern wollten. Dafür wird auch ein Zeitbudget, das nicht dem Kunden berechnet wird, festgelegt. Das »Learning on Action« erfolgt in einem engen Zeit- korsett, das zur Effizienz anregt. Ein Thema soll nicht in aller Tiefe durchdrungen, sondern für alle Kunden gelöst werden. Im Ergebnis entstanden aus dem neuen Wissen sogar neue Beratungsangebote, die zuvor nicht erkannt worden waren. Die Verpflichtung für die »Specialists« als »Gegenleistung« ist nur, in der monat- lichen Kanzleischulung in einem der maximal vier parallelen Workshops allen ande- ren Mitarbeitern, die an diesem Thema interessiert sind, das Wissen zu vermitteln. Das »Know-how-Team« steuert den Ablauf. In quartalsweisen »Review Sessions« mit einem externen Moderator wird schließlich geprüft, ob die Ergebnisse den Er- wartungen entsprechen, konkrete Verbesserungen der Leistungen erfolgt sind und wie der Ablauf und das Arbeiten im »Know-how-Team« verbessert werden können.

Durch das »Action Learning« entsteht neues Wissen mit konkretem Nutzen- potenzial. Damit dieser Nutzen auch wirklich entsteht, sind im Tagesgeschäft »Input-Phasen« einzubauen: Bewusst wird vor dem Start neuer Aktivitäten das vorhandene Wissen überprüft und ergänzt (hier profitiert »Action Learning« natürlich von digitalen Plattformen). Anschließend sorgen die o.g. »Qualitätszirkel« dafür, dass der ursprüngliche Input mit den neuen Erfahrungen und Ergebnissen weiterentwickelt wird und sofort auch anderen Mitarbeitern für das weitere Vorgehen zur Verfügung steht.

Im Ergebnis ergibt sich durch »Action Learning« eine sehr dynamische Konstellation, die für die digitale Transformation von großem Vorteil ist: Das Unternehmen hat immer Zugang zum aktuell besten Wissen. Entscheiden Sie bitte selbst, ob Sie sich einer der zweifellos anspruchsvollsten Spielkombinationen, die das Gamebook anbietet, stellen möchten.

Digital Leader wollen für das Wissen sorgen, das aktuell am besten für die digitale Transformation nützlich ist.

Für Ihre Motivation ist es sicher ein erfreulicher Aspekt, dass »Action Learning« in vielen Szenarien und Situationen, die in diesem Gamebook (besonders **Part 4**) vorgestellt werden, sehr wirkungsvoll ist. Dass einzelne Pässe ins Abseits führen, zum Beispiel einzelne Sets oder Qualitätszirkel verpuffen, ist Teil jeder anspruchsvollen Spielkombination. Als Digital Leader besitzen Sie dafür eine hohe Toleranz. Was Sie darüber hinaus brauchen, sind die Mitspieler, besonders Verbündete unter Kollegen der Führungskräfte. Das können auch ehemalige Gegner sein. Der Wandel geht auch bei diesen schneller als vielleicht gedacht, da die Relevanz der Digitalisierung der Berufs- und Arbeitswelt inzwischen niemandem mehr verborgen geblieben sein dürfte. Rückzugsgefechte sind ein Teil dieser Entwicklung.

Das verbiete ich

Dem Kollegen gingen der ganze Austausch, die Feedbackrunden und die »Posterei« zu weit. Alles Zeitverschwendung! Das hilft uns jetzt nicht weiter. Meine Leute sollen ihren Job machen. Die Konsequenz: »Ich verbiete, dass meine Mitarbeiter weiter dabei sind.« Keinen Moment zögerte der Kollege sogar, seine Meinung bei der nächsten Tagung der Führungskräfte eines mittelständischen Maschinenbauers selbstbewusst vorzutragen. Zunächst herrschte Schweigen im Raum. Eine Geschäftsführerin ergriff das Wort. »Sie haben recht! Ihre Leute sollen den Job machen. Dafür werden sie bezahlt. Und dazu gehört auch, den eigenen und unser aller Job wettbewerbsfähig zu halten.« Sie fragte: »Stimmen Sie mir zu?« Die Antwort: »Natürlich!« Darauf sie weiter: »Dann haben wir eine gute gemeinsame Basis. Wie der Wettbewerb in Zukunft aussehen und welche unbekannten Herausforderungen die digitale Transformation uns liefern wird, das kann hier niemand wissen – zumindest niemand alleine. Deshalb ist der intensive Austausch nötig, um auch Ihren Job zu sichern. Viele Augen sehen mehr und viele Stimmen sorgen für mehr Ideen. Ohne die werden wir keine

Chance haben! Ich freue mich auch auf Ihre weiteren Beiträge auf unserer Plattform und werde Ihren Ideen aufmerksam folgen.«

Die Geschäftsführerin hat eine Regel befolgt, die Digital Leader auszeichnet (und zu Beginn des Gamebooks steht). Sie hat »Ja, und ...« gesagt und kein »Ja, aber ...«. Damit hat sie die Tür aufgestoßen, dass auch Skeptiker die ersten Schritte in Richtung digitalen Austausch von Wissen machen. Und den Kollegen hat sie charmant ins Boot geholt. Aussteigen wird nun sehr schwer.

Ohne die Bereitschaft zum Austausch des Wissens ist auch der Einsatz agiler Methoden schwer möglich. Agile Methoden wiederum befördern die Bereitschaft und Fähigkeit zum gegenseitigen Wissensaustausch. Einfach eine der nachfolgenden Methoden und Instrumente testen. So manche positive Überraschung, wie plötzlich intensiver denn je zusammengearbeitet wird, dürfte Ihnen sicher sein.

Part 3.3 Instrumente – Agile Methoden testen und etablieren je nach Bedarf

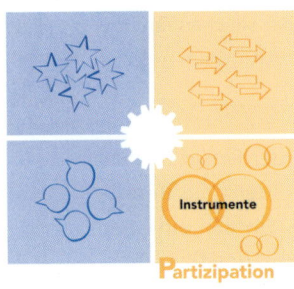

Digital Leader packen die Themen an, die sich in der digitalen Transformation ergeben, und treiben diese mit Ausdauer voran. Das schrittweise Vorantasten, das interaktive und iterative Vorgehen mit internen und externen Kunden, das Testen und Prüfen, Nutzen von Fehlern und Hindernissen, Forcieren und Wiederverwerfen – alles zusammen ermöglicht, die fortlaufend wechselnden Bedingungen und Anforderungen der digitalen Transformation zu nutzen.

Agilität entsteht nicht automatisch durch eine höhere Geschwindigkeit und Anpassungsfähigkeit. Agilität bedeutet vor allem, bei der Arbeit eine sehr hohe Intensität zu erreichen, sodass nicht nur schneller, sondern vor allem bessere Ergebnisse entstehen. Dazu gehört auch, das Erfolglose schneller sein zu lassen. Voll bei einer Sache oder bei einem Thema dabei zu sein, sich nicht ablenken zu lassen – das sorgt für Agilität. Dieses Prinzip kann für wenige Minuten bei einer Ideenfindung gelten oder auch über mehrere Monate in der Projektarbeit.

In diesem Kapitel werden Sie dazu eine Auswahl an Methoden und Instrumenten an die Hand bekommen. Sie sind möglichst nur anfangs der Vormacher und übernehmen nachhaltig die Rolle als Möglichmacher. Dazu zählt besonders beim Einstieg das »Abholen« der Beteiligten, das Einüben der Regeln sowie das Gewöhnen an das hierarchiefreie, rollenbasierte Arbeiten. Bitte bereiten Sie sich darauf vor, dass agile Methoden zu Beginn eine hohe eigene Anstrengung erfordern können, damit Führungskollegen und Mitarbeiter zu engagierten, vielleicht sogar begeisterten Beteiligten werden. Sie wissen selbst am besten, wie weit Sie in Ihrem Team, Bereich oder Unternehmen bereits sind.

Digital Leader sorgen für ein Umfeld und geben Impulse, damit agile Methoden wirksam werden. Die vielfältigen Impulse und Energien dürfen jedoch nicht in puren Aktionismus münden, der das Gegenteil bewirkt: Erschöpfung und Ablehnung. Agilität ist kein Selbstzweck. Auch Offenheit für neue Methoden kann übertrieben werden. Viele neue Arbeitsmethoden fordern Digital Leader als Richtungsgeber für sich selbst führende Teams. Digital Leader achten darauf, dass Agilität und auch Flexibilität nicht beliebig werden, ein Team, Bereich oder Unternehmen sich nicht an allen möglichen, ggf. irrelevanten Trends oder Technologien orientieren. Ein elementares Prinzip dafür ist: Digital Leader setzen jeweils die Methoden und Instrumente als Mittel ein, die das eigene Team und die Organisation fordert, jedoch nicht kolossal überfordert. Agile Methoden funktionieren nur – und das wird schnell vergessen –, wenn diszipliniert jeweils wenige klare Regeln befolgt werden. Nur dann sind schneller die bestmöglichen und gewünschten Ergebnisse erzielbar.

Digital Leader lenken die Agilität der Mitarbeiter und Organisation in stabile Bahnen.

Sie denken jetzt vielleicht: Ich habe schon genug Regeln! Und jetzt noch mehr? Die Klagen über starre Rahmenbedingungen, die angeblich Kreativität verhindern, kennt jedes Unternehmen. Mehr Freiraum und Möglichkeiten zur Entfaltung werden gefordert. Sonst könnte in der digitalen Transformation der Anschluss verloren gehen. Das ist richtig.

Genauso richtig ist, dass jede agile Methode erst mit jeweils wenigen und klaren Regeln die beabsichtigte Wirkung erreichen kann. Digital Leader wissen genau, dass agile Methoden alles andere sind als ein freies Driften der Energie, aus dem Neues entsteht.

Digital Leader folgen im Einsatz agiler Methoden dem Dreiklang »keep, drop, try«.

Wann haben Sie das letzte Mal eine Methode eingeführt und bewusst auch wieder fallen lassen? Meist halten wir lange an einer festen »Toolbox« an Instrumenten fest, die dann bei jeder Gelegenheit eingesetzt werden. Es ist aber ein enormer Unterschied, ob Sie zum Beispiel ein Ziel bestimmen oder dieses verfolgen möchten. Die Festlegung wird in der Volatilität und Unsicherheit, Komplexität und Mehrdeutigkeit der Auswirkungen der digitalen Transformation immer schwieriger und kann unterschiedlich erfolgen. Während der Verfolgung der Ziele können sich diese verändern und das agile Projektmanagement muss eine Anpassung daran ermöglichen.

Zusätzlich ergeben sich im Alltag permanent Anlässe, die Zusammenarbeit zu verbessern oder spontan weitere Ideen zu generieren. Daher wird dieses Kapitel in vier Abschnitte gegliedert, um die wichtigsten Anlässe für den Einsatz agiler Methoden zu erfassen. Die Zusammenstellung soll Ihnen Impulse geben, auch selbst eigene Varianten mit eigenen Spielzügen zu erproben. Wichtig ist, dass Sie die gewünschten Ergebnisse erzielen, die Ihnen weiterhelfen und nicht nur lehrbuchartig starr einer Methodik folgen. Es wird auch immer wieder weitere Instrumente geben, die nicht in diesem Gamebook stehen. Lassen Sie sich aus vielen Quellen und von anderen Personen inspirieren.

Zusammenarbeit verbessern

Sogenannte Workhacks sind agile Methoden, um die eigene Arbeit und Zusammenarbeit im Team intensiver zu gestalten, mit minimalen Eingriffen die
vorhandenen Ressourcen besser zu nutzen und insgesamt wertschätzender
zusammenzuarbeiten. Der Eingriff ist dabei gering, mit möglichst hoher Wirkung. Der Nebeneffekt ist, dass Workhacks eine gute Vorbereitung sind für
umfassendere agile Methoden. Digital Leader und ihre Teams gewinnen Vertrauen in die eigene Bereitschaft und Fähigkeit, intensiver zu kooperieren
und sich gemeinsam an verbindliche Rahmenbedingungen zu halten. Zugleich
»agilisiert« sich die bestehende Organisation in ersten kleinen Schritten.

Grundsätzlich sollten Workhacks wiederkehrende Routinen schaffen, um die
Aufmerksamkeit zu fokussieren und enge Verbindungen im Team zu ermöglichen. Die Umsetzung sollte geringstmögliche Hürden besitzen. Das Wichtigste für jeden Digital Leader ist: Das Team entwickelt die eigenen Workhacks
und stimmt selbst ab, welche umgesetzt werden. Dann sollte eine Probezeit
vereinbart werden, nach der die Ergebnisse bewertet und das weitere Vorgehen festgelegt werden.

Wenn ein Workhack nicht wie geplant funktioniert, auch nach einer weiteren Justierung, dann sollte es sofort abgeschafft werden, ganz offiziell, nicht
schleichend. Damit wird dokumentiert, dass Methoden und damit Regeln, die
sich in der Praxis nicht bewährt haben, nicht weiter genutzt werden. Diese
Fähigkeit ist in den meisten Unternehmen eher schwach ausgeprägt, jedoch
ein wesentliches Element jeder agilen Methode.

Diese Eckpunkte gelten auch für die folgenden fünf Vorschläge, die sich in
der Praxis zur Verbesserung der Zusammenarbeit bereits bewährt haben. Entscheiden Sie als Digital Leader, welches Problem in Ihrem Team dadurch gelöst
werden könnte.

Erfolgreiche Workhacks

Fokuszeit
Ein Team, eine Abteilung oder auch ein ganzer Bereich legt eine Stunde
am Tag fest, in der nicht untereinander kommuniziert und sich nicht getroffen wird, wie auch immer und egal, wo sich die Kollegen befinden.
Jeder kann in dieser Zeit konzentriert die eigenen wichtigen Themen
erledigen, schlicht nachdenken oder auch mit externen Kollegen oder Kunden kommunizieren. In jedem Fall wird still gearbeitet.
Vermeintlich passiert nichts. Tatsächlich passiert sehr viel, und das schneller und
mit besseren Ergebnissen als in jeder anderen Stunde. Denn jeder nimmt diese

Stunde sehr bewusst wahr. Eine Vorwarnung: Außenstehende können sich wundern, warum es so ruhig ist, und könnten fragen, warum nicht gearbeitet wird, wenn zum Beispiel ganz analog ein Fachmagazin oder Buch gelesen wird. Eine kurze Erklärung hilft dann weiter.

Mailstunden

Ein Team, eine Abteilung oder auch ein ganzer Bereich legt fest, sich gegenseitig nicht mehr als zehn Stunden am Tag Mails zu senden, zum Beispiel von 8 bis 18 Uhr, nicht vorher oder nachher. Das Schreiben bleibt unberührt, das Empfangen externer Mails auch. Das kann jeder weiterhin selbst entscheiden.

Tatsächlich wird der interne Druck, Mails außerhalb der üblichen Geschäftszeiten beantworten zu müssen, erheblich reduziert. Ausnahmen könnten sicherheitsrelevante Mitteilungen sein, was in den wenigsten Unternehmen der Fall sein dürfte. In der Regel wird auch nichts verpasst, wenn die Kollegen außerhalb der Mailstunden in Ruhe gelassen werden.

Beschwerdefreier Tag

Idealerweise am Montag, für einen positiven Auftakt der Woche, sind untereinander keine Beschwerden erlaubt. Alle Kollegen konzentrieren sich darauf, was klappt und noch besser klappen könnte. Das Zuschieben von Problemen und die Suche nach Schuldigen unterbleiben. Wer sich beschwert, zahlt einen Euro in die Kaffeekasse, bekommt ein Bändchen um den Arm oder eine sonstige »Auszeichnung« verliehen.

In der Praxis hat sich gezeigt, dass etliche Beschwerden nach einem Tag die Relevanz verloren haben: Denn mit der Arbeit an Lösungen am Tag zuvor werden Beschwerden oft überflüssig, die sonst für viel Aufregung und unnötigen Stress sorgen.

Suche-Biete-Brett

An einer zentralen Stelle im Büro – oder auch digital im Intranet bei virtuellen Teams oder mehreren Standorten – wird fortlaufend auf einem Brett oder an einer Wand aufgeklebt, wer welche Kompetenzen nicht hat oder sucht, ganz praktisch auf den Alltag bezogen. Eine Rubrik lautet: »Ich kann nicht ...«, zum Beispiel eine IT-Anwendung. Wer den Hinweis sieht und dem Kollegen helfen kann, meldet sich. Die zweite Rubrik ist »Ich möchte machen ...«, zum Beispiel Präsentationen hübsch machen. Wer den Hinweis sieht und diese Kompetenz braucht, weiß sofort, wo diese zu finden ist.

Das Suche-Biete-Brett ist ein simpler und zugleich wirkungsvoller Workhack, das Wissen in Team, Abteilung oder Bereich für konkrete Aufgaben im Alltag zu nutzen. Zudem lernen sich die Mitarbeiter in neuen Konstellationen kennen und der Zusammenhalt wird gestärkt.

Timeboxing

Der einfachste Workhack ist, im Raum bei Meetings gut sichtbar eine große Uhr aufzustellen, die die verbleibende Zeit anzeigt. Zu Beginn des Meetings wird die Zeitdauer festgelegt und eingestellt. Mehr nicht! Die Uhr tickt.

Ohne dass irgendjemand an die Zeit erinnern muss, verlaufen Meetings wesentlich disziplinierter. Überlange Monologe werden in der Gruppendynamik ebenso reguliert wie Beiträge, die fernab vom Ziel des Meetings liegen. Dafür ist eben keine Zeit. Das ist immer so. Nur jetzt ist die Zeitverschwendung sichtbar. Die Selbstregulation wird möglich, ohne dass irgendjemand den »bösen Buben« des Zeitwächters spielen muss.

Einfach besser zu arbeiten kann auf vielen Wegen erreicht werden. Der Kreativität sind keine Grenzen gesetzt, besonders bei Teams, die über mehrere Standorte und Zeitzonen tätig sind. Hauptsache ist, dass die meisten beteiligten Mitarbeiter den positiven Nutzen erfahren, um die spezifische Arbeitssituation besser zu bewältigen. Irgendwann wird ein Workhack zum Normalzustand, ohne dass eine besondere Erwähnung notwendig ist.

Neue Mitarbeiter sollten über die eingespielten »Eigenarten« informiert werden, die das Arbeiten verbessern. Vielleicht haben neue Mitarbeiter, mit dem unbefangenen Blick und ihren zusätzlichen Erfahrungen, weitere, noch bessere Ideen. Digital Leader können ihr Team ganz einfach einen eigenen Workhack entwickeln lassen.

Eigenen Workhack entwickeln

Das Ziel ist, im Team innerhalb von gut einer Stunde einen oder mehrere neue Workhacks zu bestimmen.
Jeder Workhack basiert auf einem konkreten Problem, das es bei der Arbeit und/oder der Zusammenarbeit gibt, das Energie raubt oder auch schlicht nur nervt. Die Palette an Themen ist unbegrenzt, sei es das Schaffen von Zeiten für konzentriertes Arbeiten oder die Rechthaberei in Meetings, die kanalisiert werden soll. Das Team sollte nicht größer als eine Schulklasse sein, also bis maximal 30 Personen, ggf. werden mehrere Runden veranstaltet, falls ein Team größer ist.
Der erste Schritt besteht darin, dass im gesamten Team Probleme gesammelt werden, je nach Teamgröße auch mit Begrenzung der Punkte je Person, um die Menge zu begrenzen. Dafür stehen zwei Minuten Zeit zur Verfügung, damit auch wirklich nur die offensichtlichen, drängenden Probleme genannt werden.
Beim Sammeln der Ergebnisse an einer Pinnwand oder mit Post-its auf einer Raumwand werden vergleichbare Punkte sofort zusammengeführt.
Im Anschluss werden die drängendsten Probleme ausgewählt, falls es mehrere gibt.
Am einfachsten über Punktevergabe: Jede Person hat zehn Punkte und kann maximal die Hälfte an ein Problem vergeben. Bearbeitet wird maximal ein Problem pro fünf Personen im Raum, also bei 25 Personen maximal fünf. Das ist deshalb wichtig, weil in der Umsetzung kaum mehr als fünf oder sechs Workhacks gleichzeitig angegangen werden können.

Dann werden Teams à vier oder fünf Personen gebildet, die für das Problem ein Workhack entwickeln sollen. Dabei gelten folgende Kriterien für den Workhack: a) handfeste Veränderung, b) kein Appell, verbindliche Regel, c) keine Entscheidung der Unternehmensleitung o. Ä. nötig, d) keine Technik ist notwendig und e) attraktiver Name für den Workhack. Die Teams werden am besten über zufälliges Abzählen ausgewählt, um »Grüppchenbildung« zu vermeiden. Zeit für die Teamarbeit: maximal 30 Minuten.

Die Vorstellung jeder Lösung erfolgt in maximal zwei Minuten. Das muss reichen, sonst ist der Workhack zu kompliziert. Sofort wird abgestimmt, ob der Workhack umgesetzt wird. Eine Zustimmung sollte 75 Prozent betragen. Dann ist eine breite Mehrheit für den Erfolg in der Umsetzung gesichert.

Falls das Ergebnis keine Mehrheit findet, kann eine zweite Runde gestartet werden mit neuen Teams. Je nach Größe der beteiligten Bereiche können auch mehrere Workshops durchgeführt werden und dann jeweils pro Problem drei Vorschläge zur Abstimmung gestellt werden.

Einmal etabliert, kann jedes halbe Jahr ein Workshop stattfinden, um lästige Probleme in der Arbeit zu beseitigen. Die eine Stunde ist immer gut investiert!

Ideen bekommen

Wir brauchen neue Ideen für Produkte und Services! Das galt schon immer für Unternehmen. Ein Ausrufezeichen verstärken – das war die Regel in der Unternehmensentwicklung bisher. In der digitalen Transformation sind schneller neue Ideen zu entwickeln und zu prüfen, zu verwerfen oder umzusetzen. Was funktioniert, ist immer ungewisser. Von Beginn an klar durchgeplante Geschäftsmodelle werden seltener. Zugespitzt formuliert heißt die Aufgabe heute: aus Fragezeichen Geld machen. Das ist die Kunst im digitalen Zeitalter.

Für das Arbeiten mit Fragezeichen kann ein Digital Leader viele Spielzüge einsetzen. Entscheidend ist – anknüpfend an das erste Kapitel in diesem Part zur Teamführung –, den Ball nicht zu weit vor die Mannschaft zu spielen, damit das Potenzial der Instrumente aktiviert werden kann. Digital Leader achten darauf, ihr Team, ihren Bereich oder das gesamte Unternehmen nicht »abzuhängen«. Seien Sie achtsam gegenüber Floskeln wie: »Das ganze Legospielen bringt doch nichts«, »Über unser Ergebnis freut sich nur der Produzent der Post-its« oder »Ewig Probleme wälzen kann auch nerven«. Die Abbildung 10 zeigt die möglichen Stufen zur Beteiligung von Mitarbeitern.

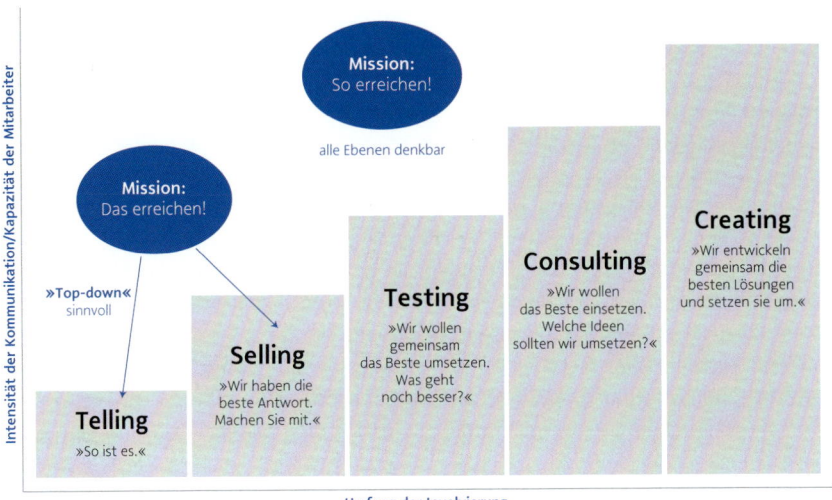

Abbildung 10: Agilität stufenweise steigern: Herkunft bestimmt die ersten Stufen der Agilität.

Auf den fünf Stufen der Beteiligung sollten nicht mehr als eine übersprungen werden. Führungskräfte und Mitarbeiter, die sich bisher im »Telling« in der reinen Zuhörerrolle befunden haben, werden kaum Zutrauen haben, gemeinsam kreativ sein zu können und zu dürfen: Ist unsere Beteiligung ernst gemeint? Warum so plötzlich ganz anders? Die in **Abbildung 10** dargestellten Stufen können, abhängig von der Komplexität des Themas, durchaus kombiniert werden oder Schritt für Schritt eingesetzt werden, um die Teilnehmer »abzuholen«:

- **»Telling« – Lösungen vermitteln:** Besonders bei den Zielen und Strategien kann die Unternehmensleitung verbindlich und eindeutig die Fakten darstellen, natürlich mit einer plausiblen Begründung und der Ableitung der daraus folgenden Notwendigkeit und Dringlichkeit für die Transformation. In einer Organisation, die stark »Top down« funktioniert, können auch Inhalte und Prozesse so dargestellt werden. Jedoch entsteht, neben der geringen aktiven Beteiligung, eine ganz praktische Herausforderung: Die gesamte Verantwortung lastet auf wenigen Personen und die notwendige ständige Erläuterung kostet diese Personen viel Zeit. Außerhalb der Mission und Strategie ist »Telling« für die digitale Transformation eher ungeeignet.

- **»Selling« – Lösungen verkaufen:** Auch in der nächsten Stufe besteht weiterhin das »Nadelöhr«, dass vergleichsweise wenige Personen die Last tragen. Beim Verkaufen werden jedoch Führungskräfte und Mitarbeiter stärker als »Kunden« betrachtet, die überzeugt werden sollen. Insofern kann die Mitwirkung bereits intensiver sein, indem zum Beispiel die Ziele und Strategie in Workshops o.Ä. vertieft werden – ohne an der grundsätzlichen Richtung etwas zu ändern.

208

- **»Testing« – Lösungen verbessern:** Beim Prüfen werden vorliegende Lösungen oder Ideen vorgestellt, um diese durch die Beteiligung zu verfeinern oder zu verbessern. Häufig dient dazu als Vorlage eine »Best Practice« (wie Beispiele von Wettbewerbern), die zur Diskussion gestellt wird. Vor allem in Unternehmen, in denen Führungskräfte und Mitarbeiter keine Erfahrung mit einer Beteiligung haben, bietet sich dieses Vorgehen als erster Schritt an. Die Optimierung der vorgegebenen Inhalte steht im Vordergrund, die Entscheidung fällt weiterhin die Unternehmensleitung. Dabei können Methoden geprobt werden, die auch bei den nächsten Stufen zum Einsatz kommen (wie ein »Infomarkt«), aber mit einer engen Aufgabenstellung für die Teilnehmer (nämlich »nur« der Optimierung, nicht der »Erfindung«).
- **»Consulting« – Lösungen prüfen:** Auch bei der Beratung werden noch vorhandene Entwürfe geprüft. Dabei ist nicht ausgeschlossen, dass sich daraus »neue« Ideen ergeben. Das Wichtigste ist aber, aus einer Auswahl (wie einer Organisationsstruktur oder Geschäftsprozessen) die beste Lösung auszuwählen. Insofern findet erst auf dieser Stufe eine echte Beteiligung statt, da hier konkrete Entscheidungen getroffen oder zumindest vorgeschlagen werden. Und die Beteiligten sollten bereits erste Erfahrungen mit den Instrumenten, die eingesetzt werden, haben. Die Unternehmensleitung sollte nur bei dringenden und nachvollziehbaren Zweifeln das Votum überstimmen. Sonst werden sich die Beteiligten bei der nächsten Gelegenheit zurückziehen oder zumindest zögerlicher agieren.
- **»Creating« – Lösungen entwickeln:** Auf der letzten Stufe werden tatsächlich anhand von wenigen Vorgaben (wie die Mission, die verfolgt wird, und Ressourcen, die eingesetzt werden können) geeignete Ideen und Lösungen entwickelt. Dies ist sehr weit denkbar – bis hin zur Strategie von Unternehmen und von langen Transformationsprozessen. Natürlich sind hier nicht nur fachliche Fähigkeiten gefordert. Zur Durchführung der kollektiven Ideenfindung sind die Methoden und Instrumente zu beherrschen. Und nicht zuletzt sind vor allem kooperationsbereite und -fähige Führungskräfte und Mitarbeiter nötig. Zumindest die Bereitschaft sollte grundsätzlich vorhanden sein oder aufgebaut werden können, sich auf ein Design Thinking oder Open Space einzulassen. Sonst verkommen sie zur Plauderveranstaltung ohne Ergebnis. Selbst ein guter Moderator, wie der Digital Leader, kann dann wenig ausrichten.

Digital Leader prüfen genau, welche Beteiligung am besten geeignet ist, angesichts der Anforderungen durch die Veränderung, der Kompetenzen und Erfahrungen der Beteiligten. Jede Beteiligungsform, ob formalisiert oder informell, besitzt Chancen und Risiken. Klar sein dürfte nach den bisherigen Inhalten im Gamebook: Die schlechteste Alternative ist, keine Beteiligung vorzusehen oder die Beteiligung auf einen engen Kreis von Führungskräften und Mitarbeitern zu beschränken. Kreativ sein und Ideen haben, das kann jeder Mensch!

Raum zum Üben schaffen

 Zum Probieren und Vertrauenschaffen können abgegrenzte Umgebungen für einen Test sinnvoll sein. Dort werden die Instrumente und Methoden getestet, die nachfolgend im Überblick vorgestellt werden. Die Testumgebung kann an einem anderen Standort sein, um »kreative Lust zu schnuppern«. Das Thema sollte nicht zu komplex sein, zum Beispiel ist die mögliche Digitalisierung eines Geschäftsprozesses ein guter Start. Die Teilnahme kann auf eine Abteilung begrenzt werden. Dort sollte niemand ausgegrenzt werden.

Die Erfahrungen sollten für alle im Unternehmen verfügbar gemacht werden und der Austausch mit den Beteiligten sollte möglich sein: »Ja, wenn die das können, dann wir auch!« So verbreitet sich peu à peu der Virus der Agilität. Das tut nicht weh. Es tut echt gut!

Folgende Methoden haben sich in den letzten Jahren in Unternehmen bewährt – bei ganz verschiedenen Aufgabenstellungen und in allen möglichen Unternehmensfunktionen, in Reinform und in Varianten. In jedem Fall ist eine vertiefende Beschäftigung, ggf. Schulung oder das temporäre Engagement eines Spezialisten sinnvoll, um die Methodik schnell selbst zu beherrschen und vielfältig einsetzen zu können. Dieses Gamebook zeigt die wichtigen Spielzüge für den Digital Leader.

Design Thinking

Wo ein Problem ist, da ist ein Bedarf und da gibt es eine Lösung. Das ist der Grundgedanke des Design Thinking. Viele Handbücher und sogar eigene Studiengänge widmen sich nur dieser Methode. Warum? Sie ist einerseits sehr breit angelegt. Andererseits verschafft Design Thinking über die enge Verbindung mit den jeweiligen Kunden viele neue Ansätze für Verbesserungen und Erfindungen, die zunächst gar nicht erkennbar waren. Der Mensch und sein Verhalten sowie entsprechende qualitative Daten stehen im Mittelpunkt, weniger statistische Erhebungen der klassischen Marktforschung.

Digital Leader achten darauf, dass die Schritte im Design Thinking konzentriert verfolgt und genügend Schleifen zum Hinterfragen und Verbessern eingebaut werden. Zum Beispiel verhindert das zu schnelle Umschalten in die Ideenfindung das wirklich intensive Verstehen des eigentlichen Problems und Bedarfs. Erinnern Sie sich an die bekannte Aussage Henry Fords: »Wenn ich meine Kunden gefragt hätte, was sie möchten, dann hätten sie gesagt: schnellere Pferde!« Der Wunsch war jedoch, das Ziel zügiger zu erreichen. Dass es auch andere Lösungen gibt, konnten die Kunden noch nicht wissen. Sie konnten aber Rückmeldung geben, was ihnen gefällt und wie sie die Lösung nutzen.

Der Vorteil in der digitalen Transformation ist, dass diese Rückmeldungen schneller und einfacher gehen – als »Prosument« von Daten sogar laufend im operativen Betrieb (Part 1.2, Fakt 2). Design im weiten Sinn und das Nachdenken darüber kann somit täglich und überall stattfinden. Design ist nicht auf physische Objekte oder technische Themen begrenzt (dort hat das Design Thinking im vordigitalen Zeitalter seinen Ursprung). Die Grundüberzeugung im Design Thinking lautet: Ideen kann jeder haben und ist nicht auf Erfinder oder spezialisierte Abteilungen begrenzt. Die gibt es weiterhin. Sie stehen in der digitalen Transformation aber nicht mehr alleine da! Designen ist nicht magisch oder eine geheime Wissenschaft.

VERSTEHEN   BEOBACHTEN   VERKNÜPFEN   ENTWICKELN   ERSTELLEN   TESTEN

Abbildung 11: Design Thinking erfolgt innerhalb einer festen Struktur.

Die Abbildung zeigt, dass die gesamte Spielkombination im Design Thinking aus zwei wesentlichen Blöcken an Spielzügen besteht: Verstehen und Beobachten des potenziellen Kunden zu verknüpfen, um zur Synthese der wesentlichen Erkenntnis zu gelangen. Mit dieser Erkenntnis wird zweitens die Entwicklung und Umsetzung der Idee möglich und zwar durch das Erstellen und Testen von Prototypen. Doch aufgepasst: Aus den Ergebnissen im letzten Schritt – dem Testen – kann im Extremfall sogar nochmals die erste Erkenntnis infrage gestellt werden. Das gilt besonders, wenn die Ergebnisse im Testen miserabel sind – was ja eigentlich nicht passieren dürfte, wenn zuvor ein klarer Bedarf erkannt wurde.

Digital Leader unterstützen, dass im Design Thinking jederzeit das gesamte Vorhaben hinterfragt und sogar abgebrochen werden kann.

Selbstverständlich ist das Scheitern nicht das Ziel, im Gegenteil. Innerhalb der digitalen Transformation ist diese Möglichkeit nicht ausgeschlossen. Der stringente Ablauf sorgt dafür, dass die Aussichten auf Erfolg möglichst hoch sind. Im Ablauf nimmt der Digital Leader eine wichtige Rolle im Forcieren und Hinterfragen der Spielzüge ein:

✔ **Situation verstehen:** Die Aufgabe an das Design-Thinking-Team und alle Faktoren, die zum Verständnis relevant sind, sollten intensiv betrachtet werden. Digital Leader als Auftraggeber können viele spannende Fragen einbringen, die im Team bearbeitet werden: Warum sieht der Markt heute anders aus? Welche erfolgreichen Angebote gab es und warum sind diese untergegangen? Was sind relevante Trends und Technologien? Was taugen Lösungen, die die gestellte Aufgabe bereits erfüllen sollen? Wie sind die Resonanzen? Gleich zu Beginn sollten zur Beantwortung interne oder externe Experten konsultiert werden. Die letztlich bedeutsamen Aspekte zum Verständnis sollten zusammengefasst und darüber ein gemeinsames Einverständnis erzielt werden. Digital Leader achten darauf, dass wirklich die Situation eigenständig erfasst wird und nicht nur vorhandene Informationen ausgewählt und unreflektiert zusammengefügt werden.

✔ **Kunden beobachten:** Dieser Aspekt kommt häufig viel zu kurz. Man kennt doch seine Kunden! Wirklich? Heute verändern sich die Bedarfe rasant. Digital Leader lassen zu und fordern vielleicht sogar, dass bestehende Erkenntnisse bewusst als falsch betrachtet werden oder komplett überprüft werden — durch Beobachtung. Was machen die Kunden wirklich? Daten zum aktuellen Verhalten und von überraschenden Veränderungen können hier enorm hilfreiche Hinweise geben, wie Interaktionen ablaufen und Entscheidungen getroffen werden. Wenn möglich, werden die Kunden live beobachtet — auch bei internen Problemen, die gelöst werden sollen. Wie arbeiten die Kollegen, wo liegt genau deren Problem? Befragen allein reicht nicht, da auch dort immer die eigene Meinung Einfluss hat. Und was Menschen erzählen, stimmt nicht immer mit dem überein, was sie tun. Digital Leader achten darauf, dass nicht Interpretationen von Wünschen, sondern vielmehr unverfälscht Wünsche, Hoffnungen und Sorgen erfasst werden. Das ist nicht leicht! Es ist aber wichtig, um zum Kern des Problems vorzudringen, das nachhaltig gelöst werden soll.

✔ **Problem bestimmen:** Durch Verknüpfung der Informationen werden die tatsächlichen Bedürfnisse herausgearbeitet. Dieser »Point of View« (PoV) auf die Situation und das Problem der Kunden sollte offen und ehrlich sein. Sonst ist ein neues, bisher so nicht vorhandenes Verstehen und nachfolgend das Entwickeln nicht möglich. Design Thinker verschaffen sich durch diese Synthese einen entscheidenden Vorteil für die Entwicklung von Lösungen. Digital Leader können erneut sehr erhellende Fragen stellen: Welche Muster sind bei Kunden erkennbar? Was sagen uns die Kunden nicht, bewegt sie aber? Warum haben ... dieses Gefühl oder verhalten sich so? Als Ergebnis wird der PoV bestimmt, der Situation, Kundenbedarf und alle weiteren Erkenntnisse zusammenfasst. Digital Leader erkennen einen guten PoV an folgenden Punkten: 1. Das Problem wird greifbar und ist konkret für Entscheidungen nutzbar, zum Beispiel, ob eine Idee dieses Problem löst. 2. Das Problem ist irgendwie überraschend oder ungewöhnlich und regt zum Erarbeiten von Lösungen an. So sichert der Digital Leader nebenbei auch, dass das Team für die nächsten Schritte motiviert ist, ein attraktives Thema zu bearbeiten.

✔ **Ideen entwickeln:** Das konkrete Problem, beschrieben im PoV, wird gelöst. Dazu ist Fantasie gefragt bzw. sollte nicht eingeschränkt werden. Digital Leader achten darauf, dass genügend Freiraum für die Kreativität vorhanden ist, nicht nur zum Nachdenken, sondern vor allem, um den Kopf frei zu bekommen. Denn Ideen entstehen auch im Unterbewusstsein. Digital Leader können dazu anregen, mutig zu sein — nach dem Motto: Wenn eine Idee am Anfang nicht absurd erscheint, dann taugt sie nichts! Am besten stehen mehrere Alternativen im Wettbewerb. Es gibt meistens nicht *die* eine Idee. Und beim Experimentieren, zunächst noch auf dem Papier, hilft es meistens, mehrere Ideen zur Verfügung zu haben, die sich gegenseitig inspirieren können — zunächst im Team, dann ggf. bereits beim Kunden. Bereits anhand der Idee kann der Kunde befragt werden, wenn sich in zwei, drei Sätzen der konkrete Nutzen der Idee ohne Prototypen eindeutig beschreiben lässt. Das gilt besonders bei internen Themen. Der Digital Leader als »Fragemeister« tritt wieder in Aktion: »Was hat die Kunden spontan begeistert? Was waren die wichtigsten Kritikpunkte? Warum haben die Kunden recht oder unrecht? Was bedeuten die Informationen für unseren Prototypen? Macht eine weitere Schleife zur Ideenfindung Sinn?«

✔ **Prototypen erstellen:** Die Idee wird möglichst unverfälscht umgesetzt. Gerade der Fokus auf den wesentlichen Nutzen, ohne Schnickschnack wie eine schöne Verpackung, ermöglicht ein unverfälschtes Feedback. Denn erfahrungsgemäß ist die Rückmeldung viel positiver, wenn die Verpackung oder irgendeine andere Nebensächlichkeit zeigt, wie viel Mühe sich die »Erfinder« bereits gemacht haben. Diese Anstrengungen werden anerkannt, nicht der eigentliche Nutzen bewertet. MVP ist die Abkürzung für das »Minimun Viable Product«, also das minimal funktionstüchtige Produkt, den Service oder auch den Ablauf. Dummies oder ein digitaler Mock-up sind ein MVP. Das können auch Klick-Dummies bei Apps oder andere Anwendungen sein, hinter denen keine Funktion liegt. Sogar ein Storyboard oder ein Rollenspiel, wenn es um einen Kundenservice geht, können einen Prototypen darstellen. Digital Leader achten darauf, dass dieser Minimalismus verfolgt wird und nicht, durchaus gut gemeint, zu ausgefeilte Prototypen »an den Start gehen«. Das Team soll schnell erfahren, ob der erste Spielzug richtig ist.

✔ **Lösung testen:** Zum Testen gibt es selbstverständlich eine unendliche Zahl an Methoden, je nachdem, ob ein physisches Produkt, ein Service oder auch ein Ablauf mit den Kunden überprüft werden soll. Entscheidend ist, dass man mit den anvisierten Nutzern in einen intensiven Dialog kommt und die Nutzung beobachtet werden kann. Das Probieren wird studiert. Auch der Vergleich von Varianten A, B und C in verschiedenen Gruppen kann sinnvoll sein. Dadurch werden Vor- und Nachteile, zum Beispiel in Abläufen, sichtbar. Digital Leader fordern ein, dass der Test den Nutzen wirklich stresst, also kritisch hinterfragt. Dadurch wird gesichert, dass der Vorteil wirklich besteht, auch unter schwierigen Bedingungen. Zudem fragen Digital Leader genau nach, welche Erkenntnisse für die weitere Entwicklung welche Relevanz besitzen — oder auch nicht. Sehr selten wird es passieren, dass die ersten Spielzüge eins zu eins auch in der finalen Spielkombination umgesetzt werden.

Die Schritte können innerhalb der Blöcke auch parallel laufen – Situation verstehen und Kunden beobachten oder Prototypen bauen und testen. Vor allem bei ersten Design-Thinking-Projekten sollte aber nicht zu viel kombiniert werden, um zunächst den Ablauf zu lernen. Mit mehr Erfahrung, besonders im Umgang mit den Iterationsschleifen, ist eine höhere Durchlässigkeit machbar.

Standards umsetzen

 Design Thinking ist auch für die Umsetzung von rechtlichen Vorgaben oder anderen Regulierungen einsetzbar, etwa vorgeschriebenen Qualitätsstandards. Hier geht es darum, das Problem (also die zu erfüllende orgabe) mit dem geringstmöglichen Aufwand und größten Kundennutzen zu lösen, zum Beispiel für die Erreichung der besten Qualität.

Häufig werden externe Regularien als zusätzliche Last empfunden. Mit Design Thinking können die Regeln zur Lust werden, um im Wettbewerb einen Vorteil dadurch zu schaffen, wie die verpflichtenden Regeln gemäß den Vorgaben und zugleich »kreativ« erfüllt werden. Die Ausgangsfrage ist jeweils, wie mit den Regeln, Gesetzen o. Ä., die zu einem Stichtag x zu erfüllen sind, Bedarfe von internen oder externen Kunden besser erfüllt werden können. Bisher erzeugt die Umsetzung eher eine höhere Belastung als gemeinsame neue Chancen. Das kann sich durch Design Thinking ändern.

Ein gut geeignetes Thema ist zum Beispiel der Datenschutz. Die Regeln zu erfüllen, kann zu neuen Lösungen oder verbesserten Abläufen führen, statt bestehende Lösungen oder Abläufe durch die neuen Regeln komplizierter zu machen.

Design Thinker bearbeiten meistens fremde Probleme der jeweiligen Kunden. Sich dabei von eigenen Sichtweisen zu lösen, das will gelernt sein. Digital Leader sorgen deshalb dafür, dass gerade zu Beginn, aber auch in einem erfahrenen Team, immer wieder externe Impulse aufgenommen werden. Selbst sorgen Digital Leader über die oben genannten Fragen dafür, dass das Team im Design Thinking den Kurs hält. Welche Methoden in den einzelnen Schritten konkret zur Beantwortung eingesetzt werden – das Gamebook liefert dazu einige Anregungen in diesem Kapitel und auch an vielen anderen Stellen – ist Sache des Teams. Digital Leader können aber zur Unterstützung erneut fragen: Warum ist die gewählte Methode am besten geeignet, meine Fragen zu beantworten?

Onlinehandel ohne Produkte

Zappos ist heute in den USA ein etablierter Onlinehändler für Schuhe mit einer treuen Anhängerschaft, insbesondere unter Kundinnen, die den besonderen Service des Unternehmens schätzen. Um die besonderen Wünsche und Bedarfe herauszufinden und entsprechende Angebote zu schaffen, die das Portal von Wettbewerbern unterscheiden, wurde auch Design Thinking eingesetzt. Der Clou beim Testen der ersten Prototypen war: Zappos besaß keine eigenen Waren. Bestellungen wurden im klassischen stationären Einzelhandel gekauft und dann unter eigener Marke versandt.

Der Test des Portals konzentrierte sich auf die besonderen Serviceleistungen und die Reaktionen der Kundinnen. Die Prototypen fokussierten den Kundennutzen, nicht das Produkt. Zwar mussten während der Testphase die Bestellungen manuell besorgt werden. Jedoch hätte es viel länger gedauert, ein eigenes Lager und Warenwirtschaftssystem aufzubauen – ohne mit den teuren Investitionen einen Mehrwert zu schaffen und Rückmeldungen der Nutzer zu erhalten. Damit wurde enorm Zeit und Geld gespart.

Im Team Ideen entwickeln

Drei agile Methoden ermöglichen die Ideenfindung in größeren Gruppen. Das Barcamp ist ein Format für eine gesamte Tagung, Open Space kann eingesetzt werden als Teil einer Tagung, ebenso das Poolwriting. Dies kann sogar im normalen Tagesablauf eingesetzt werden, um schnell neue Impulse zu bekommen.

Barcamp

»Bar« bedeutet in der Informatik Platzhalter. »Camp« bedeutet, sich als Team um viele Platzhalter, also offene Themen, zu kümmern. Der Ursprung kommt aus der Idee des Silicon Valley, sich zur Inspiration in den nahen Bergen in Kalifornien zum Campen zu treffen. Die Teilnehmer bringen die Themen mit, um dafür Ideen zu finden oder auch Ideen zu vertiefen. Die Formate im Camp legen die Teilnehmer ebenso selbst fest.

Jeder kann eine Session einreichen und sich selbst zu anderen zuordnen. An einer großen Wand werden alle Themen gesammelt und in vorgegebene Zeitslots sortiert, das sogenannte »Grid«. Auch die maximale Teilnehmerzahl für jede Session sollte vorher festgelegt werden, falls die Räume begrenzt sind, und eine entsprechende Zahl an »Eintrittskarten« verteilt werden. Aus den Ergebnissen der Sessions ergeben sich ggf. weitere neue Formate, die am nächsten Tag in einem neuen Grid bearbeitet werden.

Bis zu 1.000 Teilnehmer sind kein Problem, minimal sollten 80 bis 100 Personen an zwei bis drei Tagen teilnehmen. Der gesamte Ablauf wird durch ein Team von Moderatoren koordiniert, inklusive des verantwortlichen Digital Leaders (im Ursprung in Kalifornien waren dies Uni-Professoren). Um die Verwertung der Ergebnisse kümmern sich alleine die verantwortlichen Teilnehmer.

Open Space

Nicht nur innerhalb von Barcamps kann der Open Space eingesetzt werden, auch in ganz »normalen« Tagungen. Auch in Open Space geht es um das Generieren einer Vielfalt von neuen Impulsen. Der »Offene Raum« bedeutet nichts anderes, als eine Großgruppe von mehr als Schulklassengröße zu einem ungezwungenen Gedankenaustausch zu bewegen. Voraussetzung dafür ist – wie auch beim Barcamp –, dass die Teilnehmer bereits erste Erfahrungen in der freien Kollaboration gemacht haben und bisher bei Veranstaltungen nicht nur passiv Informationen empfangen haben. Sonst besteht die Gefahr der Überforderung und dementsprechend wenig nutzbarer Ergebnisse.

Nach Vorstellung des Leitthemas oder Anlasses für die Veranstaltung erfolgt im Plenum das Sammeln und Abstimmen von Arbeitsthemen, die in Workshops bearbeitet werden sollen. Auch die Workshopleiter werden offen ausgewählt. Nicht zuletzt dürfen auch die Teilnehmer die Workshops frei aussuchen. Zuvor wird festgelegt, wann ein Workshop nicht stattfindet (beispielsweise, wenn weniger als fünf Teilnehmer erscheinen). Dann ist das Thema scheinbar doch nicht so interessant oder für das Leitthema wichtig. Der Moderator sollte auf die Selbstorganisation vertrauen und nicht versuchen, einen Workshop zwanghaft zu füllen.

Zwischen den Workshops findet erneut der Austausch über die Arbeitser-
fahrungen und Ergebnisse statt, um gegenseitig das Arbeiten zu befruchten.
Die Eigendynamik in einem offenen Ideenraum führt meistens zu Ansätzen,
die zuvor nicht vorstellbar waren. Zudem schweißt die Erfahrung, gemeinsam
viel mehr schaffen zu können als gedacht, für die spätere gemeinsame Arbeit
zusammen. Dafür ist auch wichtig, dass der Digital Leader als Moderator entstehende Konflikte aufnimmt und möglichst auflöst.

Bis zu 200 Teilnehmer sind kein Problem, 300 geht auch noch, minimal sollten
30 Personen teilnehmen. Der Open Space sollte einen halben Tag dauern, um
die Ergebnisse bewerten und weitere Schritte bestimmen zu können. Dazu
zählt auch die Festlegung, wer sich um die Verwertung der Ergebnisse kümmert.

Poolwriting

Ein Team von 10 bis maximal 25 Personen versammelt sich um einen Tisch
oder mehrere eng gruppierte Tische. In der Mitte liegt ein Stapel großer
Pinnwandkarten oder Post-its. Die Aufgabe ist denkbar einfach. Der Digital
Leader ist Moderator und ggf. auch Teilnehmer. Als Vorgabe sollte das übergreifende Themenfeld festgelegt werden, das bearbeitet werden soll. Auch
eine Leitfrage kann formuliert werden, zum Beispiel: »Wo können wir unseren
Kundenservice digital verbessern?«

Jeder Teilnehmer nimmt eine Karte und schreibt darauf oben seine erste Idee,
ein Problem oder einen Gedanken, der zum Thema relevant ist, kurz und bündig. Wenn alle fertig sind, erfolgt das Startsignal: Die Karte wird zum rechten
Nachbarn weitergereicht, der einen weiteren Gedanken ergänzt oder nicht,
wenn spontan keine Ergänzung in den Sinn kommt, und dann die Karte auf
jeden Fall zum nächsten Teilnehmer weiterreicht. Zugleich kommen von links
die Karten des Nachbarn, die ergänzt werden oder nicht und dann weitergereicht werden. Für das Ergänzen gilt: Keine Bewertungen oder Kommentare,
es wird »nur« der erste Punkt weitergeführt.

Wenn in diesem Schreibpool die eigene Karte wieder ankommt, entscheidet
der Teilnehmer, ob genügend und brauchbare Ergänzungen für seine Idee vorliegen. Wenn ja, landet die Karte in der Mitte auf einem zweiten Stapel, sonst
wird ein zweiter Umlauf gestartet. Dann können ggf. Teilnehmer, die zuvor
keine Gedanken hatten, nun doch die Karte ergänzen, da die neuen Anregungen entscheidende Hinweise geben.

Wenn zu viele Karten von links kommen, werden diese einfach weitergegeben oder geparkt. Jeder Teilnehmer sollte sich die Zeit nehmen, die er braucht. Der Moderator steuert den Prozess, falls es einen zu großen Stau gibt, zum Beispiel, indem besonders eifrig Ideengeber gebeten werden, ihre Karten noch nicht kursieren zu lassen. Wenn eine Karte voll ist, wird mit einem Klebeband oder Hefter eine zweite befestigt und sofort kann es weitergehen. Wenn nur noch wenige Karten kursieren, kann der Moderator die ersten vorstellen, sodass sich daraus weitere Ideen ergeben, die dann wieder im Schreibpool landen.

Wenn keine Karte mehr kursiert (das kann bis zu einer halben Stunde dauern, wenn die Ideen nur so sprudeln), werden alle Karten auf der Pinnwand angebracht, Überlappungen aussortiert oder zusammengeführt, um diese später separat umsetzen zu können.

Alle Methoden zur Ideenentwicklung besitzen einen hohen Motivationseffekt durch intensive Kollaboration und handfeste Ergebnisse. Die konkreten Maßnahmen aus der Ideenfindung sind nunmehr zu bewerten und auszuwählen. Eine einfache Matrix mit zwei Dimensionen ermöglicht die Verknüpfung von Aufwand und Ertrag, um nach diesen Maßstäben die besten Ideen zu identifizieren. Dadurch kann ein erstes Gefühl für das Potenzial einer Idee entwickelt werden. Der Nachteil dieser grafischen Matrix ist, dass nur eine begrenzte Zahl an Kriterien verknüpft werden kann (in der Regel werden mehr als drei unübersichtlich). Daher besteht die Möglichkeit, durch eine Listenstruktur alle relevanten Kriterien zu erfassen und in einem Gesamtergebnis zu strukturieren.

Die Anzahl und Gewichtung der Kriterien sollte anlassbezogen entschieden werden – durch den Digital Leader oder das Team, das auch die Ideen entwickelt hat. In der Liste steht in jeder Zeile eine Idee. In den Spalten werden die Kriterien und deren Gewichtung aufgelistet, wobei die Gewichtung nicht durch Symbole, sondern durch absolute Zahlen erfolgt. Aber Achtung: Wenn ein hoher Wert für die Bewertung eines Aspektes negativ ist (etwa bei Kosten, Dauer und Aufwand), dann bedeutet umgekehrt ein niedriger Zahlenwert eine positive Bewertung. Welches System eingesetzt wird, ist frei wählbar. Bewährt haben sich das Dreier- oder Fünfersystem, wobei die höchste Zahl natürlich die beste Bewertung und höchste Gewichtung bedeutet. Damit sind dann die Ideen mit den meisten Punkten die besten.

Die Zahl der Kriterien sollte auf zehn begrenzt werden. Die vermeintlich erhöhte Genauigkeit durch mehr Kriterien wird durch die Unübersichtlichkeit mehr als aufgehoben. Und kaum jemals werden mehr als zehn Kriterien überhaupt einigermaßen objektiv zu prognostizieren sein. Auf jeden Fall sollten folgende fünf Kriterien enthalten sein, damit die Matrix jeden Digital Leader unterstützen kann:

✔ **Effekt:** Beitrag der Idee zur Erreichung des Ziels (höchste Gewichtung)
✔ **Erfolgsaussicht:** Chance zur Umsetzung in der Praxis (höchste Gewichtung)
✔ **Kosten:** Der finanzielle Einsatz zur Umsetzung (hohe Gewichtung)
✔ **Dauer:** Der Zeitraum für die Umsetzung (hohe Gewichtung)
✔ **Aufwand:** Der Personaleinsatz für die Umsetzung (hohe Gewichtung)

Weitere mögliche Kriterien sind zum Beispiel der Qualifizierungsbedarf, der auch bei Kosten und Aufwand mittelbar enthalten ist. Ferner eignet sich der Einfluss auf die IT als Kriterium (daran scheitern in der Praxis viele gute Ideen). Auch kann bei umstrittenen Transformationen das Widerstandspotenzial bei der Umsetzung einer Idee bewertet werden.

Ergänzend könnte auch ein Kommentarfeld angelegt werden für Aspekte, die schwer in Zahlen zu fassen sind, wie beispielsweise, dass eine Idee nur mit bestimmten Personen oder nur in einem bestimmten Zeitkorridor umsetzbar ist. Zunächst sollte die Bewertung in Papierform, wie auf einem Flipchart, erfolgen. Im Team ergänzt zunächst jedes Mitglied die Matrix für sich und dann erfolgt eine gemeinsame Abstimmung. Nicht jedes Teammitglied wird zu jedem Kriterium eine genaue Angabe machen können, da eventuell das nötige Wissen fehlt (zum Beispiel zum Personalaufwand).

Wenn zur Dokumentation ein Kalkulationsprogramm eingesetzt wird, dann kann über die Multiplikation der Bewertung mit Gewichtung pro Kriterium und Addition aller Ergebnisse das Gesamtresultat sortiert werden, die Rangfolge wird ggf. nach Themen sortiert. Wenn die Kriterien verifizierbar sind und die Gewichtung passt, dann sollten die besten Ideen auch wirklich tauglich sein, die Ziele einer digitalen Transformation zu unterstützen. Die Ergebnisse sind zudem transparent und es ist nachvollziehbar, wie ein Votum für eine Idee entstanden ist. Ein Digital Leader erhält damit ein Dokument, das eine solide inhaltliche Grundlage für die nachfolgende Kommunikation und Qualifizierung liefert. Besonders wenn die ausgewählten Ideen dann doch »floppen« – was durch die fortwährenden Einflüsse der VUKA-Faktoren (Part 1.3) passieren kann –, kann rückblickend nachvollzogen werden, dass zum Zeitpunkt der Entscheidung nach bestem Wissen und Gewissen die Wahl getroffen wurde.

In der Gewichtung sollten ggf. auch »Deal Breaker«-Kriterien hervorgehoben werden. Dazu kann der Punkt Personalaufwand zählen. Es wäre zum Beispiel als Kriterium vorstellbar zu bestimmen, dass die Umsetzung einer Idee nicht mehr als einen Personenmonat oder ein Personenjahr benötigen darf. Ein Überschreiten führt zum automatischen Ausschluss, da die notwendigen Ressourcen nun einmal nicht bereitstehen. Oder es könnten durch eine Idee extreme Widerstände hervorgerufen werden, durch die die gesamte Transformation gefährdet werden könnte. Dann muss geprüft werden, ob die Idee dieses Risiko wirklich wert ist.

Schade wäre, wenn durch solche Schranken hervorragende Ideen von Anbeginn ausgeschlossen werden müssten. Denn letztlich entscheidet die Umsetzung, ob eine Idee wirklich gut ist. Der dritte Abschnitt in diesem Kapitel zeigt, mit welchen Methoden aus Ideen konkrete Ziele für die Umsetzung abgeleitet werden.

Ziel bestimmen

Mit der Ideenfindung ist bereits viel gewonnen, aber noch nichts erreicht. Die Idee muss zugespitzt und konkretisiert werden, um wirtschaftlich wirksam zu sein. Das liest sich selbstverständlich. Aus einer Idee ein wirtschaftlich tragfähiges Konzept zu entwickeln, wird in der Praxis aber allzu häufig nicht systematisch und mit den richtigen Details durchgeführt. Richtig bedeutet, sich auf die Details zu konzentrieren, die mit dem potenziellen Kunden verknüpft und überprüfbar sind, und nicht über Potenziale zu spekulieren. Die traditionelle Planung von Geschäftsmodellen versucht sofort, unbekannte und eigentlich unkalkulierbare Faktoren zu bewerten, auch wirtschaftlich, um daraus einen Geschäftsplan für die nächsten zwei bis drei Jahre zu erstellen. Innerhalb der digitalen Transformation sind jedoch die meisten wirtschaftlichen Szenarien reine Spekulation.

Für die »Übersetzung« einer Idee in ein Konzept gibt es zwei gute Instrumente. Beide sind einsetzbar sowohl für die Detaillierung neuer digitaler Geschäftsabläufe oder -strategien als auch für neue Geschäftsmodelle.

Value Proposition

Das Wertversprechen – die Value Proposition – ist die Grundlage für die »Business Model Canvas«, die im nächsten Punkt beschrieben wird. Die wesentliche Funktion der Value Proposition ist, das Handeln der beteiligten Kunden in Richtung des anvisierten neuen Produkts oder Services, einer neuen Strategie oder eines neuen Ablaufs zu ermöglichen. Der entscheidende Vorteil eines neuen Produkts oder Services, einer neuen Strategie oder eines neuen Ablaufs wird bestimmt, und zwar in Bezug auf den Bedarf und die Bedenken der Kunden – intern und/oder extern. Das bedeutet, dass die Value Proposition auch für mehrere Kundengruppen erstellt werden kann. Das ist zum Beispiel bei einer neuen Strategie, die nach innen und außen verkauft werden muss, sehr sinnvoll. Damit wird schnell deutlich, wo die Stärken oder auch mögliche Fallstricke liegen.

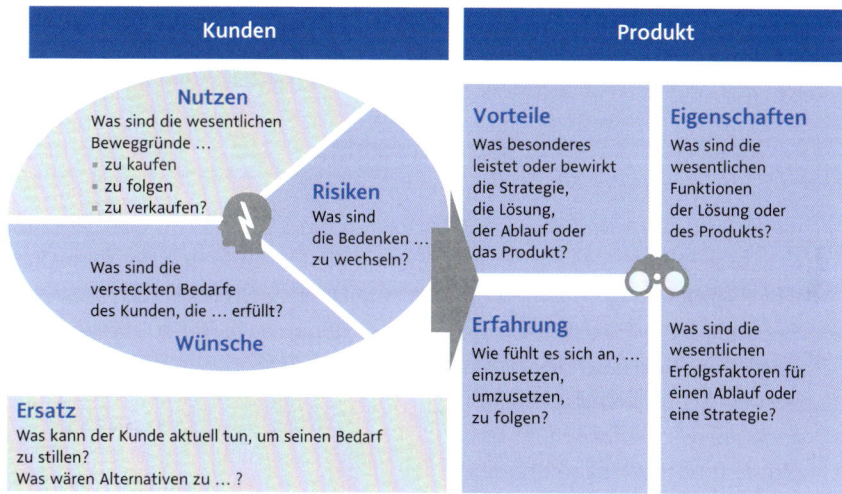

Abbildung 12: Kernelemente der Value Proposition: Das Wertversprechen ermöglicht das Handeln der Beteiligten.

Die Leitfragen in Abbildung 12 zu den jeweiligen Aspekten – Nutzen, Risiken, Wünsche der Kunden sowie Vorteile, Eigenschaften und Erfahrung mit dem Produkt – können variiert oder ergänzt werden, je nach Thema. Bei einer neuen Strategie als neues »Produkt« können dies zum Beispiel sein:

- bei Risiken: »Welche wesentlichen Faktoren könnten die Umsetzung der neuen Strategie verhindern?«
- beim Aspekt Ersatz: »Welche Alternativen könnte es für die neue Strategie geben?«
- bei einem neuen digitalen Geschäftsprozess: »Wie wird sich im Alltag das Arbeiten mit dem neuen Ablauf anfühlen?«

Die Frage nach dem Gefühl erscheint hier ungewöhnlich in Bezug auf einen neuen Ablauf. Sie werden denken: Der soll ja vor allem rationale Vorteile bringen. Übersehen wird, dass in der Umsetzung die Emotion, das Gefühl der Erleichterung bei den Mitarbeitern entscheidend dafür ist, ob der neue Ablauf auch eingesetzt wird!

Die Value Proposition schafft eine große Nähe zu den jeweiligen Kunden. Checken Sie jeweils für Ihre Vorhaben folgende sechs Aspekte, die in der Abbildung zusammengefasst sind:

✔ **Nutzen:** Hier wird der wesentliche Vorteil mit dem Bedarf der Adressaten verknüpft. Erst diese Verbindung schafft einen Mehrwert. Ein Vorteil ohne gefühlten oder tatsächlichen Nutzen ist wertlos.

✔ **Wünsche:** Hier werden die Hintergründe beleuchtet, was die Adressaten wirklich bewegt, wie die Suche nach Sicherheit. Wie können diese erfüllt werden? Diese Dimension verstärkt den Drang zum Handeln. Nicht jedes »Produkt« kann jedoch versteckte Wünsche erfüllen. Insofern ist es möglich, dass dieses Feld auch leer bleibt.

✔ **Risiken:** Jedes »Produkt« besitzt jedoch Risiken — aus Sicht der Kunden. Der Wechsel an sich ist häufig bereits ein Risiko an sich. Wer möchte sich schon von bewährten Abläufen trennen, auch wenn diese weniger effizient sind? Doch Praktiken, die heute gut sind, können in der digitalen Transformation schnell veralten. Daher ist die Identifikation der Bedenken sehr wichtig.

✔ **Eigenschaften:** Hier werden die Kernfunktionen aufgeführt, die den wesentlichen Vorteil schaffen. Weniger ist mehr. Lieber eine herausragende Eigenschaft als wenige, die ganz gut sind, jedoch letztlich eher marginale Vorteile bieten. Diese herausragende Leistung entscheidet auch bei neuen digitalen Geschäftsabläufen über den Erfolg.

✔ **Vorteile:** Die Wirkung der Leistung muss nachvollziehbar und werthaltig sein, wie Zeit oder Ärger sparen, neue Kontakte knüpfen oder Informationen sofort finden. Manchmal entsteht der Vorteil auch indirekt, etwa bei Social-Media-Software durch die positiven Folgen ihrer Anwendung, wie zum Beispiel Anerkennung im Unternehmen. Die funktionale Eigenschaft und deren Anwendung als solche sind eher sekundär.

✔ **Erfahrung:** Das Gefühl entscheidet über die Akzeptanz. Wie wird es sein, das Produkt zu nutzen oder den Prozess einzusetzen oder die Strategie erfolgreich umzusetzen? Wie wird sich das Leben oder Arbeiten positiv verändern, leichter oder angenehmer werden? In der digitalen Transformation können zum Beispiel viele Wünsche erfüllt werden, ohne etwas zu besitzen. Darauf basieren viele Konzepte in der »Share Economy«.

Früh anfangen und liegen lassen

 Eine Value Proposition sollte »sitzen«, eindeutig und unverwechselbar sein. Das gelingt meistens nicht im ersten Wurf, zum Beispiel als Ergebnis in einem halbtägigen Workshop (so lange braucht das Sammeln, Auswählen der Informationen und Formulieren mindestens). Die erste Version sollte Zeit haben zum »Reifen«. Dazu zählen das Einholen anderer Meinungen oder auch die Überprüfung nach einer oder zwei Wochen. Ist

das Ergebnis immer noch überzeugend? Sind andere Aspekte vielleicht doch wichtiger oder spannender? Sind einzelne Formulierungen noch nicht so eindeutig wie gedacht.

Mit der Distanz erhöht sich die Weitsicht. Was nach einiger »Liegezeit« immer noch gut ist, das wird auf Dauer immer besser. Digital Leader sollten insofern die Value Proposition schon ganz früh im Planungsprozess ansetzen, am besten unmittelbar nach der Ideenfindung. Aus der Value Proposition können sich elementare Hinweise ergeben, wie zum Beispiel eine neue IT-Anwendung oder ein digitaler Geschäftsprozess gestaltet sein sollte – nämlich nutzer- und nicht technikgetrieben.

Business Model Canvas

Und noch eine Übersicht? Ja! Denn die sogenannte Business Model Canvas (BMC) fokussiert die Erstellung eines ersten groben Geschäftsmodells und verkürzt den Ablauf enorm. Kürzer denn je ist es möglich, eine substanzielle Einschätzung zu geben, ob eine Idee grundsätzlich ein Potenzial besitzt – oder nicht. In Zeiten der digitalen Transformation wäre es verlorene Mühe und Zeit, bereits in einem frühen Stadium im Detail die finanzielle Planung eines Produkts, Services oder Prozesses zu planen (Details zur Planung von digitalen Produkten, Services und Prozessen liefern Part 4.9 und 4.10).

Die Erstellung einer BMC dient auch dazu, Ideen nicht weiterzuverfolgen, wenn bereits der erste Blick auf die entscheidenden Parameter zeigt, dass der mögliche Nutzen doch nicht so hoch sein kann, wie zunächst vermutet. In der Praxis sollten Digital Leader nicht überrascht sein, wenn die Mehrheit der BMC zu einem Stopp der Planung führt. Lieber zwei Tage in ein Bootcamp investieren (s. auch Methode unten), als nach vielen Wochen oder Monaten die geringen Erfolgsaussichten einzusehen.

Digital Leader konzentrieren mithilfe der BMC die Energie auf die aktuell besten Ideen und Initiativen.

Mit der BMC werden übersichtlich die wesentlichen Inhalte in allen Zielgebieten bestimmt, die für die Umsetzung eines neuen digitalen Geschäftsmodells oder -prozesses bearbeitet werden müssten. In der Praxis ist nicht die Detailgenauigkeit in allen Aspekten entscheidend. Elementar ist, alle entscheidenden Aspekte zu erfassen, wenn auch nur grob, zum Beispiel im Vergleich zu einer klassischen Projektplanung im üblichen Betriebsmodus von Unternehmen.

Partner	Maßnahmen	Wertver-sprechen	Kunden-beziehung	Kunden
Hier werden alle externen Partner aufgelistet, die zur Umsetzung unbedingt notwendig sind. Ergänzt werden ihre Leistungen oder ihr Beitrag zur Umsetzung	Hier werden die wesentlichen Aktivitäten in der Umsetzung benannt	Hier wird das entscheidende Wertversprechen benannt: Welches Problem wird gelöst und welcher Nutzen dadurch geschaffen (rational und/oder emotional)	Arten von Kundenbeziehungen (Selfservice, persönliche Beratung, automatisierte Dienstleistung, …)	Hier werden die Kundensegmente aufgelistet und stichpunktartig deren jeweilige wesentlichen Bedürfnisse benannt.
	Kompetenzen Hier werden die wesentlichen internen Fähigkeiten qualitativ und quantitativ aufgeführt.		**Kanäle** Hier werden die Vertriebskanäle zum Verkaufen der Idee benannt.	

Kosten	Einnahmen
Hier werden die wesentlichen Kosten für Entwicklung, Umsetzung und Betrieb strukturiert und wesentliche Variablen, die Kosten verändern, kenntlich gemacht.	Hier werden die wesentlichen Einnahmequellen dargestellt und wesentliche Variablen, die die Einnahmen verändern, kenntlich gemacht.

Abbildung 13: Business Model Canvas als Übersicht der wichtigsten Zielgebiete.

Die BMC baut auf der Value Proposition auf bzw. das Wertversprechen müsste, falls bisher nicht geschehen, als Teil der BMC formuliert werden. Bearbeiten Sie jeweils für Ihre Ideen und Vorhaben folgende acht Aspekte, die in **Abbildung 13** zusammengefasst sind:

✔ **Wertversprechen:** Der Ausgangspunkt und Mittelpunkt der Canvas — ohne Wert kein neues Geschäftsmodell oder neuer Geschäftsprozess. Hier steht das Extrakt aus der Value Proposition, die zuvor erstellt worden ist, die sich aber ggf. noch im Rohzustand und nicht in der finalen Version befindet. Dieser finale »Schliff« wird dann ergänzt, wenn nötig.

✔ **Kunden:** Auch hier ist die Value Proposition die Grundlage. Für alle involvierten Kunden — bei Geschäftsprozessen gehören dazu zum Beispiel auch interne Mitentscheider — wird aufgelistet, was die Adressaten wirklich bewegt! Hervorgehoben werden sollten die Beweggründe, die alle Beteiligten eint.

✔ **Kundenbeziehung:** Dieses Feld steht bewusst zwischen Kunde und Wertversprechen. Denn in der Beziehung findet die Vermittlung des Versprechens an den Kunden statt. Elementar ist, dass die Kontaktpunkte geeignet sind, das Versprechen zu vermitteln. Das bedeutet, die jeweiligen Kunden sollten an diesen Punkten aufnahmebereit und -willig sein für das Versprechen. Zum Beispiel lassen sich vertrauliche Inhalte eines Geschäftsprozesses schwer über Social Media übermitteln.

✔ **Kanäle:** Ganz klassisch werden die Kanäle bestimmt, die zum Verkaufen des Produkts, Services, Prozesses oder auch der Informationen etc. notwendig und geeignet sind. Dabei wird auch das Wie geklärt, also ob interne oder externe Ressourcen oder Plattformen genutzt werden sollten.

✔ **Maßnahmen:** Nicht alle Maßnahmen müssen im Detail aufgelistet werden. Der Ablauf der Umsetzung mit den wesentlichen Schritten und Meilensteinen ist zu bestimmen. Das gilt für ein neues Produkt und einen neuen Prozess genauso wie für eine neue Strategie oder einen neuen Service. Aus der Aufstellung ergeben sich nahezu zwangsläufig notwendige Kompetenzen und auch mögliche Kostenblöcke.

✔ **Kompetenzen:** Aus den Maßnahmen und Kundenbeziehungen lassen sich die notwendigen Fähigkeiten, Instrumente oder Methoden bestimmen, die zur Umsetzung notwendig sind. Erneut geht es nicht um eine exakte Beschreibung, zum Beispiel analog einer Stellenbeschreibung. Eher handelt es sich um einen Kompetenzkatalog, mit dem ein Soll-Ist-Vergleich erfolgen kann. Was brauchen wir — was haben wir? Aus den Differenzen und vor allem bei Leerstellen im Ist-Profil folgen die Anforderungen für den Einsatz von Partnern.

✔ **Partner:** »Make or Buy«? Diese Frage stellt sich mitunter nicht mehr, wenn klar ist, dass die Kompetenzen für die Umsetzung der Maßnahmen fehlen oder keine Erfahrung in notwendigen neuen Kundenbeziehungen besteht. Hier werden die notwendigen externen oder auch internen Partner und deren Leistungen gesammelt. Es dürfte eher selten sein, dass kein Partner gebraucht wird.

✔ **Einnahmen:** Hier können auch geldwerte Wirkungen eine enorme Bedeutung haben, wie die Steigerung der Produktivität, also letztlich eine Einnahme in Form von geringeren Ausgaben durch die Einsparung von Ressourcen. Tatsächlich geplante zusätzliche Umsätze sollten in der Struktur beziffert werden, wie einmalige und wiederkehrende Einnahmen, Lizenzeinnahmen, Provisionen etc. Dazu zählt auch eine plausible Abschätzung der möglichen Mengen, also des Marktvolumens. Zusätzlich können verschiedene Szenarien gebildet werden, ein schlechter Eintrittsfall, der typische Normalfall (ggf. abgeleitet aus Beispielen der Vergangenheit) und die bestmögliche Entwicklung der Einnahmen. Insgesamt wird sich so zeigen, wie groß der mögliche Hebel ist, den die Idee bietet. Und genau um diesen »Hockey Stick«-Effekt geht es bei vielen Ideen in der digitalen Transformation: relativ gering wachsende Kosten bei exponentiell steigenden Einnahmen oder Produktivitätssteigerungen (**Part 1.1**).

✔ **Kosten:** Die wesentlichen Kosten für die Umsetzung sollten identifiziert werden. In diesem letzten Zielgebiet geht es um die wichtigsten Blöcke und die wesentlichen Variablen, die wesentlichen Abhängigkeiten und Einflussfaktoren, die zu bestimmen sind, weniger um die exakte Zahl. Wird zum Beispiel deutlich, dass es Kosten gibt, die sich trotz bester Vorbereitung als »Fass ohne Boden« erweisen könnten, dann wird klar, dass die potenziellen Einnahmen oder Wirkungen so groß sein müssen, dass es sich lohnt, dieses Risiko einzugehen.

Insgesamt ergibt sich aus der Canvas ein kompaktes Gesamtbild, ob und wie die weitere Verfolgung der Idee sinnvoll sein könnte. Die Szenarien, ob die Verfolgung sinnvoll ist, können extrem unterschiedlich sein, genauso wie die Entscheidungen, die ein Digital Leader dann vorbereitet oder selbst trifft. Überspitzt formuliert gilt im Kontext der digitalen Transformation folgendes Motto: »Wenn ich heute eine Idee genau berechnen kann, dann taugt sie künftig nichts.«

Wenn die Umsetzung der Idee die Zukunft des gesamten Unternehmens sichern muss, dann kann ein Investitionshorizont von vielen Jahren, bis die erste schwarze Null realistisch ist, akzeptabel erscheinen. Die BMC hat dann die Grundlage gelegt, dass die wichtigsten Stellhebel auf der Kosten- und Einnahmenseite bekannt sind. Umgekehrt kann es der Fall sein, dass die weitere Verfolgung wenig Sinn macht, wenn der Aufwand für einen digitalen Geschäftsprozess zwar in wenigen Monaten zu einem steten, aber letztlich doch geringen Gewinn an Produktivität führt. Aufwand und Ertrag messen sich zudem auch am Beitrag zur Mission und den strategischen Zielen, die verfolgt werden (**Part 3.5**).

Eine Wand vollmachen

 Die BMC wächst und wird verknüpft. Das geht am besten auf einer ganzen großen Wand mit Post-its, Bildern, Grafiken oder anderen Elementen, die für die BMC wichtig sind. Die Struktur entspricht den Zielgebieten in der Abbildung. Die BMC wird so zu einem überdimensionalen Steckbrief, der einen guten Überblick gibt, auch zum Präsentieren der Idee für andere Führungskräfte. Die Wand ist viel authentischer und ausdrucksstärker als jede Powerpoint-Präsentation.

Natürlich sollte das Ergebnis oder auch der Status der BMC-Wand digital erfasst werden, damit nichts verloren geht. Gegebenenfalls werden auch die Zwischenstände dokumentiert, damit die Entwicklungsdynamik im Team deutlich wird. In diesem Fall sollte mittig die Versionsnummer mit Datum integriert werden.

Eine BMC fällt nicht vom Himmel an die Wand, schon gar nicht in einem Zug. Möglicherweise müssen auch verschiedene Quellen angezapft und Informationen recherchiert werden. Auch hierfür ist eine große Wand sehr gut geeignet, um offene Punkte übersichtlich im Blick zu haben. Der Digital Leader muss bei der Erstellung einer BMC nicht federführend aktiv sein. Die wichtigste Aufgabe ist die Steuerung über Meilensteine und das Festlegen eines gemeinsam im Team vereinbarten Termins für die Fertigstellung der ersten Version mit allen Inhalten. In der Praxis hat sich bewährt, einen gemeinsam und im Ablauf besonderen Workshop durchzuführen, an dem alle Beteiligten zusammenkommen, die Inhalte diskutieren und verknüpfen. Ein Bootcamp ist dafür optimal geeignet.

Bootcamp zum Aufladen

 Der Begriff steht ursprünglich für den Ort der Grundausbildung im Militär – mit den Boots, den Stiefeln, im Mittelpunkt. Alle notwendigen Kompetenzen werden durch die Unterstützung von verschiedenen Spezialisten angeeignet, um danach optimal für die Umsetzung ausgestattet zu sein. Übersetzt geht es also darum, gemeinsam fokussiert alle Themen zu entwickeln, die für die folgende Arbeit wichtig sein könnten.

Die Struktur der BMC zieht sich durch das Camp durch. Das Ergebnis sollte eine erste vollständige Version der BMC sein. Ideal ist ein Bootcamp von zwei oder drei Tagen. Dann können alle Zielgebiete intensiv betrachtet werden. Ein Tag ist extrem kurz und macht nur Sinn, wenn eine erste strukturierte Sammlung bereits vorhandener Informationen vorliegt. Denn ein Tag bedeutet letztlich selten mehr als sechs Stunden konzentriertes Arbeiten.

Der wesentliche Impuls entsteht in den Camps durch immer wieder neue Spezialisten, die zu einzelnen Aspekten zum Kernteam dazu stoßen, ggf., wenn nicht anders machbar, auch virtuell oder telefonisch. Dazu wird vor dem Bootcamp identifiziert, welche Spezialisten, zum Beispiel zu Kostenabschätzungen, benötigt werden. Diese werde auch zuvor gebrieft, was die Erwartungen an ihren Beitrag sind und was sie bereits vorbereiten können.

Gestartet wird mit allen Teilnehmern, auch den Spezialisten, um ein gemeinsames Verständnis über den Anlass für das Camp zu besitzen. Das bedeutet, die Idee für den Geschäftsprozess oder das Geschäftsmodell oder … wird vorgestellt, diskutiert und ggf. ergänzt. Danach folgt die Abstimmung des gesamten Ablaufs und der gegenseitigen Erwartungen an das Camp. Das Timing steht dabei im Mittelpunkt, um die Einsatzzeit für alle Spezialisten festzulegen. Wichtig ist, dass dieser Zeitplan nicht verändert wird. Falls es Verzögerungen gibt, wird am Ende jedes Tages eine halbe Stunde Puffer eingebaut, um die ausstehenden Themen zu erledigen.

Eine weitere Besonderheit ist, dass nach Abschluss jedes der acht Aspekte ein Blick auf den aktuellen Stand aller Ergebnisse geworfen wird: Passt alles zusammen, muss etwas justiert werden, das mit den neuen Erkenntnissen nun nicht mehr realistisch oder sinnvoll erscheint. Zum Beispiel ergeben sich häufig aus der möglichen Kundenbeziehung Veränderungen bei Details des Wertversprechens oder auch umgekehrt. Denn das Versprechen muss innerhalb der möglichen Beziehung relevant sein. Der Ablauf innerhalb der einzelnen Aspekte und auch deren zeitliche Gewichtung hängen vom Thema und Inhalt ab. Ratsam ist, sich für die Zusammenführung genügend Zeit zu lassen. Häufig tauchen hierbei relevante Details auf, die zuvor übersehen wurden. Dies wird spätestens beim Blick auf die Einnahmen und Kosten der Fall sein.

Ziel verfolgen

Auch im letzten Bereich, dem klassischen Management von Projekten zur Umsetzung von Zielen, schaffen agile Methoden eine höhere Transparenz und Klarheit über ausstehende Aufgaben, um schneller das Ziel zu erreichen. Digital Leader und alle involvierten Mitarbeiter agieren auf Augenhöhe, können gemeinsam den Status reflektieren und auch kritische Themen wertschätzender bearbeiten. Im Ergebnis kann jede Person leichter Verantwortung für die eigene Arbeit übernehmen und über Fehler und Defizite offen reden, um die Ergebnisse zu verbessern.

Kuchen und Säulen abschaffen

Wer kennt sie nicht? Die Kuchenviertel oder halben Säulen, um einen Projektstand zu bewerten! Typisch sind Diskussionen, ob der Kuchen vielleicht doch schon halb voll ist und nicht erst zu einem Viertel. Das ist eine Verschwendung von Zeit und Nerven.

Bei agilen Methoden im Projektmanagement ist eine Aufgabe erledigt oder nicht, wird geparkt oder gestrichen – fertig! Das Ergebnis zählt, nicht irgendein Zwischenstand. Deshalb werden Arbeitspakete kleinteiliger angelegt, zum Beispiel in Zweiwochenschritten, um zügig Fortschritte zu bewerten und nicht über Zwischenstände zu diskutieren.

Scrum

Jede Applikation auf dem Smartphone bekommt heutzutage beständig in kleinen Schritten Verbesserungen, Updates und Zusätze. Gleiches gilt für viele andere Services, Produkte und Abläufe. Das Vorgehensmodell Scrum ist die geeignete Methode zur schnellen Entwicklung von Abläufen, Services und Produkten in hoher Qualität, wenn zuvor die Lösung für ein Problem grundsätzlich bestimmt worden ist. Diese flexible, stufenweise und sich zugleich wiederholende Arbeitsweise ist eng mit der Realität der Arbeitsanforderungen durch Kundenbedarfe verknüpft, die sich ständig verändern. Das ständige Lernen und Erweitern der Kompetenzen in der Organisation ist insofern ein weiterer großer Vorteil von Scrum. Kein Wunder also, wenn sich Scrum (der Begriff stammt aus dem Rugby und steht für das dortige »Gedränge«) in der digitalen Transformation nach und nach in vielen Branchen verbreitet und die klassische »Wasserfall-Methode« des rein schrittweisen Vorgehens verdrängt. Erneut agiert der Digital Leader als strategischer Richtungsgeber für das sich selbst führende Team, das voll für die Ergebnisse der Arbeit verantwortlich ist.

Der Ursprung von Scrum liegt in der Softwareentwicklung. An den Prinzipien können sich Organisationen auch außerhalb der Informatikbranche orientieren. Der wesentliche Unterschied liegt in vier Aspekten: 1. Statt der starren Prozessverwaltung stehen Individuen und deren Interaktion im Fokus. 2. Statt aufwendiger Dokumentation eines feststehenden Produkts stehen entwickelbare und funktionierende Produkte im Mittelpunkt. 3. Statt Verhandlung erfolgt die Zusammenarbeit mit dem Kunden. 4. Statt sturer Planausführung liegt der Fokus auf der Nutzung der permanenten Veränderung durch fortlaufende Optimierung. Diese Prinzipien sind leicht auf die Entwicklung anderer Abläufe, Produkte und Services zu übertragen – mit dem MVP als Mittelpunkt für den Fortschritt, ohne zu wissen, welcher Weg der richtige zum Ziel sein wird und ob sich das Ziel dabei verändern wird.

Digital Leader können bei dieser agilen Methode zum Projektmanagement ihr hierarchiefreies Rollenverständnis voll zur Geltung bringen (Part 2.1). Wie bereits beim Design Thinking konzentriert sich das Gamebook auf das Thema der Führung. Für das Erlernen der gesamten Methodik liegen vielfältige Ratgeber vor oder werden Trainings mit unterschiedlicher Detailtiefe angeboten, falls ein Digital Leader tiefer einsteigen möchte – bis hin zur Rolle als Scrum Master. Womit wir beim Thema Führung sind, die im Scrum über Erfolg oder Misserfolg entscheidet. Elemente von Scrum sind:

✔ **Product Owner** ist der Auftraggeber und für den Gesamterfolg des Vorhabens verantwortlich. Die Rolle ist typisch für einen Digital Leader und mit dem Projektleiter vergleichbar, wobei der Product Owner weniger stark in die operative Umsetzungsarbeit eingebunden ist. Er trifft die Entscheidungen, welche Eigenschaften in den Ablauf, das Produkt oder den Service eingebaut werden und wann diese zur Verfügung stehen sollen. Daraus ergeben sich auch die Anforderungs- und Kompetenzprofile für das Scrum Team. Nur bei sehr umfangreichen Projekten ist der Product Owner an der konkreten Arbeitsplanung und Reihenfolge der Bearbeitung beteiligt. Idealerweise wird diese Aufgabe dem Scrum Master überlassen.

✔ **Scrum Master** trägt die Prozessverantwortung und agiert — je nach den Erfahrungen des Scrum Teams — auch als Moderator und Trainer. Er führt durch die Meetings und unterstützt methodisch bei Problemlösungen. Zudem hält der Scrum Master äußere Einflüsse vom Team fern, damit während der Sprints die gewünschten hochwertigen Ergebnisse erreicht werden. Autorität gewinnt der Scrum Master durch sein Wissen und Vorgehen. Formal ist der Scrum Master den Teammitgliedern nicht disziplinarisch vorgesetzt. In Abstimmung mit dem Project Owner kann er Teammitglieder austauschen.

✔ **Scrum Team** ist funktionsübergreifend zusammengesetzt. Die Mitglieder organisieren sich selbst mit dem gemeinsamen Anspruch, dass jeder am Ende jedes Sprints ein nutzbares Ergebnis (Produktbestandteil o. Ä.) liefert. Ideal sind Teams mit fünf oder sechs Mitgliedern, nie mehr als zehn. Gegebenenfalls arbeiten mehrere Teams parallel, koordiniert durch den Scrum Master. Aus dem Team werden Anforderungen für weitere Mitglieder bestimmt, wenn zum Beispiel temporär eine weitere Expertise notwendig ist. Üblich ist, dass das Team während der Projektzeit oder zumindest während eines Sprints vollständig oder hauptsächlich (zum Beispiel 80 Prozent) im Projekt tätig ist.

✔ **Product User** sind die Nutzer der Anwendung und, analog zum Design Thinking, die Testgruppe, die bereits während der Entwicklung von bestimmten neuen Eigenschaften in die Erprobung involviert ist. Jedes Scrum-Team-Mitglied ist für diesen Kontakt selbst verantwortlich, ggf. iniitiert und koordiniert durch den Scrum Master. Aus dem Kontakt mit den Nutzern entstehen wiederum neue Anforderungen, die in das Projekt eingebaut werden, um das bestmögliche funktionale Ergebnis zu erzielen. Die Product User (oder Nutzer eines Services oder Ablaufs) werden nur fallbezogen kurzfristig involviert.

✔ **Stakeholder:** Andere Entscheider oder Beteiligte werden nur involviert, wenn hierfür dringender Bedarf besteht, zum Beispiel das Projekt abgebrochen wird, weil das grundsätzliche Ziel zum anvisierten Termin in den bestehenden Ressourcen nicht erreichbar ist (leichte Verschiebungen von plus/minus 10 Prozent sind bei Scrum allerdings normal und tolerabel). Einen Lenkungssauschuss, wie bei der »Wasserfall-Methode« üblich, gibt es in Scrum nicht. Der Product Owner hat ja vor Projektstart mit den relevanten Entscheidern und Beteiligten das Ziel und den Termin abgestimmt. Der Weg dorthin wird vom Owner mit dem Scrum Master geführt. Es zählt gegenüber anderen Entscheidern allein das Ergebnis, das der Product Owner verantwortet.

Idealtypisch agiert ein Digital Leader als Product Owner. In dieser Rolle sollten die wichtigen Spielzüge im Scrum bekannt sein, die der Scrum Master im Tagesgeschäft kombiniert. Damit kann ein Digital Leader beurteilen, welche Handlungsmöglichkeiten im Rahmen der Methodik vorhanden sind. Die wesentlichen Elemente im Scrum fasst die Abbildung zusammen.

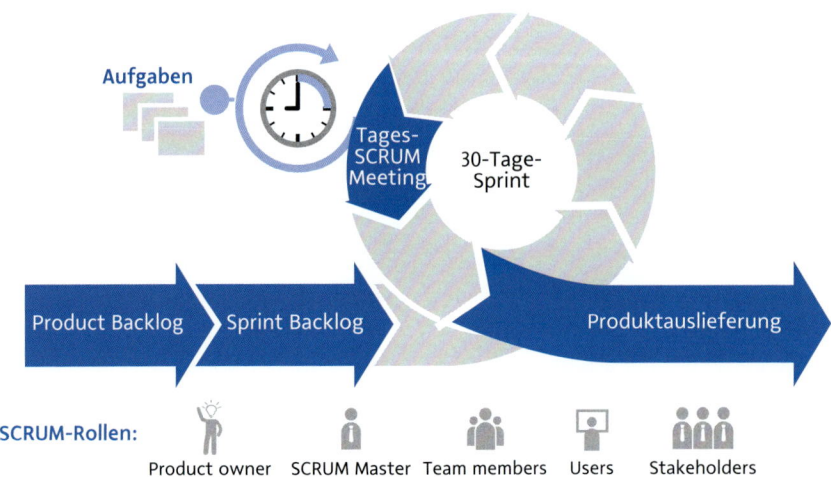

Abbildung 14: Scrum Sprints stehen im Mittelpunkt.

Die Zielsetzung des Product Owners bildet die Grundlage. Zum Briefing gehören: Inhalte und grobe Produktbeschreibung, Aufwandschätzung, Termine und ggf. erste Meilensteine auf dem Weg dorthin. Sobald im Team in einem Kick-off entschieden wurde, den Scrum gemeinsam durchzuführen, ggf. mit zuvor gemeinsam festgelegten Anpassungen am Briefing, stehen im Mittelpunkt:

✔ **Product Backlog:** Hier formuliert der Product Owner die wesentlichen Anforderungen an das Ergebnis. Zu den Informationen gehören auch die Kosten und Risiken, die entstehen können. Im Vergleich zu Pflichtenheften ist das Product Backlog eine sehr grobe Beschreibung, alles andere als eine genaue Arbeits- oder Verfahrensanweisung.

✔ **Sprint Backlog:** Hier werden die Aufgaben für einen Sprint bestimmt, abgeleitet aus dem Product Backlog und den bisherigen Sprints, die neue Aufgaben ergeben haben, zum Beispiel aus dem Kontakt mit den Nutzern. Dieses Backlog definiert alle Anforderungen an die Teile, die während des Sprints erstellt werden sollen. Daraus ergeben sich auch die Arbeitsschritte. Das Team entscheidet dann, wer am besten welche Aufgaben übernimmt. Der Sprint Backlog ist der Kern im Scrum, dem »Gedränge«: Hier kommt alles und fügt sich alles zusammen — in der jeweiligen Spielsituation. Aus der Situation ergeben sich die nächsten Spielzüge!

✔ **Sprints:** Sie folgen dem »Gedränge«, sind schlank und schnell und dauern maximal 30 Tage. Das Team legt angesichts des Sprint Backlogs fest, wie lange der Sprint ist. Innerhalb des Sprints arbeiten die Teams eigenverantwortlich im Rahmen des Backlogs. Je nach Fortschritt und Rückmeldungen der Nutzer formulieren sie weitere Aufgaben oder wiederholen Aufgaben. Dies wird im Daily Scrum besprochen.

✔ **Daily Scrum:** Täglich wird sich im Team »gedrängt«: Zusammen werden in kurzen Meetings von maximal 15 Minuten die Aufgaben besprochen — wo hakt es, wer kann wen wie unterstützen? Eine Dokumentation findet nicht statt. Idealerweise findet der Daily Scrum immer zur gleichen Zeit statt, morgens nach dem ersten Kaffeeholen und E-Mail-Checken zum Beispiel.

✔ **Sprint Review:** Jeder Sprint wird bewertet, nicht nur die erzielten Ergebnisse. Diese sind ohnehin über das Scrum Task Board sichtbar. Vielmehr werden Vorschläge zur Verbesserung der Abläufe und Kooperation besprochen, wie der nächste Sprint erfolgreich sein wird. Zudem wird das Task Board geprüft und ggf. werden Aufgaben justiert. Am Review nehmen alle Beteiligten teil, auch der Product Owner. Als Folge können auch die Ressourcen oder das Team justiert werden. Im Extremfall führt der Review auch zum Abbruch, wenn sich herausstellt, das Projekt ufert aus oder verzögert sich dramatisch oder die Zielsetzung findet bei den Nutzern nicht den gewünschten Anklang. Das ist für Mitarbeiter, die das »normale« Projektmanagement bis zum (bitteren) Ende gewohnt sind, eine erfrischend neue Erfahrung.

Grundlage für die einzelnen Schritte im Scrum-Projekt ist die sogenannte »User Story«. Sie beschreibt, aus Sicht des Endkunden, den Nutzen, den das Ergebnis liefern soll. Die Story sollte leicht verständlich sein und wird fortlaufend konkretisiert – mit den Teilergebnissen aus den Sprints. Hier ergeben sich ständig neue, mit dem Nutzer getestete Eigenschaften, die die Story konkretisieren, zuspitzen und abrunden. Darin wird ein weiterer großer Unterschied zur »Wasserfall-Methode« deutlich, wo vor Start des Projekts die Produkteigenschaften im Kern definiert sind, in der Softwareentwicklung zum Beispiel typischerweise über ein Pflichtenheft. Im Scrum liegt die Idee vor und ist das Ziel vergleichsweise grob bestimmt, um sinnvolle Veränderungen im Ergebnis einbauen zu können. Akzeptieren Sie bereits, dass zum Start eines Projekts viele Variablen noch unbestimmt sind?

Digital Leader beachten: Das Produkt wird während des Scrums erst richtig gut!

Die Story wird mit allen anderen Aufgaben – auch den erledigten – im Scrum Task Board zusammengefasst. Für den Digital Leader als Product Owner schafft dieses Board den tagesaktuellen Überblick – ideal wäre ein Dashboard aus einer IT-Anwendung, über die das Scrum-Projekt bearbeitet wird. Das Board ermöglicht eine inhaltlich substanzielle Diskussion mit dem Scrum Master, wie ggf. Aufgaben justiert werden müssten. Abbildung 15 zeigt die Inhalte im Überblick.

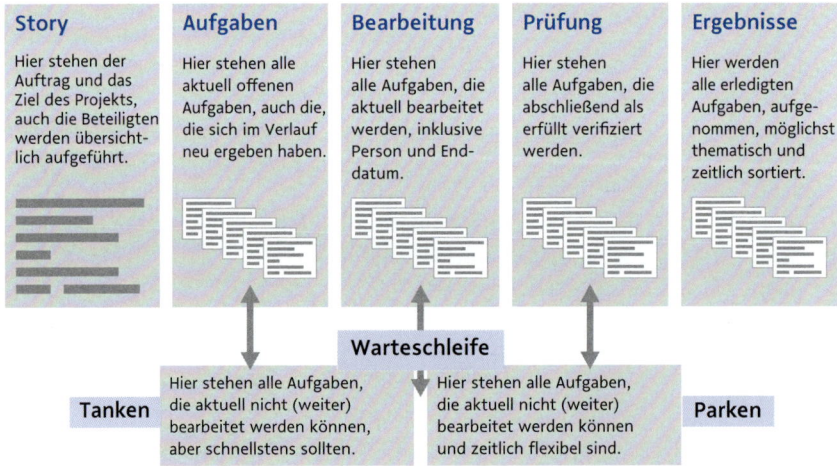

Abbildung 15: Scrum Task Board: Alle Aufgaben im Blick für Master und Team.

In einer »Scrum-erfahrenen« Organisation dürfte ein Digital Leader in der Rolle als Product Owner nicht mehr direkt mit dem Scrum Task Board arbeiten müssen. Dann reicht ein Blick auf das Board, um die konsequente Umsetzung des Instruments zu beobachten und beim Sprint Review ggf. den Status im Einsatz zu hinterfragen. Denn ohne den Spielzug »Tagesaktuell gültiges Task Board« kann Scrum in der gewünschten Geschwindigkeit und Qualität nicht erfolgreich umgesetzt werden, um schneller zu nutzbaren Projektergebnissen zu kommen.

Die Scrum Alliance, eine Non-Profit-Organisation mit 400.000 Mitgliedern, hat 2016 in einer Umfrage ermittelt, dass 70 Prozent der »agilen Arbeiter« von Spannungen in der eigenen Organisation berichten. Auslöser sind vor allem die unterschiedlichen Logiken, Verfahrensweisen und dadurch Geschwindigkeiten im Projektmanagement. »Reporting-loses Arbeiten« in Projekten und hohe Schnelligkeit des »Scrum-Gedrängels« sind nicht jedermanns Spielzüge – zunächst.

Digital Leader sorgen dafür, dass das agile Arbeiten nicht abgekapselt erfolgt.

Ohne eine mehr oder weniger intensive Verknüpfung mit dem vorhandenen traditionellen Betriebsmodus werden agile Methoden nur eine geringe Wirkung für die digitale Transformation der gesamten Organisation besitzen.

So kann Verknüpfung erfolgen

Die Varianten liegen zwischen zwei Polen und hängen von der jeweiligen Situation und dem Bedarf ab. Jedenfalls sind mit allen Beteiligten die Erwartungen im persönlichen Dialog zu klären und die Art der Verknüpfung verbindlich zu vereinbaren. Das gilt auch für etwaige Änderungen, die nötig werden:

- *Pol »Enge Kopplung«:* Wöchentlich finden persönliche Abstimmungen statt. Sekundengenaue Transparenz zum Status erfolgt über die entsprechenden Systeme zur Kollaboration. Eine Person dient als Schnittstelle, um jederzeit offene Punkte mit dem Auftraggeber zu klären.
- *Pol »Lose Beziehung«:* Persönliche Abstimmungen finden auf Wunsch des Teams statt. Sekundengenaue Transparenz zum Status erfolgt nur, wenn das entsprechende System zur Kollaboration vorliegt und sich das Team für die Arbeit in diesem Projektraum entschieden hat. Der Scrum Master dient als Schnittstelle, um jederzeit offene Punkte des Teams mit dem Auftraggeber zu klären.

Die Verknüpfung hängt vom Reifegrad ab. Zu Beginn der digitalen Transformation ist eine lose Beziehung nur dann sinnvoll, wenn die bestehende Organisation nahezu »digitalfeindlich« ist. Dann wäre eine enge Beteiligung eher hinderlich. Sonst sollte die Organisation intensiver beteiligt sein, um hier den »digitalagilen Virus« schneller zu verbreiten.

Bei einem hoch entwickelten Reifegrad sind das gegenseitige Vertrauen und die Fähigkeiten innerhalb der Organisation so ausgebildet, dass eine lose Beziehung in der Regel unproblematisch ist. Alle wissen und schätzen agile Methoden.
Digital Leader bleiben stets aufmerksam, wie die Verknüpfung wirksam ist und forcieren etwaige Verbesserungen.

Die Beziehung zu den vorhandenen traditionellen Managementmethoden in der Organisation zu regeln, gilt für Digital Leader auch bei möglichen weiteren Methoden zur Unterstützung der digitalen Transformation. Lean Development, Lean Management, Lean Start-up oder auch Lean Project Management stammen alle von der Urform Lean Production ab. Die beiden klassischen Themen Effizienz/weniger Aufwand und Effektivität/weniger Ausschuss stehen seit dem Ursprung im Fokus: Das Kanban-System wurde beim Automobilkonzern Toyota nach dem Zweiten Weltkrieg etabliert, um schneller kleinere Stückzahlen mit weniger Aufwand produzieren zu können und sich so im Wettbewerb einen Vorteil zu verschaffen. Über die vielen Jahre hinweg wurde das System immer ausgefeilter, um die Perspektive des Kunden in den Managementprozess einzubauen. So entwickelten sich aus der Ursprungsidee die verschiedenen Lean-Segmente.

Im Vergleich zu Scrum oder auch den Methoden für Ergebnisse in Tagesfrist, die in der Box weiter unten vorgestellt werden, benötigen die Lean-Methoden wesentlich weniger Partizipation – das Spielgebiet eines Digital Leaders in diesem Part des Gamebooks. Zudem wird Lean nach wie vor von der Innensicht der Organisation geprägt, zum Beispiel durch den starken Fokus auf die Kosten. Der Kunde hat nicht diesen ultimativ bestimmenden Einfluss. Zum Auftakt des Gamebooks wurde deutlich gemacht, dass Führung in der digitalen Transformation die Perspektive »Outside–In« besitzt. Digital Leader nutzen die Chancen, die sich durch die Unplanbarkeit der Veränderungen in der Umgebung ergeben: aus der Technik, dem Verhalten und den Bedarfen der Kunden u. v. m. Sie schaffen aus Fragezeichen mehr Wert. Die Lean-Methoden sorgen – mit den vergleichsweise engen Spielzügen – dafür, dass später aus dem Mehrwert auch mehr Geld wird.

Umsetzung in Tagesfrist

Zwei agile Methoden ermöglichen die Umsetzung von Lösungen in kurzer Zeit, sie unterscheiden sich jedoch durch den Detailgrad im Ergebnis. Der Hackathon löst ein Problem für die weitere Anwendung und der FedEx Day setzt eine Aufgabe vollständig um. Beiden ist gemein: Alle anderen Arbeiten der beteiligten Mitarbeiter ruhen während dieser Zeit.

Hackathon

Die Verknüpfung der Worte Hack und Marathon bedeutet, innerhalb einer festgelegten Zeitdistanz und mit einem festen Team ein konkretes Problem zu »hacken«, also zu durchdringen und aufzulösen. Das Problem kann nicht von einer Fachgruppe allein gelöst werden. Der Hackathon sorgt für die funktionsübergreifende Vernetzung. Der Ursprung kommt aus der Programmierung und Entwicklerszene: Dort liegt nach dem Hackathon eine funktionsfähige Software vor.

Ein Hackathon dauert in der Regel einen Tag. Bei mehreren Tagen essen und schlafen die Teilnehmer auch am gleichen Ort. Der Hackathon kann in Unternehmen offen ausgeschrieben werden, um alle nötigen Kompetenzen zu versammeln: Thema, Ziel und Kompetenzen sind dann eindeutig zu benennen.

Die Kopplung von mehreren verbundenen Themen ist auch möglich. Dann erfolgt zu Beginn eine Auswahlphase der Themen und Teams. Bei einem ersten Hackathon sollte zunächst ein Thema angegangen werden, zum Beispiel das Design eines neuen Geschäftsprozesses in allen Details. Auf Basis dieser Lernerfahrung kann der nächste Schritt angegangen werden, zum Beispiel parallel mehrere neue Geschäftsprozesse zu designen, inklusive deren Umsetzung in der IT.

FedEx Day

Der Name ist Programm: Die Auslieferung des fertigen Produkts erfolgt am nächsten Tag, wie bei Paketdiensten üblich. Das Format ist dabei offen, was die Lösungsfindung durch Kollaboration extrem beschleunigt, in einem Bereich oder einer Abteilung. Das Team organisiert sich vollständig selbst. Vorgabe sind »nur« die Aufgabe und die Zielsetzung sowie der Termin, innerhalb von 24 Stunden das Ergebnis vorzulegen.

FedEx Day geht gut bis zur Schulklassengröße, also maximal 30 Personen. Dann werden kleine Teams gebildet gemäß der Two Pizza Rule: Das Team kann mit zwei Pizzen satt werden, also maximal fünf oder sechs Personen. Der Digital Leader agiert als Möglichmacher, das bedeutet, er sorgt dafür, dass alles zugeliefert wird, was das Team in der Zeit benötigt, inklusive Catering. Als »Mädchen für alles« steht die Führungskraft die ganze Zeit parat.

Die Aufteilung der einzelnen »Lieferungen« erfolgt im Team, auch die Festlegung etwaiger Teilgruppen und deren Teilaufgaben. Meist ergeben sich ganz neue Konstellationen mit unerwarteter Energie – und das Teamerlebnis hält über den Tag hinaus an.

Passende Methoden wählen

Digital Leader haben die Qual der Wahl, wann welche Methoden wie mit wem zum Einsatz kommen sollten. Besonders am Beginn der digitalen Transformation können neue Instrumente und Vorgehensweisen kritisch beäugt oder sogar unterlaufen werden. Deshalb sind das »Feintuning« der Spielzüge und das Justieren der Spielkombinationen essenziell für den erfolgreichen Einsatz.

Denn bei aller Offenheit für Neues und dem Wunsch nach neuen Impulsen kann das Design Thinking und Scrumen auch übertrieben werden.

Abschließend werden die wesentlichen Aspekte zusammengefasst, damit ein Digital Leader nicht in die »Alles Neue ist immer sofort gut«-Falle tappt, sondern die passenden ersten Spielzüge im Einsatz der Methoden machen kann – gerade zu Beginn der digitalen Transformation. Bitte achten Sie als Digital Leader auf diese Punkte, egal was Sie möchten und machen.

✔ **Klare Prinzipien bestimmen:** So kann ein gemeinsames Verständnis geschaffen werden, an dem sich Mitarbeiter und Führungskräfte orientieren können. Die Prinzipien sollten branchenbezogen und möglichst eng an der Realität der aktuellen Arbeitsaufgaben sein. Als übergeordnete Regel sollte die ständige Überprüfung der aktuellen Nutzung von Technologien oder Methoden dienen, zum Beispiel: »Nutzen wir zum Lösen der konkreten Aufgabe die geeignete Methode?« Dadurch kann das Ergebnis auch sein, dass Design Thinking, Scrum & Co. ungeeignet sind.

✔ **Eigener Rolle folgen:** Der Digital Leader ist vor allem der Richtungsgeber für sich selbst führende Teams. Den Prinzipien folgend sind auch weitere Rollen möglich, bis hin zur Übernahme von Rollen im Einsatz der Methoden, wie als Moderator oder auch Product Owner im Scrum. Jede Rolle ist transparent zu machen und ihr ist konsequent zu folgen, zum Beispiel ist »Mikromanagement« („Dann mache ich es halt doch selbst«) tabu.

✔ **Richtigen Einsatz sichern:** Schnell werden Methoden aufgeweicht oder zu wenige Ressourcen eingesetzt. Kleine Veränderungen können die Wirkung erheblich reduzieren, zum Beispiel auf die Iterationsschleifen im Design Thinking zu verzichten. Schnell argumentieren »Wusste ich doch«-Kritiker, die Methode bringt nichts. Es bringt jedenfalls nichts, eine agile Methode falsch einzusetzen.

✔ **Überforderung vermeiden:** Innovative Entwicklungs- und Kooperationsmethoden sollten eingeübt sein bzw. zumindest auf erste vergleichbare Erfahrungen aufbauen können. Das bedeutet, dass Führungskräfte und Mitarbeiter, die zum Beispiel bisher kaum eigene Ideen einbringen und im Austausch mit Kollegen entwickeln konnten, im ersten Schritt Vorschläge besprechen und nicht selbst Ideen erfinden sollten. Denn sie wären schnell überfordert, plötzlich in offenen Verfahren gemeinsam Ideen zu entwickeln. Im Ergebnis wären sie frustriert, wenn wenig beim Gestalten herauskommt. Und die Unternehmensleitung könnte den Eindruck gewinnen, die Führungskräfte und Mitarbeiter seien nicht fähig und willens.

✔ **Wirkung laufend prüfen:** Der Einsatz der agilen Methoden sollte ständig und systematisch überprüft werden. Das liest sich wie eine Binsenweisheit. In der Praxis kommt dieser Aspekt aber viel zu kurz. Jeder Einsatz sollte bewertet werden, ob keine oder nicht die gewünschten Ergebnisse erzielt worden sind, welche Optionen oder neue Varianten sinnvoll sein könnten.

Die Verfolgung dieser Aspekte im Einsatz agiler Methoden fördert die Entwicklung der Fähigkeiten in einer Organisation – ein Prozess, der systematisch vom Digital Leader unterstützt werden sollte. Dieses letzte Thema im Spielgebiet der Partizipation behandelt das folgende Kapitel.

Part 3.4 Entwicklung – Fähigkeiten aufbauen und Potenziale stärken

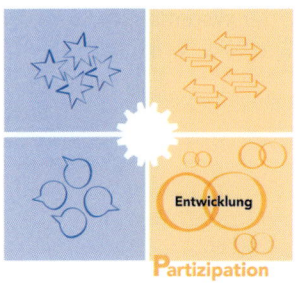

Das Team zu entwickeln, den Austausch von Wissen zu fördern und die agilen Instrumente einzusetzen – das alles erfordert schließlich die Unterstützung des individuellen Könnens. Das fachliche Wissen und methodische Grundverständnis durch die vorherige Ausbildung der Führungskräfte und Mitarbeiter ist das Fundament. Die Entwicklung der Fähigkeiten und Stärkung der Potenziale, die für die jeweiligen Aufgaben in der digitalen Transformation notwendig sind, bauen darauf auf. Die Resonanz verarbeiten (Part 2.6), die Fehler nutzen (Part 2.8) und der Austausch von Wissen (Part 3.2) geben weitere Impulse und auch konkrete Inhalte für die Kompetenzentwicklung. Je nach Team, Bereich und Unternehmen oder dem Druck in der Branche durch die Digitalisierung kann die Strukturierung der persönlichen Weiterbildung ein sehr wichtiger Spielzug sein. Darum geht es in diesem Kapitel.

Digital Leader sorgen dafür, dass die eigenen Leute auch können, was sie sollen und wollen.

Wie fit ist Ihre Mannschaft, um das Spiel der digitalen Transformation erfolgreich zu gestalten? Selbstverständlich wird man nie zu jeder Zeit alle Kompetenzen haben, die künftig wichtig werden könnten. Daher ist die Schnelligkeit und Kleinteiligkeit der internen Weiterbildung ein wichtiger Faktor, um neu entstehende Anforderungen flexibel in die Maßnahmenstruktur einzubauen. Zudem sind die Ressourcen zu begrenzt, um »auf Vorrat« Kompetenzen aufzubauen – ausgenommen unabdingbare fachliche Grundlagen wie die Anwendung neuer IT-Systeme. Diese Fortbildungen sind zumeist mit dem standardisierten Betriebsmodus gekoppelt. Das Gleiche gilt für umfassende individuelle Weiterbildungen, zum Beispiel ein berufsbegleitendes Studium. Diese tragen zwar auch zur erfolgreichen digitalen Transformation bei – aber eher mittelbar.

Mikrolernen ist das am besten geeignete Format, um in der digitalen Transformation unmittelbar die relevanten Fähigkeiten der Mitarbeiter zu entwickeln. Und Mikrolernen entspricht dem Bedürfnis nach immer kompakteren Informationseinheiten, die vor allem junge Mitarbeiter schnell und permanent verarbeiten wollen – und dann auch verinnerlichen können. Kurze Lerneinheiten und kurze Schritte sind das wesentliche Merkmal für die noch junge didaktische Disziplin im Aufbau und zur Weiterentwicklung von Kompetenzen.

Mit den vielen kleinen »Lernhappen« wird der Hunger nach neuen Kompetenzen am besten gestillt. Beim Lernen von Sprachen hat sich das Mikrolernen
seit Langem etabliert. Viele Sprach-PC-Programme und Vokabeltrainer sind in
kleinste Teile strukturiert, inklusive Wiederholungsschleifen. Damit wird erreicht, dass die Teilnehmer schnell die ersten wesentlichen Elemente erlernen
und ihre neuen Kompetenzen bereits einsetzen können.

Täglich ein neues Angebot

 In der Telekommunikationsbranche herrscht ein extremer Verdrän-
gungswettbewerb. Die Digitalisierung ermöglicht passgenaue Angebote
für jeden Kundenbedarf. Die Mitarbeiter könnten schnell den Anschluss
verlieren, welche Angebote »draußen« sind und gerade besonders
»gepusht« werden sollten.

»Pimp Up« hieß das Programm zum Mikrolernen, was die eher jüngeren Mitarbeiter
sofort verstanden. Das »Aufmotzen« der eigenen Kompetenzen erfolgte immer
direkt am Arbeitsbeginn nach dem Einschalten des Rechners oder Einloggen in das
Intranet. Mehr als zehn Minuten dauerte keine Lerneinheit, inklusive möglicher
Tests oder Rückmeldungen. Inhalt war jeweils ein für die Arbeit wichtiges neues
Angebot oder ein neuer Ablauf. Die Vorbereitungen für die Erstellung der Lerneinheiten waren gering, da die Informationen ohnehin vorliegen, zum Beispiel für die
Angebote an die Kunden. Je nach Thema wurden auch Videocasts eingesetzt oder
auch ein kurzes Quiz, zum Beispiel, um die Unterschiede bei Preiskonditionen zu
lernen. Für Abwechslung wurde gesorgt. Und im Laufe der Zeit schlugen die Mitarbeiter selbst neue Formate vor, wie die Einführung von Checklisten.
Der Anreiz zum Mitmachen wurde gesteigert durch konkrete Vorteile für diejenigen,
die sich konsequent als Erste das Wissen angeeignet hatten: Die Top-10-Mitarbeiter,
die am schnellsten die richtigen Ergebnisse in den Tests erreichten, konnten sich im
nächsten Monat im Schichtplan die besten Plätze aussuchen. Der positive Nebeneffekt war, dass im Kundenservice die Abfragen zu bestimmten Themen gezielt an
die Mitarbeiter weitergeleitet werden konnten, die bei »Pimp Up« die jeweiligen
Trainings bereits erfolgreich absolviert hatten.
Das Programm zum Mikrolernen schaffte viele Vorteile: Die Aneignung des notwendigen Wissens in der Kundenberatung erfolgte spielerisch mit hohem Engagement.
Die Mitarbeiter bekamen Vorteile, wenn sie sich das Wissen erfolgreich angeeignet
hatten. Und vor allem stieg der Servicelevel für die Kunden, die so stärker an ihren
Anbieter gebunden wurden.

Die Digitalisierung erleichtert das Mikrolernen erheblich. Inzwischen stehen
etliche Software- und App-Anwendungen bereit, die mit relativ geringem
Aufwand das Mikrolernen ermöglichen (konkrete Empfehlungen zu geeigneten Anwendungen können nicht gegeben werden, weil aufgrund der Geschwindigkeit bei der technischen Entwicklung von Anwendungen Tipps
schnell veraltet sind und vor allem, weil die spezifischen Anforderungen im
Unternehmen die Auswahl maßgeblich bestimmen).

Bei allen Arten und Inhalten der Kompetenzentwicklung kann das Mikrolernen eingesetzt werden – vom Aufbau von Wissen über Verhaltensänderungen und Änderung von Glaubens- und Wertesystemen bis hin zu kognitiven Fähigkeiten, Bewältigung emotionaler Reaktionen und die Etablierung sozialer Verhaltensmuster. Anders als traditionelle, ausgefeilte E-Learning-Konzepte ist Mikrolernen eine Impulsmethode, welche die kognitive Belastung beim Lernen verringert. Die Auswahl und Aktualität der Lernthemen ist genauso wie Ort und Zeit der Lernaktivitäten von großer Bedeutung für den Lernerfolg. Neues Wissen, das im Verlauf der digitalen Transformation entsteht (Part 3.2), kann ebenso integriert werden. Das Mikrolernen ermöglicht die Weiterentwicklung der Kompetenzen aus der Praxis für die Praxis.

Digital Leader sichern, dass ihr Team Mikrolernen kennt und nutzt.

Mikrolernen kann täglich stattfinden und muss nur einige Minuten dauern. Webbasierte Lösungen ermöglichen die Entkopplung von Zeit und Raum. Die Teilnahme ist freiwillig. Die wesentlichen Merkmale des Mikrolernens sind:

✔ **Zeit:** Die Lernschritte sind kurz — die Spanne reicht von wenigen Minuten bis zu höchstens einer Stunde, wie bei einer »Lunch & Learn Session«.

✔ **Inhalt:** Die Lerneinheiten sind klein, die Themen sind beschränkt und klar abgegrenzt. Das Thema und das Lernziel sollten bei jeder Einheit verständlich sein.

✔ **Form:** Die Vermittlung des Wissens erfolgt unterschiedlich und wird kombiniert: Vortrag, Checklisten, Schnelltests, Episoden, ... Tests können verbindliche Qualifikationen für bestimmte Aufgaben nachweisen.

✔ **Typen:** Das Lernen erfolgt wiederholend, reflexiv auf konkrete Ereignisse, zum Beispiel im Format (virtuelles) Klassenzimmer.

✔ **Rückkopplung:** Die Kontrolle des Lernerfolgs geschieht sofort und direkt, wie mit Schnelltests, kurze Abfragen werden fortlaufend eingebaut.

✔ **Medien:** Alles ist möglich, je nach Ressourcen —Printmedien, elektronische Medien, multi-mediale Angebote, virtuelle Realitäten .... Die Digitalisierung wird hier den Zugang zu neuen Instrumenten in den kommenden Jahren enorm erleichtern.

Mikrolernen lebt von der Kreativität, immer wieder überraschende Impulse und Anreize zum Lernen zu setzen. So können Digital Leader und die beteiligten verantwortlichen Fachabteilungen in Unternehmen schnell feststellen, welche Methoden die gewünschten Lernerfolge erzielen und welche nicht. Hier einige Ideen, was möglich ist:

▪ Bildschirmschoner, die den Benutzer auffordern, kurze Folgen von einfachen Aufgaben zu lösen

▪ Podcasts und kurze Videoclips

- Kurzgedichte zur Verinnerlichung von Wörtern, Vokabeln, Definitionen
- Aufgabe des Tages als täglicher RSS-Feed oder E-Mail
- Kurze Wissenstexte in einer E-Mail, einer SMS o. Ä.
- Lernkarteien zum Merken von Inhalten durch Wiederholung mit Zeitabständen
- Multiple-Choice-Quiz auf einem Handy mittels SMS oder in Apps

Spielerische Elemente können viel zum Erfolg des Mikrolernens beitragen. Das Schlagwort dafür lautet »Gamification« – dieser Spielzug darf natürlich in einem Gamebook nicht fehlen. Der wesentliche zusätzliche Aspekt ist – wie auch bei vielen Onlinevideospielen – das Wissensduell zwischen zwei oder mehreren Spielern. Es kann direkte Wissensduelle geben oder erreichte Punkte im Mikrolernen werden verglichen.

»Gamification«, oder auf Deutsch etwas sperrig: Spielifizierung, übersetzt Prinzipien aus dem Design von Spielen auf spielfremde Anwendungen und Abläufe, um die Beteiligten stärker zu engagieren. Das Interesse, »am Ball zu bleiben«, steigt. Schwierige Themen werden erarbeitet, um eine nächste Stufe zu erreichen. Dafür können Zeitlimits gesetzt werden. Das Sammeln von (virtuellen) Auszeichnungen und Platzierungen kann ein weiteres wichtiges Element sein. Die Sichtbarkeit des Status der »Mitspieler« gehört ebenso dazu wie die Anzeige des Fortschritts oder der noch fehlenden Aufgaben bis zur nächsten Stufe. Es können Teams gebildet oder Aufgaben gemeinschaftlich gelöst werden, um das Ziel zu erreichen (das sogenannte »Co-Learning«). Schließlich sollte das Ergebnis für alle Beteiligten transparent sein – wie in Spiel und Sport üblich und von den meisten Menschen bereits gelernt und akzeptiert.

Üben leichter machen

Über die Analogie zum Sport kann das Mikrolernen gelernt werden. In vielen kleinen Trainings werden die Technik verfeinert und ständig neue Fähigkeiten angelernt. Um zu lernen, auf einem Surfbrett zu balancieren oder seine Schlag-, Wurf- oder Schusstechnik zu verfeinern, benötigt man viele kleine Lerneinheiten, viele kurze Lernschritte und sofortige, direkte Kontrolle des Lernerfolgs. Theorie ist dabei weniger hilfreich. Gerade zu Beginn des Mikrolernens in Unternehmen kann eine »Dramaturgie« hilfreich sein, die das Vorgehen aus dem Sport adaptiert, ggf. sogar in Begriffen für einzelne Module. Dazu gehören zum Beispiel Zwischensprints oder Testwettkämpfe, Ranglisten oder Auszeichnungen. Das Ganze sollte natürlich einen Bezug zum eigentlichen Lernziel besitzen.

Der Digital Leader ist Impulsgeber und auch Kompetenzträger im Mikrolernen, wenn er zum Beispiel für andere Führungskräfte seinen Schatz an Fähigkeiten öffnet. Die Umsetzung ist mit den Fachabteilungen im Unternehmen zu organisieren. Oder falls diese Fachexpertise in der Personalentwicklung nicht vorhanden und zugleich der Problemdruck sehr hoch ist, kann externe Unterstützung »eingekauft« werden.

Wie auch immer das Vorgehen am sinnvollsten und praktikabelsten ist – der Digital Leader kann selbst Impulse setzen, damit die Spezialisten die beste Spielkombination finden. Dafür dient die folgende Checkliste:

✔ **Feste Module bestimmen:** Mikrolernen bedeutet nicht, ständig neue Formate einzusetzen. Ein Pool von vier bis fünf Formaten gibt genügend Flexibilität und Struktur. Die Module können gewechselt werden, wenn ein Format wenig Resonanz hat bzw. aus der digitalen Transformation oder der Belegschaft neuer Bedarf entsteht. Die Kombination von verbindlichen Angeboten und Inhalten, die sich wiederholen, mit einmaligen Modulen erhöht die Vielfalt und schafft ständig Anlässe zum Einstieg oder Wiederkommen.

✔ **Attraktive Mischung schaffen:** Die Formate für das Mikrolernen sollten von wenigen Minuten bis zu maximal zwei Stunden an einem Tag reichen. Virtuelle und persönliche Formate werden kombiniert. Es können auch feste Jours fixes etabliert werden, zum Beispiel monatliche Websessions mit (externen) Spezialisten. Damit können Mitarbeiter und Führungskräfte ihre Teilnahme auch zeitlich einplanen.

✔ **Externe Impulse einbauen:** Zu spezifischen Themen werden Spezialisten eingeladen, die zum Beispiel an einem Tag mehrere Trainingsrunden umsetzen. Oder auch Mitarbeiter aus anderen Standorten oder Unternehmen geben Input zu spezifischen Themen. Daneben können klassische externe Seminare zum Programm gehören, die dann auch im Umfang über das »normale« Mikrolernen hinausgehen. Für die Seminare sollten sich die Teilnehmer idealerweise zuvor im Mikrolernen qualifiziert haben, zum Beispiel durch viele Empfehlungen von Kollegen.

✔ **Kompetenzen prüfen:** Zur Vorbereitung auf neue Aufgaben und den Einsatz von neuen Methoden sind kurze Tests möglich, um das wichtigste Wissen zu überprüfen. Auch kann die Bewertung von ersten Einsätzen Grundlage für die Ausrichtung der weiteren Qualifikation sein. So kann zum Beispiel ein Programm für den »Scrum Master« aufgesetzt werden oder für den Moderator für Design-Thinking-Sessions.

✔ **Ergebnisse messen:** Letztlich ist Mikrolernen eng mit den operativen Aufgaben verbunden. Die »Fitness« der Belegschaft für die digitale Transformation ist nachvollziehbar zu steigern. Je mehr das Mikrolernen im Alltag nutzt, desto höher wird die Beteiligung dauerhaft sein. Digital Leader legen Maßstäbe fest, die das Messen der Kompetenz ermöglichen. Faktoren können zum Beispiel sein: nutzbare Ergebnisse im Einsatz von agilen Methoden (**Part 3.3**) oder auch weniger Projekte, die zu spät abgebrochen werden. Allein dieser letzte Effekt kann den Einsatz für das Mikrolernen leicht kompensieren.

Peer-to-Peer-Lernen

 Kollegen sind gute Kompetenzträger. Sie sind zwar in der Regel keine ausgebildeten Trainer oder gar Lehrer. Sie können jedoch komprimiert zu spezifischen Themen das eigene Wissen vermitteln, zum Beispiel in kurzen Websessions oder Tutorials. Diesen Pool an Wissensträgern nutzen Digital Leader.

Geben Sie einen Rahmen zur Wissensvermittlung vor, zum Beispiel die Inhaltsstruktur: Zum Einstieg die Kernbotschaften zum Nutzen, dann kurz die Theorie, es folgen Details zur Anwendung, ein Beispiel und die Top-3-Merkposten. Auch können die Anzahl an Charts und die Dauer der Vorstellung bestimmt werden. Je klarer der Rahmen, desto einfacher ist die Umsetzung und desto höher ist für die Teilnehmer die Wiedererkennbarkeit.

Geben Sie Vorlagen an die Hand, damit eine Wiedererkennbarkeit entsteht. Auch das vereinfacht das Lernen. Geben Sie ein Coaching, ggf. auch mit einem externen Trainer, falls keinerlei Erfahrung mit der Übermittlung von Wissen vorhanden ist. Die Formate sollten jedoch nicht länger als zwei Stunden betragen. Besser ist eine Stunde (inklusive der Elemente zum Dialog oder zur Reflexion), um die didaktischen Fähigkeiten der Mitarbeiter nicht zu überfordern.

Wir sind am Ende des dritten Spielgebiets für Digital Leader: Mit der Entwicklung der Teams, dem Wissensaustausch, dem Einsatz der passenden Instrumente und der Stärkung der individuellen Fähigkeiten kann die Partizipation – je nach Situation und Bedarf im Unternehmen – einen wesentlichen Entwicklungsschub für die erfolgreiche digitale Transformation auslösen.

Bevor Sie weitergehen zum letzten Spielgebiet, ist ein Blick auf Ihren aktuellen Spielplan sinnvoll. Prüfen Sie, wie die Spielzüge, die Sie für sich bereits ausgewählt haben, ineinandergreifen und sich gegenseitig verstärken. Entdecken Sie Spielzüge, die für Sie im Mittelpunkt stehen oder von Ihnen sofort getestet werden können. Dann sind Sie optimal darauf vorbereitet, zum Spielgebiet Agilität weiterzugehen.

In diesem Gebiet sind im Gamebook ganz bewusst erst zum Abschluss die »klassischen Themen« der Führung enthalten. Zwei Gründe sind dafür entscheidend: Erstens fügen sich die bisherigen Teile im letzten Spielgebiet zusammen. Zweitens werden Ihnen mit Ihrer anderen Haltung und den bisherigen Elementen der Digital Leader Canvas auch im Kern der Führungsarbeit – Ziele und Ergebnisse, Entscheidung und Verantwortung – neue Vorgehensweisen und das Loslassen von einigen typischen Verhaltensweisen in der Führung leichter fallen. Der Boden ist bereitet für weitere interessante Spielkombinationen im Spielgebiet der Agilität.

Agilität: Effekte erzielen

Der Kundenfokus, neudeutsch: »User Centricity«, steht an vielen Stellen im Gamebook im Mittelpunkt, denn: Der Kunde treibt Digital Leader ultimativ an. Die Agilität, sich schneller anzupassen und bessere Effekte zu erzielen, richtet sich primär auf die Wirkung beim Kunden, ob extern oder intern. Seine Wertschätzung, ob durch den Kauf eines Produkts oder das »Kaufen« einer Vision durch die Mitarbeiter, ist die größte Auszeichnung.

Der Kunde ist schon immer im Mittelpunkt, werden Sie denken. Ja, das sollte in jedem Unternehmen so sein. Zumeist ist der Kunde aber erst im Fokus, wenn das Produkt auf dem Tisch liegt oder der Service etabliert werden soll, ob für einen externen oder internen Kunden. Auch die traditionellen Methoden der Marktforschung bauen zuvor eine passive Beziehung zum Kunden auf, indem Meinungen ermittelt werden oder Verhalten bewertet wird.

Digital Leader integrieren alle Kunden so schnell wie möglich.

In der digitalen Transformation ist eine permanente aktive Beziehung mit dem Kunden entscheidend und wird zugleich erheblich erleichtert durch die Daten, die Kunden erzeugen. Kunden werden, wie in Part 1.2 gezeigt, zu Prosumenten. Im digitalen Zeitalter ist es kaum zu verhindern, dass Kunden ständig Einfluss nehmen. Fatal wäre, diese Chancen brachliegen zu lassen.

Digital Leader sorgen durch ihre Haltung und erweiterte Perspektive der »User Centricity« für neue Energie und einen großen Vorsprung im Wettbewerb. Sie sind die entscheidenden Träger und Verbreiter der Agilität in jeder Organisation. Das zeigen die nächsten vier Kapitel zu den Themen Ziele setzen und verfolgen, Ergebnisse bewerten und Veränderungen ableiten, Entscheidungen treffen und revidieren sowie abschließend ganzheitlich Verantwortung übernehmen.

Digital Leader wissen, Agilität ist alles – nur nicht: einfach loslegen.

Part 3.5 Ziele – Prozesse zur Vereinbarung, Bewertung und Anpassung verfolgen

»Das eine Ziel« hat im Zeitalter der Digitalisierung aus-
gedient. Das gilt einerseits. Andererseits sollte über allen
kurz- und mittelfristigen Zielen eine Mission stehen, die
ein Unternehmen oder Standort, Bereich oder Team langfristig trägt. Zugespitzt gilt besonders für viele Start-ups
sogar: Wir sind kein Unternehmen mit einer Mission. Wir
haben eine Mission mit einem Unternehmen, um diese zu
realisieren.

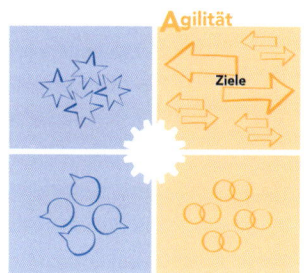

Eine Mission formuliert ein Versprechen, welche Wirkung erreicht werden
soll. Eine Mission sorgt so für Orientierung in der Unsicherheit der VUKA-Welt
(Part 1.3). Eine Mission stiftet für die Mitglieder eines sozialen Systems – ob
Team, Bereich, Standort oder ganzes Unternehmen – Sinn, weit über wirt-
schaftliche Ziele und Parameter hinaus. Diese sind »nur« die Folge, wenn eine
Mission verfolgt wird. Wenn Menschen in ihrer Tätigkeit einen Sinn erkennen,
ist die Bereitschaft zum Handeln und vor allem Durchhalten, zum Aushalten
von Unsicherheiten und zum Wiederaufstehen nach Rückschlägen erheblich
höher.

Die Mission sollte ein realistisches und relevantes Szenario zeichnen, das
klar und unmissverständlich formuliert ist. Das ist für ein ganzes Unternehmen, einen Bereich oder ein Team oder einen einzelnen Standort möglich,
zum Beispiel um den besonderen Beitrag einer Produktion für den Unter-
nehmenserfolg zu kennzeichnen: »Wir können jedes Produkt am schnellsten
qualitativ einwandfrei herstellen.« So könnte eine Mission lauten. Damit
wird deutlich gesagt, jederzeit jede neue Anforderung an Produkte in die
Fertigung integrieren zu können – gewiss eine elementare Anforderung im
digitalen Zeitalter. Oder im Kundenservice: »Wir lösen alle Anliegen sofort
im ersten Kontakt.« Damit lassen sich viele Verbesserungen forcieren, die
durch die Digitalisierung von Abläufen und die Verknüpfung von Kundeninformationen möglich sind.

Wie auch immer eine anspruchsvolle und zugleich realistische Mission formuliert ist – eines steht fest: Ihre Attraktivität kann das entsprechende Handeln
auslösen und verstärken, alle Arbeiten auf die Umsetzung fokussieren. Die
Ableitung konkreter operativer Ziele wird langfristig möglich. Die weiteren
Veränderungen während der digitalen Transformation werden zielgerichtet
beobachtet, bewertet und weitere Anpassungen lassen sich leicht integrie-

ren. Die beteiligten Mitarbeiter können die fortlaufenden Veränderungen leichter akzeptieren im Bewusstsein: Wir wissen, wo wir hinmöchten, und gestalten so unsere Zukunft.

Digital Leader entwickeln für den eigenen Bereich eine realistische Mission.

Haben Sie bereits eine faszinierende Mission? Eine solche kann jeder Digital Leader schaffen, für ein ganzes Unternehmen oder auch nur für die Ebene eines kleinen Teams und sogar temporär für ein Projekt. Eine Mission ist nie objektiv notwendig. Sie ist eine subjektiv gewählte Norm (es könnte ja auch andere geben), die sehr handlungsaktivierend sein sollte: Die Entscheidungen über Investitionen und für Projekte, das Vorleben der Führungskräfte im Umsetzen der Norm, die Vertiefung in Leit- oder Zielbildern, die Aufnahmen in Zielvereinbarungen und Leistungsbeurteilungen, die Bewertung bei Beförderungen oder Neueinstellungen – das alles ist möglich.

Digital Leader fragen immer, wie eine Aktivität zur Umsetzung der Mission beiträgt.

»Das gesamte Wissen der Welt für alle Menschen verfügbar machen« – das war die Mission für die Gründung von Google. Darunter können bis heute alle Aktivitäten zusammengeführt werden. Die Suchmaschine sowieso, auch die Videoplattform YouTube oder die »Loons«. Das sind Stratosphärenballons, damit in den hintersten Winkeln der Welt auch Internet verfügbar ist. Und auch selbstfahrende Autos gehören dazu: Das »Wissen« soll für jedes Fahrzeug kostenlos zur Verfügung gestellt werden – für den »Preis« der Datennutzung im Betrieb.

Eine Mission kann jeder haben. Erinnern Sie sich an den Anfang des Gamebooks? Der Betrieb www.metzger24.com aus dem Untertaunus möchte die besten Schlachtmethoden für jeden Genießer verfügbar machen (**Part 1.1**). Einzelne Bereiche können eine Mission formulieren: Der Kundenservice kann die höchste Zufriedenheit der Kunden mit geringstem Aufwand anstreben. Oder das Controlling kann die transparente Buchhaltung mit möglichst geringer Belastung für die Kunden – die Kollegen im Unternehmen – bereitstellen wollen. Oder für ein Projekt: Wir wollen das IT-System mit null Funktionsproblemen für die Nutzer an den Start bringen.

Die Mission sollte, wie die Beispiele zeigen, immer die Wirkung für den Kunden, ob intern oder extern, in den Mittelpunkt stellen. Die »User Centricity« als wesentliches Element der digitalen Transformation entsteht dadurch nahezu automatisch. Jede Maßnahme kann daraufhin überprüft werden, ob sie zur Umsetzung auf irgendeine Weise beiträgt – oder eben nicht. Mit einer

Mission können alle beteiligten Führungskräfte und Mitarbeiter konkrete Erwartungen formulieren, welche Ergebnisse sie erzielen möchten und welche positiven Folgen auch für die eigene Person dadurch entstehen können. Für Digital Leader ist eine Mission ein weiterer machtvoller Spielzug, um die Mitarbeiter zu aktivieren (Part 2.3).

Mission Statement formulieren

 Ein Statement ist ein Satz. Ein Satz, der einen Pflock einschlägt. Ein Satz, der Klarheit schafft: Das ist unser Versprechen. Das treibt uns an. Daran wollen wir uns messen lassen. Digital Leader sind hier in der Führungsrolle. Zu Recht können andere Führungskräfte und Mitarbeiter erwarten, dass ein Digital Leader zur Diskussion stellt, wo die Reise grundsätzlich hingehen soll. Konkrete Ziele für die Umsetzung abzuleiten und zu justieren, ist danach die Aufgabe des gesamten Teams.

Der »Check der Zukunft« (Part 1.1) ist für Digital Leader eine gute Grundlage. Aus den Antworten auf die dortigen Fragen – zuerst: »Warum muss es uns in zehn Jahren noch geben?« – kann die Mission abgeleitet werden. Für den Kundenservice in einem Unternehmen könnte die Antwort auf diese Frage zum Beispiel lauten: Uns muss es noch geben, weil wir die außergewöhnlichsten Kundenbedürfnisse sofort und persönlich lösen können, was kein digitales System leisten wird. Der Kunde wird durch diesen persönlichen Service an unser Unternehmen gebunden. Die Ableitung der Mission könnte sein: Wir erfüllen jeden außergewöhnlichen Wunsch unserer Kunden, damit sie unserem Unternehmen treu bleiben.

In jedem Fall sollten zunächst alle Aspekte gesammelt werden, was das Team, den Bereich oder das Unternehmen einzigartig macht oder was besser gemacht wird als bei jedem Wettbewerber. Die Perspektive dafür ist selbstverständlich ein nachvollziehbares Szenario, wie die digitale Transformation das Arbeitsumfeld verändern könnte. Auf einer Mindmap können die Beziehungen aller Punkte sichtbar gemacht werden. Die Mission sollte den wichtigsten Schnittpunkt aller Punkte enthalten. Bei gleichrangigen Punkten können diese wiederum verknüpft werden. Damit ist der Inhalt der Mission eingegrenzt.

Danach wird der Satz formuliert. Zu Beginn sollten alle möglichen Ideen aufgelistet werden, auch wenn sich diese nur in einem Wort unterscheiden. Bitte nicht frühzeitig Varianten aussortieren, es geht zunächst um das Sammeln. Im Anschluss wird markiert, welche Varianten den eigentlichen Kern am besten treffen. Drei bis fünf Versionen, die sich nicht nur in einem Wort unterscheiden, sind eine gute Auswahl. Dann wird es spannend: Zu jeder Version wird aufgelistet, welches Verhalten oder welche Leistungen im Alltag extrem positiv wären, um die Mission zu verfolgen. Ein Satz pro Punkt sollte genügen. Daneben wird gestellt, welches Verhalten oder welche Leistungen extrem negativ wirksam wären. Schließlich wird jeder Punkt mit der aktuellen Situation abgeglichen, also gefragt, ob der Punkt derzeit Realität ist. Daraus wird ersichtlich, wie anspruchsvoll die Mission ist.

Das schlechteste Ergebnis wäre, dass die Mission bereits voll umgesetzt ist. Dann bestünde kein Handlungsdruck für Veränderungen. Eine Mission, bei der aktuell nur die negativen Aspekte Realität sind, ist zwar sehr anspruchsvoll, damit kann jedoch gezeigt werden, dass der Handlungsdruck enorm und keine Zeit zu verlieren ist.

Der »Check der Zukunft« ist die ureigene Aufgabe einer Führungskraft. Er stellt die Basis für die folgende Kollaboration dar. Der Digital Leader kann dabei entscheiden, wann das eigene Team oder externe Berater einbezogen werden, was durchaus auch erst gegen Ende des Findungsprozesses für die Mission geschehen kann, zum Beispiel, wenn noch eine große Distanz zum Thema digitale Transformation und damit der Notwendigkeit für eine Mission besteht. Im Team kann dann an verschiedenen Varianten der Mission gefeilt und an den konkreten eigenen Verhaltensänderungen zur Umsetzung gearbeitet werden. Diese Detailarbeit sollte in kleinen, moderierten Fokusgruppen von maximal acht Personen erfolgen.

Der Aufwand für die Formulierung einer Mission erscheint hoch – und ist auch hoch, gerade für etablierte Unternehmen. Da eine Mission die gesamte digitale Transformation tragen kann und nicht alle paar Monate geändert wird, ist dieser Einsatz aber gut investierte Zeit.

Selten wird ein Digital Leader den Prozess zur Formulierung einer Mission für das gesamte Unternehmen steuern. Jeder Digital Leader kann jedoch die Mission für den eigenen Wirkungsbereich so formulieren, dass ein Beitrag zur übergreifenden Mission geleistet wird. Dadurch wird eine sehr spannende Frage möglich, die jeder Digital Leader jeden Tag an jeden Mitarbeiter stellen kann: Was habe ich heute getan, um unsere Mission zu erfüllen? Das kann zu Stirnrunzeln bei Kollegen führen: Ist das nicht übertrieben? Keineswegs, können Sie antworten! Jede Führungskraft sollte eine Mission haben. Nur so lässt sich ein stabiles Fundament schaffen, um darauf die verschiedensten Anforderungen in der digitalen Transformation flexibel aufnehmen zu können.

Digital Leader wissen, ihre Mission gibt Mitarbeitern Sicherheit in unsicheren Zeiten.

Unsicher bleibt, ob Ziele, die aus der Mission abgeleitet werden, auch erreicht werden können. In **Part 3.3** wurde bei den letzten Themen »Ziele bestimmen« und »Ziel verfolgen« bereits deutlich, dass Ziele und Teilziele während der Umsetzung im Detail angepasst werden können, zum Beispiel bei der Business Model Canvas oder im Scrum. Der wesentliche auslösende Faktor dafür ist, natürlich – der Nutzer oder Kunde, sind deren veränderte oder bisher unentdeckte Bedürfnisse und Erwartungen.

Mit den aufgeführten agilen Methoden stehen jedem Digital Leader zahlreiche Optionen zur Verfügung, im eigenen Team oder Bereich und darüber hinaus Ziele zu vereinbaren und den Weg, wie ein Ziel entstanden ist, transparent zu machen. Dadurch kann auch verdeutlicht werden, falls ein Ziel verfehlt wird oder die Arbeit an der Umsetzung beendet wird, dass zum Zeitpunkt der Zielsetzung die getroffene Vereinbarung realistisch war. Dieser Faktor ist besonders zu Beginn der digitalen Transformation in einem Unternehmen wichtig: Die Organisation ist noch nicht gewohnt, dass Ziele frühzeitig verändert oder sogar »kassiert« werden aufgrund veränderter Rahmenbedingungen oder Anforderungen der Nutzer.

Ziele zu justieren, ist zwar Teil vieler agiler Methoden. Digital Leader sollten jedoch darüber hinaus im eigenen Wirkungskreis dafür sorgen, dass das Anpassen von Zielen zur Normalität wird – ohne Beliebigkeit zu schaffen. Fatal wäre es nämlich, wenn Ziele als beliebig angesehen werden würden. Dann wäre jede Kraft verloren, das Handeln zu aktivieren, wenn der Gedanke zum Allgemeingut würde: »Lass uns abwarten. Das ändert sich bestimmt wieder. Dann sehen wir weiter.«

Vorgaben erfüllen ist Pflicht

 Natürlich agiert *jeder* Digital Leader mit Zielen, die vorgegeben werden. Das gilt besonders im operativen Betriebsmodus, parallel zur digitalen Transformation. Das ist die Pflicht und wird in der Regel die meiste Zeit der Arbeit als Führungskraft beanspruchen. Aber was zählt, das ist die Qualität!

Zum neuen Denken als Digital Leader (Part 1.4) gehört, die Ziele im Standardmodus möglichst effizient zu verfolgen und zu erfüllen, um so den Raum und die Zeit für die selbst bestimmten oder auch im Unternehmen formulierten Ziele zur erfolgreichen digitalen Transformation zu schaffen. Im Bewusstsein zur Bimodalität der eigenen Führung fällt es nicht schwer, die Ziele für das eigene Tagesgeschäft als Grundlage der parallelen Transformation zu verfolgen.

Der Digital Leader als Navigator schafft über die SMART-Regel (Part 2.1) attraktive Ziele, die in einem bestimmten Zeitraum zu nachvollziehbaren Ergebnissen führen können. Daraus ergibt sich, dass Ziele innerhalb der Mission, die länger trägt, nicht über ein Jahr hinaus reichen sollten. Sonst sind das A in Smart »Attractive« und das T für »Timely«, also zeitnah und bestimmt, kaum zu erfüllen. Längerfristige Ziele haben in Zeiten der digitalen Transformation zudem den Charakter von Schätzungen, was erreicht werden könnte. Das Justieren solcher Ziele ist – durch die unkalkulierbaren und unvorhersehbaren Einflüsse in der VUKA-Welt (Part 1.3) – höchst wahrscheinlich. Falls ein Digital Leader unbedingt im Rahmen der digitalen Transformation längerfristige Ziele setzen möchte (oder muss), ist es umso wichtiger, dass die Zieljustierung ein ganz normaler Vorgang ist. Die Qualität der Ziele wird dadurch erhöht, nicht deren Attraktivität gesenkt. Die Fähigkeit zur Zieljustierung ist allerdings nicht selbstverständlich: Konsequent an Zielen festzuhalten und streng an deren Erreichung gemessen zu werden, egal was passiert, ist ein Junktim der traditionellen Führung in Unternehmen.

Digital Leader machen die vereinbarten Ziele und Faktoren zur Bewertung transparent.

Der SMART-Regel folgend sind die wesentlichen Eckpunkte für die Veränderung von Zielen zur erfolgreichen digitalen Transformation:

✔ **Ergebnisse:** Die spezifischen und messbaren Resultate, die letztlich erreicht werden sollen, können infrage gestellt werden. Die ersten Rückmeldungen der Nutzer stellen beispielsweise ganz andere Aspekte in den Vordergrund. Deren Verfolgung steigert die Attraktivität für den Nutzer und damit auch die Motivation der Mitarbeiter zur weiteren Verfolgung des Projekts. Entsprechend werden die Ziele angepasst.

✔ **Ressourcen:** Die vorhandenen Kompetenzen und Aufwände stellen sich als unzureichend heraus, um die Ziele erreichen zu können. Eine Erweiterung der Ressourcen, zum Beispiel durch externe Spezialisten, ist unverhältnismäßig gegenüber den beabsichtigten Wirkungen. Daher sind die Ziele anzupassen.

✔ **Technologie:** Die Herstellung der notwendigen Infrastruktur erweist sich als unrealistisch, entweder innerhalb des gesetzten Zeitrahmens oder im anvisierten Kostenrahmen. Natürlich besteht die Möglichkeit, das Budget zu erhöhen, wenn die mögliche Wirkung dieses zusätzliche Investment rechtfertigt. Die Justierung der Ziele ist meistens einfacher.

✔ **Zeit:** Die Erreichung der Ziele, auch unter leicht erweiterten Vorgaben (maximal plus 20 bis 30 Prozent der Zeit), ist unwahrscheinlich. Die Ziele werden überprüft, ob im Rahmen der ursprünglich anvisierten Zeit andere sinnvoll nutzbare Meilensteine erreichbar sind, zum Beispiel als bedeutsame Zwischenstufe zum eigentlichen Ziel.

Größere Kunden finden

Wir leben in Zeiten der »Share Economy«. Nicht mehr der Besitz, die gemeinsame Nutzung schafft Wert. Eine Verkehrsgesellschaft entwickelte mithilfe von Design Thinking und der Business Model Canvas ein Konzept für eine neuartige Mitfahrgemeinschaft, ergänzend zum klassischen öffentlichen Nahverkehr: Das Fahrzeug wird gestellt, Pendler buchen sich in eine Tour, die sich durch die Mitfahrer ergibt und automatisch über das IT-System mit aktuellen Verkehrsdaten in das Navigationssystem eingegeben wird. Über das Mobiltelefon erfolgt der Zugang zum Fahrzeug. Einer der Mitfahrer übernimmt das Steuer. Bei den üblichen Minibussen bis zu acht Personen ist das kein Problem und rechtlich möglich (sobald selbstfahrende Fahrzeuge vorhanden sind, entfällt auch dieser Schritt). Jeder Mitfahrer sieht, wo das Fahrzeug ist und wann es am Treffpunkt ankommt. Die Abrechnung erfolgt pro Kilometer, jeder Teilnehmer zahlt zudem eine geringe monatliche Grundgebühr.

Das Ziel war, neue Kunden, die bisher nicht in Bussen und Bahnen unterwegs waren, »von der Straße zu holen«. Der Service sollte günstiger sein als das eigene Fahrzeug. Die Zeit konnte besser genutzt werden, als im Stau zu fahren. Dafür wäre der Kunde auch bereit, durch das Aufsammeln der Mitfahrer fünf bis zehn Minuten länger unterwegs zu sein. So das Ergebnis der ersten Prototypen: eine Befragung auf dem Papier. Der erste Testbetrieb erfolgte noch mit einem Fahrer der Verkehrsgesellschaft, damit die Logistik zunächst möglichst einfach blieb und auch kein neues IT-System programmiert werden musste. Vier Ortschaften als Startpunkte und eine Zielregion wurden ausgewählt. Schnell zeigte sich, dass die Verteilung am Zielort als lästig empfunden wurde. Das Fahrzeug kreiste aus Sicht der Nutzer zu viel umher. Die anderen Vorteile konnten diesen kleinen Nachteil nicht kompensieren.

Das Ziel wurde justiert. Unternehmen wurden als weitere Kunden bestimmt. Sie sollten ihren Mitarbeitern den neuen Service anbieten und die Grundgebühr zahlen. Damit wird das Problem gelöst, dass es zu viele Ziele gibt, wenn bereits die Hälfte der Insassen im Bus dasselbe Ziel hat. Im Ergebnis wurden Unternehmen im ersten Schritt die wesentlichen Kunden. Auf dieser Basis kann dann die Masse angesprochen werden. Dort wird das Konzept so richtig erfolgreich sein, sobald selbstfahrende Fahrzeuge bereitstehen. Dann hat jeder Kunde in der Gemeinschaft den Vorteil, nicht mehr selbst fahren zu müssen und schnell zum Ziel zu kommen.

Jeder Digital Leader sollte zu Beginn eines jeden Projekts festlegen oder die Festlegung im verantwortlichen Team einfordern, wann die Ziele justiert werden und auch wann das gesamte Projekte infrage gestellt werden sollte. Bei der Beantwortung dieser Fragen können sich bereits in der Planung weitere Teilziele ergeben, die anschließend zur Überprüfung des bisherigen Weges sinnvoll sind. Insofern sollte das Thema Zielverfolgung und -anpassung ein Kernelement eines jeden Kick-offs sein.

Während des Projekts verfolgen Digital Leader aufmerksam, wie gemeinsam im Team die Anpassung von Zielen erfolgt (die agilen Methoden in Part 3.3 bieten eine Vielzahl an Instrumenten). Selten gibt es die unabweisbaren Fakten, die eine ganz objektive, zweifelsfreie Entscheidung ermöglichen. Selbstverständlich kann der Digital Leader »das letzte Wort« haben, wenn im Team an der ursprünglichen Zielsetzung festgehalten wird, obwohl die bisherigen Ergebnisse dagegensprechen. Oder wenn die Ziele angepasst werden sollen, um den Druck auf das Team zu reduzieren, obwohl die Fakten gar nicht so schlecht aussehen.

Digital Leader machen transparent, warum sie eine Zielanpassung erneut verändern oder überstimmen.

Im Zweifel ist eine gewisse Überforderung zum »Nichtlockerlassen«, zum Nachdenken über weitere Spielzüge und zur Verbesserung der Spielkombination besser. Ein bisschen Tempo rauszunehmen geht immer, das Tempo zu erhöhen ist schwerer. Wer beim Start schon weiß, dass das Ziel auf jeden Fall erreicht wird, der strengt sich sofort weniger an und sucht nicht so intensiv nach den aktuell besten Spielzügen. Zudem ist die Zufriedenheit größer, wenn ein anspruchsvolles Ziel erreicht ist und dabei im Idealfall sogar die eigenen Erwartungen übertroffen werden. Dieses Gefühl, über sich hinauswachsen zu können, trägt in der digitalen Transformation dazu bei, immer wieder einen neuen anspruchsvollen Schritt wagen zu können.

Das ist Okay!

»Objectives« und »Key Results« = OK. Darum geht es in der digitalen Transformation. Das gilt auch in der Führung von Mitarbeitern und Bewertung von deren Leistungen. Diese sollten OK sein! Okay bedeutet in diesem Fall: ein Ziel verfolgen und darin ein wesentliches Ergebnis erreichen. Mit dem Konzept (häufig auch etwas sperriger OKR bezeichnet) können Digital Leader gemeinsam mit jedem ihrer Mitarbeiter die Ziele in der Zusammenarbeit und den jeweiligen Beitrag zum Gesamterfolg bestimmen, transparent bewerten und ebenso flexibel justieren, wie dies auch bei Teams und Projekten erfolgt. Besonders unter jungen Mitarbeitern besteht die Erwartung, laufend und nicht nur einmal pro Jahr über die Ergebnisse der eigenen Arbeit zu sprechen (Part 1.2).

OKR lässt sich mit der Zielbestimmung für Teams oder Projekte koppeln: Welches persönliche Ziel soll verfolgt und welches Ergebnis erreicht werden? Das kann in einem Projekt zum Beispiel die Aneignung neuer Kompetenzen sein, die dann wesentlich zum Gesamterfolg beitragen. Diese Aneignung kann an konkreten Leistungen oder Resultaten festgemacht werden, wie die Erlangung eines Zertifikats. Aus dem anvisierten Ziel und Ergebnis werden die Maßnahmen abgeleitet, die der Mitarbeiter selbst organisiert umsetzt – mit Ressourcen, die der Digital Leader bereitstellt, und ggf. parallel zu einem Projekt.

OKR kann auch innerhalb bestehender Zielvereinbarungssysteme und traditioneller Methoden zur Mitarbeiterführung eingesetzt werden, die in Unternehmen etabliert sind – quasi als Konkretisierung und Übersetzung langfristiger Entwicklungspläne in die tägliche Arbeit. OKR ist wesentlich einfacher zu managen als zum Beispiel komplexe Systeme mit vielen mittel- oder langfristigen KPI (Key-Performance-Indikatoren), wie zum Beispiel bei der Balanced Scorecard. OKR ist durch die kurzen Zyklen viel aktivierender und motivierender für Mitarbeiter: Die Ziele passen spezifisch zur eigenen Person. Die Ergebnisse sind schnell greifbar. Zudem lassen sich kontinuierlich weitere Verbesserungen oder auch kleine Fortschritte gut bemessen. Digital Leader können – wenn das gegenseitige Vertrauen in einem Team oder einer ganzen Organisation bereits hoch entwickelt ist – die einzelnen OKR transparent machen und verknüpfen: Mitarbeiter A trägt mit seinen OKR zum Erfolg von Mitarbeiter B und dem gesamten Team bei.

OKR erfordert insgesamt sehr wenig an Dokumentation. Ob finanzielle Anreize damit verknüpft werden, hängt auch von der Tradition in Unternehmen ab, falls es zum Beispiel bisher üblich ist, dass individuelle Bewertungen im »Performance Management« automatisch den Bonus bestimmen. In vielen Unternehmen wurden allerdings in den letzten Jahren die Anteile an den Bonuszahlungen erheblich reduziert, die auf der individuellen Leistung basieren. Hier bietet OKR ebenso den Vorteil, weiterhin individuelle Ziele und Ergebnisse sichtbar zu machen und anzuerkennen (wenn auch nicht monetär). In jedem Fall gilt als Fazit: Digital Leader und seine Mitarbeiter sollten in der Bewertung möglichst häufig sagen können: »Ja, das war echt okay!«

Im Ergebnis ermöglichen Digital Leader durch ihre verbindlichen Spielzüge zur Bestimmung, Veränderung und Anpassung der Ziele, dass im direkten Wirkungsbereich (und durch das gute Beispiel auch darüber hinaus) der flexiblere Umgang mit Zielen gelernt wird, ohne beliebig zu werden. Ziele bleiben *der* Antriebsmotor in der digitalen Transformation und erhöhen die Agilität in der Organisation, gerade weil Digital Leader die Fähigkeit zur Anpassung aufbauen, damit Ziele relevant und erreichbar bleiben. Dafür ist auch der nächste Spielzug wichtig, die Bewertung von Ergebnissen.

Part 3.6 Ergebnisse – Veränderungen ableiten und Aufträge justieren

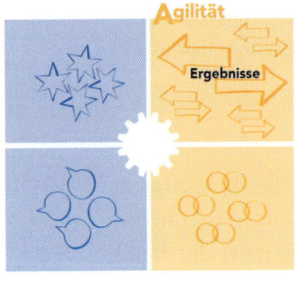

Während der digitalen Transformation liegen laufend Ergebnisse auf dem Tisch. Je nach Produkt, Service oder Ablauf und den vorhandenen Instrumenten zum Sammeln und Auswerten von Daten liegen dem Digital Leader sogar in Echtzeit Ergebnisse vor. Das ist ja ein wesentlicher Vorteil im digitalen Zeitalter: schnell alle Ergebnisse transparent haben zu können. Jede Führungskraft sieht unverfälscht, was passiert ist. Gute IT-Systeme geben aus den Ergebnissen Prognosen ab, was künftig passieren könnte, und machen Vorschläge, was getan werden sollte.

Nehmen Sie an, dass Ihnen alle Ergebnisse transparent sind und Sie quasi nur noch den Vorschlägen für die weiteren Spielzüge folgen müssten, um Veränderungen abzuleiten und die Aufträge an das Team zu justieren. Wäre dann Ihre Arbeit als Digital Leader erledigt? Im Gegenteil! Je mehr und schneller alle möglichen Ergebnisse vorliegen und Vorschläge abgeleitet werden, umso wichtiger wird die Fähigkeit als Digital Leader, aus allen Informationen die besten Spielkombinationen zu bestimmen. Erinnern Sie sich an den Einstieg in Part 1: Das Adaptieren der Herausforderungen und Antizipieren der besten Handlungsoptionen in Bezug auf die vorhandenen Ressourcen und Fähigkeiten ist Kern der Digital Leadership. Das kann kein Algorithmus ersetzen.

Aktuell ist in vielen Unternehmen die Situation, wie mit Ergebnissen umgegangen wird, noch sehr analog und alles andere als konstruktiv, um in der digitalen Transformation die notwendige Agilität zu schaffen. Das bekannte Schwarze-Peter-Spiel »Wir suchen einen Schuldigen« ist typisch für das Pingpong, um die Verantwortung aus dem eigenen Bereich fernzuhalten und damit negative Konsequenzen zu vermeiden. Kommt Ihnen das bekannt vor? Bestimmt fallen Ihnen noch andere Symptome ein, die den wenig hilfreichen Umgang mit Ergebnissen in der funktionalen Hierarchie kennzeichnen! Damit kein Missverständnis entsteht: Aus der Vergangenheit Konsequenzen zu ziehen, um das erneute Eintreten eines Ereignisses oder Ergebnisses zu vermeiden, ist in bestimmten Situationen richtig und notwendig, wie bei Verstößen gegen Recht und Gesetz o. Ä. Das gilt ebenso für Digital Leader in ihrer Tätigkeit, die auch im Rahmen der digitalen Transformation geltende Regeln zu beachten haben. Sie tragen dafür weiter die Verantwortung. Diese ist als Pflicht »gesetzt« und sollte von Ihnen nicht vergessen werden. In diesem Kapitel geht es aber um die Kür.

Digital Leader antizipieren die Wirkung von Ergebnissen auf die nächsten geplanten Spielzüge.

Im Innovationsmodus eines Digital Leader haben Schuldzuweisungen für die Vergangenheit keinen Nutzen, um die Zukunft zu gestalten. Das Justieren der Verantwortungen und Aufgaben erfolgt in Hinblick darauf, wie die Leistung verbessert werden kann und wer wann wie für die anstehende Spielkombination am besten eingesetzt werden sollte. Aufgrund der Unsicherheiten und Unklarheiten über die weiteren Entwicklungen in der digitalen Transformation ist der Horizont für die Planungen eher kürzer als gewohnt, die Justierung erfolgt insofern häufiger. Das muss nicht nur als Digital Leader gelernt werden, auch die Mitarbeiter sollten in dieses Wechselspiel hineinwachsen, damit dieses nicht zu einem ständigen »Wechselbad der Gefühle« wird.

Mit kleinem Geld anfangen

Wochenlange Abstimmungen im zähen Ringen um Zahlen, die erstritten und verteidigt werden, und alles auf Basis von Schätzungen und Vermutungen, die auf Erfahrungen der Vergangenheit beruhen. So verlaufen bis heute viele Budgetprozesse.

Innovationen im digitalen Zeitalter werden so verhindert. Es wird sogar eher Geld für Projekte verbrannt, die zukunftsträchtig erscheinen, sich wenige Monate später aber als Rohrkrepierer erweisen. Da das Budget aber noch nicht verbraucht ist, wird weitergemacht bis zum bitteren Ende – des Gelds und des Projekts. Der Misserfolg wird dann irgendwie begründet, um das wichtigste Ziel zu erreichen: das Budget für das nächste Jahr oder Projekt zu erhalten.

Etablierte Budgetentscheidungen behindern nicht nur Innovation, sie verhindern diese sogar. Stattdessen lautet das Motto erfolgreicher Digital Leader: »klein anfangen«. Das Budget sollte stets knapp bemessen sein und für den ersten Spielzug ausreichen, damit möglichst schnell und fokussiert Ergebnisse entstehen – und bei Erfolg weiteres Geld für den nächsten Spielzug fließen kann.

Ein Beispiel: Zunächst stellen Sie nur so viel Geld und Zeit bereit, damit ein erster Kundentest mit einem minimal funktionstauglichen Produktentwurf bereits erste wichtige und möglichst auch überraschende Ergebnisse liefert. Und die sind am besten so, dass die ursprünglichen Planungen überarbeitet werden müssen, um besser zu werden, als beim Start gedacht. Und so geht es weiter, Schritt für Schritt, und das schnell – jedenfalls viel schneller, als nach einem Jahr zu sehen, was aus dem Budget geworden ist.

Digital Leader verdeutlichen die Chancen zur Gestaltung, die durch »kleinere Ergebnishappen« entstehen (Part 2.5 zeigt die Instrumente für die Kommunikation): mehr eigener Einfluss, mehr mögliche Erfolgserlebnisse, weniger wirkungsloses Arbeiten, weniger größere Hindernisse und weniger »Bullshit-Bingo«, wer was nicht gemacht hat. Letztlich erhöhen die ständige Bewertung von Ergebnissen, das Ableiten von Veränderungen und das Justieren der Aufgaben den gemeinsamen Einfluss innerhalb der digitalen Transformation.

Digital Leader bewerten Ergebnisse selten ganz alleine.

Sie können schon sehr weit darin sein, dieser Formel zu folgen: Im Geben von Resonanz (**Part 2.6**) und im Reagieren auf Fehler (**Part 2.8**), im Action Learning (**Part 3.2**) und im Einsetzen von agilen Methoden (**Part 3.3**) bieten sich jedem Digital Leader eine Vielzahl von Anlässen und Instrumenten, Ergebnisse nutzbar zu machen. Durch diese Vielzahl an bereits vorhandenen Möglichkeiten zur Bewertung von Ergebnissen beschränkt sich dieses Kapitel auf die wenigen noch ausstehenden Aspekte. Die Auswirkung der Bewertung von Ergebnissen kann sein – und zwar für das gesamte Team: »Ja, wir machen genau so weiter!« Oder das andere Extrem: »Nein, das lassen wir lieber bleiben!« Erinnern Sie sich dann an die Bedeutung von FAIL als Akronym: First Attempt In Learning.

Digital Leader wissen, im Nutzen von Ergebnissen zeigt sich, wie agil ein Team, Bereich oder Unternehmen wirklich ist. Die ständige Interaktion, aus der Kombination von positiven und negativen Ergebnissen (nicht individuellen Meinungen) in der digitalen Transformation erfolgreich fortzuschreiten, führt letztlich zu einer Kultur, in der über Agilität und Flexibilität nicht geredet wird. Beide sind einfach da und halten eine Organisation zusammen wie der Mörtel die Steine für eine stabile Wand.

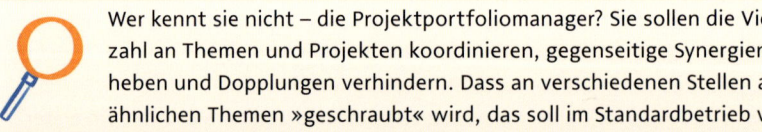

Doppelt hält besser

Wer kennt sie nicht – die Projektportfoliomanager? Sie sollen die Vielzahl an Themen und Projekten koordinieren, gegenseitige Synergien heben und Dopplungen verhindern. Dass an verschiedenen Stellen an ähnlichen Themen »geschraubt« wird, das soll im Standardbetrieb von Unternehmen vermieden werden. In der digitalen Transformation ist das parallele Arbeiten jedoch ein Vorteil: Aus verschiedenen Blickwinkeln wird ein Thema beleuchtet. So steigt die Chance, einen Ansatz zu finden, der das Unternehmen weiterbringt. Einzige Bedingung ist: Die Ergebnisse werden in kurzen Abschnitten verfolgt und für alle transparent gemacht. Dann wird es möglich, die Teams zu verknüpfen, wenn zu einem Zeitpunkt das Ergebnis lautet: Ja, hierfür setzen wir viel Energie und Einsatz ein!
Ein mittelständischer Maschinenbauer mit 800 Mitarbeitern sah in der Aktivierung aller Energien im Unternehmen und im gegenseitigen Austausch der Mitarbeiter die Chance, im »Konzert der Großen« mitzuhalten und diese sogar zu überholen. Das Motto lautete, um ganz neues Potenzial zu aktivieren, das die digitale Transformation bietet: »Wir sind wenige, aber schneller und besser vernetzt.« Ein Vorteil war,

dass es keine klassische Forschungs- und Entwicklungsabteilung gab. Neue Produktideen kamen schon immer aus dem Vertrieb und im Kontakt mit den Kunden. Parallel wurden mehrere Gruppen aus verschiedenen Unternehmensbereichen gebildet, die an der gleichen Frage arbeiteten: »Wie schaffen wir mehr Nutzen für den Kunden, *ohne* unsere Produkte zu verändern?« Die Gruppen gingen auch zunächst unterschiedlich vor, einige nutzten Design Thinking, andere gingen raus auf Messen und Kongresse zur Inspiration. Die einzige Vorgabe war: Bitte nach 100 Tagen eine oder mehrere Ideen vorlegen, die bereits in einem ersten Kundenkontakt grob überprüft worden sind.

Auf einer »Hausmesse« wurden alle Ideen den Kollegen vorgestellt, manche überlappten sich und hatten, glücklicherweise, verschiedene Kundenrückmeldungen. Zusätzlich erfolgten »Elevator Pitches« bei der Geschäftsführung. In wenigen Minuten wurde jede Idee vorgestellt: Das ist das Problem, das ist die Lösung und das der Nutzen. Dann folgte die Abstimmung: Die Geschäftsführung beriet sich, wählte ihre Top 5 und im Intranet durften alle Mitarbeiter wählen und für maximal drei Ideen stimmen. Denn, was jeder wusste, die Ressourcen zur Umsetzung sind bei uns begrenzt. Nicht alles geht auf einmal. Das wenig Überraschende nach dieser Kollaboration war: Die Liste der von den Mitarbeitern gewählten Ideen war mit den Top 5 der Geschäftsführung bis auf eine Idee identisch!

Nachfolgend wurden drei Projekte aufgesetzt, bei denen jeweils Prototypen der neuen Serviceangebote gebaut wurden. Die Motivation aller Beteiligten war hoch – durch den Ablauf zuvor. Nach einem halben Jahr konnte bei einer Idee – einer besonderen Service-Flatrate – sogar die erste Rechnung an einen Kunden geschrieben werden. Das übertraf alle Erwartungen. Der Erfolg hing nicht nur an einem Team, alle Mitarbeiter waren irgendwie beteiligt. Daher wurde in der gesamten Organisation das Selbstbewusstsein gestärkt, als Schnellboot im Markt viele »Fanggründe« in der digitalen Transformation vor dem Wettbewerb entdecken und ausschöpfen zu können.

Ist das Glas halb voll oder halb leer?

»Gut, aber nicht gut genug!« – das könnte das Ergebnis einer Bewertung sein. Selten wird in Zeiten der digitalen Transformation ein anvisiertes Ziel eins zu eins erreicht werden. Das gilt besonders in Testphasen von neuen Abläufen oder Anwendungen, Services oder Produkten. Meistens gibt es Abweichungen oder auch große Unterschiede zum gesetzten Ziel. Ist dann das Glas halb voll oder halb leer? Ergebnisse zu bewerten, ist eine Herausforderung – und das immer wieder aufs Neue.

Digital Leader bewerten mehr als nur die anvisierte Zielsetzung.

Schauen Sie ebenfalls auf interessante Nebenaspekte, unabhängig von den eigentlichen Zielen? Betrachten Sie auch die ursprünglichen Annahmen für die Zielsetzung und mögliche veränderte Rahmenbedingungen? Dadurch können sich Hinweise ergeben, auf anderen Wegen zum ursprünglichen Ziel zu gelangen oder auch neue Ziele zu bestimmen. In der digitalen Transformation entstehen viele Grauzonen zum Interpretieren. Deshalb gilt: Das Studieren im Probieren geht über einzelne Zahlen hinaus. Hier einige mögliche Blickwinkel, um neue Perspektiven auf Ergebnisse zu schaffen, die in der digitalen Transformation eng mit dem Verhalten der jeweiligen Kundengruppen verknüpft sind. Den Einsatz des Spielzugs bestimmen Sie als Digital Leader – je nach Anlass und Thema, das Sie vorantreiben. Erneut agieren Sie vor allem als Fragesteller, weniger als Antwortgeber:

✔ **Annahmen:** Die Zielsetzung basierte auf einigen wesentlichen Annahmen, die häufig nach bestem Wissen formuliert und geprüft wurden. Im Projektverlauf kann sich dennoch ergeben, dass sich Annahmen als falsch erweisen. Vielleicht hat diese Veränderung zum Verfehlen des Ziels geführt und für den weiteren Verlauf neue Impulse gegeben, an die bisher nicht gedacht worden war. Beispielsweise wird häufig die Zahlungsbereitschaft und Preissensibilität, Nutzungsbereitschaft, -dauer und -häufigkeit falsch eingeschätzt, besonders für neue Produkte und Services. Entsprechend unterscheiden sich Verkauf und Nutzung. Eine neue Option könnte sein, das Angebot zu verschlanken, um den Preis anzupassen oder den Einstieg zur Nutzung zu erleichtern.

✔ **Ziel:** Das ursprüngliche Ziel (Umsatz, Stückzahlen, Nutzerzahlen oder Nutzungsdauer, ...) basierte auf den Annahmen. Vielleicht war die Zielsetzung zu ambitioniert oder auch zu zurückhaltend formuliert, falls das Ziel übertroffen wird. Die Bewertung, nur weil ein Ziel erreicht wurde, ist alles im grünen Bereich, könnte ein Trugschluss sein. Die Gründe für das Ergebnis sollten hinterfragt werden. Zum Beispiel könnte provozierend darauf eine Antwort verlangt werden: Welche Veränderungen an unseren Abläufen oder Anwendungen, Services oder Produkten wäre am besten, um das Ergebnis zu verschlechtern? Darüber kann zum wesentlichen Kern des Erfolgs vorgedrungen werden, falls dieser nicht offensichtlich ist.

✔ **Teile:** Hinter dem gesamten Ergebnis liegen Teilgruppen, einzelne Nutzertypen oder Anwendungsarten. Gibt es hier signifikante Unterschiede? Wurde irgendwo das Ziel doch erreicht oder auch übertroffen? Wenn ja, was waren hierfür die Ursachen? Welche Lehren können für die Bewertung der gesamten Zielsetzung gezogen werden? Ist im weiteren Vorgehen eine Fokussierung sinnvoll? Vermeintliche Randaspekte bei Ergebnissen können neue Türen öffnen.

✔ **Szenario:** Mit den Ergebnissen kann antizipiert werden, was passieren müsste, um das ursprüngliche Ziel zu erreichen. Welche Veränderungen wären entscheidend dafür? Was kostet das an Zeit und Geld? Macht es Sinn, diese Veränderungen umzusetzen und zu überprüfen? Wie hoch ist die Wahrscheinlichkeit? Aus dem Szenario ergibt sich zumeist eindeutig, ob ein Ziel weiterverfolgt, grundsätzlich angepasst oder fallen gelassen werden sollte. Natürlich basieren diese Einschätzungen erneut auf Annahmen. Diese basieren jedoch auf ersten Ergebnissen und sind insofern realitätsnah.

Weniger ist besser

Chatbots ermöglichen als computergestützte dynamische Dialog-systeme jeden Tag rund um die Uhr den persönlichen Kundenkontakt – wenn das System zuvor gut programmiert und trainiert wurde und sich danach im Betrieb durch jeden Kontakt verbessern kann (Exkurs in Part 1.2). Ein Versicherungsunternehmen wollte diesen Vorteil im Service für seine Bestandskunden nutzen, damit diese nicht mehr auf E-Mails warten müssten oder in einer Warteschleife hingen und zugleich möglichst bereits im ersten Kontakt das Anliegen erfüllt bekämen.

Auf der Website wurde das System getestet, dort in einem Dialogfenster mit Texteingabe. 1.000 Fragen und Antworten waren die Grundlage. Mit jedem Kontakt lernte das System dazu. Die Ergebnisse waren positiv, 80 Prozent der Kontakte wurden innerhalb von einer Minute an die richtige Stelle auf der Website oder einen spezialisierten Berater vermittelt. Sogar Produktempfehlungen und Vertrags-abschlüsse fanden statt – was so nicht erhofft worden war.

Nach wenigen Monaten ging das System auch am Telefon für alle Bestandskunden an den Start und – die große Überraschung passierte: Die Qualität sank drastisch auf unter 60 Prozent einer zufriedenstellenden Lösung, gemessen an allen Kundenkontakten. Das System erkannte zwar die Sprache genauso gut wie die Schrift. Menschen sagen jedoch nicht immer genau das, was sie meinen und möchten. Sie nuscheln, sprechen eher ungenau, in halben Sätzen oder zu kurz und missverständlich, auch für andere Menschen.

Der genaue Blick auf die Ergebnisse zeigt aber enorme Unterschiede hinsichtlich der Themen. Bei Standardthemen, wie Adressänderungen oder auch Schadensmeldungen, lag die Erfolgsquote bei über 90 Prozent. Dort konnte das System das Anliegen gut nachvollziehen. Sofort wurde das System umgestellt, mit einem winzigen Nachteil. Zu Beginn des Telefonats mussten die Kunden kurz eine Frage beantworten: »Möchten Sie Angaben an einem Ihrer Verträge ändern oder einen Schaden melden? Dann sagen Sie jetzt bitte Ja.« Bei einem Nein wanderte die Anfrage in das Callcenter. Die Mitarbeiter dort wurden von den lästigen Standardthemen entlastet und konnten mehr Zeit auf andere Anliegen verwenden. Im Ergebnis stieg die Erfüllungsrate aller Anfragen auf allen Kanälen im Erstkontakt auf weit über 90 Prozent.

Diese Art der Bewertung von Ergebnissen – offen für neue Perspektiven – ist nicht selbstverständlich. Die meisten Organisationen sind durch ein festes Korsett an Erfolgsindikatoren geprägt. Dieses Denken und Handeln abzuschütteln, sobald in den Modus der digitalen Transformation geschaltet wird, ist besonders für die Führungskräfte kein leichter Spielzug. Den neuen

Umgang mit Ergebnissen transparent zu machen und die Teilhabe daran zu ermöglichen (**Part 2.2**), erleichtert den Sprung. Ebenso wird die eigene Haltung unterstützt durch die Anerkennung und das Lob an die Mitstreiter im Team (**Part 2.3**). Dadurch erhalten Digital Leader als Spielmacher umgekehrt positive Rückmeldungen, dass der eingeschlagene Weg produktiv ist, und können so das weitere Vorgehen verbessern und letztlich die digitale Transformation erfolgreich gestalten.

Besonders wenn die Ergebnisse unterschiedliche Interpretationen zulassen, wird eine weitere Aufgabe jeder Führungskraft anspruchsvoll – Entscheidungen treffen. Auch hier setzen Digital Leader neue Akzente, wie das nächste Kapitel aufzeigt.

Part 3.7 Entscheidung – Prinzipien statt nur Hierarchien folgen

Aus den Zielen und Ergebnissen ergeben sich Entscheidungen. Erst dieser Dreiklang schafft Agilität. Aus Entscheidungen können sich erneut Ziele ergeben und weitere Ergebnisse erreichen lassen. Ein Digital Leader schafft im Dreiklang seine eigene Spielkombination.

Diese Klammer wird ganz bewusst gegen Ende von Part 3 geschaffen. Denn alle anderen bisherigen Kapitel in Part 2 und Part 3 haben die Grundlage geschaffen, dass ein Digital Leader diesen Dreiklang spielen kann, ohne ganz alleine die Ziele bestimmen, Ergebnisse bewerten und Entscheidungen treffen zu wollen. Das ist der wesentliche Unterschied zum Standardmodus zur Optimierung des bestehenden Geschäfts. Dort bestimmen im Wesentlichen die Position und Funktion über Entscheiden und Nicht-Entscheiden. Ein Manager kann sich das erlauben, denn die Führungskraft ist in traditionellen Unternehmensstrukturen für die Erreichung des Ziels verantwortlich, das innerhalb der Struktur und Hierarchie bestimmt wurde.

Digital Leader entscheiden, was wie entschieden wird.

Wie beherrschen Sie bereits das Wechselspiel in Ihrer Entscheidungsweise? An diesem Punkt zeigt sich, wie weit Ihre »Lust am Machtverlust« reicht. Erinnern Sie sich! Das ist eine der wichtigsten Regeln für Digital Leader, die gleich zu Beginn des Gamebooks aufgestellt wurde. Zusätzlich haben Sie in Part 2.1 bereits viel zum besonderen Verständnis der Hierarchie erfahren. Der Stresstest für dieses Verständnis sind Entscheidungen. Greift eine Führungskraft bei der nächstbesten Gelegenheit in den vereinbarten Entscheidungsprozess ein, der mit seiner Rolle festgelegt wurde, und überstimmt einen Beschluss, der zuvor nach verbindlichen Prinzipien getroffen wurde, dann wird über kurz oder lang die gesamte Digital Leadership infrage gestellt. Mitarbeiter werden sich denken: »Was soll das? Dann kann unser toller Digital Leader wieder alles selbst entscheiden!«

Ausdrücklich sei nochmals betont: Es geht hier nicht um den operativen Effizienzmodus, in dem Führungskräfte im Alltag eindeutig Entscheidungen zu treffen haben, ausgelöst durch ihre Funktion, die Regulation oder gesetzliche Vorschriften. So können komplizierte, aber abgrenzbare Situationen beherrscht werden. Das ist auch künftig möglich und notwendig. Es geht um die erfolgreiche digitale Transformation, den Entwicklungsmodus im komplexen

VUKA-Umfeld. Und dort wäre ein gleichartiges Vorgehen eher hemmend, sogar kontraproduktiv.

Es werden nie alle Informationen vorliegen und es wird nicht immer klar sein, welche Informationen relevant sind für eine Entscheidung. Führungskräfte, die traditionell versuchen, die wesentlichen Variablen zu bestimmen und zu klären, verlieren sich automatisch im Kleinklein – und viel schlimmer: Die besondere Gelegenheit zum Fortschritt könnte vorbei sein.

Jede Entscheidung während der digitalen Transformation nimmt äußere Ungewissheit und eigene Unwissenheit hin. Erinnern Sie sich an den Beginn des Gamebooks in **Part 1.1**: Digital Leader sind Wildwasserfahrer, die jeden neuen Impuls und jede überraschende Entwicklung aufnehmen, schnell entscheiden und die Entscheidung wieder justieren. Die schlechteste Entscheidung ist immer – keine Entscheidung!

Digital Leader sorgen auch bei widersprüchlichen und unvollständigen Informationen für rechtzeitige Entscheidungen.

Widersprüchliche und unvollständige Informationslagen sind normal während der digitalen Transformation. Umso wichtiger ist, schnell Entscheidungen zu treffen, zu ermöglichen oder zu fordern – und das fortlaufend. Dann wieder sind Entscheidungen zu revidieren, die sich als untauglich erwiesen haben. Insgesamt wird sich die Entscheidungsdichte erhöhen und der Entscheidungshorizont verkürzen. Nur so ist Agilität haltbar. Unsicherheiten in jeder Entscheidung werden nicht ignoriert oder verdrängt, vielmehr als unbestimmbare Variable akzeptiert. Zu wissen, was man nicht weiß, ist ein wichtiges Kapital. Denn falls diese unkalkulierbaren Faktoren Realität werden, tritt zum Beispiel Plan B der Entscheidung in Kraft.

Digital Leader zögern nicht, angesichts neuer Rahmenbedingungen Entscheidungen zu revidieren. Das alles ist allerdings leichter gesagt als getan. So ist die Welt in den meisten Unternehmen nicht, werden Sie vielleicht jetzt denken. Ja, genau! Deshalb zeigt das Gamebook Spielzüge, um in dieser Welt als Digital Leader auf die besondere eigene Art zu entscheiden, damit die digitale Transformation gelingt. Dazu gehört nicht nur, das Top-Management zu überzeugen (**Part 4.11**). Dazu gehört an erster Stelle, mit sich selbst »im Reinen zu sein«, die bestmögliche Entscheidung getroffen oder zugelassen zu haben. Das bedeutet vor allem, über die eigenen Bedürfnisse und mögliche Folgen einer Entscheidung Klarheit zu haben, auch bei den Entscheidungen, die nicht selbst getroffen, aber zugelassen und verantwortet werden. Denn letztlich wollen auch Digital Leader allzu große Unsicherheiten und Risiken vermeiden oder zumindest diese bewusst akzeptieren. Mit dem Needs-Meter kann die größtmögliche Sicherheit für die eigene Person geschaffen werden.

Mit dem »Needs-Meter« Nachteile akzeptieren

 Mit dem »Needs-Meter« können Digital Leader sich über ihre Bedürfnisse bei einer Entscheidung klarer werden. Effektive oder mögliche Nachteile der verschiedenen Alternativen werden so leichter hinnehmbar. Auf »Nummer sicher« zu gehen bei einer Entscheidung, ist nicht mehr notwendig, wenn die Sicherheit da ist, jeweils die beste Entscheidung getroffen oder zugelassen zu haben.

»Need« bedeutet auf Deutsch »Bedürfnis«. Und die eigenen Bedürfnisse für oder gegen eine Entscheidung sind zu entdecken und abzuwägen. Schreiben Sie dazu zunächst in einer Reihe nebeneinander die Alternativen für eine Entscheidung auf. Eine Alternative kann stets sein, schlicht nicht zu entscheiden oder die Entscheidung zu vertagen. Nehmen Sie dann an, dass die Entscheidung umgesetzt und Realität wird. Stellen Sie sich die Umsetzung möglichst konkret vor: wie die Mitarbeiter dann arbeiten, Kollegen reagieren etc. Spüren Sie in sich hinein, wie es Ihnen dabei geht, und beantworten Sie nacheinander zu jeder Alternative die folgenden Fragen und notieren Sie unter die Alternative in die jeweilige Spalte:

- *Was löst die Vorstellung dieser Alternativ aus?* Die Antworten können zum Beispiel so sein: Ich kann endlich wieder durchatmen, ich bekomme Herzklopfen, ich bin unsicher, ich bin begeistert, ...
- *Welche meiner Bedürfnisse werden bei dieser Alternative erfüllt?* Die Antworten können zum Beispiel so sein: Ruhe haben, Harmonie sichern, Distanz wahren, Einfluss ausüben, eigene Stärke zeigen, ...
- *Welche meiner Bedürfnisse werden bei dieser Alternative nicht erfüllt?* Die Antworten können wie bei der Frage zuvor sein.

Betrachten Sie die fertige Tabelle. Springt eine bevorzugte Alternative sofort ins Auge? Wenn ja, dann betrachten Sie die unerfüllten Bedürfnisse und möglichen Nachteile der bevorzugten Alternative. Schreiben Sie unter die Tabelle, wie Sie damit umgehen, zum Beispiel bei einem unerfüllten Bedürfnis nach Sicherheit: Unsicher ist jede Entscheidung, diese etwas mehr als sonst, aber dafür sind die möglichen Chancen so groß, dass die höhere Unsicherheit akzeptabel ist.

Falls nicht sofort eine Alternative positiv hervorsticht, kann eine erneute Betrachtung der Fragen und Ergänzung der Antworten hilfreich sein. Ebenso bietet es sich an, vertrauensvoll mit Kollegen oder sogar bei sehr wichtigen Entscheidungen mit der Partnerin oder dem Partner die Tabelle mit den Alternativen und Antworten zu besprechen. Ein neutraler Coach kann ebenso sehr hilfreich ein, und zwar bereits bei der Erstellung des »Needs-Meters«.

Mitarbeiter wollen entscheiden und Entscheidungen

Die Überschrift liest sich paradox. Tatsächlich haben Digital Leader die Situation zu beherrschen: Einerseits möchten Mitarbeiter an Entscheidungen beteiligt werden, besonders wenn das direkte Arbeitsgebiet und -umfeld tangiert werden. Der partizipative Führungsstil (**Part 2.2**) und viele agilen Methoden (**Part 3.3**) schaffen dazu beste Rahmenbedingungen. Andererseits verlangen Mitarbeiter Entscheidungen, besonders in Fällen, wo sie selbst nicht weiterkommen oder weiterkommen wollen. Das gilt zum Beispiel, wenn es darum geht, Konflikte zu lösen (**Part 2.7**), oder einfach aus Angst, die mögliche Entscheidung nicht gut vertreten zu können.

Zum Verständnis der paradoxen Situation hilft ein kurzer Schritt zurück zur Herkunft der Mitarbeiter in den meisten Unternehmen. Und man beachte: Selbst in Start-ups werden die Führungskräfte für Entscheidungen gerufen, die Mitarbeitern selbst nicht gelingen. Entscheidungen zu treffen war (und ist zumeist bis heute) die Angelegenheit der Führungskräfte – ausschließlich. Entscheidungen werden mitgeteilt und besprochen, selten danach revidiert oder auch übertragen. Daher herrscht Zurückhaltung: Keiner sagt etwas, keiner widerspricht, also passt alles. Damit ist die Qualität und Wirkungskraft der Führung nicht bewiesen. Mitarbeiter und auch Führungskräfte unterlassen »in der Linie« schnell das selbstbewusste Hinterfragen oder zumindest Nachfragen bei Entscheidungen, das Äußern abweichender Meinungen oder konstruktiver Kritik, wenn die Hinweise ohnehin nur »Schall im All« bleiben. Irgendwann wird der Mund gehalten, weil es ja ohnehin nichts bringt – außer Ärger.

Digital Leader durchbrechen diese Haltung oder lassen dies in ihrem Umfeld gar nicht erst entstehen. Damit nicht genug. Digital Leader fördern und fordern die aktive Beteiligung »ihrer« Mitarbeiter. Sie nehmen den Spruch, die Mitarbeiter sind das wichtigste Kapital eines Unternehmens, nicht nur ernst. Sie handeln danach.

Digital Leader trauen Mitarbeitern zu, Entscheidungen selbst zu treffen.

Wie weit geht Ihr Vertrauen bereits? Auch in der digitalen Transformation gilt: Nicht jeder Mitarbeiter kann bei jeder Gelegenheit und jederzeit alle Entscheidungen treffen. Nicht jeder Mitarbeiter möchte Entscheidungen treffen. Nicht jedem Mitarbeiter möchte der Digital Leader auch Entscheidungen übertragen. Aus dieser Zwickmühle, wer was wie wann entscheiden kann, helfen nur Prinzipien und Regeln zum Übertragen und Revidieren von Entscheidungen. In den agilen Methoden sind diese Regeln in den jeweiligen Abläufen angelegt.

Digital Leader sollten zusätzlich für ihren Wirkungsbereich ihre eigenen Regeln formulieren, in Bezug auf den Modus der digitalen Transformation. Ideal wäre natürlich eine Regelung im gesamten Unternehmen. Das muss aber nicht sein. Digital Leader tragen ja die Verantwortung dafür, wie sie in ihrem Verantwortungsbereich entscheiden. Und dort bestehen in jedem Unternehmen einige Freiheiten, die genutzt werden können.

Das Gamebook kann nicht konkret die Regeln vorschlagen, die Digital Leader anwenden sollten. Dazu sind die Situation, die Struktur der Mitarbeiter und die Rahmenbedingungen je nach Unternehmen, Branche und Herkunft zu unterschiedlich. Das Gamebook kann aber die Themen aufzeigen, die die Prinzipien und Regeln für Entscheidungen abdecken sollten:

✔ **Ziel:** Hier sollte formuliert werden, was durch die Entscheidungsregeln erreicht werden soll, zum Beispiel eine höhere Geschwindigkeit, wirksamere Ergebnisse oder möglichst hohe Transparenz. Entscheidungen zu übertragen, ist keine »Goodwill-Aktion«, um Mitarbeitern ein gutes Gefühl zu geben. Entscheidungen sind auch kein Demokratieprozess, um Mehrheiten zu gewinnen.

✔ **Bimodalität:** Hier wird das Grundprinzip aufgezeigt, wie im Standardmodus und Transformationsmodus jeweils unterschiedlich verfahren wird. Dazu zählt auch die Transparenz bei der Frage, wo die Führungskraft zum Beispiel aus formalen Gründen wie gewohnt entscheiden muss. Über die Unterscheidung fällt es allen Beteiligten leichter, in jeder Situation zu wissen, welche Regeln gelten.

✔ **Themen:** Hier wird bestimmt, welche Bereiche wie entschieden werden, also Inhalte, Finanzen, Ressourcen, ... So kann es sein, dass auch im digitalen Transformationsmodus formal die Führungskraft die Budgets freigeben muss. In den Regeln kann jedoch geklärt sein, dass dies eine reine Formalie ist und der Digital Leader keine inhaltliche Entscheidung trifft.

✔ **Erwartungen:** Hier wird das eher weiche Thema der gegenseitigen Erwartungen geklärt, das in der Praxis allerdings einen sehr bedeutsamen Aspekt darstellt. Dazu zählen der Verzicht auf Mikromanagement des Digital Leaders oder auch konsequente Verfolgung der Abläufe durch die Mitarbeiter, inklusive des Umgangs mit Regelbrüchen. Interessant wird dieser Aspekt, indem ein kleiner spielerischer Anreiz geboten wird. 100 Tage Entscheiden nach den selbst gesetzten Regeln wird belohnt mit einer Exkursion zu einem Start-up. Regeln einhalten sollte Spaß machen und keine Angst.

✔ **Eskalation:** Hier wird bestimmt, wann aus den Regeln ausgebrochen wird, um als Mitarbeiter im Notfall die Führungskraft zu beteiligen. Das gilt, wenn das Vorhaben akut in Gefahr ist oder zu geraten droht, zum Beispiel bei extremen Budgetveränderungen oder Leistungsproblemen. Die

Mitarbeiter merken in diesen Situationen, dass der Digital Leader sich nicht verabschiedet, sondern da ist, wenn es darauf ankommt.

Jeder Digital Leader sollte den ersten Wurf der Prinzipien und Regeln für sich selbst entwickeln, angeregt durch Beispiele in diesem Gamebook, Vorbilder im oder außerhalb des eigenen Unternehmens, in vertrauensvoller Kooperation mit Kollegen oder auch der Personalabteilung. Zwei DIN-A4-Seiten sollten im Ergebnis genügen – kurz und bündig, zwar verbindlich, aber eher locker formuliert, nicht wie eine klassische Arbeitsanweisung. Die Abstimmung im Team ist wichtig, ggf. je nach Teamgröße auch mit ausgewählten Mitarbeitern. Dabei geht es vor allem um die Verständlichkeit und Praktikabilität, um eine sofortige Überforderung zu vermeiden.

Wie immer ist ein »Einschwingen« der Prinzipien und Regeln wichtig. Ein Testen bei ausgewählten Projekten oder im Einsatz von Methoden ist auch möglich. Informelle Hierarchien sind zudem parallel immer wirksam (Part 2.1). Prinzipien und Prozesse machen in jedem Fall das Vorgehen nachvollziehbar, alle Beteiligten können sich nach diesen Regeln einbringen. Einflussnahmen im Umfeld sind nicht ausgeschlossen, sogar gewünscht, um dann im Rahmen der digitalen Transformation auch die selbst gesetzten Regeln zu verbessern, damit diese möglichst wirksam sind.

Digital Leader sind offen dafür, die aktuellen Prinzipien für Entscheidungen zu verbessern.

Besonders zu Beginn beim Einstieg in die »agile Entscheidungswelt« sind das Vorgehen und die Erfahrungen kontinuierlich zu reflektieren, wie das Treffen von Entscheidungen funktioniert und wie die Resonanz ist (Details dazu in Part 2.6). Dies sollte ganz unabhängig vom inhaltlichen Ergebnis sein, das durch die Entscheidung erreicht wurde. Auch schlechte Entscheidungswege können Erfolge erzielen, ausgelöst durch die unkalkulierbaren Ereignisse während der digitalen Transformation. Und gute Entscheidungsformen können ohne Erfolg bleiben – im Einzelfall. Die Ziele, wie etwa höhere Entscheidungsgeschwindigkeit, können ja dennoch erreicht worden sein. Das Single und Double Loop Learning kann sehr hilfreich ein (Details dazu in Part 2.8). Das Double Loop Learning ist sinnvoll, wenn sich die Entscheidungen mit den bestehenden Prinzipien als dauerhaft schlecht erweisen oder ständig revidiert werden müssen. Das kann dann nicht nur durch die Einflüsse der digitalen Transformation verursacht worden sein.

Digital Powerhouse – auch zum Entscheiden

In einem Handelskonzern dient das Powerhouse als interner Berater, Beschleuniger und Verstärker von digitalen Initiativen und Projekten – wie der Name sagt: ein Kraftzentrum für Methoden, Abläufe und somit auch Entscheidungen. Alle Fachabteilungen können Wissen und Erfahrung dieser Abteilung nutzen, die je nach Bedarf auch externe Experten mit ins Boot holt. So werden Führungskräfte einer Abteilung zum Product Owner, wenn sie ihr Projekt mit der Methode Scrum bearbeiten lassen. Das Powerhouse stellt den Scrum Master (Part 3.3).

Für das Projekt gelten dann die Entscheidungsregeln im Powerhouse. Dazu zählt zum Beispiel: Keine Entscheidung wird getroffen ohne Daten zum Bedarf der Kunden, und zwar abgeleitet aus deren wirklichen Verhalten, nicht aus der Marktforschung. Eine andere Regel lautet: Der Auftraggeber aus der »Linie« ist für das Budget verantwortlich, das für die Umsetzung der fachlichen Entscheidungen benötigt wird. Wenn die Ressourcen nicht beschafft werden, ruht oder endet das Projekt. Daran hat natürlich keine Führungskraft Interesse, wenn das Projekt erfolgreich voranschreitet. Also wird der Auftraggeber irgendwo Budget besorgen oder in seinem Bereich Umschichtungen vornehmen.

Die Erfahrungen aus dem Powerhouse führen dazu, dass auch im Standardmodus die Führungskräfte und beteiligten Mitarbeiter lernen, wesentlich flexibler mit dem Budget umzugehen. Aus den Entscheidungsregeln, verschlankten Arbeitsabläufen und Abstimmungsverfahren im Powerhouse hat das gesamte Unternehmen seine Entscheidungsweisen beschleunigt, ohne dabei beliebig zu werden. Vielmehr ist über die Regeln die Transparenz und Akzeptanz gestiegen – auch wenn anders als gedacht entschieden wird.

Digital Leader entscheiden selten alleine, auch im digitalen Transformationsmodus. Sie können überstimmt werden und Regeln können gebrochen werden. Nicht zuletzt ärgern sich Digital Leader, wenn sich Entscheidungen als falsch erweisen. Das »Reingrätschen von oben« ist ein schöner Anlass, um mit dem Top-Management intensiver in das Thema Digital Leadership einzusteigen (Part 4.11). Der Umgang mit Regelbrüchen im eigenen Team sollten in den Prinzipien und Regeln erfasst sein.

In allen Fällen einer »enttäuschenden Entscheidung« zählt die eigene Haltung, wie diese Enttäuschung angenommen und verarbeitet wird. Etwaiger Ärger, nachdem aufgrund unvollständigen Wissens bei komplexen Aufgaben fehlerhaft entschieden und gehandelt wurde, legt sich schnell, sobald mit den neuen Informationen neue Perspektiven und dadurch neue Entscheidungen und neue Spielzüge als Digital Leader möglich werden. Das Mindset für das Zulassen auch von Enttäuschung und deren positive emotionale Wendung zeichnet Digital Leader aus.

Digital Leader rechnen damit, Entscheidungen umsetzen zu dürfen, die sie gar nicht oder anders getroffen hätten.

Sind Sie dafür bereit? Ein Digital Leader verändert sich, wenn eine Entscheidung aktuell nicht mehr zu ändern ist oder für den eigenen Bereich getroffen wurde. Angesichts der hohen Bereitschaft und Fähigkeit zur Veränderung, die Digital Leader auszeichnen sollten, ist eine produktive Beschäftigung mit der Entscheidung, die Ableitung der Konsequenzen und notwendigen Maßnahmen zur Umsetzung das prägende Selbstverständnis – soweit die Entscheidung nicht völlig absurd oder konträr zur grundsätzlichen strategischen Ausrichtung und Mission des Unternehmens steht, versteht sich. Natürlich sind bei wiederholt konträren Ansichten und der fehlenden Möglichkeit zur Verständigung entsprechende Alternativen in anderen Organisationseinheiten oder Unternehmen zu suchen.

Digital Leader treffen und tragen Entscheidungen, für sich und andere. Sie übernehmen Verantwortung, ohne für jede einzelne Aufgabe direkt verantwortlich zu sein. Sie stehen für das Ganze der digitalen Transformation, die sich niemals nur in einer Abteilung verorten lässt. Die Übernahme dieser Verantwortung bildet den Abschluss von Part 3 und damit den Schluss der 16 Spielfelder in der Digital Leader Canvas.

Part 3.8 Verantwortung – Handeln mit Ende-zu-Ende-Orientierung

Stopp! Ich kann nicht für alles und jeden verantwortlich sein. Sie haben recht, wenn Sie Ihre Digital Leadership aus Ihrer jeweiligen Funktion heraus betrachten. Und Start! Sie übernehmen Verantwortung, über Ihre verschiedenen Rollen, über den verordneten Wirkungskreis hinaus die digitale Transformation in Ihrem Unternehmen voranzutreiben. Das ist die sogenannte Ende-zu-Ende-Orientierung oder neudeutsch: das End-2-End-Management. Das Ende der eigenen Arbeit sollte zum gesamten Ende

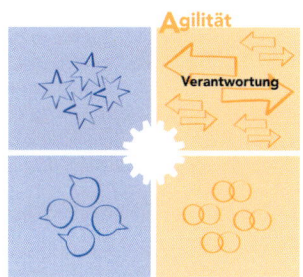

passen. In jeder einzelnen Handlung wird das Gesamtergebnis betrachtet und beachtet. Digital Leader werfen nichts über den Zaun, wenn auf der anderen Seite niemand steht. Diesen Spielzug, der nicht an den nächsten denkt, mag vielerorts noch üblich und sogar für die persönliche Position unbedenklich sein. Nach allen bisherigen Kapiteln im Gamebook und beim Blick auf Ihren Spielplan, der sich bereits gefüllt hat, sollte bei Ihnen das »An-das-Ende-Denken« bedenkenlos möglich sein.

Die bisherigen Kapitel bieten bereits viele Anknüpfungspunkte zur Verfolgung der Ende-zu-Ende-Orientierung: Angefangen beim eigenen Rollenverständnis (Part 2.1) über das Aufnehmen von Widerstand und Lösen von Konflikten (Part 2.7) bis hin zur Formulierung einer Mission für den eigenen Wirkungsbereich (Part 3.5) – an vielen Stellen und mit vielen einzelnen Spielzügen übernehmen Sie bereits mehr Verantwortung, als Ihnen formal zugewiesen wird. Und in Part 4 erhalten Sie weiterführende Spielzüge, um für sich den Freiraum zu schaffen (Part 4.3) oder auch das Top-Management zu überzeugen (Part 4.11). Offen geschrieben: Sie haben keinen Grund, diese Verantwortung nicht anzunehmen. Im Gegenteil ergibt sich aus dem Gamebook sehr deutlich:

Digital Leader übernehmen Ende-zu-Ende-Verantwortung, auch im eigenen Interesse.

Niemand kann die Ende-zu-Ende-Verantwortung eines Digital Leaders verbieten. Warum auch? Es nützt dem gesamten Unternehmen. Viele könnten jedoch die Ende-zu-Ende-Verantwortung kritisch beäugen. Warum? Weil andere Führungskräfte nicht so weit sind und funktional geprägt nicht über das eigene Ende der Verantwortung hinaus denken und handeln. Die andere Haltung und das andere Handeln werden mitunter sogar als Einmischung betrachtet.

Wir mischen uns ein

Ich mische mich nicht ein – wir mischen uns ein! Und zwar in die Digitalisierung. Da wollen wir mitspielen und nicht Zuschauer sein. Das ist die Kernbotschaft an Zweifler der Ende-zu-Ende-Verantwortung. Die Digitalisierung ist die Angelegenheit aller Führungskräfte und Mitarbeiter im Unternehmen, je nach Thema und Funktion mehr oder weniger. Kollegen können insofern froh sein, wenn ein Digital Leader ihre Bedürfnisse und Situation mitdenkt und nicht einfach Projekte in der digitalen Transformation überstülpt. Als »Gegenleistung« erwartet man zunächst nur ein wenig Offenheit und ggf. Zuarbeit. Wer weiß, welche neuen Potenziale gemeinsam entdeckt werden!

Für das erste Ende, die eigene Arbeit, trägt jeder Digital Leader die volle Verantwortung, unabhängig davon, wer Entscheidungen getroffen hat und welche Ergebnisse erzielt werden. Dieses Prinzip ist jeder Führungskraft bekannt aus dem üblichen Operationsmodus in Unternehmen – für komplizierte Aufgaben. Der Prozess unterscheidet sich in der digitalen Transformation für komplexe Aufgaben erheblich, wie die Kapitel in **Part 2** und **Part 3** gezeigt haben. Zum Beispiel übernimmt ein Digital Leader seine besondere Verantwortung durch:

- überzeugende Mission entwickeln, vom Unternehmen bis auf Teamebene und bei Projekten;
- Ressourcen für Neues schaffen, auch indem Engagements gestoppt werden;
- Fehler und Scheitern als Chance nutzen;
- crossfunktionale Teams mit hoher Eigenverantwortung aufbauen und steuern, Meilensteine fordern oder auch Hindernisse beseitigen.

Digital Leader wissen, dass sie nicht wissen – oder nur sehr selten –, ob sie ankommen, wo sie hinwollten. Stattdessen gestalten sie auf dem Weg die Zielsetzung, gehen Umwege, bauen Zwischenschritte ein und revidieren, wenn gar nicht anders möglich, das ursprüngliche Vorhaben. Aber sie gehen los! Mit den folgenden Punkten können sie leichter die besondere Verantwortung übernehmen:

✔ **Überschaubare Zeitpunkte ansetzen:** Für die konkrete Umsetzung bauen wir nur die ersten Etappen ein, im Verlauf können neue Zielpunkte entstehen oder eigentlich vorgesehene Aufgaben entfallen, die nicht mehr relevant sind.

✔ **Planungen flexibel gestalten:** Kein Weg ist eine Gerade, Hindernisse und Umwege sind normal. Daher sind die eigenen, auch zeitlichen Handlungsmöglichkeiten mit einem Puffer zu versehen, um auf neue Ereignisse oder Erkenntnisse reagieren zu können. Vollständig optimiert zu sein, ob im persönlichen Arbeitsplan oder in einem Gesamtablauf, reduziert die Flexibilität enorm.

✔ **Erreichte Ergebnisse prüfen:** Durch die flexible Planung haben wir mehr Luft, zwischendurch immer wieder zu überblicken, wo wir stehen, was an neuen Informationen beachtet werden sollte, wie wir im Rahmen unserer Erwartungen agiert haben und ob Planungen angepasst werden sollten.

✔ **Unbefangen Korrekturen einleiten:** Ehemals richtige Entscheidungen können zum Beispiel durch neue Technologien falsch werden. Rechtzeitig sind neue Schwerpunkte zu bilden. Aus dem Handeln ist kurzfristig wieder ins Planen zu wechseln, um die Anforderungen nicht als Risiko für die Erreichung der eigenen Ziele zu erfassen, sondern als Chance zur Optimierung nutzen zu können.

In der Summe schafft dieses Komplexitätsmanagement die Voraussetzung, um je nach Anlass eine vorhandene oder sich entwickelnde inhaltliche Vernetzung, zeitliche Dynamik und zunehmende Intransparenz in das eigene Vorgehen aufzunehmen. Diese Flexibilität ist zweifellos ein Balanceakt, der nicht in jedem Fall gelingt oder garantiert zum Erfolg führt. Aber eins ist sicher: Sie übernehmen so Verantwortung! Die Verantwortung darf Sie aber nicht erdrücken. Deshalb unterstützen die letzten beiden Methoden, die in **Part 3** vorgestellt werden, jeden Digital Leader dabei, aus der Vielzahl an Handlungsoptionen für die anvisierten Veränderungen während der digitalen Transformation die beste Auswahl zu treffen, die in der aktuellen Situation möglich ist. Nach bestem Wissen und mit gutem Gewissen kann so die Verantwortung übernommen werden.

CATWOE

Die Buchstaben sind ein Akronym der Themengebiete einer Checkliste, die bei Veränderungsprozessen dazu dient, Ziele und Probleme zu identifizieren. Die Liste eignet sich auch gut dazu, ein geplantes Transformationsprojekt, das bei einem Change-Manager auf dem Tisch landet, genauer zu analysieren, seine Kunden und deren Umfeld genauer kennenzulernen. Das ist besonders wichtig, wenn der Change-Manager als Spezialist zur einem Vorhaben dazugeholt wird, wo keinerlei persönlichen Beziehungen oder Erfahrungen bestehen. Für das Change-Management sind folgende Bereiche besonders relevant und sollten intensiv betrachtet werden:

- **C**ustomers: die Betroffenen und Beteiligten der Veränderung
- **A**ctors: die Gestalter und Verantwortlichen für die Veränderung
- **T**ransformation: der Ablauf und die Einflussfaktoren für den Wandel
- **W**orld View: der Blick auf das Ganze einer Veränderung
- **O**wners: die Initiatoren einer Veränderung
- **E**nvironment: die Umwelt und Grenzen einer Transformation

Die Fragen zu jedem der sechs Themenfelder sollten bei jeder Übung individuell auf das Veränderungsprojekt zugeschnitten sein und vom Change-Manager vorgegeben werden, ggf. in Abstimmung mit einem Projektleiter. Erfahrungsgemäß wiederholt sich die Hälfte der Fragen und die andere Hälfte ist einzelfallbezogen. Gerade wenn er große Erfahrung besitzt, sollte ein Change-Manager nicht der Versuchung erliegen, einfach eine CATWOE-Checkliste aus der Vergangenheit aus der Schublade zu ziehen, vor allem nicht, ohne sie für den konkreten neuen Fall zu aktualisieren. Nachfolgend sind häufig wiederkehrende und bei den meisten Veränderungs-prozessen elementare Fragen aufgelistet:

- **C**ustomers: die Betroffenen und Beteiligten der Veränderung
    - Was erwarten die Betroffenen und Beteiligten?
    - In welcher Situation befinden sie sich, welche Erfahrungen prägen sie?
    - Wie ist ihre Bereitschaft, Zeit und ggf. Geld einzusetzen?
    - Wie könnte eine Kooperation aussehen?
    - Was könnte ihr Nutzen aus der Veränderung sein?
    - Wie könnte man sie für das Vorgehen interessieren oder gar begeistern?
    - Was sollte man mit ihnen vereinbaren?
- **A**ctors: die Gestalter und Verantwortlichen für die Veränderung
    - Wer ist in der Veränderung aktiv? Ggf. wie findet man diese Personen?
    - Wer muss was machen? Wer organisiert und koordiniert?
    - Vor allem: Wer entwickelt die Ideen und Lösungen?
    - Wer entscheidet was?
    - Wie wird untereinander kommuniziert?
- **T**ransformation: der Ablauf und die Einflussfaktoren für den Wandel
    - Was soll erreicht werden?
    - Wie kommen wir zum Ziel?
    - Welche Meilensteine liegen auf dem Weg?
    - Welche Faktoren haben Einfluss auf das Ergebnis?
    - Wie kann der negative Einfluss reduziert werden?
    - Wie kann der Ablauf ggf. justiert werden, um das Ziel zu erreichen?
- **W**orld View: der Blick auf das Ganze einer Veränderung
    - Welche Werte oder Überzeugung nützen oder schaden dem Vorhaben?
    - Welche Werte sollten sich ändern?
    - Teilen alle Beteiligten die Einschätzung? Wenn nein, warum nicht?
    - Können unerwünschte Wirkungen auf unsere Werte eintreten?
    - Hat das Vorhaben etwas, das über das eigentliche Ziel hinausreicht, zum Beispiel Wirkungen nach außen?
- **O**wners: die Initiatoren einer Veränderung
    - Wer ist Urheber des Vorhabens? Ist der Urheber präsent oder aktiv?
    - Wer hat die Macht oder sehr großen Einfluss? Wer kann querschießen?
    - Wer trägt letztlich die Verantwortung?
    - Was sind die Motivation und Interessen der Entscheider?
    - Was können die Eigentümer verändern?
- **E**nvironment: die Umwelt und Grenzen einer Transformation
    - Wo sind die Grenzen der eigenen Ressourcen?
    - Wo sind zeitliche Grenzen?
    - Gibt es menschliche oder organisationspsychologische Grenzen?
    - Welche Einflüsse können das Vorhaben stoppen oder massiv einschränken?
    - Welche anderen Limitierungen gibt es?

Nicht auf jede Frage wird gleich zu Beginn eine Antwort möglich sein. Dann ergibt sich ein sofortiger Arbeitsauftrag, diese Punkte zu klären. Jedenfalls sollten keine Fragen mehr ungestellt sein, wenn diese auch noch offen sind. Zudem kann ein Digital Leader sich in die Position der anderen »Stakeholder« einer Veränderung versetzen. Zugleich werden automatisch beim Abarbeiten erste Ideen und Ansätze entstehen. Die Gedanken schießen durch den Kopf: »Wenn das so ist, könnte dies doch eine gute Sache sein ...«

Die schematische Auflistung der Faktoren bei CATWOE und parallel eine erste Ideenfindung können mit einer weiteren Methode ergänzt werden, die die gegenseitigen Abhängigkeiten erfasst. Erfahrene Digital Leader können CATWOE auch gleich mit dieser Methode verknüpfen. Aber vorsichtig: Schnell kann der Überblick verloren gehen, wenn man nicht geübt ist, die verschiedenen Verknüpfungen (optisch) zu differenzieren. Dann würde »Mindmapping« das Gegenteil des beabsichtigten Effekts erreichen, nämlich durch ein unübersichtliches Gesamtbild eher Verwirrung zu stiften als eine plausible Spielkombination aufzuzeigen.

Mindmapping

Eine Mindmap ist eine Landkarte, die einen komplexen geistigen Raum strukturiert. Mindmaps werden in vielen Situationen eingesetzt (die Eingabe des Begriffs in der Bildersuche einer Internetsuchmaschine zeigt die schier unendliche Vielfalt). In diesem Kontext geht es darum, spezifische Themen einer Veränderung in allen Facetten zu erfassen und innere Abhängigkeiten zu erkennen.

Üblicherweise steht im Mittelpunkt ein Begriff, um den sich die verschiedenen Aspekte ranken. Bei der Visualisierung der CATWOE-Checkliste werden die sechs Themenbereiche sternartig angeordnet und die Antworten zu den Themenbereichen kreisförmig gruppiert. Ideal wäre, bereits in den Kreisen Antworten, die sich näher stehen, entsprechend nah zu sortieren. Insofern bietet es sich an, eine Mindmap auf einer Pinnwand anzulegen und nicht mühselig, egal mit welchen technischen Hilfsmitteln, elektronisch zu erstellen (es gibt unzählige, auch frei verfügbare Programme zur Erstellung von Mindmaps, auch online von mehreren Plätzen zugleich). Auch ist das Zeichnen auf einem großen Blatt (nicht unter DIN A3!) möglich, um die Karte der Gedanken aus der Hand fließen zu lassen.

Die Erstellung mit den eigenen Händen besitzt den großen Vorteil, sich beim Aufhängen und Hin-und-her-Rücken, noch näher mit den Themen zu beschäftigen. Man kann zwar in einer Datei schnell ein Feld löschen und tauschen, an einer Pinnwand macht sich jeder dazu Gedanken. Man sieht, ob das Bild passt. Später kann man immer noch das Ganze nachbauen, auf jeden Fall sollte das erste Werk behalten werden, zum Beispiel als Fotodokument.

Allerdings sollte nicht einfach drauflosgepinnt und verknüpft werden. Für das Ergebnis ist es besser einige »Mapping-Regeln« zu beachten:

- **Schriften und Kreise** nur in Schwarz, ggf. Ausnahme bei den Zentren.
- **Hauptverbindungen** sollten als Gerade von innen nach außen zeigen, ggf. um einzelne Subzentren geordnet, wie bei der CATWOE-Checkliste.
- **Querverbindungen** sollten als Bogen farblich dezenter angelegt und stichpunktartig gekennzeichnet werden, warum hier Einflüsse bestehen.

- **Symbole oder Bilder** sollten selbsterklärend sein oder in einer kleinen Fußnote mit einem Stichpunkt erklärt werden können.
- **Überklebungen** sollten möglich sein, um die Entwicklung der Mindmap nachvollziehbar zu machen oder Anmerkungen zu platzieren.

Insgesamt sollte der Hauptzweck des Instruments in Bezug auf Veränderungsprozesse nicht vergessen werden: Das »Mindmapping« dient dazu, die entscheidenden Stellhebel zu identifizieren. Dies sind, optisch sofort erkennbar, die Punkte mit den meisten Schnittstellen oder Verbindungen. Hier können dann gezielt Ideen entwickelt werden.

CATWOE und Mindmapping zeigen auf, wo mit wem neue Ideen entstehen können. Das gilt auch ganz ohne digitale Transformation, wie das unten stehende Beispiel zeigt. Digital Leader beweisen letztlich ihre Verantwortung für das ganze Unternehmen, über die digitale Transformation hinaus. Sie agieren ganz und gar bimodal (**Part 1.4**). Die Haltung und Fähigkeiten in der Digital Leadership sowie viele Methoden und Instrumente für die digitale Transformation können auch im operativen Standardmodus fruchtbar sein.

Digital Leader transferieren Methoden aus der digitalen Transformation in die analoge Welt der Unternehmen.

Navigationspunkte bestimmen

Eine Brauerei war ratlos, wie dem schrumpfenden Marktanteil begegnet werden konnte. Viele Maßnahmen hatten viel Geld gekostet und nicht zum Erfolg geführt. Ein neuer Ansatz war nötig, denn so konnte es nicht weitergehen. Nachdem mit CATWOE in einer kleinen Arbeitsgruppe die »Hausaufgaben« für eine umfassende Veränderung gemacht worden waren, wurden für eine Führungskräftetagung auf einer großen Leinwand die Eckpunkte aufgezeichnet und alle Antworten in den sechs Teilaspekten daneben alphabetisch aufgelistet.

Die Aufgabe war nun, alle Antworten zu sortieren und zu verbinden. Für jeden Punkt wurde ein Koordinator bestimmt. In drei Schritten (Sortieren, Verbinden und Gewichten) entstand ein Gesamtbild. In diesem zeigten sich drei Navigationspunkte, die die strategischen Handlungsfelder für die Transformation und die Marktoffensive wurden, u. a. eine neue Angebotsstruktur. In diesen wurden dann konkrete Ideen entwickelt.

Neben dem Vorteil, die begrenzten Ressourcen aus guten Gründen zu fokussieren, ergab sich auch eine hohe Überzeugung der Führungskräfte, das Richtige zu ändern. Widerstände wurden also reduziert, bevor diese entstehen konnten.

Mit der ganzheitlichen Verantwortung schließt sich der Kreis der Digital Leader Canvas. Denn Verantwortung zu übernehmen, erfordert zugleich die entsprechende Fähigkeit und Haltung. Der Startpunkt im **Part 2.1** war, in der Hierarchie über die eigene Linie hinaus zu denken. Im Handeln bedeutet dies, die

Ende-zu-Ende-Verantwortung zu übernehmen. Dazwischen liegen die weiteren 14 Spielfelder in den Gebieten Vernetzung und Offenheit, Partizipation und zuletzt die Agilität. Die verschiedenen Spielzüge im Mindset und Skillset ergänzen und verstärken sich. Digital Leader bauen so ihre wirkungsvollen Spielkombinationen auf, passend zur Situation und zum Bedarf in ihrem Team, Bereich oder Unternehmen.

Und jetzt? Bin ich fertig als Digital Leader? Sie haben tatsächlich viele Fertigkeiten übermittelt bekommen und zugleich Ihre Haltung weiterentwickelt. Sie haben erste Spielkombinationen für sich bestimmt. Das ist gut so und bereits viel wert. Nun können Sie sich zurücklehnen und das Buch zuklappen? Warum nicht, zumindest kurz!

Nehmen Sie sich etwas Zeit zum »Sackenlassen« und Durchschnaufen. Dann geht es weiter, wenn Sie möchten. Das Gamebook liefert Ihnen in Part 4 zusätzlich weitere Tipps für die Praxis – beginnend mit dem Blick auf die eigene Situation und abschließend mit dem Fazit, das Sie für die Übernahme der Rolle als Spielmacher in der digitalen Transformation motiviert.

Part 4

Arbeiten als Digital Leader

Im Game erfolgreich sein

Digital Leader sind gute »Performer«, das bedeutet, sie können ihre Kompetenzen zur richtigen Zeit in eine Leistung übersetzen, die »Performance«. Das Gamebook unterstützt Sie darin, in der Umsetzung die jeweils passenden Spielzüge zu machen, um schneller bessere Ergebnisse zu erzielen. Entscheidend ist für Sie, ob ein Spielzug Ihrer Führung funktioniert oder nicht.

Ihre Fähigkeiten, die Sie in den Teilen zuvor kennengelernt haben, wären geduldig ohne die erfolgreiche Umsetzung in konkreten Führungssituationen. Um Ihre tägliche Arbeit dreht sich dieser **Part 4**. Als erster Schritt dienen einige Vorbereitungen, sich optimal auf die jeweiligen Spielsituationen einzustellen:

- **4.1 Readiness Check – Status und Anforderungen ermitteln.** Stellen Sie fest: So bereit bin ich als Digital Leader.
- **4.2 Set-up – Spielplan aufbauen.** Danach bauen Sie in diesem Kapitel Ihren eigenen Spielplan auf.
- **4.3 Freiraum – Als Digital Leader Zeit gewinnen.** Sie brauchen die Ressourcen für die eigene Entwicklung. Das zeigt dieses Kapitel.
- **4.4 Bimodalität – Schieberegler einsetzen.** Im vierten Kapitel erfahren Sie, wie die bimodale Führung im Alltag umgesetzt werden kann.
- **4.5 Dysfunktionalität – Wirkungslosigkeit beheben.** Den Umgang mit persönlichen Störungen in der Digital Leadership zeigt dieses Kapitel.

Unzählig sind die Anforderungen und Herausforderungen der digitalen Transformation, die Ihnen im Führungsalltag begegnen, ob geplant oder ungeplant. Daher zeigt Ihnen das Gamebook in diesem Part ab **Part 4.6** an typischen Beispielen, wie Sie gezielt Spielzüge auswählen – bis zum letzten Kapitel: So können Digital Leader bestehende Machtstrukturen für sich nutzen, die noch traditionell geprägt sind und gegen die Digital Leadership arbeiten.

In keiner Situation werden Sie alle Kompetenzen einsetzen müssen. Als Digital Leader performant zu sein, bedeutet zu wissen und zu justieren, wann welche Fähigkeiten besonders relevant sind. Sie werden entlang Ihrer Fähigkeiten und Ziele, der Situation im Unternehmen und der Digitalisierung in der Branche Ihr Vorgehen planen. Sie können sich dabei von Vorbildern inspirieren lassen.

Geeignete Vorbilder sind weniger die prominenten Unternehmensgründer von Internetunternehmen. Sie zeigen vor allem, wie extrem individuell jeder Weg als Digital Leader sein kann. Für Ihren Alltag inspirierender sind »normale Führungskräfte«. Die Ergebnisse erster Untersuchungen der Arbeit von Führungskräften auf dem »Spielfeld« zur digitalen Transformation zeigen zusammenfassend, welche Faktoren besonders relevant sind in der Praxis der Digital Leadership.

Erinnern Sie sich an die Regel zu Beginn des Gamebooks: Adaptieren Sie Ihre aktuellen und antizipieren Sie die künftigen Herausforderungen und Chancen, die sich Ihnen in der digitalen Transformation bieten. Daraus können Sie die wichtigsten Spielkombinationen für Ihre Digital Leadership ableiten und sofort direkt am akuten Problem starten.

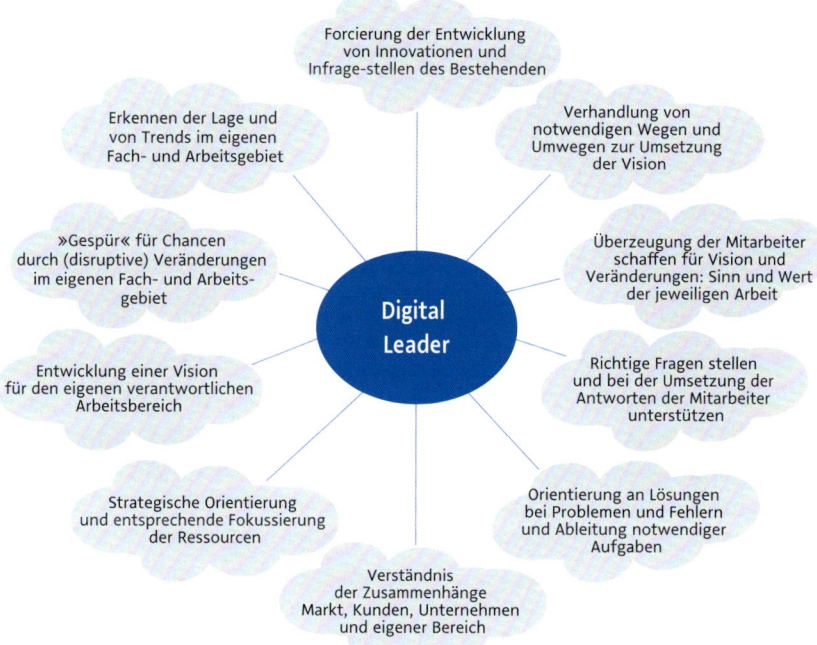

Abbildung 16: Erfolgsfaktoren für die Arbeit als Digital Leader, Zusammenfassung auf Basis zahlreicher Studien.

Diese Übersicht der Erfolgsfaktoren, die sich in der Praxis bewährt haben, sollten für Sie nach den ersten drei Parts im Gamebook nahezu »normal« erscheinen. Daher können diese Ihnen gut als weitere Inspiration dienen, Ihr Mindset und Skillset nunmehr mutig einzusetzen. Vor allem helfen die Faktoren, eine Brücke von der Herkunft zur Zukunft zu bauen. Denn einige Faktoren sind schon immer in der analogen Welt von Bedeutung: Wer konnte jemals Führungskraft sein ohne Ahnung vom eigenen Geschäft? Wer wollte nicht schon immer über den Horizont des Alltags hinausblicken? Zugespitzt gilt:

Digital Leader können gut einschätzen, welche Veränderungen durch die Digitalisierung höchstwahrscheinlich zu bewältigen sein werden.

Neu sind die Themen der digitalen Transformation, die das Geschäft und die Führung beeinflussen (Part 1.2. hat den Überblick gegeben). Jede Führungskraft sollte die eigenen digitalen Kompetenzen so weit ausbilden, dass sie in der Lage ist, mögliche Auswirkungen neuer Technologien und Anwendungen verstehen und einschätzen zu können. Digital Leader leiten mit diesem Wissen ab, was das eigene Team, der Bereich oder das Unternehmen anpacken sollte in der digitalen Transformation.

Nehmen Sie das Beispiel Blockchain, die Verkettung vieler Datensätze für sichere und transparente Transaktionen: Wie eine Blockchain technisch funktioniert, ist nur insofern relevant, um mögliche Aufwände und Hindernisse in der Umsetzung zu bewerten. Wichtiger ist die Wirkung, was die Blockchain für das eigene Geschäft bedeuten könnte. Entsprechend wird ein Digital Leader seine und die Aufmerksamkeit in seinem Team, Bereich oder Unternehmen steuern.

Die Frage drängt sich auf: Wie bereit sind Sie für den eigenen Wandel als Digital Leader? Steigen wir zusammen ein!

Part 4.1 Readiness Check: Status und Anforderungen ermitteln

*In allen Kapiteln des Parts 4 finden Sie zu Beginn jeweils die Digital Leader Canvas als kleine Vignette. Ab **Part 4.3** werden jeweils drei Kapitel aus **Part 2** und **3** hervorgehoben, die für das jeweilige Kapitel besonders relevant sind, um als Digital Leader für sich die passenden Spielzüge zu bestimmen. An dieser Stelle wird zudem jeweils kurz erläutert, warum die hervorgehobenen Kapitel besonders bedeutsam sind.*

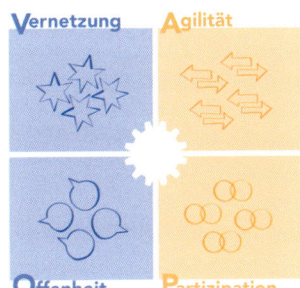

Für Digital Leader ist wichtig, was sie tun. Was sie wissen, ist dafür die Basis. Ihre Bereitschaft zum Handeln entscheidet darüber, ob und welche Leistung sie aus ihrer Haltung und mit ihren Fähigkeiten erbringen, eben: ob sie ein guter »Performer« sind. Die Situation zu adaptieren und die Zukunft zu antizipieren sind die wesentlichen Stellhebel jedes Digital Leaders. Sie möchten wissen, wo sie stehen. Mit dem Readiness Check in diesem Part können Sie Ihre Bereitschaft ermitteln, um darauf basierend die ersten oder nächsten Spielzüge als Digital Leader zu machen. Der Check soll nicht Ihre Fähigkeiten bewerten. Ohne die Bereitschaft, sich zum Digital Leader zu entwickeln, hilft die Aneignung von Fähigkeiten nicht weiter. Diese müssen sich in der Praxis bewähren und damit muss sich zeigen, ob Ihre Spielkombinationen die digitale Transformation erfolgreich gestalten. Daran bemisst sich Ihre Qualität als Digital Leader.

Ihnen dürfte nach den bisherigen Parts klar sein, dass ein klassisches Soll-Ist-Profil für diese Überprüfung nicht geeignet ist. Das Soll wäre hier ein unveränderliches Set an Fähigkeiten, die eins zu eins für jeden Digital Leader in jeder Situation und Position gelten. Dagegen wäre das individuelle Ist zu ermitteln. Die Diskrepanzen ergeben den Bedarf zur persönlichen Entwicklung. Fertig! Diese einfache Systematik greift in der bimodalen Führung der digitalen Transformation nicht mehr. Der Einsatz des Schiebereglers (**Part 4.4**) folgt keinem festen Schema. Deshalb hilft Ihnen auch ein bestimmter Typ wenig weiter – nach dem Motto: »Aha, ich bin Typ A, also habe ich das zu tun.« Ein solches Ergebnis versprechen Tests zu Ihren Kompetenzen. Das würde bedeuten, immer mit einem bestimmten Mind- und Skillset ausgestattet sein zu müssen, um ein erfolgreicher Digital Leader zu sein. Jede Typisierung schafft nur scheinbar Objektivität und grenzt unnötig Ihre Handlungsmöglichkeiten ein, sobald Sie dem Idealtypus voll und ganz entsprechen. Sie werden sich als Digital Leader aber entwickeln – laufend und immer weiter.

Akute Probleme und Hindernisse sind gute Auslöser, sich intensiver mit dem individuellen weiteren Weg zu beschäftigen. Notwendige Umwege verändern den Blickwinkel. Plötzlich werden persönliche Chancen erkennbar, die bisher verborgen schienen. Daher können Sie den Readiness Check auch wiederholen, ggf. nur in einzelnen der vier Teile, und die Ergebnisse vergleichen.

Die nachfolgende Checkliste für Ihre Eigenbewertung bietet ein einfaches Raster an. Es werden keine Punkte o.Ä. gesammelt, um Ihr Ergebnis in Kategorien einzuordnen. Ihre Bereitschaft ist einzigartig – durch den Bezug auf Ihre konkrete Situation und Perspektiven in der digitalen Transformation.

- ✔ **Selbstaussagen:** Für jedes Spielgebiet der Digital Leadership — Vernetzung und Offenheit im Mindset, Partizipation und Agilität im Skillset — werden jeweils 20 Selbstaussagen getroffen. Die Auswahl der Selbstaussagen erfolgte nach dem Kriterium, dass bei einer Zustimmung die Bereitschaft, als Digital Leader aktiv werden zu können, wirksam höher ist.
- ✔ **Einschätzung:** Zu jeder Selbstaussage wählen Sie aus den immer gleichen fünf Bewertungen jeweils die aus Ihrer Sicht für die eigene Person aktuell zutreffende aus und kreuzen das passende Feld mit den Symbolen an: Ein *doppeltes Minus* (– –) bedeutet »Stimmt gar nicht«, die Aussage trifft für Sie in keinem Fall zu. Ein *einfaches Minus* (–) bedeutet »Stimmt manchmal«, in Ausnahmefällen nehmen Sie diese Haltung ein oder verhalten sich so. Die *0* bedeutet »Teils, teils«, Sie stellen sich wechselhaft zur Aussage, ohne klare Richtung. Das *einfache Plus* (+) steht für »Stimmt häufig«, in der Regel folgen Sie der Aussage. Und das *doppelte Plus* (+ +) bedeutet »Stimmt immer«, ohne Einschränkung folgen Sie konsequent der Aussage.
- ✔ **Ergebnis:** Über die vier Seiten ergibt sich ein Gesamtbild, wenn Sie alle Kreuze der Reihe nach verbinden. Die Auswertung dieses Bildes und Anforderungen, die sich daraus ergeben, folgen nach der Checkliste.

Die Bewertung der Readiness ist selbstverständlich subjektiv. Insofern liegt es an Ihnen, eine ehrliche Einschätzung zu Ihrer aktuellen Haltung zu geben. So können Sie die wirkungsvollen ersten oder weiteren Spielzüge bestimmen. Gerne können Sie parallel eine vertraute Person, die die Selbstaussagen bewerten kann, darum bitten, Ihre Bereitschaft einzuschätzen. Verdeutlichen Sie, dass es »nur« um die Bereitschaft geht, keine Bewertung von Kompetenzen. Daher gibt es auch kein »gut« oder »schlecht«.

Der Fremdvergleich mit anderen Personen, die die eigene Readiness geprüft haben, kann ebenso inspirierend sein durch den gegenseitigen Austausch, wie bestimmte Aspekte eingeschätzt werden, zum Beispiel in deren Relevanz für die anstehenden Aufgaben. Hüten Sie sich jedoch erneut vor einer Bewertung, wer gut, besser oder schlechter ist. Das ist nicht relevant.

Stichwort Unternehmen und Organisation

Sie könnten fragen: Sollte ein Digital Leader nicht wissen, wie bereit das eigene Unternehmen, der Bereich oder das Team für die digitale Transformation und Führung ist? Doch, sollte er! Deshalb wird in der Auswertung genau diese Verknüpfung geschaffen – und zwar konkret in Bezug auf Ihre eigene Bereitschaft. Dazu können Sie einen spannenden Versuch starten, mit der Checkliste, so wie sie ist.

✔ **Perspektive**: Nehmen Sie nun die Perspektive Ihres Kollektivs ein, das Sie interessiert, also Team oder Abteilung, Standort, Bereich oder das ganze Unternehmen.

✔ **Person:** Das Kollektiv wird zur Person, die die Checkliste ausfüllt. Bewerten Sie für diese virtuelle Person, wie diese alle Selbstaussagen höchstwahrscheinlich bewerten würde. Sie können auch mehrere Kollektive zur Person machen, wenn Sie zum Beispiel Unterschiede von einer Abteilung zum gesamten Unternehmen vermuten.

✔ **Prüfung:** Erneut können Sie Kollegen bitten, den gleichen Vergleich zu starten. Besprechen Sie alle Abweichungen ab zwei Antwortkategorien, zum Beispiel bei »Stimmt gar nicht« alle anderen Möglichkeiten ab »Teils, teils«. Einigen Sie sich über die Bewertung oder markieren Sie im Ergebnis die Abweichung, um diese Aussage im Vergleich nicht einzubeziehen.

✔ **Vergleich:** Legen Sie die Bewertung für die eigene Person und für die Person des Kollektivs übereinander. Werden gravierende Unterschiede sichtbar, zum Beispiel beim ersten Spielgebiet Vernetzung zum Thema Vertrauen, Verständnis der Hierarchie und Rollen? Haben diese Unterschiede negativen Einfluss auf die Ziele, die Sie sich als Digital Leader setzen? Wenn ja, dann sollten Sie hier Spielzüge unternehmen, um nicht »gegen die Wände der Organisation zu laufen«.

Jedes Modell für den digitalen Reifegrad kann, wie in Part 1.1 gezeigt, zusätzlich einen guten Indikator für den eigenen Ausgangspunkt liefern. Zusätzlich könnten Sie noch weitere Methoden einsetzen, um die digitale Reife der Organisation zu beobachten und zu bewerten. Die Palette reicht bis zu einer umfassenden, mehrwöchigen »Cultural Due Diligence«, die sogar versteckte und für die digitale Transformation hinderliche Grundüberzeugungen in einem Unternehmen freilegt. Für Ihre konkrete Situation und Ihren Bedarf als einzelner Digital Leader wäre der Einsatz ein »Nice to have«, weshalb die Details möglicher Methoden hier nicht vorgestellt werden.

Jetzt aber los! Die Checkliste ist mit ihren vier Abschnitten zum Ausfüllen bereit und auf dem Arbeitshilfen-Portal zum Buch auch als Datei zum Download verfügbar. Die Zugangsdaten finden Sie am Ende des Buches.

283

Vernetzung

Bewertung der folgenden Selbstaussagen	– –	–	0	+	+ +
Mir ist die informelle Hierarchie in meinem Einflussbereich und im ganzen Unternehmen bewusst.					
Ich versetze mich gerne in neue Rollen, auch unabhängig von meiner Funktion.					
Meine formale Autorität bestimmt nicht, ob ich eine gute Führungskraft bin.					
Ich akzeptiere, dass die formale Autorität in der Hierarchie gegen mich arbeiten kann.					
Ich bin bereit, mit Gegenwind im Unternehmen und von Kollegen umzugehen.					
Ich nehme Bedenken auf und versuche, Kritikern Brücken zu bauen.					
Ich vertraue meinen Mitarbeitern und traue ihnen mehr zu.					
Ich strebe danach, meine Mitarbeiter und Kollegen von den Chancen der Digitalisierung zu überzeugen.					
Mir macht es nichts aus, dass andere im Team besser sind und mir sagen, was zu tun ist.					
Das Teilen meiner Erfahrungen und Erkenntnisse mit allen Kollegen ist für mich selbstverständlich.					
Kollaboration und Kooperation sind mir jederzeit wichtiger als Kontrolle.					
Ich erwarte nicht eine sofortige Gegenleistung für intensive Vernetzung.					
Ich möchte Unsicherheiten und Ängste vor Veränderungen immer schnellstmöglich klären.					
Die Kritik und Bedenken meiner Mitarbeiter sind für mich wertvoll für die weitere Zusammenarbeit.					
Für mich gelten klare Grenzen zur Erreichbarkeit und für Rückmeldungen von Mitarbeitern.					
Ein ausgewogenes Work-Life-Blending ist mir in meinem Einflussbereich ein großes Anliegen.					
Ich bin bereit, die Vernetzung meiner Mitarbeiter außerhalb meines Einflussbereichs zu unterstützen.					
Ich sorge dafür, dass laufend neue Impulse von außen in die Arbeit aufgenommen werden.					
Mir ist bewusst, selbst nur so erfolgreich sein zu können, wie dies mein Team ermöglicht.					
Ich erwarte nicht, dass jemand meine Führungsarbeit anerkennt.					

Offenheit

Bewertung der folgenden Selbstaussagen	– –	–	0	+	+ +
Das Neue und Unbekannte besitzt für mich besonders große Attraktivität.					
Ich vertraue nicht nur auf meine Erfahrungen und vorhandenen Kompetenzen.					
Die Digitalisierung verschafft mir ein unbegrenztes Potenzial zur Entwicklung meiner eigenen Person.					
Ich möchte mich als Führungskraft mit meiner ganzen Persönlichkeit einbringen, über die fachliche Funktion hinaus.					
Ich bin bereit, meine Führung jederzeit mit neuen Spielzügen zu ergänzen.					
Ich informiere sofort, offen und vollständig über alle Themen, die meinen Mitarbeitern wichtig sind.					
Digitale Technologien zur Kommunikation sind für mich selbstverständlich.					
Mir fällt personale Kommunikation sehr leicht, nicht nur im eigenen Team.					
Ich möchte Menschen begeistern und mich begeistern lassen.					
Die Resonanz auf meine Führung ist für mich sehr bedeutsam, auch wenn meine Erwartungen enttäuscht werden.					
Gegenseitiger Austausch ist ein wichtiges Element meiner Führung.					
Mir sind das gemeinsame Bewerten von Ergebnissen und das Ableiten von Veränderungen ein großes Anliegen.					
Jeder Mitarbeiter verdient zu jeder Zeit meinen Respekt und meine Wertschätzung.					
Ich akzeptiere, als Vorreiter viele Konflikte aushalten und Verständnis schaffen zu müssen.					
Ich lasse mich nicht von Widerständen und Konflikten verunsichern.					
Ich nehme Widerstände als Teil von Veränderungen und als nutzbare Energie wahr.					
Konflikten gehe ich nicht aus dem Weg, ich strebe eine Lösung und das produktive Zusammenarbeiten an.					
Ich sehe in unterschiedlichen Meinungen eine Grundlage für den Fortschritt.					
Ich möchte nicht, dass Fehler unbedingt vermieden und streng reglementiert werden.					
Mir sind Transparenz bei Fehlern und Unvoreingenommenheit im Umgang damit sehr wichtig.					

Partizipation

Bewertung der folgenden Selbstaussagen	– –	–	0	+	+ +
Augenhöhe mit allen Mitarbeitern ist für mich ein täglicher Anspruch für den gegenseitigen Umgang.					
Meine Verantwortung liegt darin, dass Teams gut zusammenarbeiten, um die vereinbarten Ziele zu erreichen.					
Ich sehe meinen wichtigsten Beitrag darin, für Mitarbeiter Hindernisse in der Arbeit zu beseitigen.					
Mir ist wichtig, für die Mitarbeiter die Balance zu finden: fordern, nicht überfordern.					
Ich sehe mich als Fragesteller, weniger als Antwortgeber.					
Ich beharre nicht auf der Erfüllung einmal festgelegter Vorgehensweisen oder Planungen.					
Für mich ist das Eingreifen in abgestimmte Teamabläufe nur in Ausnahmesituationen denkbar.					
Ich sorge dafür, dass das aktuell notwendige Wissen zur Verfügung steht oder erlangt werden kann.					
Ich schaffe die Voraussetzungen für den uneingeschränkten Austausch von Wissen und Erfahrungen.					
Für mich ist wichtig, dass neues Wissen sofort für das gemeinsame Handeln bereitsteht.					
Der Einsatz neuer Instrumente und Methoden wird von mir selbstverständlich jederzeit unterstützt.					
Ich akzeptiere Arbeitsweisen, die gemeinsam im Team festgelegt wurden, auch wenn ich selbst wenig überzeugt bin.					
Ich bin bereit, mich jederzeit von bestehenden und mir selbst lieb gewonnenen Routinen zu trennen.					
Ich bestehe nicht darauf, dass bestehende Abläufe unbedingt einzuhalten sind, wie im Projektmanagement.					
Ich möchte ein Umfeld schaffen, das neue Arbeitsmethoden und -abläufe für alle nutzbar macht.					
Meine Führung zeichnet aus, dass sich Mitarbeiter ständig weiterentwickeln und besser werden können.					
Ich lege Wert auf das gegenseitige Lernen, um das Handeln an neue Anforderungen anpassen zu können.					
Ich sehe die Zeit, die Mitarbeiter für ihr Wissen und Lernen einsetzen, als wertvoll investiert an.					
Mir ist wichtig, dass die Mitarbeiter genügend Zeit zum Lernen und Reflektieren haben.					
Ich nehme mir selbst stets genügend Zeit, um meine verschiedenen Rollen als Führungskraft zu übernehmen.					

Agilität

Bewertung der folgenden Selbstaussagen	– –	–	0	+	+ +
Mir liegt viel daran, einer anspruchsvollen Mission zu folgen und daraus konkrete Ziele abzuleiten.					
Ich bin bereit, je nach Resultaten Ziele zu revidieren oder neue Ziele zu formulieren.					
Mich interessieren Ergebnisse und weniger die Arbeit dafür.					
Ich sorge für hohe Transparenz der Ergebnisse für ein gemeinsames Verständnis zum weiteren Vorgehen.					
Ich allein bin nicht in der Lage, aus Ergebnissen die Folgen und notwendigen weiteren Schritte abzuleiten.					
Ich erwarte viele unvorhersehbare Ereignisse und überraschende Ergebnisse in die Führungsarbeit zu integrieren.					
Ich sehe Hindernisse und Umwege als wesentliches Element für Fortschritt und erfolgreiche Veränderung.					
Ich gehe davon aus, mich wechselnden Anforderungen zu stellen und meine Spielzüge als Führungskraft zu prüfen.					
Meine Entscheidungen folgen transparenten Regeln und Prinzipien, statt auf formale Befugnisse zu pochen.					
Ich halte Unsicherheiten, Unklarheiten und Mehrdeutigkeiten bei Entscheidungsgrundlagen aus.					
Ich stelle sicher, dass auch bei widersprüchlichen Informationen rechtzeitig Entscheidungen zustande kommen.					
Ich traue Mitarbeitern zu, Entscheidungen selbst zu treffen.					
Ich zögere nicht, Entscheidungen zu revidieren, wenn neue Ergebnisse oder Ereignisse dies notwendig machen.					
Die Akzeptanz der Mitarbeiter für Entscheidungen ist mir wichtig, um deren Engagement bei der Umsetzung zu sichern.					
Ich akzeptiere Entscheidungen, die ich nicht selbst getroffen habe oder anders getroffen hätte.					
Ich sorge dafür, dass frühzeitig Projekte beendet werden, sobald deren Scheitern klar ist.					
Ich bringe Mitarbeiter und Kollegen dazu, ihre Energie auf Aktivitäten mit den größten Erfolgsaussichten zu setzen.					
Die Übernahme einer Gesamtverantwortung für den Erfolg meiner Organisation ist für mich selbstverständlich.					
Ich schaffe den Raum, damit die digitale Transformation möglich wird.					
Ich nutze jede Gelegenheit, die digitale Transformation im gesamten Unternehmen zu verbreiten.					

Der Check wirft ein starkes Blitzlicht auf die Aspekte, die für den Start entscheidend sind. Digital Leader haben, wie ein Schach- oder Kartenspieler, eine Vielzahl an Möglichkeiten zur Eröffnung. Der Readiness Check soll die Auswahl erleichtern. Dazu musste die gesamte Ausgangslage nicht in allen Winkeln beleuchtet werden. Dadurch hätte sich nur die Komplexität erhöht. Sie können ohnehin nicht alles auf einmal anpacken. Die große Linie ist wichtig! Der Rest ergibt sich im weiteren Verlauf.

Je geringer die Readiness, desto fokussierter sollte ein Digital Leader starten. Je höher die Readiness, desto mehr Spielzüge kann ein Digital Leader zugleich wagen.

Diese Formel spitzt das Ergebnis des Readiness Checks zu. Im Detail ergeben sich aus der Auswertung viele weitere Ansätze. Eine hohe Bereitschaft bedeutet nicht, alles ist gut. Es gibt sehr viele Ansatzpunkte, eher die Qual der Wahl, wie Sie starten oder Ihre Digital Leadership vertiefen. Eine hohe Bereitschaft kann sogar kontraproduktiv sein: »Ich bin bereit! Das geht ja von selbst.« Dieser Gedanke wäre der größte Fehler! Eine geringe Readiness heißt umgekehrt nicht, dass Sie gar nicht anfangen sollten. Ihre Ansatzpunkte sind wenige, dafür aber klarer zu bestimmen. Nehmen Sie bitte die kleinen Feinheiten und Grauzonen wahr, die sich zeigen. Schauen Sie Ihr Ergebnis, die Fahrt Ihrer Linie über die vier Seiten, an. Eines der folgenden vier Muster ist sehr wahrscheinlich:

- **Vielfältige Sprünge:** Es gibt keine klare Linie, in keinem der vier Spielgebiete. Und das schafft viele Ansatzpunkte. Picken Sie sich die Aspekte mit hoher Bereitschaft (+ +) heraus, die für Sie in der Führung sofort wichtig sein können. Wählen Sie hier die passenden Spielzüge aus. Umgekehrt betrachten Sie die Ausreißer nach links (– –): Hier könnte Ihre fehlende Bereitschaft akut in Ihrer Führung problematisch werden, weil Sie in diesem Bereich im Unternehmen zur digitalen Transformation gefordert sein könnten. Dann legen Sie hierauf ein besonderes Augenmerk und wählen Spielzüge aus, die Ihnen weiterhelfen und die geringe Bereitschaft überwinden. Prüfen Sie mögliche Verknüpfungen dieser beiden Bereiche für Ihre ersten oder die weiteren Spielkombinationen.
- **Mehrere Blöcke:** In den vier Spielgebieten ist ein oder sind mehrere klar sichtbare Blöcke entstanden, zum Beispiel eine hohe Bereitschaft bei der Vernetzung und Agilität. Je nach Anforderung in Ihrem Wirkungsbereich können Sie sich genau auf Spielzüge in diesem Bereich fokussieren. Hier sind Sie absolut bereit und entwickeln schnell Sicherheit. Oder auch genau umgekehrt betrachtet: Dort, wo Sie bereit sind und sich vielleicht bereits sicher fühlen, dort erzielen Sie keinen weiteren großen Fortschritt. Also nehmen Sie sich andere Bereiche vor, die Ihnen noch fehlen, und planen hierfür Spielzüge.

- **Schwerpunkt rechte Spalten:** Überwiegend zeichnet Sie eine hohe Bereitschaft aus. Hier spielt die Adaption der Situation im Unternehmen und in Ihrem Wirkungsbereich eine große Rolle. Betrachten Sie, wo Sie mit Ihrer hohen Bereitschaft gut andocken und spürbare Wirkung erzielen können. Es bringt wenig, enthusiastisch mit einer hohen Bereitschaft als Digital Leader die internen Kunden zu überfordern. Das »Abholen« in der Rolle als Brückenbauer (Part 2.1) ist wichtig. Je nach Resonanz bleiben Sie flexibel. Ihre hohe Bereitschaft sollte dazu führen, mit Rückschlägen umzugehen und schnell umzuschalten. Ich bin »ready«, was immer passiert. Schauen Sie sich zusätzlich negative Ausreißer in der eigenen Bereitschaft an. Es könnte lohnend sein, sich dort bewusst Spielzüge vorzunehmen, um das Überwinden eigener Widerstände zu lernen.
- **Schwerpunkt linke Spalten:** Eine geringe Bereitschaft ist kein Beinbruch, eher eine große Chance, sich an vielen Stellen entwickeln zu können – aber behutsam. Dort, wo der Druck zur Umsetzung der Digital Leadership am größten ist, wäre ein guter Startpunkt. Nicht nur die eigene Überwindung fällt leichter, wenn ein hoher Bedarf vorhanden ist, zum Beispiel in der Nutzung neuer agiler Methoden (Part 3.3). Auch die Ergebnisse der eigenen Führungsarbeit sind eher sichtbar, um Vertrauen zu gewinnen, die nächsten Schritte zu tun. Dadurch kann sich Ihre Bereitschaft auch in anderen Bereichen positiv entwickeln mit der Erfahrung: Ja, es geht! Schließlich – und das gilt für alle vier Muster – bleibt die größte Grauzone »Teils, teils«. Beachten Sie diese Punkte als Merkposten und beschäftigen Sie sich damit, sobald dieser Aspekt in Ihrer Führungsarbeit relevant wird, zum Beispiel, wenn mit Kollegen erstmals crossfunktionale selbstorganisierte Teams aufgebaut werden (Part 4.6).

In jedem Fall sollten Sie mit dem Readiness Check Ihren Spielplan als Digital Leader prüfen (Part 1.5). Fallen Ihnen Lücken auf? Etwa: Ich habe hier eine hohe Bereitschaft, nehme mir hier aber nichts vor. Oder: Hier habe ich eine Spielkombination gefunden, stelle aber fest, eine eher geringe Bereitschaft zu haben. Das kann nicht sein, denken Sie jetzt? Niemand wählt Spielzüge aus, ohne dafür bereit zu sein! Vielleicht war dann ja der Wunsch »der Vater des Gedankens«. Besonders weil Bereitschaft und Zugang gering sind, kommt der Wunsch auf, sich diesem Aspekt zu widmen. Ein kurzer Check-up des Spielplans mit den Ergebnissen des Readiness Checks schadet auf keinen Fall.

Ergänzend ist der Vergleich der eigenen Bereitschaft mit der organisationalen Readiness möglich. Die Basis für die systematische Betrachtung ist, wie oben genannt, der Readiness Check für eine virtuelle Person, die für das Kollektiv steht, das den Digital Leader beschäftigt. Interessant sind die Übereinstimmungen und Unterschiede. Bei einer hohen Übereinstimmung sollten die Spielzüge als Digital Leader auf fruchtbaren Boden stoßen, ein zügiges Voranschreiten ist möglich. Bei einem großen Unterschied zwischen hoher persönlicher Bereitschaft und einer geringen kollektiven ist das Bestellen des Bodens wichtig, damit die Organisation nicht unvorbereitet die Impulse des Digital Leaders abwehrt. Unwahrscheinlich, jedoch nicht unmöglich ist das umgekehrte Szenario, dass die einzelne Person eine geringere Bereitschaft hat als die Organisation. Das kann zum Beispiel passieren beim Eintritt in einen neuen Bereich oder eine neue Abteilung. Insofern sollte jeder Digital Leader bei der Übernahme einer neuen Verantwortung prüfen, wo man gelandet ist (Readiness Check) und wo Andockpunkte vorhanden sind (im eigenen Spielplan). Damit wird ermöglicht, gleich zu Beginn die richtige Spieltaktik einzusetzen.

Digital Leader ermitteln » on the run « ihre Bereitschaft und den Bedarf für weitere Spielzüge.

Technikwissen veraltet rasant

Digital Leader sollten eine hohe Bereitschaft für den Einsatz digitaler Instrumente besitzen. Das übliches »Wissen« kommt dann nahezu von selbst. Wie man postet und liked, Hashtags setzt, Dateien ablegt oder andere digitale Tools einsetzt, ist inzwischen so selbstverständlich wie früher ein Fax zu versenden – die »älteren« Leser erinnern sich. Die Digitalisierung hat die Einstiegsbarrieren durch das allseits praktizierte Plug-and-play-Prinzip dramatisch gesenkt. Zudem hat das Work-Life-Blending (**Part 1.2, Fakt 5**) den großen Vorteil, dass private Kenntnisse auch im Berufsleben nützlich sind und umgekehrt. Das war vor der Digitalisierung nicht so: Wer hat schon privat gefaxt?

In einem Assessment die Nutzung und Fähigkeit im Einsatz digitaler Instrumente zu prüfen und zu bewerten, ist letztlich nutzlos. Schon morgen kann die Technik wieder eine ganz andere sein. Ständig gibt es neue Social Intranets oder auch neue Anwendungen in bestehenden Systemen. »Software as a Service«, bereitgestellt in der Cloud, ersetzt die üblichen Releases. Bis Schulungen dazu erfolgt wären, ist das nächste Update bereits erfolgt.

Je nach Job und Themen kann der Bedarf für Digital Leader sehr unterschiedlich sein. Daher ist die Bereitschaft zum Einlassen auf neue Technik und deren Wirkung eine Grundbedingung für Digital Leader und in den meisten Führungsfunktionen wichtiger als die Kenntnis im Detail.

Schließlich kann die Bereitschaft mit den Taten als Digital Leader verglichen und ausgewertet werden – in Form einer komplett transparenten Variante der Fremdbewertung. Das bekannte 360-Grad-Feedback kann als Vorstufe dienen. Das Vorgehen ist allerdings eher statisch, an feste Bewertungszeitpunkte und -methoden gebunden. Dadurch entstehen Verzerrungen, da viele bewertungsrelevante Ereignisse und Ergebnisse Monate später nicht mehr präsent sind oder überlagert werden. Zudem ist der Aufwand für das fortlaufende Sammeln an Rückmeldungen viel geringer und findet »nebenbei« im Alltag statt – beginnend bei den Rückmeldungen zu den Spielzügen eines Digital Leaders in einzelnen Meetings bis hin zum Ermöglichen von neuen Geschäftsmodellen für das ganze Unternehmen durch eine ausgefeilte Spielkombination. Das fortlaufende Sammeln von Bewertungen – wie bei anderen Portalen seit Jahren üblich – ist in Bezug auf die Führungskräftebewertung in den wenigsten Unternehmen etabliert – bislang. Das Beispiel zeigt das Potenzial.

»User« bewerten ihre Digital Leader

In einem Internetunternehmen ist die Bewertung von Führungskräften in der Vergleichsgruppe und das Feedback der Kunden, sprich der Mitarbeiter, etabliert. Die »User Centricity« wird auch nach innen konsequent umgesetzt. Die Rückmeldungen von allen Seiten darüber, wie Führungskräfte wirksam werden oder unwirksam bleiben, werden fortlaufend gesammelt. Die Palette an Rückmeldungen ist breit – von kurzen Kommentaren im Intranet bis zu strukturierten Feedbacks in Fragebögen. Verbindliche Regeln steuern die Vertraulichkeit und den Zugriff auf die Daten.

Über die Masse an Rückmeldungen (pro Person teilweise über 500 pro Jahr) entsteht ein Gesamtbild, das eine authentische und objektive Grundlage schafft, um sich als Führungskraft bedarfsgerecht weiterzuentwickeln. Und das gilt nicht irgendwann, sondern vielmehr sofort und ist positiv wirksam für das direkte Umfeld. Die Bewertung geht so weit, dass Kollegen entscheiden, wer zum Beispiel eine teure Executive-Fortbildung wahrnehmen darf, weil diese Führungskraft im Unternehmen für die Gemeinschaft äußerst wirksam ist.

Digital Leader wollen immer besser werden, um im Team zu den Besten gehören zu können.

Folgen Sie dieser Maxime! Mit Ihrem Wollen sind Sie bereit für den Entwicklungsprozess, der letztlich nicht endet. Denn im digitalen Zeitalter gilt für das Können schneller denn je: Das Beste heute ist morgen der Standard und übermorgen Schlusslicht. Nach diesem Kapitel, mit dem Wissen um Ihre Bereitschaft, können Sie den nächsten Schritt tun – den Spielplan aufbauen oder weiter daran arbeiten.

Part 4.2 Set-up: Spielplan aufbauen

Am Ende von Part 1.5 wurde der Spielplan vorgestellt und auch eine »Gebrauchs-anleitung« gegeben, wie der Spielplan funktioniert. Jetzt stehen Details im Mittelpunkt, wie der Spielplan aufgebaut und genutzt werden kann – je nach Ihrer Readiness und Zielsetzung. Der Spielplan wählt Spielzüge aus allen anderen Parts aus. Auch bereits vorhandene Spielzüge, die ein Digital Leader beherrscht, sollten aufgenommen und verknüpft werden.

Das habe ich doch im Gefühl, wann ich wie führen sollte. Ich brauche keinen Spielplan. So könnten Sie denken. Sie müssen nicht den Spielplan nutzen, den das Gamebook anbietet, oder eine andere Vorlage einsetzen. Und es wäre schön, wenn allein das Gefühl dafür, wann welche Spielzüge passen und welche Spielkombinationen zum Erfolg führen, einen Digital Leader leiten würde. Aber bitte bedenken Sie: Neue Herausforderungen, die die digitale Transformation bietet, werden selten eins zu eins mit den bereits vorhande-nen Spielzügen der Führung zu bewältigen sein. Vielleicht macht ja gerade ein bestimmter neuer Spielzug den Unterschied und öffnet neue Perspektiven! Selbst die besten Sportler, die intuitiv ohne groß nachzudenken auf dem Platz agieren und als Spielmacher geniale Pässe schlagen, bereiten sich ständig neu vor und feilen im Detail an ihrer Performanz, also daran, aus ihren Fähigkeiten in konkreten Situationen eine Leistung zu machen. Dafür gibt es den Spiel-plan, um Ihnen diese Anstrengung zu erleichtern. Erfolg entsteht zu 99 Pro-zent aus Transpiration und zu einem Prozent aus Inspiration.

Der Spielplan verschafft jedem Digital Leader auch optisch den Rahmen, seine Spielzüge zu planen und zu kombinieren, zu überprüfen und neu zu justieren. Das geschieht nicht nur einmal. Ein Plan kann immer wieder ergänzt und wei-terentwickelt werden. Oder bei großen Projekten oder ganz neuen Themen kann erneut zum Gamebook gegriffen, weitere Spielzüge können ausgewählt und ein eigener Spielplan erstellt werden, wie zum Beispiel bei der Etablie-rung einer neuen digitalen Geschäftsstrategie (Part 4.7) oder eines eigenen digitalen Organisationsprozesses (Part 4.10). Diese beiden Themen brauchen jeweils andere Spielkombinationen in der Führung. Das ist kein Problem für Digital Leader, sondern normal. Gerade das zeichnet sie aus: sich geschmeidig an neue Anforderungen anzupassen.

Für Digital Leader ist es wichtig zu wissen, wo sie sich verändern sollten und vor allem, wie sie vorgehen wollen.

Drei Situationen sind für den Aufbau eines Spielplans relevant: die erste Version, die Überarbeitung und eine weitere Version für ein einzelnes Projekt oder Thema. Der Plan sollte stets handschriftlich erstellt oder ergänzt werden und nicht in der Schublade verschwinden. Dazu können Sie den Plan mit dem Mobiltelefon fotografieren und so immer dabeihaben. Oder das Bild als Datei auf dem Schreibtisch des Notebooks ablegen, um ab und an einmal nachzuschauen. Wie ein Terminkalender kann der Spielplan zu einem ständigen Begleiter werden, der daran erinnert, was Sie als Digital Leader alles tun möchten.

Erstversion

Sie haben die Qual der Wahl, wenn Sie alle möglichen Spielzüge betrachten, die das Gamebook Ihnen bereits anbietet. Diese Wahl ist gut so. Denn jedes vorgegebene Schema würde – angesichts der Vielfalt an Situationen, Zielen und Herausforderungen jeder Führungskraft – nur auf einen kleinen Teil der Digital Leader und der Anforderungen passen. Der Spielplan passt für alle – wenn mit dem Plan aktiv gearbeitet wird. Der Ausgangspunkt ist Ihr erstes oder das aktuelle Ziel in der digitalen Transformation, der Maßstab für dessen Erreichung und die konkreten Handlungsfelder. Part 4.6 bis 4.10 zeigen Beispiele von konkreten Anlässen, aus denen sich Ihre Ziele als Digital Leader ergeben. Konkret könnte es sein, bis zu einem Tag X den Geschäftsprozess Y vollständig zu digitalisieren. Maßstab könnte in diesem Fall sein, dass die Umstellung in 95 Prozent aller Fälle ohne Fehler gelingt. Daraus ergeben sich die Handlungsfelder in der Umsetzung, wie neue Arbeitsprozesse und Teamstrukturen zu etablieren. Zur Entwicklung des Prozesses sind neue Methoden notwendig, um für die Anwender einen Mehrwert zu schaffen und nicht nur Kosten zu sparen. Das Beispiel zeigt: Der erste Spielplan sollte an einem konkreten Thema in der digitalen Transformation aufgehängt sein.

Und schon löst sich die Qual der Wahl auf. Es bleiben vielleicht nur fünf erste Spielzüge übrig, die Sie dann konsequent anwenden. Gut so. Wenn Sie zusätzlich übergreifende Spielzüge aufnehmen möchten, wie zum Beispiel zur Weiterentwicklung der eigenen Haltung zur Hierarchie (Part 2.1), achten Sie auf die Handhabbarkeit im Alltag. Digital Leader nehmen keine Spielzüge auf Vorrat in das Portfolio, die Sie wahrscheinlich in absehbarer Zeit nicht einsetzen werden. Lassen Sie stattdessen Platz für Ergänzungen, die sich im Verlauf ergeben. Der Spielplan wächst. Lieber anfangs etwas schlanker planen und dann schnell erweitern und justieren, als sich von Anfang an zu viel vorzunehmen.

Überarbeitung

Ständig wechselnde Anforderungen sind normal in der digitalen Transformation. Nicht jede führt zu neuen Anforderungen an Ihre Führung. Achten Sie auf Ihr spontanes Gefühl: »Huch, das ist neu oder verunsichert mich.« Dann ist ein Blick auf Ihren Spielplan nützlich, um die Spielzüge zu entdecken, die Sie können und die Ihnen weiterhelfen. Wenn nicht, dann finden Sie neue, die als Ergänzung in den Spielplan passen. Das ist das Vorgehen bei einem konkreten Anlass. Zusätzlich können Sie sich einen festen Rhythmus angewöhnen und einen Termin eintragen, zum Beispiel um sich einmal im Quartal den Plan vorzunehmen. Dann schauen Sie sich an, was gut klappt, was vertieft werden sollte und welche Spielzüge von Ihnen nicht genutzt werden. Letzteres ist wichtig: Entfernen Sie Spielzüge aus Ihrem Repertoire, die Sie nicht benötigen. Weglassen schafft Raum für Neues. So erhalten Sie Ihre Agilität, sich auf die wirklich wichtigen Spielkombinationen in Ihrer eigenen Digital Leadership zu konzentrieren und sich nicht zu verzetteln.

Projektversion

Größere Projekte oder ganz neue Themen in der digitalen Transformation, für die Sie verantwortlich sind oder werden, können auch neue Spielzüge in der Führung erfordern. Ob dies notwendig ist, hängt von den absehbaren Herausforderungen ab. Begeben Sie sich mit Ihrem Team auf unbekanntes Terrain? Gibt es bekannte Spielzüge, die Ihnen dort weiterhelfen? Nehmen Sie Ihren bestehenden Spielplan und legen Sie das Projekt oder Thema darüber. Gibt es weiße Flecken, zum Beispiel, wenn es darum geht, erstmalig ein virtuelles Team zu führen? Gibt es bereits Lösungswege, die Sie kennen, aber bisher nicht in Ihrem Spielplan nutzen? Je häufiger Sie diese Fragen mit Ja beantworten, umso wichtiger wäre ein eigener Plan! Markieren Sie dann farbig die Spielzüge, die Sie einsetzen möchten und bereits beherrschen, zum Beispiel in Grün. Diese sollten sich idealerweise mit anderen neuen Spielzügen kombinieren lassen, zum Beispiel Ihr Vorgehen in der Teamführung mit den spezifischen Aufgaben bei virtuellen Teams. Überfrachten Sie den Plan nicht: Es geht »nur« um das konkrete Projekt und spezifische Thema. Und geben Sie sich einen Termin, wann die Spielzüge aufgebaut sein sollten. Meistens ist wenig Zeit zu verlieren.

Sie sehen: Der Spielplan ist ein lebendiges Instrument, das Sie unterstützt, Ihre konkreten Anforderungen als Digital Leader optimal angehen und erfüllen zu können. Scheuen Sie sich nicht, bei Bedarf den Plan auch in der Struktur anzupassen. Der Plan, wie das Gamebook ihn vorstellt, ist nicht »in Stein gemeißelt«. Auch wenn es sich in der Praxis bewährt hat, kann Ihre eigene Praxis weitere sinnvolle Veränderungen ergeben. Entwickeln Sie gerne die Struktur des Spielplans weiter, nicht nur den Inhalt, wenn so der Nutzen für Sie erhöht wird.

Impulse durch Hindernisse

 Sich bewegen fällt leichter, wenn der Druck hoch ist. Lassen Sie die Enttäuschung darüber, dass etwas anders gekommen ist als gedacht, als Weckruf wirken. Wie eine Regel zu Beginn des Gamebooks besagt: Nutzen Sie die Umwege, die Sie im Alltag machen müssen. Ihre Spielkombinationen werden dadurch routinierter, wenn Sie sich anpassen können. Umwege erhöhen die Kenntnis aller Ihrer Möglichkeiten und dadurch Ihr Selbstvertrauen.

Hindernisse können vielfältig entstehen, beginnend mit eigenen Fehlern in der Führung bis zu großen technologischen Umwälzungen, die ganze Märkte verändern, wie absehbar die selbstfahrenden Autos. Leitfragen zur Überprüfung und Ergänzung Ihres Spielplans können sein:

- Wäre das Hindernis vielleicht nicht entstanden, wenn ich zuvor anders geführt hätte? Wenn ja, was wären die Optionen gewesen?
- Kann ich das Hindernis nutzen, um selbst neue Chancen zu bekommen – als Person, Team, Bereich oder ganzes Unternehmen? Wenn ja, welche ersten Spielzüge könnte ich unternehmen?
- Wie sind andere Führungskräfte mit einem vergleichbaren Hindernis umgegangen? Was kann ich daraus für meine nächsten Spielzüge ableiten?

Mit diesen Fragen machen Sie quasi einen Schritt zurück oder treten zur Seite und erhalten so neue Blickwinkel, um anschließend mit den Antworten engagiert die nächsten Züge zu machen.

Schließlich werden Sie denken: Wann soll ich an meinem Spielplan als Digital Leader arbeiten? Dazu habe ich keine Zeit! Mein Kalender ist vollgepackt! Doch es geht nicht um viele Stunden jeden Monat. Das ist nicht nötig. Minuten können genügen, während Sie das Gamebook lesen oder sich einzelne Kapitel erneut vornehmen, zwischen Terminen oder beim Warten auf Reisen. Es geht eher um Regelmäßigkeit. Die digitale Kommunikation kostet uns mit dem ständigen Onlinesein viel Zeit. Allein diese Zeit etwas zu reduzieren, schafft genügend Freiraum, um über die eigene Digital Leadership nachzudenken und neue Impulse aufzunehmen. Wie das geht, das zeigt Ihnen das nächste Kapitel.

Part 4.3 Freiraum schaffen: Als Digital Leader Zeit gewinnen

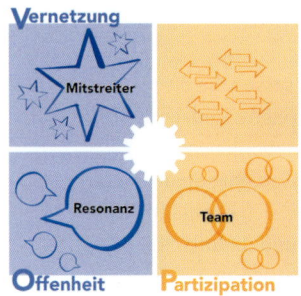

Zur Schaffung des eigenen zeitlichen Freiraums können vor allem die Spielzüge aus Part 2.3 Mitstreiter (damit ausgewählte Maßnahmen gemeinsam umgesetzt werden), Part 2.6 Resonanz (um die Rückmeldungen auf den Erfolg der Maßnahmen zu verarbeiten) und Part 3.1 Team (um das beteiligte Team mitzunehmen) eingesetzt werden. Dieses Kapitel zeigt die zusätzlichen Spielzüge.

Bereits im ersten Part des Gamebooks wurde klar, dass es nicht darum geht, 100 Prozent der Zeit für die Arbeit als Digital Leader einzusetzen. Selbst Führungskräfte, die sich nur um die digitale Transformation kümmern dürfen, werden nach wie vor mit Routinethemen beschäftigt sein. Ein Start mit 10 bis 15 Prozent wäre bereits eine gute Basis für die meisten Führungskräfte. Und sich diesen Freiraum zu schaffen, das hat jeder selbst in der Hand!

Digital Leader führen sich selbst so, dass sie genügend eigene Ressourcen besitzen.

Es hängt von Ihrem Selbstmanagement ab, inwieweit es Ihnen gelingt, sich mehr Zeit »freizuschaufeln«, um als Digital Leader zu starten und nachhaltig zu wirken. Die digitale Transformation hat in den letzten Jahren viele Zeiträuber geschaffen. Bereits in Part 1.1 wurde gezeigt, dass im Schnitt ein Drittel aller E-Mails überflüssig ist und immense Zeit verloren geht, mitunter insgesamt einige Wochen Arbeitszeit im Jahr. Das ist ein Beispiel, um zu zeigen, dass jeder Digital Leader genügend eigene Stellhebel besitzt, sich für die eigenen Zukunftsthemen die nötige Zeit zu schaffen. Da gilt auch keine Ausrede »Ich kann nicht, weil ...«. Das neue Denken kennen Sie bereits aus Part 1.4.

Das Arbeitsvolumen kann über wenige konsequente Routinen strukturiert werden, um den zusätzlich notwendigen Freiraum zu erhalten. Die folgende Liste zeigt Tipps, die sich in der Praxis bewährt haben. Sie wählen selbst aus, welche Tipps in Ihrer Situation und für Ihren Bedarf hilfreich sind. Meistens ist es nicht *die* Maßnahme, die alleine den Freiraum schafft, sondern die Kombination, die den positiven Effekt verstärkt:

✔ **Ergebnis des Tages und der Woche:** Die eigene Energie wird darauf gerichtet, was ich heute und in dieser Woche erreichen möchte, *egal* was passiert. Darum werden alle anderen Aufgaben gestrickt und teilweise auch geschoben. Optimal wäre es, wenn zu diesen Vorhaben nicht nur die wichtigsten und zugleich dringenden Aufgaben gehörten. Besser wäre, wichtige Aufgaben in den Fokus zu nehmen, bevor diese dringend werden. Dringende Aufgaben, die für Sie unwichtig sind, sollten parallel möglichst schnell erledigt werden, auch um mögliche Empfänger Ihrer Leistungen optimal zu versorgen. Zur Unterstützung können Sie eine Matrix erstellen mit Post-its für Ihre Aufgaben und diese in der Wichtigkeit und Dringlichkeit einordnen. Dann picken Sie sich jeweils die Aufgabe des Tages und der Woche heraus, behalten alle anderen aber zugleich im Blick.

✔ **80-Prozent-Level, wo sinnvoll und unkritisch:** Sie können das Leistungsniveau gezielt reduzieren, wenn letztlich 80 Prozent auch ausreichen. Denn zumeist sind für 80 Prozent nur 20 Prozent des Aufwands nötig und der Rest muss für die verbliebenen 20 Prozent aufgewendet werden. Die Möglichkeit für diesen »Mut zur Lücke« hängt stark von Unternehmen, Bereich und Funktion ab. Überlegen Sie sich, wo Sie zum Beispiel »Nice to have«-Informationen erarbeiten oder anfordern, die zwar nett sind, aber nicht unbedingt notwendig. Fragen Sie Ihre Mitarbeiter, wo ihnen auch weniger reicht. Und sagen Sie ihnen umgekehrt, wo Ihnen selbst weniger reicht.

✔ **Zeitfresser reduzieren:** Jede Führungskraft ist in Routinen gefangen, die viel Zeit kosten. Das beste Beispiel sind Meetings. Nehmen Sie sich vor, die Zeit für Meetings zu reduzieren, wieder auf 80 Prozent. Verfolgen Sie zunächst einen Monat, wie viel Zeit »draufgeht«. Bei 50 Stunden wäre Ihr Ziel in Zukunft nur 40 Stunden, möglichst noch weniger. Legen Sie in einer Kalkulationsdatei mit den Zahlen eine Kuchentabelle an, die beim Ziel voll gefüllt ist. Damit sehen Sie leicht, wo Sie stehen. Dann tragen Sie jedes Meeting ein und reduzieren die Anzahl und Länge der Meetings. Entschlacken Sie die eigenen Routinen, zum Beispiel setzen Sie statt einer Stunde Planungsmeeting für die neue Woche nur 30 Minuten an.

✔ **Freistunden oder Stillzeiten einrichten:** Schaffen Sie Raum für Unerwartetes und die Erledigung Ihrer wichtigen Aufgaben. Schaffen Sie sich Ihren persönlichen Workhack (Part 3.3). Planen Sie in Ihrem Kalender feste »Freizeit«, zum Beispiel jede Woche eine Stunde Meeting mit Tim Time. Das ist natürlich ein virtueller Kollege, der Ihnen Zeit verschafft. Oder Zeiten, in denen Sie still sind, also nicht kommunizieren, mit niemandem, sondern konzentriert arbeiten. Verfolgen Sie auch Ihre »Freistunden«, damit Sie eine Stunde in der Woche als Minimum diese Zeit nutzen, zum Beispiel zur Planung von nächsten Spielzügen als Digital Leader.

✔ **Nachrichtenzeiten schaffen:** Richten Sie sich feste Korridore ein, für die Bearbeitung von Nachrichten, also E-Mail, Social Media, Voice-Mail, ... Dadurch lindern Sie den Druck, sofort antworten zu müssen, da Sie ja wissen, wann Sie antworten werden. Eckpunkte in den üblichen Arbeitstagen (wie vor Beginn des Arbeitsalltags) bieten sich an oder auch der Anschluss an andere Routinen, etwa zehn Minuten Nachrichtenzeit nach Meetings. Zur Unterstützung können Sie alle Push-Nachrichten abstellen und selbst auf Empfang drücken. Das überrascht Sie? Das geht! Sie entwickeln eigene Routinen, wie alle zwei Minuten zu drücken, wenn Sie gerade »Dies & Das« machen. Oder direkt nach jedem Meeting. Probieren Sie es aus, was passiert und ob Sie etwas verpassen durch das neue Verhalten.

✔ **E-Mail-Vierklang:** Ein voller Eingangsordner sollte am Freitag nicht das Wochenende unnötig belasten. Der Vierklang bedeutet, beim Empfangen jede Mail sofort zu bearbeiten, und zwar: ungelesen löschen oder ablegen, sofort oder später beantworten. Alle cc-Mails gehören zu den ersten beiden Kategorien, alle Mails, die in weniger als zwei Minuten beantwortet werden können, werden sofort, alle übrigen später in der eigenen Nachrichtenzeit erledigt. Nicht ausgeschlossen ist, dass die eine oder andere Mail ungelesen bleibt, die interessant hätte sein können. Das ist der kleine Preis für den Gewinn an Freiraum. Zudem können Sie sich vornehmen, nur zu schreiben, wenn es sinnvoll und nicht anders machbar ist. Manchmal ist ein Anruf viel schneller und fruchtbarer, besonders zur Vernetzung als Digital Leader.

✔ **Verbindung mit Kollegen:** Soweit die eigene Disziplin nicht reicht oder die neuen Routinen alleine nicht so viel Spaß machen, können Sie sich mit Kollegen verbinden oder sogar Wetten mit diesen eingehen, etwa zum Ziel, die Meetingzeiten zu reduzieren. Wer eher das Ziel erreicht, der gewinnt. Freiraum schaffen sollte ja keine Last sein, vielmehr Lust machen auf Neues. Als Nebeneffekt der Verbindung mit Kollegen erweitert sich auch das Wirkungsgebiet als Digital Leader. Sie treten im Alltag auf als Person, die offen ist für neue Ideen und der gegenseitige Unterstützung wichtig ist. Diese Meinung baut sich bei vermeintlichen Randthemen — außerhalb der fachlichen Zusammenarbeit — sogar wesentlich schneller auf.

Freiraum an Zeit schaffen ist das eine. Freiraum im Kopf schaffen, das ist der zweite wichtige Aspekt. Ohne diesen Freiraum können sich keine neuen Gedanken und Ideen für neue Spielkombinationen entwickeln. Im digitalen Zeitalter ist das leichter gesagt als getan. Denn kurz gesagt: Wir alle leben im »Stand-by-Modus« und können 24 Stunden online sein, wenn wir selbst nicht fähig sind abzuschalten. Ständig piepst oder rüttelt es, blinken neue Meldungen auf oder wir werden, ganz analog, angerufen. Mit jedem Reiz werden wir angespannt, denken ein wenig nach, was der Reiz bedeuten könnte. Alles wird plötzlich dringend, zumindest dringender, als es tatsächlich ist. Selbst wenn sich nichts tut, schauen wir kurz nach, ob sich etwas getan hat. Die meisten Menschen schauen inzwischen mehr als 100 Mal am Tag auf ihr Mobiltelefon, »Heavy User« kommen auf über 500 Kontakte. Das Problem ist vielen

Entwicklern präsent: Mit Apps kann diese »Nutzung« verfolgt und können Ziele zur Reduzierung gesetzt werden.

Nicht im »Stand-by-Modus«, nur im sogenannten »Remote-Status« ist unser Gehirn in der Lage, die vielfältigen Informationen zu kombinieren und neue Perspektiven zu schaffen. Sie haben vielleicht selbst schon festgestellt, dass einem die besten Ideen kommen, wenn man nicht nachdenkt. Das kann beim Sport, beim Musizieren, bei der Gartenarbeit oder einfach beim kurzen Nichtstun sein. Zusätzlich sind im Arbeitsalltag kurze Pausen wichtig. Für diese kleinen Pausen zwischendurch, die schon immer wichtig waren, wurde im digitalen Zeitalter sogar ein eigener Begriff definiert: die »Power Naps«, das kurze Schläfchen, um neue Kraft zu sammeln. Offenbar vermissen gerade junge »Digital Natives« etwas, das Ältere aus der analogen Zeit gut kennen. Wesentlicher Auslöser sind die Mobiltelefone und andere mobile Endgeräte, die überall zu jeder Zeit die Erreichbarkeit sichern und uns dadurch auf Schritt und Tritt folgen – als »Fernbedienung des Lebens«.

Digital Leader setzen die Fernbedienung des Lebens smart ein.

Sind Sie bereits smart? Ist das Ausschalten und Ablegen für Sie selbstverständlich? Auch dann können Sie bei der folgenden Liste einige Impulse erhalten, Ihre Fernbedienung(en) noch besser zu nutzen. Es geht nicht nur um die Quantität, vielmehr auch um die Qualität der Nutzung im Alltag. Kein Digital Leader sollte sich selbst mehr unter Druck setzen, als dies ohnehin schon innerhalb einer Organisation und außerhalb durch die digitale Transformation der Fall ist:

✔ **Stecken lassen:** Die Geräte können einfach in der Tasche stecken gelassen werden, ob beim Warten oder auch im Büro. Das hört sich trivial an. Aber ehrlich: Reflexartig greifen wir zum Gerät, wenn wir nichts zu tun haben, »daddeln« einfach mal daran herum, ohne Plan und Ziel. Diese Ablenkung lenkt uns vom wichtigen Durchschnaufen oder einfach gutem Zuhören ab.

✔ **Mehr Einsatz:** Der Smartphonezugang an den Orten, wo wir uns am meisten aufhalten, kann erschwert werden, um ständiges Checken zu vermeiden. Ob zu Hause direkt am Eingang oder im Urlaub in der Nachttischschublade, am Bürotisch in der Tasche — sorgen Sie dafür, dass das Mobilgerät nicht sofort griffbereit ist, dann steigt die Chance, stattdessen etwas anderes zu machen oder kurz einmal — nichts zu tun.

✔ **Gut schlafen:** Der Schlaf ist elementar, um am Tag konzentriert zu sein. Deshalb genau überlegen, wo das Mobilgerät deponiert wird, während man selbst schläft. Ausnahmen dürfen nicht zur Regel werden. Unterwegs kann der Wecker genutzt, aber sonst die Nachtfunktion eingestellt werden. In den wenigsten Situationen und Berufen müssen Digital Leader rund um die Uhr erreichbar sein.

✔ **Apps schließen:** Permanente Funktionsfähigkeit führt zur Fremdüberwachung. Ständig kommen Mitteilungen. Denn die Apps wollen ja, dass man sie benutzt. Und wenn wir die Benachrichtigungsfunktion abstellen, dann verliert die App wiederum ihren Reiz. Täglich alle Apps zu schließen, hilft auch bei der Beurteilung, welche Apps überhaupt gebraucht werden.

✔ **Apps löschen:** Alle sofort löschen, die nicht gebraucht werden. Oder auf der zweiten Navigationsseite in einen Ordner »Papierkorb« stecken. Quartalsweise einmal zu durchforsten, welche Apps überhaupt genutzt werden, ist eine willkommene Routine. Und dadurch lernt man, etwas sein zu lassen, zu beenden und so neuen Raum zu schaffen — hier sichtbar auf dem Gerät.

✔ **Bildschirm sortieren:** Nachrichten-Apps werden auf die zweite Seite gepackt, um nicht ständig neue Meldungen zu sehen. Zudem wird die Benachrichtigungsfunktion auf dem Sperrbildschirm deaktiviert. So werden Sie nicht mehr gedrängt, Nachrichten zu checken. Sie können selbst entscheiden, wann Sie Ihre Nachrichten prüfen und bearbeiten.

✔ **Ziele setzen und verfolgen:** Das Gerät nicht mehr als 100 Mal am Tag in die Hand nehmen oder zehn Minuten pro Tag in der Hand halten ohne konkreten Anlass. Das könnten Ziele sein, wenn die Anzahl der Kontakte doppelt oder dreifach so hoch ist und entsprechend viel Zeit dabei vergeht. Das Setzen und Verfolgen von Zielen ist besonders dann wichtig, wenn die Nutzung wirklich spürbaren Stress auslöst.

Durch diese Maßnahmen wird nicht nur die Menge an dringenden Anlässen reduziert und die Aufmerksamkeit für die wichtigen Dinge, wie die Digital Leadership, erhöht. Es wird auch Zeit gespart, hier und da einige Sekunden summieren sich pro Tag auf einige Minuten, die plötzlich »frei« sind. Diese Zeit sollte dem Gehirn zur freien Verfügung überlassen werden, um unsere Gedanken zu beleben. Das kann beim Warten sein, auf dem Bahnsteig oder am Abflugschalter oder für einen Kaffee mit Kollegen zum analogen Vernetzen genutzt werden. Das mittlerweile für viele Menschen unbewusst zwanghafte Verhalten, ständig irgendetwas zu checken, durchbrechen Digital Leader durch eigene Routine und ganz persönliche Maßnahmen. Der »Ampel-Check« bietet zum Schaffen von Freiraum einen ganz einfachen und sehr wirkungsvollen Spielzug an.

 Um sich selbst zu zeigen, was im Zeitmanagement gut geht, was man besser lassen und am besten starten sollte, eignet sich der »Ampel-Check«. Konzentrieren Sie sich bitte möglichst auf einfache Maßnahmen, die Sie ganz alleine umsetzen können und die zugleich eine große positive Wirkung besitzen. Malen Sie sich auf ein weißes leeres DIN-A4-Blatt eine Ampel bzw. die drei farbigen Kreise mit folgenden Überschriften dazu:

- ROT = Diese Punkte (Verhalten, Abläufe, ...) lasse ich sofort sein!
- GELB = Diese Punkte sind gut, und ich setze sie in Zukunft fort!
- GRÜN = Diese Punkte starte ich sofort!

Tragen Sie Ihre Punkte ein, insgesamt nicht mehr als 10 oder 12. Mehr sind schwer zu verfolgen. Nutzen Sie das Blatt als Spickzettel, legen Sie es auf den Schreibtisch oder klemmen Sie es zwischen das Notebook. Prüfen Sie nach einer Woche und einem Monat, ob Sie durchhalten und ob die Wirkungen erzielt werden, die Sie sich vorgenommen haben. Justieren Sie etwaige Schwachstellen oder ergänzen Sie weitere Punkte.

Mit dem gewonnenen Freiraum – an Zeit und Aufmerksamkeit – können Sie sich viel besser um den nächsten Aspekt in der täglichen Führung kümmern. Die beiden Führungsarten abzustimmen und zu verknüpfen, ist eine ganz besondere Fähigkeit der Digital Leader.

Part 4.4 Schieberegler einsetzen: Bimodale Führung im Alltag umsetzen

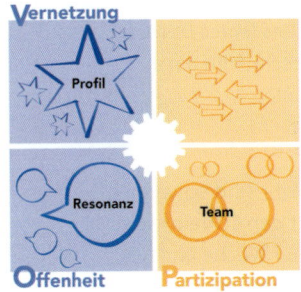

*Bei der Führung von virtuellen Teams können vor allem die Spielzüge aus **Part 2.2** Profil (damit die eigene Bimodalität im Umfeld klar ist), **Part 2.6** Resonanz (um die Rückmeldungen auf die Bimodalität zu verarbeiten und zu sichern) und **Part 3.1** Team (um das beteiligte Team mitzunehmen) eingesetzt werden. Dieses Kapitel zeigt die zusätzlichen Spielzüge.*

Von einigen Malen im Monat bis zum Minutentakt, in einem Meeting als Entscheider und im nächsten im Digital-Leader-Modus als Möglichmacher – Digital Leader können sehr unterschiedlich gefordert sein, zwischen den beiden Führungsmodi zu wechseln oder auch im operativen Effizienzmodus einzelne Elemente aus dem digitalen Innovationsmodus einzusetzen. Die Branche, die Vision und Strategie des Unternehmens, der Funktionsbereich oder auch aktuelle Führungsaufgaben bestimmen, wie der Schieberegler zwischen beiden Modi eingesetzt werden sollte. Gleiches gilt für die Zeitverteilung, ob 5, 10, 20 oder ... Prozent als Digital Leader eingesetzt werden. 50 Prozent werden es sehr selten sein, wie bereits in **Part 1.4** aufgezeigt.

Idealerweise entwickelt sich ein eigener Rhythmus. Intuitiv kommen passend zu den Anforderungen die jeweilige Haltung und Fähigkeiten zur Geltung. Kontinuierlich erfolgt die Feinjustierung, wenn zum Beispiel im Innovationsmodus ein Ergebnisproblem im Team durch eine straffere Entscheidungsführung gelöst werden sollte oder im Effizienzmodus durch eine bessere Fehlernutzung die operative Leistungsfähigkeit erhöht werden kann. Für die unmittelbar Beteiligten Ihrer Führung reicht meistens ein kurzer Satz, um zu verstehen, warum Sie zum Beispiel jetzt nicht entscheiden, auch wenn Sie darum gebeten werden. Sie vertrauen auf die Kompetenz der Mitarbeiter. Umgekehrt könnte auch im Standardmodus ein Hinweis hilfreich sein, zum Beispiel bei rechtlich vorgegebenen Abläufen: »In diesem Fall habe ich in meiner Funktion die Entscheidung zu treffen.«

Digital Leader machen transparent, welcher Modus gerade in Betrieb ist.

Bitte seien Sie wachsam, wie die Bimodalität aufgenommen wird. Der Eindruck darf nicht entstehen, Sie hätten keine klare Linie, entschieden, wie es Ihnen gerade gefällt oder »woher der Wind weht« – das Gegenteil ist ja der Fall! Überspannen Sie – besonders zu Beginn – den Bogen nicht, indem bei jedem Meeting oder sogar innerhalb eines Meetings der Modus gewechselt wird. Die Aufnahmebereitschaft der Belegschaft ist endlich, ebenso Ihre eigene »Bimodalitätskraft«. Eine vorbeugende Maßnahme kann sein: Fokussieren Sie die Digital Leadership auf ein klar abgegrenztes Umfeld, wie einen bestimmten Ablauf (zum Beispiel im Umgang mit Fehlern: Part 2.8), eine agile Methode (Part 3.3) oder eine abgegrenzte Organisationsstruktur (s. dazu mehr in Part 4.8). Oder Sie können dafür zunächst ein Pilotumfeld schaffen (wie in einem ersten kleinen Projekt), um selbst mehr Sicherheit in der Bimodalität zu bekommen. Achten Sie auf jeden Fall auf genügend Raum zur Reflexion, wie die Führung »ankommt«. Denn Digital Leadership wird noch lange kein Standard in Unternehmen sein. Ihre bimodale Führung kann insofern zumindest exotisch wirken.

Schieberegler einstellen

 Sie dürften nach den Kapiteln bisher bereits ein Gefühl dafür entwickelt haben, wann in Ihrem Tätigkeitsbereich der »normale« operative Führungsmodus auch weiter sinnvoll und notwendig ist. Ebenso sollten Sie eine erste Vorstellung haben, bei welchen Aufgaben und Situationen Sie neue Spielzüge der Digital Leadership einsetzen könnten. Das Gefühl können Sie relativ einfach konkretisieren und so für sich den eigenen Schieberegler einstellen.

Legen Sie zwei identische Listen mit jeweils vier Spalten an: Links »Situation«, dann »Ziel« und »Aufgabe«, rechts »Aktion«. Die erste Liste können Sie mit »Standard« bezeichnen, die zweite mit »Digital«. Dann listen Sie zunächst jeweils unter Situation typische Führungssituationen auf, die Ihren Arbeitsalltag prägen oder die Sie – vor allem bei »Digital« – gerne initiieren würden mit Ihrem Team oder Bereich, zum Beispiel das agile Projektmanagement (Part 3.3). Beschränken Sie sich im ersten Wurf auf maximal die zehn wichtigsten Situationen je Liste, um den Überblick zu behalten und mögliche Zusammenhänge zu erkennen.

Dann füllen Sie in beiden Listen je Situation Ihre konkrete Zielsetzung, dazu die Aufgabe als Führungskraft aus und unter »Aktion« die jeweils relevante Haltung und Fähigkeit, ggf. Methoden und Vorgehensweise, die Sie einsetzen möchten. Bei der Liste »Digital« nehmen Sie Ihren Spielplan als Digital Leader zur Unterstützung. Prüfen Sie nun das Ergebnis, wo es Überlappungen oder auch mögliche Ergänzungen und Verknüpfungen der Spielzüge gibt. So sehen Sie auf einen Blick, wie Ihr bimodaler Führungsstil im Alltag aussehen kann. Wichtig ist: Besprechen Sie das Ergebnis mit den direkt beteiligten Mitarbeitern (Part 2.2 – Teilhabe am eigenen Arbeiten ermöglichen!), damit diese wissen, was auf sie zukommt.

Bimodalität ist kein Selbstzweck oder eine Mode. Die digitale Transformation macht diesen Führungsstil unumgänglich. Zugespitzt formuliert, auch in Richtung von Skeptikern im eigenen Haus: Ohne Digital Leadership und die damit verbundene Bimodalität kann kein Unternehmen langfristig im digitalen Zeitalter überleben.

Kein Manager führt bimodal, wenn der Erfolg ausbleibt. Bei hohem Innovationsdruck von außen wird die effiziente Umsetzung des bestehenden Geschäfts so schlank wie nur irgendwie möglich erfolgen – und zwar mehr als nur kurzfristig. Bei aktuell eher notwendigen Optimierungen durch Digitalisierung von bestehenden Services oder Abläufen wird der Regler nahezu tagesaktuell in beiden Richtungen verschoben, je nach Entwicklungsstand der Themen. Selbstverständlich verharrt ein Digital Leader nie in einer Position, sondern justiert fortlaufend seine Aufmerksamkeit in Hinblick auf die künftigen Szenarien in der digitalen Transformation. Gegen Ende des Gamebooks könnte es sein, dass Sie an folgenden Merksatz bereits leicht einen Haken machen können:

Digital Leader wissen, wann sie wie die Schieberegler einsetzen.

Zusätzlich wäre es optimal, wenn ein Digital Leader nicht völlig alleine die bimodale Führung entwickelt und verfeinert. Sparringspartner in einem Netzwerk – anfangs mit zwei oder drei Kollegen noch eher klein – ermöglichen die gegenseitige Inspiration und den Erfahrungsaustausch, besonders im Umgang mit Hindernissen. Im Notfall kann man sich mit anderen Führungskräften extern verknüpfen. Das Thema ist ja die Führung, nicht die Produkte oder andere vertrauliche Informationen aus dem eigenen Unternehmen. Dazu ist ein Austausch durchaus möglich und im digitalen Zeitalter über die bekannten Netzwerke für Geschäftskontakte nicht unüblich. Das Gamebook liefert Ihnen ja genügend Spielzüge für Digital Leader als Gegenleistung an.

Gegenleistung ist ein gutes Stichwort. Bedenken Sie bitte schließlich, dass auch die beteiligten Mitarbeiter oder andere Führungskräfte aus dem digitalen Modus einen Vorteil ziehen sollten. Sicher wird sich jeder einmal oder zweimal aus Neugier an agilen Methoden beteiligen. Danach könnte das Interesse aber schnell abebben, wenn der digitale Führungsmodus nur modisch erscheint und Mitarbeiter denken: »Das ist so eine neue Marotte, war wohl auf irgendeinem Training oder hat ein komisches Buch gelesen.« Insofern achten Sie darauf, nicht im Übereifer den Schieberegler auf »Digital« zu drehen, weil Ihnen das gefällt oder passend erscheint oder weil es einfach mal losgehen und anders werden muss. Ohne Passung mit den Anforderungen im Team oder dem Thema oder dem Ziel besteht die Gefahr, irgendwann nur über den Standardmodus, also über das Anordnen, in den digitalen Modus führen zu können. Dann würde die Digital Leadership dysfunktional, also wirkungslos oder sogar gegenteilig wirksam. Um genau dieses Praxisproblem geht es im nächsten Kapitel.

Im Netzwerk für Bimodalität agieren

Die IT-Services bei einem Automobilhersteller (eine Abteilung mit über 5.000 Mitarbeitern) brauchte neben dem klassischen Primärsystem, das auf Qualität und Produktivität getrimmt war, ein zweites Betriebssystem, das parallel eine bisher ungeahnte Dynamik in der Entwicklung und Implementierung zuließ. Nur so konnten die gestiegenen Anforderungen der internen und auch externen Kunden an Schnelligkeit und Flexibilität im Einsatz der Systeme erfüllt werden. Dazu waren die Führungskräfte an erster Stelle gefordert, die eigene Haltung und Fähigkeiten zu ergänzen – eben bimodal zu führen. Themenbezogene Netzwerke wurden nicht nur für die technischen Innovationen aufgebaut. Change Champions in den verschiedenen Disziplinen wurden zu den Träger und Treibern der Netzwerke. Das Führen in Rollen statt nur in der Hierarchie (Part 2.1) inklusive neuer Entscheidungsmethoden (Part 3.8) war eines der Themen. Ein anderes Netzwerk kümmerte sich um moderne Arbeitsmethoden (Part 3.3). Die Protagonisten erhielten für ihre Arbeit im Netzwerk zusätzliche Zeitressourcen. Die Maßnahmen für die Arbeit im Netzwerk entsprachen den Standards, wie Web Community und Social-Media-Plattform, Jour-fixe-Sessions, Themen-Workshops oder -Trainings, Peer-Group-Coachings.

Entscheidend für das Funktionieren der Netzwerke waren folgende Punkte: Freiwilligkeit der Teilnahme und Gleichrangigkeit der Teilnehmer, Hoheit über die Inhalte im jeweiligen Netzwerk, klar definierte Schnittstellen zum Primärsystem, wann und wie zum Beispiel der Übergang von Entwicklungen in das Primärsystem erfolgt. Nicht zuletzt: aktive Promotion der Netzwerke und deren Vorteile im mittleren Management sowie die Präsenz des Top-Managements als normale Mitglieder in einzelnen Netzwerken.

Mittlerweile sind die Netzwerke ein etablierter paralleler Führungs- und Organisationsprozess, ohne eigene parallele Organisationsstrukturen oder -einheiten geschaffen zu haben. Selbstläufer sind die Netzwerke allerdings nicht. Ständig muss neu der Nutzen bewiesen und im Team erarbeitet werden. Damit sich nicht immer die gleichen Digital Leader engagieren, ist auch die Präsenz im Primärsystem wichtig, um Nachwuchs zu rekrutieren und neue Impulse in den einzelnen Netzwerken zu erhalten.

Part 4.5 Dysfunktionalität: Wirkungslosigkeit beheben

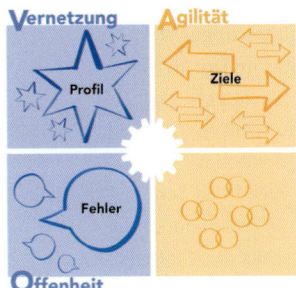

*Falls die Spielzüge als Digital Leader wirkungslos sind, können vor allem die Spielzüge aus **Part 2.2** Profil (damit die eigene Rolle im direkten Wirkungsbereich noch deutlicher wird), **Part 2.8** Fehler (um die Probleme zu identifizieren) und **Part 3.5** Ziele (um die eigenen Perspektiven zu justieren) eingesetzt werden. Dieses Kapitel zeigt die zusätzlich möglichen Spielzüge.*

Dysfunktionalität schafft eine Krise für Digital Leader. Das ist keine Frage. Der Umgang mit Wirkungslosigkeit erhöht jedoch die eigene Widerstandskraft und Fähigkeit, aus Enttäuschungen gestärkt hervorzugehen – im Fachjargon als Resilienz bezeichnet, umgangssprachlich als Mentalität des »Stehaufmännchens«. Resiliente Menschen wissen, dass sie selbst es sind, die über ihr eigenes Schicksal bestimmen. Und sie wissen auch: Störungen auf dem Weg sind normal – erst recht als Digital Leader. Die Zahl der Enttäuschungen könnte tendenziell die Erfolgsmomente sogar übersteigen – zumindest anfangs. Beunruhigend wäre eher, wenn es nie Dysfunktionen geben würde. Alleine das Zulassen dieser Erfahrung ist bereits viel wert – dann ist die Lösung der Störung möglich.

Digital Leader sind Gestaltertypen. Das bedeutet, sie haben Vertrauen in sich selbst, nehmen die eigene Zukunft in die Hand, besonders wenn es schwer wird. Enttäuschende Ereignisse und Erlebnisse – und das ist die Wirkungslosigkeit der eigenen Führung bestimmt – werden von einer Herausforderung zur Anforderung. Der sogenannte Kohärenzsinn ermöglicht, die Situation zu lösen und nicht lange in der Situation zu verharren. Digital Leader wissen um die Handhabbarkeit ihrer Ressourcen und können in Dysfunktionalität einen Sinn erkennen: »Die Wirkungslosigkeit stellt meine Fähigkeiten auf die Probe. Ich habe die Chance, mich an die unerwartete Situation anzupassen und mit einer modifizierten Spielkombination gestärkt hervorzugehen.« Das ist kein Beschönigen, dass ja alles nicht so schlimm ist. Das ist vielmehr das Vertrauen in den eigenen Spielplan, der mit diesem Gamebook ständig weiterentwickelt werden kann.

Die Ursachen einer Dysfunktionalität können sehr unterschiedlich sein – das liegt in der Natur der digitalen Transformation, Stichwort: die Auswirkungen von VUKA (**Part 1.3**). Technologische Entwicklungen oder sprunghaft veränderte Verhaltensweisen von Kunden – um nur zwei Beispiele möglicher Einflüsse zu nennen – liegen außerhalb der Reichweite jedes Digital Leaders. Voll im Einflussbereich liegt jedoch, wie mit diesen Faktoren umgegangen wird. Deshalb liegt der Fokus auf den Themen, die ein Digital Leader unmittelbar selbst beeinflussen kann, um die Wirkungslosigkeit zu beheben – angefangen bei sich selbst und der eigenen Führungsarbeit. Vielleicht bedurften die ersten Spielzüge einiger Überwindung und man selbst war stolz auf die Veränderung der eigenen Haltung und Fähigkeiten. Und nun – nichts! Die erhofften Wirkungen bleiben aus und die anvisierten Ziele werden nicht erreicht. Zunächst ist deshalb die eigene Digital Leadership zu reflektieren.

Digital Leader wissen, es war nie schlecht, wenn der Erfolg ausbleibt.

Haben Sie bereits alles infrage gestellt, wenn ein Projekt komplett »in den Sand gesetzt« wurde? Tendieren Sie bisher dazu, »alles auf den Kopf zu stellen«, um die Ursachen zu bestimmen und das Problem zu lösen? Denken Sie an den Sport, wie im Fußball: Nicht alles ist in einem Spiel perfekt, wenn in der letzten Minute das entscheidende 1:0 geschossen wird. Umgekehrt ist nicht alles schlecht, wenn plötzlich das Gegentor fällt zum 0:1. Die Anstrengungen sind in diesem Fall im Ergebnis völlig wirkungslos – das Spiel ist verloren. Jedoch können im gesamten Spiel viele Wirkungen ausgeübt worden sein – sonst hätte es vielleicht 0:4 gestanden. Bei 0:1 hat man nur knapp verloren, war also konkurrenzfähig. Darum geht es: Die ganzheitliche Betrachtung des eingeschlagenen Weges bringt mehr, um eine Dysfunktionalität zu beheben, als sich allein darauf zu konzentrieren, warum ein Ziel nicht erreicht worden ist, also das entscheidende Tor nicht geschossen wurde.

Offenheit war Illusion

Die Offenheit ist in VOPA das zweite Spielgebiet jedes Digital Leaders. Bei einem mittelständischen Metallbauer war der Geschäftsführer höchst überrascht, dass der Betriebsrat vorschlug, einen anonymen Kummerkasten und sogar einen Ombudsmann einzurichten. In Betriebsversammlungen oder auch im Intranet hatte er laufend Probleme offen angesprochen, Vorschläge zur Lösung eingebracht und die Kollaboration aller Mitarbeiter ermöglicht, zum Beispiel die entsprechende Arbeitszeit einzusetzen.
Nicht bewusst war ihm, dass in der Produktion weiter ein »Kartell des Schweigens« herrschte. Der Betriebsrat verdeutlichte, dass das Stillschweigen des Geschäftsführers zu Vorschlägen, die von der Produktionsleitung abgelehnt wurden, dazu geführt hatte, dass sich eine Subkultur ausgebildet hatte. Diese Botschaft war frustrierend. Denn der Geschäftsführer hatte den Eindruck, dass seine Bemühungen und Vorbildfunktion völlig wirkungslos geblieben waren. Schließlich besaß die Produktion im Unternehmen eine herausragende Bedeutung.
Ein Kummerkasten und ein Ombudsmann wären völlig falsch gewesen. Das wäre die Botschaft auch an alle anderen Bereiche, dass die Offenheit nur eine Illusion ge-

wesen war. Stattdessen wurde »der Stier bei den Hörnern gepackt«. Ein Projekt zur Steigerung der Flexibilität in der Produktion wurde aufgesetzt – vom Geschäftsführer. Das Stichwort für die Initiative lautete: Industrie 4.0 – wie können die Kollegen Mensch und Maschine gemeinsam flexibler werden? Aus anderen Bereichen wurden Coaches für agile Methoden involviert, der Geschäftsführer nahm an Design-Thinking-Sessions teil, wie jeder andere Mitarbeiter auch. Die Produktionsleitung war für den Ablauf und das Resultat verantwortlich. Niemand wurde bloßgestellt. Die Möglichkeit, Kritik zu üben und Vorschläge zu machen, wurde etabliert, über das Projekt hinaus. Dieses Ergebnis war langfristig wichtiger als die konkrete Steigerung der Flexibilität.

Drei Spielfelder kann der Digital Leader nutzen, um die Wirkungslosigkeit zu beheben und die Führungsarbeit zu verbessern: die eigene Emotion und Haltung, das eigene Verhalten und die eigenen Fähigkeiten, das Ziel und Umfeld. So wird auf die Veränderung reagiert, statt über fehlende Wirkungen zu lamentieren oder achselzuckend allein außerhalb des eigenen Wirkungsbereichs die Ursache für die Wirkungslosigkeit zu verorten. Selbst wenn dies objektiv betrachtet so sein sollte – wenn er darauf null Komma null Einfluss hat –, dann ist der Umgang mit dieser Einflusslosigkeit das Thema für einen Digital Leader.

Emotion und Haltung

Digital Leader sind abenteuerlustige Wildwasserfahrer (erinnern Sie sich an **Abbildung 4** in **Part 1.3**). Bei Hindernissen und Unwägbarkeiten können sie sich beweisen. Das Gefühl der eigenen Wirkungslosigkeit ist ein ganz großer Felsbrocken, der im Weg liegt! Unbekannte und unangenehme Situationen fördern die Neugier und das Engagement, nach dem Motto: »Mal sehen, was hinter dem nächsten Strudel liegt.« Dann gilt es, sich Zug um Zug weiter voranzuarbeiten. Um diesen Schalter umzulegen, kann – abhängig von der negativen Folge aus dem schlechten Ergebnis – ein Durchschnaufen und ein »Kopf-frei-Bekommen« notwendig sein, etwa die sprichwörtliche Nacht drüber zu schlafen oder sich vertrauensvoll mit Partner oder Freunden auszutauschen. Denn Digital Leader sind keine Berufsoptimisten: »Alles halb so wild. Das wird schon wieder.« Nein, die Enttäuschung sollte zugelassen werden, bevor wieder die Haltung als Gestalter eingenommen wird und der nächste Spielzug folgt.

Um diesen nächsten Schritt zu gestalten, können sich Digital Leader bewusst machen, wo sie bereits einmal gut mit kleineren Störungen bei ihren Vorhaben umgegangen sind und wie sich diese damals gezeigte Haltung auf die aktuelle Situation übertragen lässt. Finden Sie konkrete Anknüpfungspunkte:

»Damals konnte ich ... Dann sollte mir das hier mit ... auch gelingen.« Machen Sie sich auch bewusst, dass jede Situation sich vielschichtig entwickeln und gedeutet werden kann. Ihre Planung war zum damaligen Zeitpunkt die beste Option und das wird nicht falsch, wenn sich die Arbeit und Führung als wirkungslos erweisen. Wichtig ist, darauf zu reagieren und die weitere Transformation nicht einfach laufen zu lassen. Das stärkt Ihr Profil als Digital Leader, auch um Mitstreiter zu finden, die gemeinsam die Wirkungslosigkeit beheben möchten. Denn Sie sollten nicht vergessen: Der Digital Leader ist nicht allein mit seinem Leiden an der Enttäuschung. Mitarbeiter erwarten in dieser Situation eine Führungskraft, die Vertrauen in die eigenen Fähigkeiten ausstrahlt und Wege in die Zukunft weist.

Verhalten und Fähigkeiten

Entdecken Sie mögliche Widersprüche im eigenen Verhalten im Vergleich zu den eigenen Vorhaben. Sagen Sie doch »Ja, aber ...« und möchten darüber recht behalten? Sind Sie doch bei Entscheidungen reingegrätscht? Haben sich Mitarbeiter zurückgezogen und nicht mehr so schnell wie nötig selbst Anpassungen vorgenommen, weil sie überstimmt wurden? Oder hat sich im Verhalten im Team gezeigt, dass die Toleranz gegenüber Unsicherheiten viel geringer war als gedacht? Vielleicht sind die großen Ankündigungen, sich gemeinsam von Denkmustern zu lösen, in der Tat schwergefallen. In der Folge wurde nicht genügend Zeit eingesetzt: »Lohnt sich ja doch nicht.« Und schließlich, trotz aller Bekundungen: »Unsere Fehler haben wir nicht genutzt. Wir waren zu nachlässig, um fortlaufend selbstkritisch unseren Fortschritt zu bewerten. Damit wurden wir zu selbstgenügsam: Ist ja toll, was wir können und machen!« Ob damit eine Wirkung erzielt wurde, diese Frage rückte aus dem Fokus.

Agilität an allen Ecken kann auch ins Gegenteil umschlagen, wenn bei Wirkungslosigkeit noch mehr Anstrengungen unternommen werden, ohne die Anzahl der Aufgaben zu reduzieren. Kein Problem lässt sich so lösen, wie es entstanden ist. Also muss es heißen, sich noch stärker als bislang auf das Wesentliche zu konzentrieren, auch um ggf. wenige neue Spielzüge zu ergänzen. Die Spielzüge im eigenen VOPA-Spielplan werden an den Stellen reduziert, an denen unmittelbar eine Wirkung erzielbar ist, zum Beispiel Kompetenzträger von anderen Aufgaben zu entlasten, um sich nicht zu verzetteln. Eine Möglichkeit ist auch, dass die eingesetzten Instrumente oder Methoden ungeeignet waren. Am Beispiel Design Thinking könnte das heißen: Vielleicht haben wir ja ein Problem bei den Kunden konstruiert, um dafür einen neuen Service aufzubauen, von dem vor allem wir überzeugt waren? Und die Kunden haben deshalb nicht mitgezogen wie erhofft, weil das Problem so gar nicht existierte.

Ziel und Umfeld

Vielleicht waren Sie unaufmerksam gegenüber Entwicklungen auf dem Weg und haben Veränderungen, wie neue Technologien, unterschätzt. Aktuell investieren viele Unternehmen noch viel Zeit und Geld in Apps, Applikationen für Mobiltelefone. Durch die Sprachsteuerung entfällt das Tippen, sogenannte Skills sind dafür notwendig. Es könnte also passieren, dass eine App ohne gekoppelte Skills wirkungslos wird, weil diese nicht so einfach zu bedienen ist. Das Ziel hätte in diesem Fall justiert werden müssen, um die ursprüngliche Wirkung – hier: die weite Verbreitung der App – zu erreichen. Besonders bei langfristigen Projekten wäre das Team dann in die klassische Falle im Projektmanagement getappt, mit aller Kraft den ursprünglichen Plan umzusetzen, ohne rechts und links zu schauen. Das Justieren von Zielen und Erwartungen mit Blick auf die Wirkungen ermöglicht, die gemeinsamen Anstrengungen besser auszurichten. Und das ist bei der digitalen Transformation elementar!

Eine weitere Frage könnte lauten: Gibt es weitere Hindernisse, die sich aufgetan haben, aber nicht aufgenommen wurden, zum Beispiel die mangelhafte Vernetzung im Unternehmen oder der Ausfall von Mitarbeitern und entsprechende Leistungsprobleme? Verstärken Sie den Lernprozess, wie Sie gegenseitig Informationen aus dem Umfeld systematisch in die eigene Arbeit einbauen. Nehmen Sie das Scheitern zum Anlass, notwendige Instrumente einzuführen, wie das Action Learning (**Part 3.2**). So kann Wirkungslosigkeit in der VUKA-Welt die Grundlage sein, in der nächsten Situation wirkungsvoller zu werden. Nehmen Sie Ihren Spielplan als Digital Leader und justieren Sie Ihre Aktivitäten als Spielmacher. Erinnern Sie sich an die erste Seite im Gamebook: Führung der Zukunft ist überzeugt von »Outside-In«. Die Unplanbarkeit der Veränderungen erhöht die Chancen, die fortlaufend neu entstehen.

Digital Leader besitzen eine Vielzahl an Möglichkeiten, eine Wirkungslosigkeit zu beheben.

Jede Dysfunktionalität wird in einer Organisation kritisch beäugt. Maßstäbe aus dem operativen Standardmodus werden schnell auch an Digital Leader gerichtet: »Außer Spesen ist da wohl nichts gewesen.« Auch wenn das Top-Management dem Digital Leader den Rücken stärkt (**Part 4.11**) und wenn dieser selbst Machtstrukturen genutzt hat (**Part 4.12**), muss er in der konkreten Situation nicht nur mit der eigenen Enttäuschung, sondern auch mit der Häme von Kollegen umgehen lernen. Denn eher selten wird ein Transfer möglich sein, wie die Wirkungslosigkeit in Bezug auf das ursprüngliche Ziel zusätzlich für die gesamte Organisation nützlich sein kann. Das Argument, man habe einen Lerneffekt mit neuen Methoden erreicht, ist irgendwann »durch«, besonders wenn diese Methoden ohne Wirkung bleiben.

Eine liebevolle Umarmung

 Häme zeigt Interesse, wenn auch negativ. Jedenfalls ist die Aufmerksamkeit vorhanden. Da überrascht es wahrscheinlich viele, plötzlich umarmt zu werden. Digital Leader folgen dem Motto: Aus Steinen, die einem in den Weg gelegt werden, kann man etwas Schönes bauen.
Das bedeutet in dieser Situation, eine kritische Resonanz als Vorlage zur Kooperation zu nutzen. Folgende Argumentation ist stichhaltig und aufrichtig: »Ich ärgere mich am meisten. Für euer Interesse, auch mit diesem negativen Urteil, danke ich. Schlimmer wäre es, wenn meine Arbeit euch egal wäre. Ich möchte weiter an unserer gemeinsamen Zukunft arbeiten, im digitalen Zeitalter erfolgreich zu sein. Beim nächsten Mal zähle ich auf eure Unterstützung, wenn ich sie brauche. Dann steigen unsere Aussichten auf eine Wirkung bestimmt.«
Warten Sie ab, was beim nächsten Mal passiert, wenn die Ergebnisse hinter den Erwartungen bleiben. Wenn die Kollegen immer noch im alten Muster hängen, dann wiederholen Sie die Argumentation nochmals ... wie eine Gebetsmühle. Gut Ding braucht Weile – manchmal.

Part 4.6 Virtuelle Teams führen

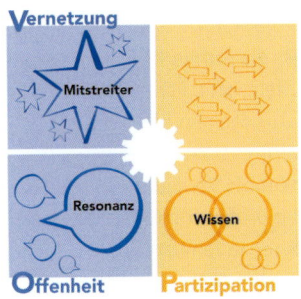

Bei der Führung von virtuellen Teams können vor allem die Spielzüge aus Part 2.3 Mitstreiter (um die Eigenmotivation im Team zu aktivieren), Part 2.6 Resonanz (um die Zusammenarbeit zu sichern) und Part 3.2 Wissen (um den Kompetenztransfer zu ermöglichen) eingesetzt werden. Dieses Kapitel zeigt die zusätzlich wichtigsten Spielzüge.

In Part 2.3 wurde bereits deutlich, dass nicht alle Mitarbeiter auf einen Digital Leader warten. In Part 3.1 wurden der Aufbau und die fortlaufende Führung eines »normalen« Teams gezeigt. Virtuelle Teams sind eine Folge der hierarchie- und standortübergreifenden Zusammenarbeit – bis hin zu globalen Teams, wo alle Teammitglieder woanders arbeiten, sich nie oder sehr selten sehen. Jeder Mitarbeiter kann von jedem Punkt der Welt selbstorganisiert an der Arbeit teilnehmen, ob zwischen Stuttgart und Shanghai, in Sigmaringen oder nur im Gebäude S nebenan. Beim Führen auf Distanz zeigt sich, wie Digital Leader mit der Selbstorganisation von Teams und dem Verlust ihrer traditionellen Macht klarkommen.

Virtuelle Teams bringen viele Vorteile mit sich, vor allem sind das: die Auswahl der jeweils am besten geeigneten Mitarbeiter, die hohe Diversität der Teammitglieder und Flexibilität zur Erfüllung der Aufgaben, die Schnelligkeit in der Umsetzung sowie geringere Kosten durch fehlende Einarbeitung, Umbauten oder Umzüge. Dafür müssen alle Teammitglieder voll transparent arbeiten und das gesamte Wissen teilen. Eine hohe Eigenmotivation als »Teamplayer« und eine ausgeprägte Fähigkeit zur Selbstorganisation sind dafür Grundbedingungen und sollten bei der Auswahl der Mitarbeiter beachtet werden.

Zugleich stellt das »Führen auf Distanz« ganz neue Anforderungen – nicht nur der geringe Einfluss, geschweige denn Kontrolle über die Arbeit im Team. Zusätzlich ist die Kommunikation erschwert, der Aufwand zur Koordination und auch kulturellen Verständigung ist höher. Zum Beispiel kann Kritik von einem Mitarbeiter als notwendig und befruchtend angesehen werden, von einem anderen als verletzend und unsensibel. Mitarbeiter sind selbst gefordert, mit ihren Kollegen Probleme zu klären – ob hinsichtlich der Leistung oder der Zusammenarbeit. Das familiäre Miteinander kann dazu führen, dass ein kleiner Konflikt zu einem größeren Zerwürfnis führt. Dann neigen besonders engagierte Teammitglieder zur Selbstausbeutung und versuchen, immer und überall online zu sein. Doch nicht alles in Teambeziehungen lässt sich digitalisieren. Das analoge Miteinander ist zumindest zu Beginn der virtuellen Teamführung essenziell.

Digital Leader sollten sich keinen Illusionen hingeben. Die Führung virtueller Teams verlangt von ihnen einen höheren Aufwand und hebt zumindest einen Teil der Vorteile durch den geringeren Einsatz von operativen Ressourcen auf. Digital Leader haben die Erwartungen entsprechend zu prägen. Zum Beispiel können sie eine grobe Abschätzung der Kosten für ein Arbeiten an einem Standort, das (temporäre) Zusammenziehen des Teams und für die virtuelle Arbeit erstellen. Dabei sollten Mehraufwände für Kommunikation und Wissensaustausch von 10 bis 20 Prozent der Personalkosten angesetzt werden. Dadurch rücken automatisch die »weichen Vorteile« virtueller Teams in den Mittelpunkt, die diesen Einsatz rechtfertigen, zum Beispiel die besten Spezialisten in ein Team zu bringen, um schneller bessere Ergebnisse zu erzielen.

Digital Leader kümmern sich intensiv um ein virtuelles Team, damit die Arbeit produktiv und auch individuell inspirierend ist. Denn der Plausch in der Kaffeeküche oder ein Treffen beim Mittagessen entfallen. In der Praxis leiden häufig der Zusammenhalt und die Zufriedenheit der Teammitglieder und Konflikte bleiben im Team ungelöst. Als Folge werden einzelne Teammitglieder isoliert, die sich nicht anpassen und einfach »ihr Ding machen«. Im Ergebnis arbeiten einzelne Spezialisten in ihrem Kämmerchen, die gegenseitigen Impulse sind gering und letztlich bleibt das Ergebnis hinter den Erwartungen zurück. Das belegen Erfahrungen besonders bei multinationalen Unternehmen. Die digitale Zusammenarbeit ist dagegen kein Hindernis, da sich diese auch in Vor-Ort-Teams inzwischen schon vielfach etabliert hat.

- Hohe Selbstständigkeit in der Arbeit
- Stärkere Identifikation mit Ergebnissen
- Unverfälschtes Einbringen der Kompetenzen
- Größerer Entscheidungs- spielraum
- Unabhängigkeit von der Hierarchie

- Weniger persönlicher Druck von oben
- Kaum direkte Kontrolle der Arbeitsweise
- Verbleiben am Wohn- und Arbeitsort
- Freie Einteilung von Zeit und Aufgaben
- Einfachere Koordination mit Familie und Freizeit

- Weniger direkter Kontakt zur Führungskraft
- Weniger direkter Kontakt zu Kollegen
- Konflikte werden ausgesessen
- Aktuelle Ereignisse werden versäumt
- Erfahrungen sind schwerer auszutauschen

- Erreichbarkeit im Team schlechter
- Karrierechancen werden verpasst
- Langwierige Klärungsprozesse
- Fehlender persönlicher Einfluss
- Kontakte bleiben zu formal und sachlich

Abbildung 17: Einflüsse auf die Eigenmotivation der Mitarbeiter.

Die Grundlage für die Zusammenarbeit in virtuellen Teams ist das gegenseitige Vertrauen, dass alle das Gleiche wollen und an einem Strang ziehen. Digital Leader bereiten den Boden, damit Vertrauen wachsen kann, und nutzen dazu ihre Spielzüge, wie generell eine »Digital Workforce« aufgebaut wird, egal wie virtuell gearbeitet wird. Digital Leader geben ihrem virtuellen Team nicht nur einen Vorschuss an Vertrauen. Sie geben durch ihre Führung a) eine gemeinsame Mission und Zielsetzung, b) verbindliche Rahmenbedingungen und Regeln für die Zusammenarbeit und c) die Akzeptanz für persönliche Freiräume, vorhandene Tabu- und Komfortzonen, zum Beispiel durch die verschiedene kulturelle oder religiöse Herkunft. Im Gegensatz zu Vor-Ort-Teams ist der Anpassungsdruck an das Kollektiv in virtuellen Teams erheblich geringer. Die Regulierung der Gruppendynamik ist daher jedoch schwerer zu beeinflussen als bei physischen Teams, die sich mindestens wöchentlich intensiv persönlich treffen und Konflikte klären oder besprechen können. Umso wichtiger sind deshalb verbindliche Regeln und deren konsequente Verfolgung.

Digital Leader schaffen wenige eindeutige Regeln zur Zusammenarbeit im Team.

Eine bekannte Regel ist für virtuelle Teams noch relevanter: Es gibt keine zweite Chance für den ersten Eindruck. Denn danach bestehen viel weniger Gelegenheiten zur Korrektur des ersten und Gewinnung weiterer persönlicher Eindrücke der Teammitglieder untereinander. Daher ist der Aufwand für ein Kick-off im Team, persönlich und an einem Ort, nicht zu hoch. Wer sich persönlich kennengelernt hat und auch außerhalb der Arbeit erste Eindrücke gesammelt hat, dem ist der Kollege nicht mehr so fremd. Die persönliche Beziehung zur Person am anderen Ende des Chat-Programms ermöglicht es, viel besser Probleme und Konflikte gemeinsam zu lösen.

Beim Kick-off wird der Rahmen der Zusammenarbeit abgesteckt (wie bereits in **Part 3.1** gezeigt). Zu diesen Überschriften sollten Inhalte gesammelt und vereinbart werden: Das ist unsere gemeinsame Mission und Zielsetzung. Das ist der erste Meilenstein für uns alle. Das sind unsere verschiedenen Rollen und Aufgaben. So sind die Regeln für unsere Zusammenarbeit. Diese persönlichen Freiräume und Eigenarten akzeptieren wir. Das bringt jeder ein. Das erwartet jeder von uns im Team. Das sollte jeder über den anderen wissen. Unter diesen Bedingungen können Teammitglieder aussteigen. Damit ist während des Kick-offs genug zu tun. Das Ergebnis ist quasi ein kleines Handbuch für die Zusammenarbeit, möglichst attraktiv visuell dargestellt. Jedes Teammitglied, das neu dazustößt, findet so leicht den Zugang zu den Eckpunkten, wie das virtuelle Team funktioniert.

Guides ziehen um die Welt

Ein Technologiekonzern war im Wettbewerb gezwungen, die besten Spezialisten für die Nutzung neuer Technologien zusammenzuführen – und zwar schnell und ständig neu kombiniert. Wann wie und zu welchem Thema, war nicht absehbar. Also wurde eine Initiative gestartet, das Führen virtueller Teams anhand erster kleiner Gruppen zu proben und zugleich die Abläufe in der ganzen Organisation verfügbar zu machen. Mittelpunkt waren die sogenannten Guides. Das Ziel war, pro Standort einen Guide zu haben, der die Führungskräfte coacht, wie virtuelle Teams geführt werden.

Bereits bei der Auswahl und Ansprache möglicher Kandidaten wurde auf eine große Diversität geachtet, damit auch die Guides untereinander die unterschiedlichen Anforderungen authentisch austauschen und sich gegenseitig unterstützen konnten – mit Rat und Tat. Jeder sollte 20 Prozent seiner Arbeitszeit für Führungskollegen einsetzen dürfen, die virtuelle Teams führen sollten.

Alle Guides wurden zu einem Kick-off in eine Off-site-Location nahe der Unternehmenszentrale eingeladen, um sich selbst Regeln zu geben und mögliche Regeln für die Zusammenarbeit virtueller Teams im Konzern zu bestimmen. Zudem wurde eine Checkliste erstellt, die alle Punkte enthielt, um virtuelle Teams aufbauen zu können. Schließlich wurden Defizite in der Infrastruktur identifiziert, die virtuelle Teams behindern könnten. Dazu zählte die komplizierte Rechteverwaltung für IT-Systeme, die den Zugang zu Kollaborationstools in jedem Land unterschiedlich gestaltete.

In der Praxis konnte jede Führungskraft, die für ein virtuelles Team verantwortlich werden sollte, einen Guide als Mentor und Coach anfordern. Idealerweise wurde ein Guide angesprochen, der aus dem Kulturkreis und der Region stammt, aus der die meisten Teammitglieder rekrutiert wurden. Je nach Bedarf war auch die Teilnahme am Kick-off möglich, um die Erfahrungen des Guides für das gesamte Team nutzbar zu machen.

Nach dem Kick-off können sich die Teammitglieder jährlich oder, bei großen Teams und mehreren Personalwechseln, alle zwei Jahre wiedertreffen. In der Zwischenzeit pflegt der Digital Leader den persönlichen Kontakt durch Besuche der Mitarbeiter an den verschiedenen Standorten, (video-)telefonische »Vier-Augen-Gespräche« oder auch wöchentliche Jour-fixe-Termine mit dem Team als Websessions. Dazu kann den Mitarbeitern eine wöchentliche Freistunde angeboten werden, wo dringende persönliche Themen kurzfristig geklärt werden können. Neben den fachlichen Themen sollte auch Platz für den »Social Talk« sein, also für Themen außerhalb der Arbeit, wie Sportergebnisse oder auch Erlebnisse bei spannenden Hobbys einzelner Teammitglieder. Diese regelmäßigen Routinen und Formate sind auch für die Mitarbeiter hilfreich. Die Entstehung von Subgruppen, zum Beispiel durch verschiedene Kulturkreise, wird vermieden. Eine regellose Machtausbreitung einzelner Mitglieder wird eingedämmt und einer Isolierung von einzelnen Mitgliedern vorgebeugt.

Lonely Rider mitnehmen

In virtuellen Teams ist die Gefahr sehr groß, dass einzelne Teammitglieder abgehängt oder isoliert werden oder sich so fühlen. Die räumliche Distanz und das »Auf-sich-allein-gestellt-Sein« können dazu führen, sich stärker »einzugraben« als dies bei täglichen persönlichen Kontakten der Fall wäre. Der Digital Leader erkennt frühzeitig die Signale: keine Beteiligung an Chats oder wenig Präsenz beim Jour fixe des Teams.

Die Lonely Rider wieder enger an die Herde zu bringen, gelingt zum Beispiel durch das Nachfragen, wie am jeweiligen Standort Aktivitäten des Teams ankommen oder was besser gemacht werden könnte. Oder die Sichtbarkeit der jeweiligen Aufgabe und Leistungen des Lonely Riders werden im Team erhöht. Die Beteiligung, wie ein Posting pro Woche sowie das Reagieren auf diese wenigen Impulse, wird vereinbart, und es werden auch andere Aufgaben übertragen, die mehr Interaktionen mit anderen Teammitgliedern erfordern. Letztlich kann bei aller Mühe die Eigenmotivation aber doch nicht ausreichen, um in einem virtuellen Team zufrieden zu sein. Dann sollte ein Ersatz gefunden werden, bevor die Unzufriedenheit in das gesamte Team schwappt.

Virtuelle Teams müssen ohne Probleme und Hindernisse virtuell arbeiten und sich selbst organisieren können. Ein digitaler Teamraum, idealerweise gekoppelt mit der übergreifenden Intranetplattform, ist unabdingbar. Allein der Austausch über E-Mail und zusätzlich ein Datenablagesystem sind unzureichend. Drei Bereiche sind zu erfüllen:

- ✔ **Kooperation:** Arbeiten an und mit denselben Produkten, Daten oder Konzepten, Datenablagesystemen, Bookmark-Archiven, Wikis, Tags, … — eben alles, um die inhaltliche Arbeit einfach zu gestalten und überall den Zugriff auf alle Inhalte zu ermöglichen.
- ✔ **Koordination:** Abstimmung von Terminen, Verteilung von Ressourcen und Aufgaben, Übersicht zum Status der Aufgaben und Meilensteine — eben alles, um möglichst wenig Zeit mit der Organisation zu verbringen und zugleich das Projekt optimal virtuell zu managen.
- ✔ **Kommunikation:** Einrichten von Chatroom oder Forum zur Diskussion oder Abfrage von Informationen oder Wissen, zum Vernetzen auch in die Außenwelt des Teams im Unternehmen — eben alles, um die sonst übliche Interaktion auf dem Flur oder in der Küche auf anderem Weg zu ermöglichen.

Zugespitzt könnte ein Indikator für die erfolgreiche Zusammenarbeit in virtuellen Teams sein: Es werden untereinander keine E-Mails mehr verschickt. Denn was in E-Mails steckt, ist nur für den Empfängerkreis verfügbar, und wer weiß irgendwann noch, wer wann was an wen geschickt hat? Insofern könnte diese E-Mail-Regel ein erster interessanter Vorschlag als Digital Leader sein. Mit der Reaktion und der Diskussion darüber erfahren Digital Leader beim

Kick-off des Teams nebenbei mehr über die Mitglieder, was sie antreibt und fasziniert. Insgesamt erfordert die Arbeit mit einem virtuellen Team, das sich zumeist selbst organisiert, ganz eigene Spielzüge als Digital Leader. Zugleich sind auf diesem Weg ganz neue Erfahrungen möglich, wie die digitale Transformation beschleunigt werden kann.

Part 4.7 Digitale Geschäftsstrategie

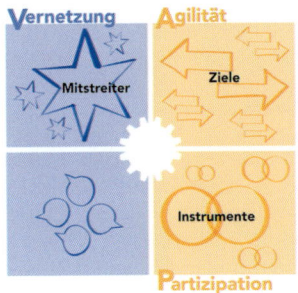

*Bei der Entwicklung einer digitalen Geschäftsstrategie sind besonders relevant: die Spielzüge aus **Part 2.3** Mitstreiter (damit eine breite Überzeugung im Management entsteht), **Part 3.3** Instrumente (um mit agilen Methoden innovative Lösungen zu entwickeln) und **Part 3.5** Ziele (damit mit der Strategie konkrete Ergebnisse erzielt werden). Dieses Kapitel fokussiert auf den Ablauf zum Aufbau einer unternehmensweiten Strategie.*

Ohne eigene Strategie lässt sich die Digitalisierung nicht nutzen. Die digitale Transformation schafft für die Zukunft zum einen vielfältige Handlungsoptionen. Zum zweiten kann die Strategie nicht aus der Vergangenheit oder der aktuellen Situation abgeleitet werden. Je nach Branche kann alleine die künftige technologische Entwicklung enorme disruptive Wirkung entfalten, sodass ein völlig neues Spiel mit ganz neuen Wettbewerbern gespielt werden muss (zum Game Changer Digitalisierung s. **Part 1.1**). Zum dritten entsteht eine digitale Geschäftsstrategie nicht durch eine Handvoll Chefstrategen, die »guruartig« wissen, wo künftige Fanggründe sind, wie sich ein Unternehmen aufstellen sollte und welche Spielkombinationen die besten sind. Auch die Unternehmensentwicklung ist im digitalen Zeitalter ein ganzheitlicher Lernprozess, den Digital Leader als Spielmacher anführen.

Digital Leader formulieren eine Strategie für das eigene Team, den Bereich oder das ganze Unternehmen.

Haben Sie bereits für Ihren Wirkungsbereich eine digitale Strategie? Ein Beispiel wäre, als Team für das Facility Management einer Fabrik durch digitale »Predictive Maintenance« die Wartungskosten zu halbieren. Oder im Bereich Vertrieb eines Möbelherstellers alle Onlinekanäle zur Steigerung der Offlineumsätze zu nutzen. Oder die Strategie, das Handwerksunternehmen zu einem Plattformanbieter zu machen (wie gleich zu Beginn in **Part 1** bei www.metzger24.com gezeigt). Oder haben Sie diese Erfahrung gemacht: »Dafür sind wir noch nicht reif genug!« oder »Das passt nicht zu uns« und »Die Mitarbeiter kommen da nicht mit«? Diese Meinungen schauen auf das IST und verhindern das SOLL. Lassen Sie sich davon nicht abhalten! Es kann ja gar nicht anders sein, als dass viele Unternehmen für die digitale Transformation noch nicht reif sind, die Zukunft ganz anders sein wird und Mitarbeiter sich verändern dürfen. Dafür gibt es den Digital Leader, das Spiel zu ändern und dafür bestehende Muster aufzubrechen. Das Beispiel zeigt, wie ein Unternehmen von 1932 mit einer digitalen Geschäftsstrategie die Zukunft gestaltet, um erfolgreicher denn je in einigen Jahren das 100-jährige Bestehen feiern zu können.

Der Weg von »Wer liefert was«

1932 wurde das Unternehmen als Ausstellerverzeichnis der Messe Leipzig gegründet. Die überwiegende Zeit seiner Geschichte war der heutige Marktführer zur Vermittlung von B2B-Lieferanten ganz analog als Verlagshaus aktiv – und das sehr erfolgreich. Heute suchen im Internet monatlich über 1,3 Millionen Einkäufer nach den richtigen Lieferanten unter 570.000 Anbietern. »Wer liefert was«, kurz: wlw, erzielte 2017 mit 300 Mitarbeitern rund 50 Millionen Euro Umsatz.

Die Umsetzung der neuen Geschäftsstrategie verlief, nach eigenen Aussagen, mit etlichen Herausforderungen – absehbaren und vielen ungeplanten. Die Geschwindigkeit überforderte zunächst viele Mitarbeiter, besonders weil ja das Stammgeschäft noch gut lief. Intensive Kommunikation und vollständige Transparenz über alle nächsten Schritte lösten diesen Engpass.

Das Vertrauen in die mehr informelle, hierarchieübergreifende Zusammenarbeit und das ständige Lernen aus Fehlern, forciert durch die neue Unternehmensleitung, musste sich aufbauen – was nicht jedem und überall gelang. Ein Drittel der »alten« Belegschaft aus dem Verlagsgeschäft verließ das Unternehmen, nicht aus Kostengründen, vielmehr durch die Notwendigkeit, ganz andere Kompetenzen in das Team zu holen.

Insgesamt vier Jahre dauerte der gesamte Veränderungsprozess von einer Linienstruktur zu einer Prozessorganisation. Die Schweizer Beteiligungsgesellschaft Capvis übernahm wlw, um das Kapital für das weitere Wachstum einzubringen. Mit Europages in Frankreich erfolgte die erste größere Akquisition, um das Geschäftsmodell international zu skalieren. Die eigenen Erfahrungen und die neue Unternehmenskultur von wlw sind die beste Grundlage für die weitere digitale Transformation.

Schritt 1 – Aktionsraum schaffen

Der Beginn der Entwicklung einer digitalen Geschäftsstrategie ist ganz einfach. Sie müssen nur Ja sagen – und zwar zu den folgenden Fragen, dann entsteht ein größtmöglicher Entfaltungs- und Wirkungsraum für die digitale Geschäftsstrategie:

- Antizipieren wir die möglichen Auswirkungen der digitalen Transformation auf unser Geschäftsmodell, unsere Umsätze und Erträge?
- Wissen wir, wie künftige Technologien unser Geschäft treffen könnten?
- Ist in unserer aktuellen Strategie die Digitalisierung kein Thema oder steht sie nicht im Fokus?

- Lassen wir eine digitale Strategie zu, die aktuelle eigene Umsätze kannibalisieren könnte?
- Können wir auch in ganz andere Geschäftsfelder oder sogar Branchen vordringen?
- Können wir uns auch von Teilen unseres Geschäfts trennen, die wenig Potenzial für die digitale Zukunft haben?
- Sind wir bereit, die besten Leute zur Formulierung und Umsetzung der digitalen Geschäftsstrategie einzusetzen?
- Sind wir bereit, einer neuen Geschäftsstrategie ohne genauen Geschäftsplan mit Angaben zu Aufwänden und Erträgen zu folgen?
- Sind wir bereit, als Folge einer neuen Strategie unsere Kapazitäten und Kompetenzen, Strukturen und Prozesse konsequent anzupassen?

Sie könnten einwenden, dass ein Ja als Antwort zu einzelnen Fragen von der Strategie abhängt. Entscheider könnten zögern, weil befürchtet wird, über ein Ja quasi einen Blankoscheck zu geben. Tatsache ist: Die enorme Energie der digitalen Transformation erfordert diese Offenheit, ohne Reglementierungen eine Strategie entwickeln zu können. Und Sie können intern argumentieren: Ein Blankoscheck wird nicht ausgestellt. Die Ja-Antworten sorgen nur für ein weißes Blatt Papier, auf dem sich alles entfalten kann, was ein Team, Bereich oder Unternehmen für eine erfolgreiche Digitalstrategie braucht. Durch das Ja zu allen Fragen stehen alle Optionen zur Verfügung. Im Fokus stehen diese beiden: 1. Das Geschäftsmodell kann vollständig neu sein, wie im Beispiel von wlw. Das Ergebnis ist dann ein komplett digitales Unternehmen. 2. Die Wertschöpfungskette oder das Leistungsportfolio werden mit digitalen Innovationen ergänzt. Oder das Geschäftsmodell wird »nur« verbessert durch digitale Prozesse, wenn zum Beispiel alle absehbaren technologischen Innovationen die vorhandene Wertschöpfung und Beziehungen zu Kunden grundsätzlich nicht tangieren können.

Schritt 2 – Potenziale bestimmen

Über Szenarien wird schnell klar, erstens wie die digitalen Transformationen und technologischen Entwicklungen das aktuelle Geschäftsmodell gefährden könnten. Darüber wird zweitens erkennbar, welche Potenziale für ein neues oder erweitertes Geschäftsmodell bestehen. Der »Check der Zukunft« (Part 1.1) stellt einfache Fragen, die viel Sichergeglaubtes plötzlich infrage stellen. Die Frage »Wie greifen wir uns am besten selbst an?« kann im Ergebnis als Antwort haben: »Das Potenzial, unser aktuelles Geschäftsmodell zu ersetzen, ist hoch! Und das ist sogar relativ einfach möglich, sobald XYZ vorliegt.« Die Automobilindustrie hat so (hoffentlich nicht zu spät) festgestellt, dass die Nutzung selbstfahrender Autos attraktiver ist als deren Besitz. Also ist das bestehende Geschäftsmodell von Herstellung, Vertrieb und Wartung um das Thema Nutzung zu erweitern. Dieses Beispiel zeigt: Umgekehrt ergeben sich durch die Digitalisierung und neue Technologien grundsätzlich neue Chancen (Part 1.2., Fakt 1). Erneut kann die Betrachtung weniger Fragen zu interessanten Antworten führen, die mögliche Potenziale aufzeigen, zum Beispiel: »Können wir uns mit den Technologien neu erfinden?« Eine Antwort kann sein: »Ja, wir brauchen nicht nur unsere austauschbaren Produkte zu verkaufen. Wir können bald hoch spezialisierte neue Services anbieten, damit unsere Kunden sich selbst versorgen können.« Die Perspektive bietet zum Beispiel die Blockchain-Technologie gekoppelt mit dezentraler Energieerzeugung und Speicherung in der Stromversorgung. Vielleicht gibt es bereits neue Geschäftsideen am Rand der bestehenden Wertschöpfungskette, die in diese Richtung gehen. Digital Leader schauen sich intensiv um.

Die Szenarien mit den negativen und positiven Potenzialen für das bestehende Geschäftsmodell sorgen für einen wichtigen Effekt: Der »Sense of Urgency« entsteht (Part 4.8). Die Notwendigkeit und Möglichkeit einer digitalen Geschäftsstrategie werden offensichtlich – und nicht irgendwann, sondern jetzt. Durch die Klarheit »Ohne Digitalstrategie sind wir bald weg vom Fenster« können effizienzgetriebene Führungskollegen – inklusive machtbewusster Alphatiere – eher überzeugt werden, an einer neuen Strategie mitzuwirken. Sie stehen für eine Organisation, die funktional spezialisiert ist, durch Arbeitsteilung erfolgreich wurde und sich an das Zusammenleben in Silos gewöhnt hat. Nun sollten alle eher crossfunktional und sogar selbstorganisiert arbeiten (Part 3.1 und 4.6.), um die notwendige Schnelligkeit und Anpassungsfähigkeit zu besitzen. Daher wäre die Einbeziehung anderer, spätestens in der Umsetzung beteiligter Führungskräfte bereits in der Bestimmung der Potenziale sinnvoll. Auf dieser Grundlage nachvollziehbar vorhandener Chancen und Herausforderungen kann anschließend die konkrete Strategie bestimmt werden. Diese Aufgabe ist keine Frage des Alters eines Unternehmens. So hat Google, gegründet 1998, erkannt, dass das aktuell außergewöhnlich erfolgreiche Geschäftsmodell nicht mehr lange tragfähig sein wird. Der Fortschritt durch die künstliche Intelligenz (KI) und die darauf basierenden neuen Anwendungen (wie die Sprachassistenten) kann das Googeln bald überflüssig machen. Dadurch würde die wesentliche Ertragsquelle, die Adwords, versiegen. Der Konzern setzt nun alles auf Anwendungen durch die KI – das bekannteste Beispiel sind die selbstfahrenden Autos, die das Vehikel für neue Einnahmequellen sein sollen.

Schritt 3 – Strategie entwickeln

Die Kundenorientierung, die »User Centricity« (Part 1.2, Fakt 2), steht im Fokus aller digitaler Produkte und Services und damit auch jeder Strategie. Das Prinzip, Kundenbedürfnisse bestmöglich zu erfüllen, ist jedoch »normal« und sollte schon immer für Unternehmen im Mittelpunkt stehen. Skalierbarkeit und Plattform – das sind zwei neue Zauberwörter für eine erfolgreiche digitale Geschäftsstrategie (Part 1.2., Fakt 3). Dafür stehen nicht nur die aktuell wertvollsten börsennotierten Unternehmen der Welt, die alle ein attraktives Ökosystem auf Basis einer Plattform geschaffen haben. Skalierbar sollte aber auch jeder digitale Service eines Teams sein. Nur so lassen sich bei hoher Qualität Kostenvorteile erzielen. Es zählt, mehr mit weniger zu erreichen. Und eine Plattform kann in seinem Wirkungsbereich jedes kleine Unternehmen schaffen. Ein Handwerksbetrieb kann über ein Serviceportal den Kunden attraktive Mehrwerte liefern und dazu auch andere Partner anschließen. Über die Nutzung ergeben sich wieder Informationen, um die kleine Plattform weiter auszubauen, zum Beispiel zu einem Netzwerk aller örtlichen Handwerker, die gegenseitig ihren Kunden Mengenvorteile verschaffen oder Rabatte gewähren. Plattformstrategien sind ebenso für einzelne Bereiche in Unternehmen umsetzbar, wie für die Personalabteilung. Diese kann allen Mitarbeitern Mehrwerte von externen Partnern bieten, wenn diese sich selbst auf der Plattform mit Services versorgen.

Digital Leader halten die strategischen Optionen in der Digitalisierung für unbegrenzt.

Das Eingrenzen der relevanten strategischen Option kann selten auf Basis eines klassischen Geschäftskonzepts – dem Business Case – erfolgen. Jeder Versuch würde eine Rechnung mit unendlich vielen Variablen und die Unkenntnis von Variablen bedeuten, die erst während der Umsetzung klarer werden. Dazu zählen häufig die Technologiekosten, die sich in kurzer Zeit erheblich ändern können – durch neue Technologien. Wie genau, ist jedoch unklar. Niemand weiß zum Beispiel aktuell, wie viel mit der Nutzung von selbstfahrenden Autos verdient werden kann. Wie Geld verdient werden kann, ist dagegen durchaus absehbar – die Fahrten an sich, die Mediennutzung während der Fahrt oder Empfehlungen während der Fahrt passend zum Bedarf des Gastes. Insofern ist eine vergleichsweise grobe Schätzung auf Basis der »Value Proposition« und der »Business Model Canvas« (Part 3.3) optimal. Die digitale Geschäftsstrategie sollte nach bestem Wissen und Gewissen plausibel nachvollziehbar sein, besonders bezüglich der möglichen Einnahmequellen, um die Investitionen zu begründen. In den seltensten Fällen wird es zudem so sein, dass das neue Geschäftsmodell in kürzester Zeit das alte vollständig ersetzt. Der Übergang ist fließend (s. **Abbildung 2** in **Part 1.2**). In den meisten Fällen wird das bestehende Geschäftsmodell die Entwicklung des neuen wirtschaftlich tragen. Deshalb ist der bimodale Führungsstil der Digital Leader so wichtig, um parallel den Bestand möglichst ertragreich zu managen.

Angesichts der Potenziale werden die verschiedenen strategischen Optionen ermittelt. Erneut führen Leitfragen zum Ziel, die am besten geeignete Strategie zu bestimmen. Die Antworten gibt ein Digital Leader natürlich in Zusammenarbeit mit Kollegen und Mitarbeitern oder auch mit Unterstützung externer Spezialisten. Der Aufwand kann durchaus hoch sein, um zum Beispiel zu prüfen, was die Kunden vom anvisierten Vorteil halten:

- Was müssen wir tun, um das jeweilige Potenzial zu heben oder die Gefahr für unser Geschäft zu verhindern?
- Welchen Vorteil schaffen wir für die (verschiedenen) Kunden, den wir bisher nicht bieten können?
- Welche Ziele können wir uns als Erfolgsmaßstab setzen und welche Meilensteine können wir auf dem Weg konkret bestimmen?
- Welche Beziehung zu den (verschiedenen) Kunden brauchen wir und wie werden sich dadurch die bestehenden Beziehungen verändern?
- Welche Technologien sind in welcher Qualität für die einzelne Option elementar?
- Was haben wir und was fehlt uns, um die verschiedenen Optionen zu verfolgen?
- Welche wesentlichen notwendigen Folgen hätte die jeweilige Option für unsere Struktur und unsere Systeme?
- Welche grundsätzlichen Hindernisse bestehen aktuell noch für die Strategie, eine Plattform für ein neues Ökosystem zu schaffen, wie zum Beispiel Gesetzgebung und Regulierung?
- Wer oder was könnte sonst noch den Erfolg der neuen Strategie verhindern?

Besonders die Antwort auf die letzte Frage ist spannend. Denn die Kenntnis der wesentlichen Hindernisse stärkt die Überzeugungskraft, dennoch die Strategie zu verfolgen, weil die möglichen Wirkungen so groß sind und idealerweise der notwendige Aufwand eher gering. Genau diese Bewertung steht zum Abschluss der Strategiefindung an. Wo sind die möglichen Potenziale mit einer passenden Strategie mit relativ geringem Aufwand umsetzbar? Diese Option wäre sicher sehr gut geeignet und ist meistens verbunden mit einer Erweiterung der Wertschöpfungskette, eher selten mit dem Aufbau eines komplett neuen Geschäftsmodells. Letzteres könnte jedoch ebenso präferiert werden, trotz hohen Aufwands, falls die Gefahren für das aktuelle Geschäftsmodell existenzbedrohend sind. Sicherlich würden Optionen, die eine geringe Wirkung für mögliche neue Erträge bieten, eher sekundär sein. Doch könnte die digitale Geschäftsstrategie genau in diese Richtung gehen, wenn durch digitale Innovationen das bestehende Geschäft abgesichert werden kann. Im Maschinenbau ist dies immer öfter der Fall. Die Maschine wird – natürlich kontinuierlich verbessert – in Zukunft immer noch gebraucht. Die digitalen Services rund um die Nutzung der Maschine sorgen dafür, die Wertschöpfung der Maschinen zu erhöhen, die Kunden zu binden und vor allem dafür zu sorgen, dass sich keine digitalen Start-ups oder Konzerne zwischen Kunden und Maschine schieben.

Schritt 4 – Erfolgsfaktoren festlegen

Für die präferierte digitale Strategie werden die Erfolgsfaktoren bestimmt. Das sind die Themen, die unbedingt erfüllt werden müssen, um die Strategie umsetzen zu können. Eventuell kann sich ergeben, dass eine Strategie so massive Veränderungen erfordert, die kaum umsetzbar erscheinen – es sei denn, der »Sense of Urgency« ist riesig. Bei einem gänzlich neuen Geschäftsmodell sind massive Veränderungen wahrscheinlich. Jedoch können auch vergleichsweise kleinere Erweiterungen des bestehenden Geschäftsmodells erhebliche Auswirkungen besitzen, zum Beispiel in der Softwarelandschaft. Wichtig ist, dass die Erfolgsfaktoren zur Umsetzung der Strategie allen Beteiligten bewusst sind, bevor auf Start gedrückt wird und die entsprechenden Spielkombinationen umgesetzt werden. Für diese Klarheit sorgen Digital Leader.

Auch in diesem Zusammenhang bewähren sich Digital Leader wieder als Fragesteller, um dann in den Teams die Antworten zu erarbeiten und die relevanten Erfolgsfaktoren auszuwählen. Wenn nicht verändert oder ergänzt werden muss, dann ist das Vermögen bereits vorhanden. Das wäre selbstverständlich ein großer Vorteil. Folgende Leitfragen schärfen den Blick darauf, wo die für das künftige Geschäftsmodell relevanten Faktoren liegen, die nicht vorhanden sind und erfüllt werden müssen:

- Welche Leistungen erbringen wir künftig zusätzlich und welche lassen wir künftig weg oder kaufen diese zu?
- Welche Fähigkeiten brauchen wir unbedingt, welche haben wir bereits selbst und welche brauchen wir zusätzlich?
- Welche Technologien brauchen wir unbedingt, welche haben wir bereits oder welche brauchen wir zusätzlich?
- Welche Daten und Informationen brauchen wir und wie bekommen wir diese?
- Welche Partner brauchen wir als Lieferanten und was sollen diese als Ergebnis beitragen?
- Welche Partner brauchen wir unbedingt für unser Ökosystem und welchen Vorteil haben sie von einer Kooperation?

- Welche Strukturen und Prozesse sollten wir wie anpassen?
- Was fehlt uns sonst noch unbedingt zur Umsetzung oder was müssen wir dringend verändern (Kultur, Führung, ...)?

Aus den Antworten ergeben sich sowohl Themen, die nicht weiter relevant sind, als auch und vor allem die strategischen Erfolgsfaktoren. Diese können in Arbeitspakete gestaffelt werden, da nicht alle Faktoren zugleich die gleiche Bedeutung auf dem Weg der Umsetzung haben werden. Optimal wäre, wenn für den Start – wie die ersten 100 Tage – nicht mehr als fünf Punkte im Fokus stünden, die zunächst angepackt werden. Durch diese Taktung wird der Druck auf die Beteiligten etwas reduziert, die Handhabbarkeit und Möglichkeit für erste Erfolgserlebnisse erhöht. Eine neue digitale Geschäftsstrategie entwickelt sich – auch in der Umsetzung. Sie wird sich dabei in Details verändern. Nur eins ist sicher: Es wird keinen Stichtag geben, um zu sagen: »Und jetzt haben wir die neue Strategie vollständig umgesetzt.«

Das Feld digital beackern

 Landwirte sind eher traditionell und zugleich sehr erfolgsorientiert: Eine gute Ernte entscheidet alles. Die Maschinen sind ein Teil des Erfolgs, ganz traditionell, und auch künftig bedeutsam. Virtuell lässt sich kein Acker pflügen, säen und ernten. Digital lässt sich aber der Ertrag deutlich steigern. Und hier lag der Ansatz für John Deere, Hersteller von Agrarmaschinen.

Schon immer half das Unternehmen seinen Kunden, die Erträge zu verbessern. Der Anfang war, die Verfügbarkeit der Geräte zu erhöhen. Sensoren liefern nun Daten, die eine vorausschauende Wartung ermöglichen. Zugleich wurden die Betriebskosten gesenkt. Ein schöner Vorteil, aber im Wettbewerb relativ leicht austauschbar. Die Firma entwickelte daher einen neuen Service, um das Feld digital unterstützt zu beackern. Eine digitale Plattform vergrößert den Vorteil der Maschinen enorm. Heute bekommen die Landwirte direkt in den Traktor Empfehlungen für die Aussaat und Düngung, basierend auf den spezifischen Bodendaten, Empfehlungen der Saatgutersteller und der ortsgenauen Wettervorhersage. Da die Kunden »bauernschlau« seit Jahrhunderten ihrem Gefühl vertrauen, mussten unabhängige Pilotversuche die Wirkungen des Systems nachweisen und die richtige Anwendung aufzeigen. Gegen Vorteile von teilweise über zehn Prozent Mehrertrag bei gleichem Arbeitsaufwand wehrt sich allerdings auch der schlauste Bauer nicht.

Der Service ist nicht leicht kopierbar. Die Bindung der Kunden wird erhöht. Für den Hersteller ergeben sich neue Ertragsmodelle und eine größere Unabhängigkeit vom Preiskampf auf dem analogen Markt für Maschinen. Selbstverständlich dominieren nach wie vor die Umsätze mit Maschinen. Doch das kleine Pflänzchen hat innerhalb des gesamten Geschäftsmodells das größte Potenzial für künftiges Wachstum. Ein Nachtrag: Die erforderlichen neuen Kompetenzen wurden zunächst gezielt eingekauft, um schnell am Markt präsent zu sein, und danach sukzessive im Unternehmen aufgebaut.

Aus der digitalen Geschäftsstrategie ergibt sich die Frage der Umsetzung: Wie wird die digitale Transformation am besten organisiert? Das kann für das gesamte Unternehmen, aber auch für einen großen Bereich oder Standort einzeln beantwortet werden. Flache und flexiblere Strukturen, die schnell Entscheidungen ermöglichen, ist der Anspruch. Ein Umkrempeln des gesamten Unternehmens ist jedoch selten der notwendige erste Schritt. Das nächste Kapitel zeigt, wie ein Digital Leader die beste Antwort für die spezifische Situation und Strategie, Zielsetzung und Herausforderung ermittelt.

Part 4.8 »In or out?« – Eine digitale Einheit aufbauen

Zum Aufbau einer digitalen Organisationsplattform im Unternehmen sind besonders relevant: die Spielzüge aus Part 2.4 Empfehlung (damit Mitarbeiter Teil der digitalen Initiative sind), Part 3.4 Entwicklung (zum Lernen in der Gesamtorganisation) und Part 3.7 Entscheidung (zum Etablieren anderer Entscheidungsprozesse). Dieses Kapitel fokussiert auf den Ablauf zum Aufbau einer unternehmensweiten Organisationseinheit und eines Organisationsprozesses.

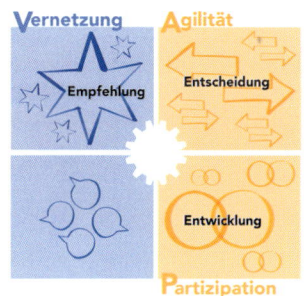

Viele Unternehmen wollen und müssen für die erfolgreiche digitale Transformation schneller bereichsübergreifend Ideen generieren und umsetzen. Dazu sind eigenständige Strukturen und/oder Abläufe zur Entwicklung und Entscheidung, Organisation und Finanzierung notwendig. Ein »Chief Digital Officer« ist nicht die Lösung. Genauso wie die Bimodalität in der Führung der Digital Leader ist eine Parallelität in der Organisationsgestaltung notwendig. Das ist eine der wichtigen Grundlagen für die digitale Transformation, die bereits in Part 1.2 des Gamebooks dargestellt wurde. Nun fragt sich: Wie eigenständig sollten die Strukturen gestaltet sein, um eine »Chief Digital Operation« zu ermöglichen? Wie sollten die Verknüpfungen sein, um den Transfer in das Unternehmen zu sichern und die etablierte Organisation selbst langsam, aber sicher zu verändern?

Digital Leader entwickeln und gestalten in Organisationen einen »Möglichkeitsraum«.

Besitzen Sie schon einen freien Raum zum Ermöglichen der digitalen Transformation? Es gibt leider nicht die Blaupause für *das* Organisationsmodell, das zu jedem Unternehmen passt. Nur eins ist gewiss: Die Dynamik der Veränderungen erfordert flexiblere und anschmiegsame Strukturen und Prozesse in der Organisation. Diese sind in den meisten Unternehmen bisher unbekannt, aber möglich, um neue Potenziale bei Kunden und im Wettbewerb zu erschließen.

Dieses Kapitel zeigt Ihnen, wie Sie die beste Antwort für Ihr Unternehmen bestimmen und umsetzen können. Die Option »ganz out« ist dabei nur in unabweisbaren Situationen notwendig. Eine Einheit völlig separat arbeiten zu lassen, ist sinnvoll, wenn ganz neue Geschäftsfelder aufgebaut werden sollen, die nichts mit dem aktuellen Geschäft zu tun haben. Dann ist diese

Einheit als Inkubator der Startpunkt für eine neue Division oder ein neues Unternehmen und ermöglicht die Beteiligung an externen Unternehmen, um das neue Geschäft auf- und auszubauen.

Oder größte Geheimhaltung ist notwendig. So entstand bereits 1943 das erste Innovation Lab – »Skunk Works«, die Stinktierarbeiten, an die niemand sonst heranmöchte. Der Flugzeugbauer Lookheed erhielt damals von der US Army den Auftrag, in wenigen Monaten ein Düsenflugzeug zu entwickeln. Nach 143 Tagen war der neue Flieger in der Luft, weil Entwickler, Mechaniker und Piloten gemeinsam im gesamten Zeitraum zusammengearbeitet hatten. Seit dem Zweiten Weltkrieg arbeitet die Einheit an diversen »Black Projects«, wie dem legendären Starfighter der 1960er-Jahre oder heute Tarnkappen-Flugzeugen, die für das Radar unsichtbar sind. Selbst im eigenen Unternehmen Lookheed ist die Einheit geheimnisumwittert. Im zivilen Alltag aller anderen Organisationen sind »Skunk Works« für Digital Leader allerdings eher kein Vorbild.

Selbst strikte Rahmenbedingungen für das Bestandsgeschäft durch ein Korsett an Gesetzen, Regulierungen oder Zulassungen zwingt nicht unbedingt dazu, die digitale Einheit losgelöst arbeiten zu lassen, bis ein Produkt marktreif ist, inklusive aller formalen Anforderungen. Halten Sie sich bitte die Zuspitzung vor Augen, die bereits in Part 1.2 hergeleitet wurde: Je erfolgreicher eine eigenständige digitale Organisation oder Unternehmung ist, desto schwieriger ist das »Reinholen« in die bestehende Organisation. Die digitale Einheit darf im Unternehmen auch nicht als »Innovationszoo« betrachtet werden, der gut für das Image ist, für das Geschäft jedoch keine Rolle spielt.

Inkubator und Accelerator als Begleiter

 Die beiden Begriffe stehen für die Geburtshilfe von neuen Unternehmen. Ein Inkubator ist ein Brutkasten, der externe Start-ups unterstützt, nicht nur finanziell, auch technisch oder durch Bereitstellung von Ressourcen, bis hin zu einem eigenen Campus, in dem sich alle Start-ups versammeln – so wie bei Bosch in einer ehemaligen Fabrikhalle in Ludwigsburg.
Ein Accelerator unterstützt ein Start-up bei der Geburt, um es zum Laufen zu bekommen, ebenfalls nicht nur finanziell, auch mit Infrastruktur oder Mentoring. Die Verbindung im Alltag ist jedoch lockerer. Meist sind Anteile am Start-up die Gegenleistung.
Für die digitale Transformation eines Unternehmens können Inkubator und Accelerator einen wertvollen Beitrag leisten, um ganz neue Geschäftsmodelle frühzeitig zu erkennen und sich daran zu beteiligen. Beide Typen haben allerdings nur wenig Beziehung zum Unternehmen. Inkubator und Accelerator sind daher kein Ersatz einer eigenen digitalen Einheit, die auch die organisationale Transformation des Unternehmens forciert.

Eher selten wird ein Unternehmen für die digitale Transformation sofort komplett »auf den Kopf gestellt«. Das geschieht zumeist dann, wenn der Druck im Wettbewerb bereits existenzgefährdend ist oder absehbar werden wird. Dann wird die bekannte Organisationsstruktur vollständig ersetzt. Zum Beispiel könnte die klassische funktionale Struktur in eine wabenartige Form verschiedener »Performance Teams« überführt werden. Jedes Team kümmert sich um eine spezifische Kunden- oder Produktgruppe. Das Kernteam wird je nach Bedarf ergänzt durch Spezialisten aus typischen Querschnittsfunktionen, wie die Bereiche Personal, Marketing und Kommunikation.

Diese umfassende Restrukturierung kann durch eine digitale Einheit, um die es in diesem Kapitel geht, gut vorbereitet werden. Alle Führungskräfte und Mitarbeiter bekommen Übung mit und Vertrauen in die crossfunktionale themen- oder projektbezogene Zusammenarbeit. Vorhandene Silos und Schranken werden praktisch irrelevant, nicht nur als Appell oder auf dem Papier. Die Bimodalität der Digital Leadership und in der Organisationsgestaltung verstärken sich gegenseitig.

Digital Leader forcieren den Aufbau einer digitalen Einheit, damit sich der neue Führungsstil im gesamten Unternehmen verbreiten kann.

Die Evolution der digitalen Einheit erfolgt innerhalb der bestehenden Hierarchie und öffnet dadurch auch die Unternehmenskultur gegenüber der digitalen Transformation. Die nachfolgende Abbildung zeigt vereinfacht das Grundprinzip – mit der Hierarchie als Dreieck und der Kultur als Kreis darum. In der traditionellen Hierarchie kümmert man sich aus funktionaler Verantwortung (IT, Vertrieb, Kundenservice, ...) um digitale Initiativen und Kooperation mit anderen Organisationen (die kleinen Kreise). Ideal wäre, wenn die gesamte Transformation der Organisation dazu führte, dass die digitale Einheit das Verknüpfen der Netzwerke orchestriert – nach innen und außen. Eigene Initiativen und Kontakte von funktionalen Einheiten sind weiter möglich und Teil des Netzwerks. Die gegenseitigen Vorteile sind so hoch, dass die Kooperation sich laufend weiterentwickelt, neue Partner ins Boot geholt und alte wieder verlassen werden. So aktiviert die digitale Einheit Innovatoren innerhalb und außerhalb des Unternehmens.

In Part 1.2, Fakt 6 wurden die Rahmenbedingungen für die bimodale Organisationsentwicklung gezeigt. Nun steht an, wie Digital Leader den Aufbau einer Organisationseinheit oder eines Organisationsprozesses strukturieren. Dieses Design ist für jedes Unternehmen individuell und wird laufend optimiert, wie so vieles während der digitalen Transformation. Denn je erfolgreicher die Einheit ist und die digitale Transformation im Unternehmen Fuß fasst, umso eher

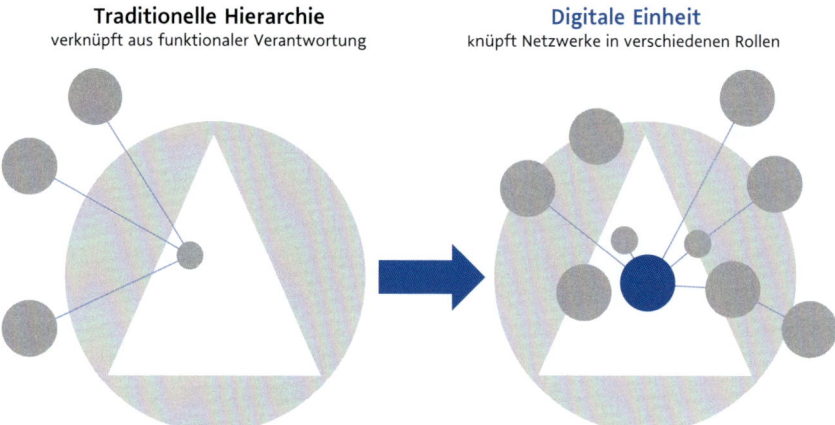

Traditionelle Hierarchie
verknüpft aus funktionaler Verantwortung

Digitale Einheit
knüpft Netzwerke in verschiedenen Rollen

Abbildung 18: Die digitale Einheit als Netzwerker.

kann die Einheit sich auch wieder verändern oder sogar abgeschafft werden. Zur Ermittlung, wie eine »Digital Market Unit« im Unternehmen aufgebaut sein sollte, sollten folgende Aspekte bewertet werden:

✔ **Größe:** Je größer eine Organisation, desto eigenständiger sollten die Handlungsmöglichkeiten der Einheit sein — mit klar definierten Schnittstellen in die bestehende Hierarchie.

✔ **Struktur:** Je komplexer eine Organisation, desto unabhängiger und stärker sollte der Bereich oder die Einheit für die digitale Innovationsentwicklung sein.

✔ **Kultur:** Je traditioneller ein Unternehmen und die Führungskräfte agieren, desto intensiver sollten die Austauschmöglichkeiten sein, damit das gesamte Unternehmen sich auf den Weg der digitalen Transformation macht.

✔ **Wissen:** Je breiter das notwendige Wissen und je geringer der Zugang zu notwendigem Wissen (zum Beispiel zu neuen Technologien) ist, desto stärker sollte die externe Vernetzung möglich sein.

✔ **Standort:** Je weiter das Unternehmen von etablierten Clustern oder Innovationszentren entfernt ist, desto intensiver sollte die Präsenz dort sein oder aufgebaut werden.

✔ **Branche:** Je größer der Innovations- und Wettbewerbsdruck der Digitalisierung ist (auch für Prozessinnovationen zum Erhalt des Bestandsgeschäfts), desto enger sollte die digitale Transformation im Unternehmen verknüpft sein, zum Beispiel mit digitalen Kontaktleuten in allen Funktionen.

Ergebnis der Bewertung kann nicht sein: Bei Antwort X gilt Lösung Y. Das ist angesichts der Vielfalt an möglichen Ausgangslagen unrealistisch. Tendenziell gilt jedoch, dass die Einheit umso eigenständiger aktionsfähig sein sollte, je größer und komplexer, traditioneller und digitalferner ein Unternehmen ist, zugleich aber der Wettbewerbsdruck durch die Digitalisierung absehbar hoch sein wird. Umso schlanker kann die Einheit oder der Organisationsprozess hingegen sein, je kleiner und einfacher, ohnehin schnell und flexibel ein Unternehmen aufgestellt ist, das möglichst noch an einem Hauptstandort residiert. Dann sollte die Einheit zumindest zu Beginn nicht unnötig stark eigenständig strukturiert sein. Zwischen diesen Polen gibt es viele Varianten.

Das Lab 1886 bei Daimler wurde bereits in Part 1.2 vorgestellt. Es zeigt die Verstärkung der vorhandenen Experimentierfreude und Entwicklerkunst seit der Erfindung des Automobils für die Zukunftsgestaltung der Mobilität. Drei weitere Beispiele vertiefen, wie die Planung und Umsetzung von digitalen Einheiten je nach Situation, Zielsetzung und Thema sehr unterschiedlich erfolgen kann. Lassen Sie sich inspirieren für den Aufbau und die weitere Entwicklung Ihrer digitalen Initiative!

5G:haus der Deutschen Telekom

5G ist der künftige Mobilfunkstandard, der das autonome Fahren und andere mobile Anwendungen ermöglicht, die sehr hohe Datenübertragungsraten benötigen. Dafür hat die Deutsche Telekom ein Projektteam geschaffen, das sich für den gesamten Konzern um die Etablierung neuer Anwendungen kümmert. Der Begriff Haus zeigt, es geht im Projekt nicht um den Aufbau der Technik, sondern vielmehr um deren Einsatz im täglichen Leben. Das Team selbst arbeitet an keinem festen Ort. Dadurch bleibt ein starker Kontakt zu den lokalen Märkten. Aus ganz Europa versammeln sich – zumeist virtuell, je nach Thema auch persönlich – um die 100 Mitarbeiter aus vielen Bereichen: Marketing und Vertrieb, Techniker und auch Finanzprofis, um neue Anwendungen von Anbeginn wirtschaftlich zu gestalten. Alle arbeiten Vollzeit im 5G:haus. Die crossfunktionale Kooperation sichert, dass die Technik von Anfang an optimal für die attraktiven Anwendungen aufgebaut wird und diese Anwendungen sofort zur Verfügung stehen, sobald die Technik verfügbar ist.
Wesentliches Element ist die Verzahnung mit den Kunden, wie beispielsweise den Automobilherstellern. So können Anwendungen schnell im Betrieb getestet und verbessert werden, anstatt lange an einer vermeintlich besten Lösung zu arbeiten und danach zu versuchen, diese zu verkaufen. Immerhin 80 Patente konnte das Team bereits im ersten Jahr der Arbeit anmelden.

Open Innovation Space von Ottobock

In Berlin hat der Medizintechnikhersteller seine Innovationseinheit aufgebaut, die für das Familienunternehmen aus Duderstadt neue Produktideen entwickeln soll – neben dem vorhandenen Entwicklungslabor. Der Name ist Programm: Alle Arten von Tüftlern sind eingeladen, sich an der Entwicklung zu beteiligen und auch eigene Ideen zu fertigen. Ein Geben und Nehmen. Sie finden alles, was das Erfinderherz begehrt – einen 3-D-Drucker,

Lasercutter, Elektroniklabor oder Holzwerkstatt. Das Lab ist insofern ein klassischer »Maker Space«. Machen, nicht reden!

Die eigenen Mitarbeiter sind in der Minderheit und aktivieren durch diese Kollaboration in einem ganz anderen inspirierenden Umfeld neue Potenziale. Sie sind in der Lage, schnell neue Prothesen oder Varianten auf den Tisch zu legen und den eigenen Vertrieb praktisch von den Vorteilen zu überzeugen. Allein diese Aussichten genügen allerdings nicht, um die Mitarbeiter zumindest temporär nach Berlin zu ziehen. Positive Karriereperspektiven, ein neuer Expertenstatus oder andere Anreize über die Arbeit im Innovation Space hinaus sind erforderlich, um die Vernetzung der eigenen Mitarbeiter zu fördern. In jedem Fall darf die Mitarbeit in einer digitalen Einheit kein Nachteil für die eigentliche Tätigkeit im Unternehmen sein. Abgesichert wird, dass im eigentlichen Arbeitsbereich keine Lücke entsteht. Sonst ziehen die Führungskräfte, die an ihren operativen Ergebnissen gemessen werden, nicht mit. Wie in anderen vergleichbaren eigenständigen Labs auch, die sich fern des eigentlichen Unternehmenssitzes befinden, liegt der Teufel im Detail, bis hin zu arbeitsrechtlichen Regelungen, damit in den Labs je nach Bedarf immer gearbeitet werden kann. Ideen brauchen manchmal eine Nachtschicht, um richtig ausgeformt zu werden.

Local Motors bei Airbus

Mit dem Start-up Local Motors initiierte der Flugzeugbauer Airbus 2016 eine sogenannte »Co-Creating Challenge«, um eine kommerzielle Drohne zu entwickeln. Aus der militärischen Anwendung sollte der Transfer in den zivilen Markt gelingen. Die Schwarmintelligenz aus externen und internen Spezialisten, daher der Begriff Co-Creating, sollte an allen Standorten, daher der Begriff Local Motors, das Problem lösen.

Das Preisgeld für die besten Ideen betrug immerhin 117.000 US-Dollar. Eine Jury arbeitete sich durch 425 Vorschläge und prämierte die aus deren Sicht besten. Ob das Ergebnis jemals zu einer Drohne führt, die kommerziell nutzbar und ertragreich vermarktet werden kann, weiß bisher niemand. Ob die Idee dazu auch ohne Local Motors entstanden wäre, wird ebenso Spekulation bleiben.

Fest steht, ohne Local Motors wäre in der kurzen Zeit nicht die Menge an Ideen entstanden. Fest steht aber auch, dass mit der Vielzahl an Ideen auch eine Vielzahl an Enttäuschungen verbunden ist für die »Verlierer«. Und vielleicht ist unter den Verlierern ja die Idee, die das Problem am besten gelöst hätte. Das ist wiederum ungewiss.

Digitale Einheit vorbereiten

Die Entscheidung für die Grundstruktur ist der erste Schritt. Nun ist die Organisationseinheit (wie bei Daimler oder Ottobock) oder der Organisationsprozess (wie bei Deutsche Telekom oder Airbus) vorzubereiten. Zunächst ist zur gefundenen Lösung die Story aufzubauen, warum so und nicht anders die digitale Transformation im Unternehmen vorangetrieben werden kann.

Die Inhalte und Art dieser Story hängen davon ab, wie innovations- und risikofreundlich, veränderungsbereit und -fähig eine Organisation ist – oder genau umgekehrt. Ein erfolgreiches und sattes Unternehmen könnte eher träge sein: »Uns geht es gut! Wo ist das Problem? Warum sollen wir uns denn ändern?« Um diese und andere Fragen zu beantworten, kann ein Digital Leader das sogenannte Change-House einsetzen (das sich übrigens für jedes Transformationsvorhaben gut eignet, zum Beispiel zur Einführung einer digitalen Geschäftsstrategie im vorherigen Part). Aus den Antworten ergibt sich die Story der neuen digitalen Einheit (zum Story Telling s. Part 2.5).

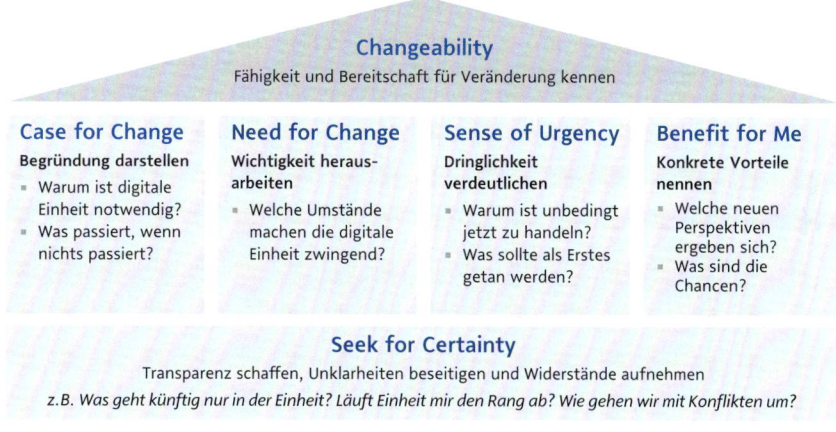

Abbildung 19: Change-House für Stabilität in der digitalen Transformation.

Die Übersicht zeigt, dass im Change-House die rationalen und emotionalen Aspekte einer Transformation – hier die Einführung der digitalen Einheit – ebenso verknüpft werden wie die Herkunft mit der Zukunft eines Unternehmens. Ein Digital Leader nutzt in den sechs Bausteinen am besten folgende Leitfragen, um mit den Antworten eine stabile Argumentation zu bauen. Als Ergebnis sollte der Entschluss, eine Einheit oder einen Prozess so und nicht anders auszubauen, sehr plausibel sein:

✔ **Changeability:** Von der aktuellen Bereitschaft und Fähigkeit zur Veränderung hängt wesentlich ab, wie die Brücke aus dieser Herkunft in die Zukunft gebaut werden kann. Wie wird die aktuelle Lage und Gefahr durch die Digitalisierung eingeschätzt? Wurden in der Vergangenheit andere Veränderungen bereits beherzt und erfolgreich umgesetzt? Wenn ja, was waren die Erfolgsfaktoren, die nun auch hilfreich sein können? Stellen Sie fest, wo Sie die Führungskräfte und Mitarbeiter »abholen« können.

✔ **Seek for Certainty:** Die Suche nach Sicherheit und Angst vor Verlusten prägt jeden Menschen und auch Organisationen. VUKA (Part 1.3) schafft latente Unsicherheit, die die digitale Einheit ausschöpfen möchte. Neben den konkreten Fragen zur geplanten Initiative (s. auch **Abbildung 19**) spielen hier folgende Fragen eine Rolle: Welche unserer Vermögen sind auch in der digitalen Welt weiter relevant, können wir übertragen und geben uns so Sicherheit in Zeiten der Unsicherheit? Wie können wir die Gefahren der Digitalisierung beherrschen? Was gibt uns Gewissheit, dass unser Geschäft im digitalen Zeitalter überlebensfähig sein kann?

✔ **Case for Change:** Die Frage nach dem Warum des Wandels kommt meistens zu kurz, ist für die Überzeugung jedoch elementar. Warum ist Nichtstun keine Alternative? Warum können wir nicht auch ohne die neue Einheit weitermachen? Warum ist diese Lösung die beste? Warum sollten wir alle Beteiligte sein, um nicht Betroffene der digitalen Transformation zu werden? Warum brauchen wir die ganze Energie im Unternehmen? Aus der plausiblen Begründung kann eine sehr aktive Mitwirkung resultieren.

✔ **Need for Change:** Die Wichtigkeit muss klar sein. Dazu zählen besonders die äußeren Faktoren, zum Beispiel neue Wettbewerber oder Technologien. Ebenso ist nach innen bedeutsam, die bestehenden Fähigkeiten zu transformieren. Welche Fähigkeiten, die uns besser machen, sind weiterzuentwickeln und werden sonst veralten? Was machen neue Wettbewerber bereits besser als wir? Welche Partner brauchen wir dringend an Bord?

✔ **Sense of Urgency:** Aus der Wichtigkeit ergibt sich nicht immer automatisch die Dringlichkeit. Die »Burning Platform« ist essenziell, damit Bewegung in Organisationen kommt. Wenn das Haus brennt (oder bald brennen könnte), dann wartet niemand auf das Löschen. Hier zählen klare Aussagen, keine Fragen: Das hat sich aus unserer Standortbestimmung ergeben. Darum werden wir so wie bisher in fünf Jahren nicht mehr erfolgreich sein. Das brauchen wir an Kompetenzen. Das ist jetzt sofort zu tun. Das sind die ersten wesentlichen Aufgaben. Eine künstliche Dramatisierung ist angesichts der exponentiellen Dynamik der Digitalisierung (**Part 1.1**) nicht notwendig.

✔ **Benefit for me:** Jeder kann von der Initiative profitieren, persönlich, als Team oder Abteilung. Die Ideen werden beschleunigt, neue Netzwerke aufgebaut und erweitert. Fragen sind zu beantworten: Wie kann jeder profitieren? Was ist dafür zu tun? Was können wir gemeinsam Neues erarbeiten und erleben? Das Thema Bonus und Budget sollte möglichst keine Rolle spielen. Denn diese konkreten finanziellen Auswirkungen sind ja beim Start nicht absehbar.

Das Gute am Change-House sind zudem zwei Nebeneffekte: Erstens wird automatisch die Planung für die neue Einheit oder den neuen Prozess auf »Herz und Nieren« geprüft. Konzeptionelle Schwachstellen können entdeckt werden, die bisher nicht bedacht wurden. Und zweitens wird klarer, welche Aufgaben zu erfüllen sind, damit die Planung in der Realität auch funktioniert. Aufgezeigt wird, welches notwendige Fachwissen oder welche Marktkenntnisse, welche Kontakte zu digitalen Zentren oder Spezialisten gebraucht werden und bereits vorhanden sind.

Die Erkenntnisse können sogar so weit gehen, nochmals am Konzept zu feilen. Mögliche Folgen könnten sein: 1. Deutlich wird, die Kompetenzen sind innen zu 90 Prozent in einer Einheit bereits vorhanden. Dann könnte ein »Spinoff« dieser Abteilung erfolgen und die neuen Organisationsprozesse könnten dort etabliert werden. 2. Deutlich wird, dass außen alles notwendige bereits andockbereit vorhanden ist. Das bedeutet ein »Plug & Play« bei externen Einheiten und dadurch Veränderungen der bestehenden eigenen Strukturen. 3. Deutlich wird, dass wenige digitale Themen entscheidend sind. Dann bietet sich ergänzend ein »Co-Creating« an. Das bedeutet eine temporäre Verlagerung nach außen, um spezifische Themen in spezialisierten Teams zu bearbeiten.

Digital Leader drehen, wenn nötig, eine Extraschleife, damit das Konzept und die Struktur der neuen Einheit oder des neuen Prozesses im Unternehmen »sitzen«. Meistens bekommt man mittelfristig keine zweite Chance für die Etablierung dieser kleinen »Parallelwelt«. Das gilt besonders im Falle des Scheiterns, das nicht allein durch eine gute Planung vermieden werden kann. Die Stolperfallen dafür liegen auch in der täglichen Arbeit.

Digitale Einheit bei der Arbeit

Alle klaren Rahmenbedingungen und guten Vorbereitungen verhindern nicht, dass in der Umsetzung ein Spagat zu schaffen ist: Das digitale Baby muss weit genug von den Begrenzungen und Regulierungen der Mutter entfernt sein, um eigenständig arbeiten und experimentieren zu können. Zugleich ist elementar, nah genug zu bleiben, um die Förderung, den gegenseitigen Austausch, zum Beispiel der Mitarbeiter, und den Transfer in das Geschäft zu gewährleisten. Dieses »Wandern zwischen den Welten« ist entscheidend für die nachhaltige digitale Transformation jeder Organisation.

Digital Leader sind dabei die Wanderführer. In dieser Rolle wird das persönliche Mindset und das Skillset, die in diesem Gamebook in Part 2 und 3 aufgezeigt werden, gelebte Praxis. In der Rolle als Wanderführer sorgt der Digital Leader besonders dafür, dass sich die Beteiligten verstehen und die zwei Welten vermittelt werden. Das fängt bei der Klärung von Fachbegriffen und Buzzwords an, die besonders Digitalexperten wie selbstverständlich voraussetzen. Das geht weiter über das Erläutern der anvisierten Route bis zum Absichern der Kooperation der wechselnden Wandergruppen. Schließlich gilt es auch, die Tour umzuplanen, also die Einheit oder Prozesse zu modifizieren, wenn sich eine Dysfunktionalität zeigt (**Part 4.5**) und der Weg angepasst werden sollte. Das kann bei völliger Wirkungslosigkeit bereits nach einem Jahr geschehen. Zumeist sollte nach zwei oder drei Jahren ein erstes Fazit gezogen werden.

In der Umsetzung steigern folgende zwölf Spielzüge die Erfolgsaussichten, dass eine digitale Einheit nachhaltig im gesamten Unternehmen positiv wirksam wird:

✔ **Finanzierung sichern:** Die Einheit hat für mindestens drei Jahre Planungssicherheit. Sie braucht jedoch keinen Blankoscheck, die Mittel unbedingt zu verbrauchen. Fortlaufend wird geprüft, welches Projekt oder Thema besonders wichtig ist oder auch wieder nicht. Das Budget darf nicht infrage gestellt werden, auch wenn zunächst keine Ergebnisse umsetzbar sind, da selten in den ersten zwei Jahren sofort Rechnungen an Kunden geschrieben werden können.

✔ **Unternehmensleitung unterstützt:** In der Geschäftsführung wird darauf geachtet, losgelöst vom traditionellen Budgetprozess, dass die digitale Einheit weder Ressourcen abgezogen bekommt noch im Gegenzug das Budget verplempert für Grundlagenforschung oder Projekte, die absehbar ohne Kundennutzen sind. Ein regelmäßiger informeller Austausch ist dafür wirkungsvoller als übliche Reportings.

✔ **Raum aufbauen:** Die Einheit muss eigenständig sichtbar, neu und anders sein im Unternehmen — am besten physisch, nicht nur als Bereich im Intranet. Ob die räumliche Distanz notwendig ist oder nur die Vernetzung in die digitalen Zentren, wie Berlin oder Tel-Aviv, möglich sein sollte, das hängt von den Zielen und der Konzeption und auch dem Budget ab.

✔ **Eigenständig handeln:** Budgetentscheidungen im vorgegebenen Rahmen, die Auswahl der Infrastruktur und auch die Personalauswahl trifft die Einheit autonom. Rechenschaft ist sie, wenn überhaupt, nur der Geschäftsleitung schuldig.

✔ **Mitarbeiter mischen:** Die ungehinderte bereichsübergreifende Zusammenarbeit ist elementar. Die Einheit darf nicht der Fortsatz allein einer Abteilung sein. Alle Kompetenzen, die für ein Thema wichtig sind, müssen an einen Tisch — intern und extern.

✔ **Anreize schaffen:** Nicht jeder Mitarbeiter wartet auf die digitale Initiative. Der Einstieg in Expertenkarrieren oder der direkte Zugang zur Unternehmensleitung können ein Anreiz für das Engagement sein, ebenso Zusatzleistungen bei temporären Entsendungen in andere Städte oder sogar Länder. Ein zusätzlicher Bonus sollte nicht gezahlt werden, außer ein Projekt ist unmittelbar ertragsgetrieben, was eher selten der Fall sein wird.

✔ **Kompetenzen anziehen:** Die Stammorganisation verliert — gefühlt oder tatsächlich — zumindest temporär Leistungsträger. Klare Regeln stellen die Abordnung und den Ersatz sicher. Der Einsatz in der digitalen Einheit kann auch Anlass sein, Verbesserungen im Stammbereich zu prüfen, um hier die Effizienz zu steigern.

✔ **Transparenz schaffen:** Die digitale Einheit ist keine »geheime Kommandosache«. Jederzeit sollte sichtbar sein, an welchen Themen gearbeitet wird und wie man sich daran beteiligen kann — Ausnahmen aus rechtlichen Gründen etc. bestätigen diese Regel. Das Story Making und Story Telling ist Kern der digitalen Einheit. Ein eigener Name der Initiative schafft zusätzlich Strahlkraft.

✔ **Regeln setzen:** Die Freiheit der digitalen Einheit wird mit festen Regeln verbunden, die die Schnelligkeit und Wirksamkeit unterstützen, wie Budgets stets nur für die Arbeiten der nächsten 100 Tage zu genehmigen oder einen ersten Prototypen mit Kunden innerhalb eines halben Jahrs getestet zu haben.

✔ **Ausstattung sichern:** Die digitale Einheit darf nicht von der Stammorganisation abhängig sein, um arbeiten zu können, zum Beispiel im IT-Support oder auch im Einkauf. Dann würden sofort die Mechanismen eingreifen, die ja gerade durch die Einheit verändert werden sollen.

✔ **Standards beachten:** Bei aller Flexibilität, Spontanität und Vielfalt gilt für jede digitale Einheit das Recht und Gesetz. Das Team braucht Respekt und Vertrauen. Ein willkürliches Arbeiten wie im »Wilden Westen« darf nicht toleriert werden. Die digitale Einheit bleibt ein Teil des Unternehmens.

✔ **Erfolg teilen:** Die Stammorganisation sollte am Erfolg teilhaben können, besonders die Führungskräfte, die »ihre Leute« bereitstellen. Ein gemeinsamer Stolz auf Ergebnisse, zu denen jeder einen kleinen Teil beigetragen hat, stärkt das Arbeiten an der erfolgreichen digitalen Transformation. Und die braucht Ausdauer.

Diese zwölf Punkte werden natürlich am besten in Kombination als Ganzes wirksam. Digital Leader können so in jedem Fall einen verbindlichen Ablauf mit klaren Spielregeln etablieren, um die Energien und Kreativität auf nutzbringende Ergebnisse zu konzentrieren. Denn auch die beteiligten Führungskräfte und Mitarbeiter wollen nicht nur neue Arbeitsmethoden und wechselnde Teamorganisationen kennenlernen. Sie haben den gemeinsamen Anspruch, dass am Ende — ggf. auch nach einigen Fehlschlägen — innovative neue Produkte oder Services erfolgreich auf dem Markt eingeführt werden konnten. Darum geht es im nächsten Kapitel.

Part 4.9 Führung zu neuen Produkten und Services

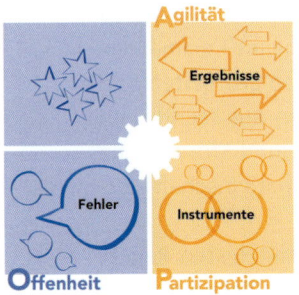

Für die Entwicklung neuer Produkte und Services sind besonders relevant: die Spielzüge aus Part 2.8 Fehler (denn Fehler gehören zu neuen digitalen Produkten wie das Ei zur Henne), Part 3.3 Instrumente (um eine ganz neue Dynamik zu entfalten) und Part 3.6 Ergebnisse (die durch die neuen Produkte oder Services erreicht werden sollen). Dieses Kapitel fokussiert auf die spezifischen Aspekte in der Führung.

Innovationen passieren nicht einfach. Neue Ideen aus dem Nichts sind eher selten oder Zufallsentdeckungen, wie die Entdeckung des ersten Antibiotikums Penicillin. Die meisten Innovationen entstehen auf der Basis von Fehlversuchen und der Notwendigkeit, neue Lösungen für ein konkretes Problem zu finden – und dann mehr als nur die eigentlich anvisierte Lösung zu realisieren.

Jeder Digital Leader kann Innovationen möglich machen, die zur digitalen Geschäftsstrategie (Part 4.7) oder Mission des Unternehmens (Part 3.5) passen. Neue Produkte und Services für externe Kunden sind dabei nur ein Aktionsfeld. Intern können die marktfernen Bereiche, wie HR oder das Controlling, genauso die digitale Transformation vorantreiben, von »Self Services« für Mitarbeiter bei der Pflege eigener Daten bis hin zu umfassenden »Blended Learning«-Programmen und der Erstellung von tagesaktuellen Dashboards für die persönlich relevanten Finanzdaten. Das sind alles keine Kleinigkeiten. Denn sie können das Leben im Unternehmen und die Zusammenarbeit wesentlich erleichtern. Und das ist in allen, nicht nur in Start-ups oder bestimmten Branchen möglich.

In den bisherigen drei Parts haben Sie bereits zahlreiche Hinweise und Tipps bekommen, die bei der Führung zu neuen Produkten und Services nützlich sind. Voraussetzung für die Führung in Bezug auf Innovationen sind vier Aufgaben, denen Digital Leader folgen sollten. Damit wird das Umfeld für die Entwicklung neuer Produkte und Services geschaffen:

1. **Diskurs verändern:** Innovation wird in vielen Unternehmen als »Buzzword« zu häufig für 08/15-Verbesserungen missbraucht. Wenn alles zur Innovation wird, kümmert sich niemand um wirkliche Fortschritte. Definieren Sie möglichst eng, was in Ihrem Team, Bereich oder Unternehmen Innovation ist, die in der digitalen Transformation einen wirklichen Vorteil

verschafft. Schaffen Sie sonst das Wort Innovation sogar in der eigenen Kommunikation ab, um es wirklich exklusiv zu halten.

2. **Ehrgeiz zeigen:** Seien Sie selbst anspruchsvoll und geben Sie sich nicht so schnell zufrieden. Dem anderen Diskurs folgt das Selbstbewusstsein, deutlich über das bestehende Portfolio hinaus Ideen zu verfolgen und nicht nur das bestehende Geschäft Schritt für Schritt zu verbessern. Das geschieht ohnehin im Optimierungsmodus des laufenden Geschäfts.

3. **Bedeutung geben:** Innovation ist keine Nebensache für eine Stunde oder einen Workshop. Jede freie Minute kann Innovation entstehen, häufig ungeplant und aus der Arbeit heraus. Schaffen Sie dafür Plattformen zum sofortigen Speichern oder sogar Verfolgen einer Idee. Messen Sie sich bei der Umsetzung an den eigenen Zielen und nicht daran, was andere in vergleichbaren Aufgaben bereits geleistet haben.

4. **Haltung prägen:** Letztlich sollte eine Innovationskultur entstehen, in der über das Thema nicht mehr dauernd geredet und Anstoß gegeben werden muss. Das kontinuierliche Streben nach neuen Ideen und deren Umsetzung folgt aus den zuvor positiven Erfahrungen im Übertreffen der eigenen Erwartungen. Digital Leader stehen für »Geht nicht gibt es nicht«.

Sie können selbst beurteilen, welche Aufgaben Ihr Team, Bereich oder Unternehmen bereits erfüllt hat. Optimal wäre natürlich, dass Innovation bereits eine etablierte Spielkombination ist, um das Außergewöhnliche entstehen zu lassen. Aber auch, wenn die vier Aufgaben noch ungewöhnlich sind, ist parallel die Führung zu neuen Produkten und Services möglich, wie dieses Kapitel zeigt, wenn auch eher schematisch, weniger spielerisch.

Digital Leader haben ein Gespür, wie die digitale Transformation das eigene Arbeitsgebiet verändert und vor allem, welche möglichen Lösungen und Services für Kunden einen höheren Mehrwert schaffen könnten. Prosumenten, also datenproduzierende Kunden, sind ein wichtiger Impulsgeber, wie in Part 1.2, Fakt 2 bereits im Detail gezeigt. Die aktuellen Probleme der Kunden, deren Verhalten und Reflexion allein schaffen jedoch nicht den Fortschritt. Das war schon immer so. Das bereits in Part 3.1 erwähnte Zitat des Autobauers Henry Ford ist ein gutes Beispiel dafür: »Wenn ich meine Kunden gefragt hätte, was sie brauchen, hätten sie gesagt: schnellere Pferde.«

Mögliche andere Lösungen als die Nutzung bekannter Techniken sind Kunden nicht bekannt – besonders im digitalen Zeitalter, wo die Entwicklungszyklen und -sprünge sich extrem verkürzt haben. Die Nutzer können aber Rückmeldungen zu den neuen Produkten und Services geben – und das frühestmöglich in der Entwicklung. Das ist der wesentliche Unterschied und Erfolgsfaktor im Vergleich zu den rein analogen Zeiten. In der digitalen Transformation kann schneller denn je die Marktfähigkeit und Wirkungskraft von Produkten und Services überprüft werden. Das »Minimum Viable Product« (MVP) als unausgereifter Prototyp ist dazu der Schlüssel als ein wesentliches Element der digitalen Transformation in Unternehmen (Part 1.1). Bei der Entwicklung neuer Produkte und Services ist das MVP unverzichtbar.

Digital Leader fokussieren alle Entwicklungen rund um das MVP.

Arbeiten Sie bereits mit MVP und handeln entsprechend entschlossen? Wenn nicht, dann starten Sie sofort! MVP ermöglichen, schnellstens mit den anvisierten Kunden intern oder extern in Kontakt zu treten, Rückmeldung zu erhalten und das Produkt oder den Service weiter zu verbessern. Häufig ist der notwendige Funktionsumfang des MVP wesentlich geringer als gedacht. Beachten Sie immer: Verzichten Sie auf Schnickschnack drum herum, wie eine tolle Verpackung oder attraktives Design. Das lenkt von der Rückmeldung zur eigentlichen Funktion ab. MVP sind spartanische Startprodukte. Der Kundennutzen zur Erfüllung eines dringenden Bedürfnisses ist das einzige Gebot, das erfüllt werden muss. Sie finden, dieses Prinzip wurde im Gamebook nun schon oft genug wiederholt? Es ist aber gerade in diesem Kapitel elementar. Der Nutzen muss unverfälscht deutlich werden, der Rest wird improvisiert.

Airbnb, die weltweit größte Plattform für Übernachtungen, ohne ein Zimmer zu besitzen, verfolgt die Mission »Belong everywhere« – überall dazugehören. Ohne Anbieter aber keine Anmieter, die dazu gehören können. Also wurden zunächst der Bedarf der Anbieter und deren Hindernisse, die eigene Wohnung Fremden zu überlassen, mit einem MVP und Testmietern geprüft. Die Plattform wurde so schnell komfortabel und sicher, und zwar aus Sicht der Vermieter, nicht von Airbnb. Oder erinnern Sie sich an Zappos aus Part 3.3: Der Onlineshop ging in den Vertrieb – ohne eigene Waren oder ein Lager. Die Schuhe wurden im stationären Handel nach den Bestellungen gekauft. Im MVP ging es um den besonderen Service für die Kunden. Verbesserungen und Erweiterungen folgen im weiteren Verlauf, stark beeinflusst von der Resonanz der Kunden. Letztlich sind digitale Produkte und Services nie ganz fertig, die Verbesserung geht immer weiter – sozusagen dann als »Maximum Needed Product«, das Angebot mit maximal notwendigem Nutzen, aber auch nicht mehr.

Im MVP-Prozess werden agile Methoden eingesetzt (Part 3.3). Führung achtet in den wesentlichen vier Phasen darauf, den Fokus nicht zu verlieren und den Ball stets weiter vorwärtszuspielen, nicht hin und her. Gut gemeint wird besonders von engagierten Teams in den einzelnen Schritten mehr investiert, als vielleicht notwendig wäre:

1. **Entdeckung:** Authentische Informationen aus erster Hand (Beobachtung, Befragung, Nutzerdaten, ...) zählen mehr als indirekte Marktforschungen, Studien oder auch Mitarbeiterbefragungen. Die Primärinformationen sind zwar selten repräsentativ, jedoch sehr aussagekräftig für eine spitz formulierte Hypothese, wie der (versteckte) Bedarf der externen oder internen Kunden erfüllt werden kann. Ein wenig Penetranz als Digital Leader schadet nicht: Je genauer die Hypothese formuliert ist, desto exakter ist ein passendes Produkt oder ein passender Service zu entwickeln. Der Satz für eine Hypothese kann lauten: »XX (Produkt/Service) erbringt YY (Leistung/Funktion/Wunsch/Gefühl), damit ZZ (Bedürfnis) erfüllt wird.«

2. **Entwicklung:** Es geht darum, die Hypothese in ein konkretes Produkt oder einen Service zu transferieren. Die Hypothese soll so umgesetzt werden, dass es keiner weiteren Erklärung bedarf und dass von der wesentlichen Nutzendimension nicht abgelenkt wird. Diese Einfachheit zu erreichen, ist häufig schwierig genug. Zu schnell wird daran gedacht, was noch alles möglich und ggf. sinnvoll wäre. Wenn diese Elemente plötzlich attraktiver erscheinen, dann stimmt ggf. die Hypothese nicht. Bitte nicht zögern, diese nochmals zu hinterfragen. Wenn das Produkt oder der Service umgesetzt wird, können die zusätzlichen Elemente noch ergänzt werden.

3. **Erkundung:** In der Validierung des MVP im Test mit Kunden erfolgen meistens mehrfach Schleifen zur Verbesserung. Bestehende Kunden können als erste Kunden kontaktiert werden. Erneut geht es nicht um absolute Repräsentativität, vielmehr um die Extreme an Reaktionen und wesentliche Tendenzen. Wenn schnell klar wird, dass die Nutzer mit dem MVP wenig anfangen können, kann sofort an die Optimierung gegangen werden. Nicht abwarten, bis alle Details ermittelt und bewertet werden. Einem Produkt/Service, das/der wie angeboten durchfällt, hilft auch eine Optimierung nicht weiter.

4. **Etablierung:** Letztlich sollte das akzeptierte Produkt oder der Service schnellstens auf den Markt gebracht bzw. freigeschaltet werden, auch wenn nach wie vor Details noch nicht perfekt sind (ausgenommen natürlich die Einhaltung aller Gesetze und Regulierungen). Schnelligkeit und Genauigkeit, um die Bedürfnisse zu erfüllen, geht vor der Perfektion, bereits zum offiziellen Start an alles gedacht zu haben. Besonders bei digitalen Produkten und Services sind die Nutzer inzwischen daran gewohnt, dass nicht alles perfekt läuft. Sie sind aber auch gewohnt, dass umgehend Probleme beseitigt werden. Vom Prototypstatus ist das Angebot in die serielle Produktion zu transferieren.

Schließlich achtet der Digital Leader auch darauf, dass die neuen Produkte und Services in das bestehende Geschäft integriert werden oder das bestehende Geschäft an die neue Linie angepasst wird, zum Beispiel durch Einstellung redundanter Angebote. Denn selten wird ein eigenständiger Geschäftsbereich oder sogar ein Unternehmen gegründet werden, um das Wachstum des neuen Angebots zu ermöglichen. Sogar ein Übergabeprojekt könnte sinnvoll sein, damit nicht die eigene Organisation den Erfolg verhindert, gewollt oder ungewollt. Viele erfolgreich getestete Produkte und Services scheitern im Roll-out in der Fläche, nicht weil plötzlich der Markt und die Bedürfnisse sich gedreht haben, sondern vielmehr, weil die spezifischen Eigenarten des neuen Angebots nicht durch die Standardprozesse abgebildet werden können. Letztlich sollten sich – als Teil der Innovationskultur – auch für die Integration neuer Produkte und Services feste Spielkombinationen etablieren (s. nachfolgend in **Part 4.10**). Damit würde erreicht, dass auch der Standardbetrieb immer agiler und anpassungsfähiger für die digitale Transformation wird. Darum geht es ja letztlich: das gesamte Unternehmen in das digitale Zeitalter zu überführen und keine Parallelwelten entstehen zu lassen. Wie das geht, zeigen die prominenten Internetpioniere – mittlerweile auch große Konzerne, die einen hohen Anteil an Standardprozessen besitzen und analoge Fähigkeiten benötigen, wie zum Beispiel Amazon.

Wünsche wecken

 Verborgene Bedürfnisse können schnell zu neuen Lösungen führen. Vor wenigen Jahren war das mehrtägige Warten auf Pakete im Onlinehandel normal. Den Kunden machte dies wenig aus, auch aus Mangel an Alternativen. Das änderte Amazon.

Der Service »Prime« entstand, obwohl Kunden den Bedarf dazu nicht direkt geäußert hatten. Mit dem neuen Angebot der Sofortlieferung entstand auch ein neuer Wunsch, Produkte sofort haben zu wollen, nicht ganz so schnell wie sofort beim analogen Einkauf, inzwischen teilweise aber in wenigen Stunden.

Das Angebot des Marktführers änderte auch die Bedürfnisse der Kunden. Heute möchte niemand mehr tagelang auf das bestellte Produkt warten. Das Beispiel zeigt: Was heute der Standard und wo weiterer Bedarf nicht offensichtlich ist, kann sehr schnell veralten. Und neue Standards entwickeln sich in der digitalen Transformation schneller denn je.

Prime wird ständig weiterentwickelt und hat sich inzwischen als umfassender Service und eigene Plattform etabliert (für Video-Streaming etc.). Der Nutzen für die zahlenden Kunden wird ständig erhöht und die Bindung an das Ökosystem gesteigert. Der Ursprung, die schnelle Lieferung, ist inzwischen eine längst austauschbare Leistung.

Der MVP-Prozess unterscheidet sich in einer weiteren entscheidenden Dimension von der üblichen Produktentwicklung einer funktionalen Organisation. Dort sind hauptsächlich das Produktmanagement oder die Forschungs- und Entwicklungsabteilung für neue Angebote verantwortlich. Die Durchlässigkeit ist gering. Genau das Gegenteil ist bei crossfunktionalen Teams der Fall. Ihre Struktur und sogar Arbeitsweisen können sich selbstorganisiert auch während des Entwicklungsprozesses verändern, sobald die Anforderungen wechseln. Und das erfolgreiche Team bei Produkt X muss beim nächsten Entwicklungsprojekt Y nicht die beste Besetzung sein.

Digital Leader sorgen dafür, dass die passenden Personen sich zur richtigen Zeit an der richtigen Stelle befinden.

Innovation in der digitalen Transformation braucht das Arbeiten in Netzwerken, im und außerhalb des Unternehmens. Maßstab zur Entscheidung, wer mit wem wann zusammenarbeitet, ist der mögliche Nutzen für die Kunden. Dazu gehören auch die Mitarbeiter intern. Und zu möglichen Kooperationspartnern gehören sogar Mitbewerber oder Lieferanten. Denn selbst, wenn ein Unternehmen alle Ressourcen hätte, um alle möglichen Aufgaben zu erledigen – die notwendigen Kompetenzen, um einen neuen Service zeitnah zu erbringen, sind wahrscheinlich an einem anderen Ort bereits vorhanden. Zudem ist zu Beginn eines Innovationsprozesses im Detail nicht erkennbar, welche Kompetenzen wann gebraucht werden könnten. Prominentes Beispiel ist das autonome Fahren: Ohne Kartendienst und schnelle Datenübertragung kann kein Auto selbst fahren. Die Technologie hat kein Autohersteller, die Verknüpfung mit der übrigen Technik ist auch nicht ganz trivial und ohne temporäre externe Kooperation unmöglich zu realisieren.

Zum Gelingen dieser Teamarbeit für neue Produkte und Services sei abschließend an drei Spielzüge erinnert, die an verschiedenen Stellen im Gamebook bereits aufgezeigt wurden und die Digital Leader bei der Entwicklung von neuen Produkten und Services unbedingt einsetzen sollten:

✔ **Regeln setzen:** Ohne verbindliche Rahmenbedingungen geht schnell die Orientierung verloren. Selbstorganisation kann ohne ein kleines Regelwerk, wie man wohin will, auch zur Selbstgenügsamkeit werden. Alle agilen Methoden haben Regeln, auf denen aufgesetzt werden kann für das spezifische Profil des jeweiligen Vorhabens.

✔ **Ressourcen schaffen:** Minibudgets sollten nur bis zum nächsten Meilenstein reichen. Das sorgt für zusätzlichen Ansporn, die nächste Hürde zu nehmen. Jahresbudgets sind eher kontraproduktiv, es entsteht der typische Drang zum Verbrauchen. Gegebenenfalls erfolgt sogar eine Belohnung für abgebrochene Entwicklungen, um Raum für neue und bessere zu schaffen.

✔ **Fortschritt aufzeigen:** Die Arbeitsschritte und -ergebnisse sollten visualisiert werden und aktuell verfügbar sein (wie bei Scrum oder Kanban). Diese Transparenz steigert die Motivation, da sichtbar ist, was erreicht wurde, was fehlt und noch zu tun ist. Und die Transparenz erleichtert zeitnahe Entscheidungen enorm. Es ist buchstäblich offensichtlich, was getan werden sollte.

Bitte nur eine Seite

 Wer kennt sie nicht: eine ellenlange Präsentation für Entscheidungen, wie weiter vorangegangen werden sollte. Wenn digital gearbeitet und dokumentiert wird, dann ist im Idealfall für eine Entscheidungsrunde keine Präsentation notwendig. Ohnehin sind alle notwendigen Daten leicht verfügbar. Lange Präsentationen sollten Digital Leader eher skeptisch machen. Oft wird so versucht, Fortschritte zu begründen, die nicht vorhanden sind. Und einen Arbeitsnachweis wollen Digital Leader nicht. Das Ergebnis zählt!

»Ganz ohne« ist zumindest zu Beginn für alle Beteiligten etwas ungewohnt. Eine normale DIN-A4-Seite sollte genügen, um gemeinsam zu besprechen, was passiert ist, erreicht wurde und wie weiter vorangegangen werden sollte. Diese Seite sollte auch genügen, damit Außenstehende – wie das Top-Management – sich zum Stand informieren können.

Zusammenfassend wird im besten Fall die Entwicklung von Innovationen ebenso straff organisiert wie der operative Betrieb des Unternehmens – nicht, um effizient, sondern vielmehr, um möglichst wirkungsvoll zu sein. Alle Beteiligten arbeiten – durch die oben genannten Kriterien – überzeugt an der gemeinsamen Zielsetzung, egal wie viele Anpassungen oder auch Richtungsänderungen im Verlauf notwendig werden. Das macht der Digital Leader möglich, ohne selbst der Innovator zu sein.

Neue Produkte und Services ziehen meistens neue Abläufe nach sich. Zugleich kann innerhalb der digitalen Transformation auch ein Prozess an sich digitalisiert werden. Darum geht es im nächsten Kapitel.

Part 4.10 Führung zu neuen Abläufen

Für die Entwicklung neuer Abläufe sind besonders relevant: die Spielzüge aus Part 2.6 Resonanz (um die Rückmeldungen der beteiligten Mitarbeiter zu verarbeiten), Part 3.4 Entwicklung (um die Fähigkeiten für die neuen Abläufe aufzubauen) und Part 3.6 Ergebnisse (die durch die neuen Abläufe erreicht werden sollen). Dieses Kapitel fokussiert auf die spezifischen Aspekte in der Führung.

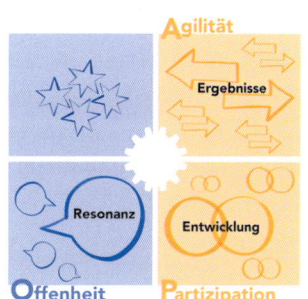

Was ist der Unterschied zwischen Führen zu neuen Abläufen und Führung zu neuen Produkten und Services im vorherigen Kapitel? Ganz einfach: Die Etablierung neuer Geschäftsprozesse greift – besonders in Kombination mit neuen Strukturen – in die Hoheit und Arbeit der beteiligten Mitarbeiter ein. Bei neuen Produkten und Services wehrt sich in der Regel niemand, wenn diese einen klaren Nutzen und Vorteil besitzen. Das ist bei Abläufen zumeist nicht so offensichtlich. Das Beharrungsvermögen und der Diskussionsbedarf sind in der Regel erheblich größer, wenn Abläufe neu formuliert werden. Denn Digitalisierung bedeutet nicht, einen bestehenden Ablauf eins zu eins nachzubilden. Dann würde das Potenzial der Digitalisierung nicht ausgeschöpft. Denn ein schlechter Prozess wird durch eine Digitalisierung nicht automatisch besser. Das Ergebnis wäre ein schlechter digitaler Prozess.

Schneller und einfacher, flexibler und hochwertiger, stabiler und sicherer – das sind die wesentlichen Verbesserungen, die einen digitalisierten Ablauf kennzeichnen. Meistens wird nicht ein Ablauf alleine angepackt. Häufig rückt ein ganzes »Prozesspaket« in den Fokus, um eine gesamte Geschäftsfunktion zu digitalisieren, wie in der Personalverwaltung oder im Rechnungsmanagement. Idealtypisch entfallen in neuen digitalen Abläufen einige Prozessschritte, zumindest in der analogen Arbeit der Menschen. Dazu ist zumeist der gesamte Prozess neu zu designen. Entsprechend sind auch die Mitarbeiter vorzubereiten – auf weniger Schritte und anders strukturierte Abläufe. Soweit die Theorie.

Digital Leader achten auf eine hohe Nutzerfreundlichkeit der digitalen Geschäftsprozesse.

In der Praxis werden digitale Geschäftsprozesse häufig um die IT-Software gebaut bzw. der Ablauf folgt der Anwendung. Was sollte auch gegen eine Standardsoftware für Standardprozesse sprechen, die in jedem Unternehmen nahezu gleich sind? Der Aufwand für die Individualisierung und danach Pflege ist wesentlich höher als der zusätzliche Nutzen – so lautet die häufige Argumentation. Der Nutzen wird dabei in noch mehr eingesparter Zeit oder noch geringerem Aufwand bemessen. Der Maßstab bedarfsgerechte und nutzerfreundliche Anwendung, damit der neue Geschäftsprozess auch zu 100 Prozent eingesetzt wird, kommt häufig zu kurz. Ergebnis sind dann »Workarounds«, also parallele individuell gestaltete Prozesse, da der eigentliche neue Standard doch nicht dem Bedarf entspricht. Digital Leader verknüpfen bei der Planung neuer Geschäftsprozesse die Effektivität (also Anwenderfreundlichkeit) und Effizienz (also Aufwandsreduzierung), um das jeweils anvisierte Ziel des neuen Ablaufs zu erreichen:

✔ **Grundlage schaffen:** Der Vergleich des aktuellen mit dem möglichen neuen Prozess, den vorhandene Standard-IT-Lösungen anbieten, zeigt die wesentlichen Verbesserungen und auch Einschränkungen der Systeme (dafür möglichst nicht mehr als drei heranziehen). Eher selten wird eine IT-Anwendung von Grund auf neu konzipiert.

✔ **Bedarf ermitteln:** Parallel wird hinterfragt, wie der Nutzer den aktuellen Prozess bewertet und priorisiert, was zu viel ist und was fehlt (die passenden Methoden finden sich in Part 3.3). Die Anwender können dies in der Regel gut beurteilen. Die Ergebnisse sollten differenziert werden in Basisanforderungen, zum Beispiel durch rechtliche Vorgaben, in Kernanforderungen, also die wesentlichen Funktionen des Prozesses im Unternehmen, und Küranforderungen, also mögliche Funktionen, die jedoch nicht zwingend erforderlich sind.

✔ **Potenzial bewerten:** Der Vergleich und der Bedarf werden übereinandergelegt. Schnell wird ersichtlich, welche standardmäßig möglichen Anwendungen die individuellen Anforderungen erfüllen und wo wesentliche Unterschiede sind. Das gilt insbesondere für die Kernanforderungen, die Basisanforderungen sollte ohnehin jedes System erfüllen. Daraus lässt sich das Potenzial für die Nutzung eines Standardsystems und einer Individualisierung bewerten.

✔ **Entscheidung treffen:** Mit diesem Rüstzeug kann — möglichst kollaborativ mit ausgewählten Anwendern (Part 3.7) — entschieden werden, ob eine Standardlösung ausreicht, ob dazu auf eine einzelne Kernanforderung verzichtet werden kann oder ob eine Individuallösung unbedingt umgesetzt werden sollte, weil sonst der neue digitale Prozess gegenüber dem aktuellen Ablauf erhebliche funktionale Nachteile hätte und »Workarounds« insofern vorprogrammiert wären. Auf dieser Grundlage kann dann die konkrete Umsetzung im Projektmanagement beginnen.

Alles schön und gut, könnten Sie jetzt erwidern. Was ist, wenn die Individualisierung viel teurer als der Standard ist? Dann ist das so! Rechnen Sie um, wenn hier zu Beginn gespart wird und später in der Umsetzung parallele Prozesse entstehen. Dieser meist versteckte operative Zusatzaufwand durch einen schlecht geplanten digitalen Geschäftsprozess, der wesentliche Kernfunktionen der Nutzer nicht abbildet, wiegt den einmaligen Mehraufwand meistens mehrfach auf. Sonst wäre es unter Umständen sogar besser, beim alten Prozess zu bleiben. Beteiligte Führungskräfte und Mitarbeiter werden sich bestimmt »bedanken«, wenn ein neuer Prozess vieles anders macht, aber nichts besser.

Sich selbst pflegen

Im Personalbereich (HR) ist die persönliche Betreuung wichtig. Viele sensible Daten werden jeden Tag bearbeitet. Zugleich gibt es viele Abläufe, die sich ständig wiederholen, zum Beispiel in der Gehalts- und Reisekostenabrechnung. Innerhalb einer groß angelegten Digitalisierungsoffensive entschied eine Bank, auch möglichst viele HR-Funktionen zu digitalisieren, besonders die Routineabläufe, dazu zählten auch Datenänderungen im persönlichen Umfeld der Führungskräfte und Mitarbeiter, beginnend mit der Änderung von Wohnadressen nach einem Umzug.

Bei der Bedarfsermittlung ergab sich, dass die Anwender aus dem HR-Bereich bestimmte Prozesse nicht an die Mitarbeiter übertragen wollten, obwohl dies technisch problemlos machbar wäre und auch eine Arbeitsentlastung darstellen würde. Bei der Änderung der Steuerklasse durch neuen Nachwuchs oder Hochzeit sollten sich alle Mitarbeiter weiterhin direkt bei der HR-Abteilung melden. Der Grund dafür war: Dieser sehr emotionale und positive Anlass sollte zur Kontaktpflege in der Bank genutzt werden. Glückwunschkarte und Blumenstrauß standen am nächsten Tag sofort auf dem Tisch oder wurden von der Führungskraft persönlich übergeben. Die Neuigkeit konnte so, wenn der Mitarbeiter zustimmte (was immer der Fall war), sofort ins Intranet gestellt werden.

Das Alltagsgeschäft wird immer virtueller. Umso wichtiger ist der menschliche Kontakt bei besonderen Ereignissen. Die Meldung über Nachwuchs oder Hochzeit hätte auch mit einer Alert-Funktion für die HR-Abteilung ausgestattet werden können. Dann wäre aber der persönliche Erstkontakt entfallen. Die besondere Wertschätzung von wesentlichen Ereignissen im Leben eines Mitarbeiters förderte auch die Nutzung der anderen digitalen HR-Prozesse, inklusive der Toleranz gegenüber manchen Fehlern.

Volldigitale Produktionsprozesse sind sicherlich die »Königsdisziplin«. Kollegen Mensch und Maschine, Internet of Things, Industrie 4.0 sind die »Buzzwords« (**Part 1.1**). Ergebnis ist die Fabrik, die selbst entscheidet, wann was wie produziert wird. Die inhaltliche Komplexität der Abläufe dort ist gewiss höher als bei administrativen Geschäftsprozessen. Zugleich sind die möglichen Effekte zur erfolgreichen Umsetzung einer Geschäftsstrategie eher größer. Die oben genannten Eckpunkte im methodischen Vorgehen sind allerdings identisch, wobei die Umsetzung aufwendiger ist. Hilfreich ist zum Beispiel, die Prozesse in der Produktion zu beobachten. Nur so lassen sich Bedarfe der Akteure vor Ort authentisch ermitteln. Es ist außerdem wichtig zu ermitteln, an welcher Stelle eines volldigitalen Prozesses der Mensch künftig aktiv sein wird und eingreifen sollte und welche Fähigkeiten dabei gefragt sein werden. Auch hier können die Nutzer wertvollen Input geben, auch um ein mögliches »Overengineering« zu vermeiden: Der neue digitale Produktionsprozess wird zu komplex und fehleranfällig. Letztlich stehen ja Menschen, die Fehler machen, hinter den Programmen zur Umsetzung. Welche Industrie 4.0 auch immer umgesetzt wird in einem Unternehmen – zwei Punkte sind absehbar: Die Qualität der menschlichen Arbeit wird sich in der Industrie 4.0 erheblich steigern. Die Fähigkeit zur Adaption und Antizipation, die Digital Leader auszeichnet, wird entscheidend.

KISS – Keep It Simple and Stupid

Im Zweifel sollte lieber ein Gang zurückgeschaltet werden, bevor eine Organisation bei der Einführung digitaler Geschäftsprozesse überfordert wird und dann – vieles zunächst schlechter ist als zuvor. »Keep It Simple and Stupid«, kurz: KISS, ist ein gutes Prinzip. Denn das soll ja durch die Digitalisierung erreicht werden: Abläufe werden einfacher und idiotensicher. Das bedeutet: Lassen wir es erst einmal bei den Abläufen, die leicht nachvollziehbar sind und keine großen Hürden in der Umsetzung besitzen. Ideal wäre, wenn bisher lästige Abläufe dadurch abgeschafft werden könnten, wie die Prüfung von Informationen oder Formularen. Gehen Sie stufenweise vor, damit das neue Arbeiten sich etablieren kann und andere Teams davon lernen können.

Die Einführung neuer digitaler Geschäftsprozesse sollte nicht kalt erfolgen, einfach irgendwann den Hebel umlegen und fertig. Soweit irgendwie möglich, sollte ein Pilot gestartet werden, in der IT-Branche ist dies gang und gäbe. Bei Piloten arbeiten ausgewählte Mitarbeiter in einem abgegrenzten Umfeld, in einem Bereich oder Standort zum Beispiel. Für diese »Beta User« kann – bevor es an reale Daten und im Livebetrieb losgeht – auch eine spezielle Testumgebung eingerichtet werden, die das identische Set-up besitzt. Dann werden alle möglichen Anwendungsfälle sowie der Ablauf mit allen Variablen und Verknüpfungen durchgespielt. Bewährt hat sich, unbefangene Anwender, die keine Ahnung haben, zu involvieren. Denn dann ist die Chance am größten, Probleme zu entdecken, an die niemand zuvor gedacht hat – besonders im Vergleich zu Nutzern, die bereits zuvor an der Umsetzung beteiligt waren und vermeintlich alles durchdacht haben. Die Testnutzer können dann in der Einführung zu sogenannten »Key Usern« werden. Diese kennen den Prozess bereits gut und unterstützen die Kollegen bei der Anwendung, stehen für Rückfragen zur Verfügung und übernehmen zuvor sogar Trainings. Der Digital

Leader schafft dafür selbstverständlich die temporär notwendigen Zeitkontingente.

Nach dem Piloten gibt es zwei Möglichkeiten zur Einführung des neuen Geschäftsprozesses: den »Soft Launch« oder den harten »Cut-over«. Die Namen sind Programm. Beim »Soft Launch« gibt es einen sanften Übergang in den neuen Ablauf. Der alte kann parallel weiterbestehen. Damit nicht jeder beides macht und die Verwirrung ggf. groß wird, kann schrittweise die Einführung erfolgen, in einzelnen Teams, Abteilungen oder Standorten. So wird auch gewährleistet, dass in dieser Parallelwelt keine Daten verloren gehen. Irgendwann wird der alte Prozess eingestellt bzw. das System dafür abgestellt. »Soft Launches« bieten sich bei Unterstützungsprozessen an, weniger bei Kerngeschäfts- oder Produktionsprozessen. Für diese ist in der Regel der harte »Cut-over« sinnvoll, der stichtagsgenaue Schnitt, ohne Wenn und Aber. Die Umstellung muss sehr gut vorbereitet sein und begleitet werden (Kommunikation, Training, Qualitätszirkel, ...). Denn es gibt kein Zurück und keine Alternative parallel. Das Feinjustieren ist immer möglich, erfolgt jedoch im Livebetrieb und kann entsprechend aufwendig sein. Der »Cut-over« ist zudem unvermeidbar, wenn für den Geschäftsprozess von einem IT-System auf ein anderes umgestellt wird, inklusive der Migration aller Daten aus dem alten System. Diese Umstellung geht nicht »soft«.

Beide Varianten profitieren in der Einführung von der kollaborativen Erarbeitung des Ablaufs, wie oben geschildert, und der Kooperation in der Pilotphase. Die Bereitschaft in der Belegschaft zur konsequenten Anwendung des Ablaufs sollte höher sein, und eher wird auf »Workarounds« verzichtet. Schließlich sollte die Entscheidung, wie ein neuer Ablauf eingeführt wird, zumindest bei den unternehmensweiten Geschäftsprozessen mit der Rückendeckung des Top-Managements erfolgen. Dann sind die Entscheider vorbereitet, wenn bei den ersten Problemen die Kritiker in der Tür stehen, sich beschweren und eine Änderung fordern. Das Top-Management zu überzeugen, ist ein weiterer wichtiger Spielzug, den Digital Leader beherrschen sollten.

Part 4.11 Top-Management überzeugen

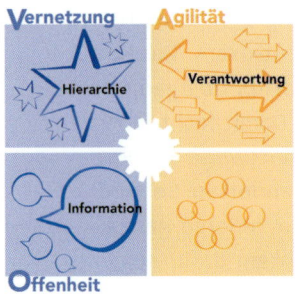

Bei der Überzeugung des Top-Managements können vor allem die Spielzüge aus Part 2.1 Hierarchie (da Digital Leader über ihre formale Funktion agieren), Part 2.5 Information (um als Kommunikator auftreten zu können) und Part 3.8 Verantwortung (weil Digital Leadern das ganze Unternehmen am Herzen liegt) eingesetzt werden. Dieses Kapitel ergänzt die dort aufgezeigten Handlungsmöglichkeiten.

Zweifellos ist es am besten, wenn Vorstand und Geschäftsführung die bimodale Führung unterstützen, initiieren oder gar vorleben. Die Unterstützung der Unternehmensleitung ist eine »conditio sine qua non«: zweifellos die unabdingbare Voraussetzung. Wenn Sie, liebe Leserin und lieber Leser, selbst zum Top-Management gehören und sich auf dem Weg zum Digital Leader befinden, dann setzen Sie dieses Kapitel genau umgekehrt ein: Lassen Sie bei Ihren Führungskollegen das zarte Pflänzchen der bimodalen Führung sprießen. Die Inhalte und das Vorgehen sind für diese Situation ebenso einsetzbar. Aktiv behindern oder gar verhindern werden den Prozess die wenigsten, wenn die digitale Transformation für das Unternehmen relevant ist und man sich nicht völlig von der Entwicklung abschotten möchte. Auf eine zunächst abwartende Haltung mit launischen Kommentaren sollten sich Digital Leader aber einstellen: »Ja, machen Sie mal.«

Digital Leader machen die positiven Wirkungen der bimodalen Führung für die Ziele des Managements deutlich.

Setzen Sie bereits die Stellhebel zur Überzeugung des Top-Managements ein? Die digitale Transformation, neue Bedarfe der Kunden und den Druck im Wettbewerb als Chance für neue Umsätze zu nutzen – das sind die Effekte, die Digital Leader erzielen. In jedem Unternehmen, für jedes Team und jeden Bereich lässt sich diese Aussage konkret an Beispielen festmachen. Dennoch werden nicht alle Entscheider sofort »Hurra!« schreien, wenn von ihnen eine andere Art der Führung, gepaart mit parallelen Organisationsprozessen, eingefordert wird. Der Digital Leader kann einiges dafür tun, die Akzeptanz zu steigern. Wer zerstört schon bewusst die Pflänzchen, aus denen im eigenen Unternehmen die Zukunft sprießen soll? Folgende Spielzüge bieten sich an, einzeln oder kombiniert. Damit knüpfen Digital Leader an den »Check der Zukunft« aus Part 1.1 an:

✔ **Bedeutung zeigen:** Darum schaffen Digital Leader und die bimodale Führung die Voraussetzung, dass die digitale Transformation des Unternehmens gelingt! Dazu wird gezeigt, wie nur die andere Art der Führung die Geschäftsstrategie umsetzen kann. Wenn wir ... erreichen wollen, dann sollten wir so führen ...

✔ **Szenarien schildern:** Das passiert, wenn nichts passiert, also die Führung im Unternehmen nicht weiterentwickelt wird. Dagegen passiert konkret ..., wenn wir Digital Leader werden. Beide Szenarien sollten konkrete Situationen im Alltag des Unternehmens schildern bzw. antizipieren, wie diese sein werden.

✔ **Spielzüge erleichtern:** Digital Leader sind Brückenbauer, auch für das Top-Management. Das »Abholen« kann über Vorschläge für die ersten Spielzüge, die selbst unternommen werden können, geschehen. Ideal wäre, wenn die ersten Spielzüge möglichst geringe Barrieren besitzen und erste kleine Ergebnisse für die Strategie vorliegen.

✔ **Beteiligung ermöglichen:** Das Top-Management sollte nicht Zuschauer bleiben. Ermöglichen Sie das Reinschnuppern. Die Möglichkeit für eigene Erfahrungen ist wichtig, zum Beispiel einmal bei einem Daily Scrum dabei zu sein. So rutscht das Top-Management langsam, aber sicher in die Digital Leadership.

✔ **Ungewöhnlichkeit schaffen:** Digital Leadership ist anders. Daher kann auch die Darstellung zum »Verkaufen« anders sein. Sammeln Sie die Aufmerksamkeit. Schaffen Sie attraktive Bilder oder gehen Sie an ungewöhnliche Orte. Holen Sie externe Spezialisten dazu. Ungewohntes sollte ungewöhnlich verpackt werden.

Die Form der Darstellung sollte die Aussagen zuspitzen, um den positiven Impuls zu setzen und im ersten Kontakt bereits den Eindruck entstehen zu lassen: »Gute Gedanken, daran sollten wir künftig mehr arbeiten.« Zusätzlich können diese Spielzüge mit den vorhandenen Managementsystemen verbunden werden, um noch besser die Brücke zu bauen. Das fängt bei der Art von Vorlagen an, geht über die Nutzung von vorhandenen Managementtreffen bis hin zur Integration in das Reporting. Es gibt hier nur eine Regel dafür, was am besten ist: Digital Leader nutzen die etablierten Instrumente und Plattformen, die im Top-Management die höchste Anerkennung besitzen.

Spielzüge begrenzen

Digital Leader wollen nicht mit dem Kopf durch die Wand, sie bauen vielmehr Brücken von der Herkunft in die Zukunft. Dazu kann es sinnvoll sein, beim Top-Management (oder auch bei Führungskollegen) einige Spielzüge zunächst wegzulassen. So kann beispielsweise das Einüben von neuen Methoden und Instrumenten zunächst in kleinen

Projekten und abgekapselten Umfeldern erfolgen. Damit wird gegenseitiges Zutrauen gewonnen. Das Ergebnis ist eher sekundär, es geht im ersten Schritt um den neuen Weg, wie sich dieser anfühlt und wie er ankommt. Lust am Machtverlust wächst und entsteht nicht als Urknall.

Das Top-Management ist nicht nur einmal zu überzeugen. Auf dem Weg der digitalen Transformation wird es Rückschläge geben. Beispielsweise könnten die Zahlen nicht stimmen. Digital Leadership schön und gut – aber letztlich stimmt die Leistung nicht, gemessen an den »normalen« finanziellen Maßstäben. Je überzeugter das Top-Management zuvor vom gemeinsamen Weg ist, desto höher ist die Toleranz gegenüber Rückschlägen. Dann gibt es die nötige Rückendeckung für den weiteren Weg für eine Werthaltigkeit, die sich nicht sofort in Quartalszahlen ausdrücken lässt. Diese Zahlen müssen (noch) aus dem Standardbetrieb kommen. Digital Leader sorgen dafür, dass ertragreiche Quellen auch in Zukunft sprudeln.

Digital Leader schaffen jederzeit Transparenz über Top und Flop in der digitalen Transformation.

Bloß nicht warten, bis das Management nachfragt, was los ist. Für die nachhaltige Unterstützung des Top-Managements schaffen laufende Informationen die Basis, auch in kurzen persönlichen Kontakten. Dabei wird auch für mögliche Rückschläge sensibilisiert und über Besonderheiten beim agilen Arbeiten berichtet, zum Beispiel Projekte früher als gewohnt zu stoppen, wenn die Erfolgsaussichten sich deutlich reduzieren. Dadurch werden kontinuierlich die Potenziale in der bimodalen Führung sowie der Umgang mit Risiken und Misserfolgen deutlich. Auch das Top-Management bekommt so die Möglichkeit zum »Einschwingen« und auch Selbstloslassen, ohne unmittelbar beteiligt zu sein.

Zweifellos ist nicht auszuschließen, dass das Top-Management (oder umgekehrt die Führungskollegen) sich nicht überzeugen lässt oder schlicht blockiert, gleich zu Beginn oder sobald erste Hindernisse auftauchen. Die eigenen Argumente laufen ins Leere. Das erste »Ja, machen Sie!« blieb eine einmalige Gelegenheit. Oder Führungskollegen stellen sich vielleicht quer, weil die Idee zur bimodalen Führung nicht von ihnen selbst kam. Digital Leader können ausgebremst oder gar komplett aus dem Spiel genommen werden: »Halten Sie den Ball flach. Machen Sie nur Ihren Job, so wie immer.« Dann müssen sich Digital Leader entscheiden, ob sie ihre Zukunft in dieser Organisation gestalten möchten – oder nicht. Denn das Top-Management prägt die Machtstrukturen in einem Unternehmen – aber auch nicht allein, wie das nächste Kapitel zeigen wird.

Part 4.12 Machtstrukturen nutzen

Zum Umgang mit den bestehenden Machtstrukturen im Unternehmen sind besonders relevant: die Spielzüge aus Part 2.2 Profil (damit der Einfluss durch die eigene Arbeit größer wird), Part 2.7 Widerstand (um mit den Widerständen aus den Machtstrukturen umzugehen) und Part 3.1 Team (um durch Ausweitung der Anhängerschaft den eigenen Wirkungskreis zu verbreitern). Dieses Kapitel fokussiert die Verbindung des Digital Leaders zu traditionellen Machtsystemen im Unternehmen, besonders unter Führungskräften.

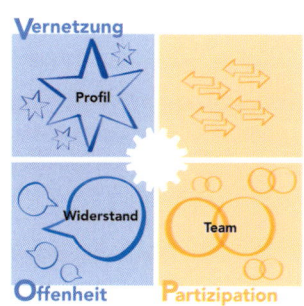

Das Loslassen von veralteten Führungsgewohnheiten ist auf der persönlichen Ebene leichter, als eine gesamte Führungskultur in Unternehmen zu verändern. Aber ohne die Veränderung des Einzelnen gelingt auch keine Veränderung von gemeinsamen Grundüberzeugungen. Insofern wird jeder Digital Leader ist fast jedem Unternehmen Vorreiter sein. Das Gamebook wäre jedoch unvollständig, ohne zum Abschluss den Umgang mit einem konträren Umfeld zu betrachten: Digital Leader sind »allein auf weiter Flur«. Mit ihrem veränderten Hierarchieverständnis (Part 2.1) könnten sie zunächst eher ein Fremdkörper sein! Was tun, wenn traditionelle Machtmenschen das Unternehmen prägen?

Die einfachste Machtprobe ist der Formalismus: Ich entscheide durch meine Position. Basta! Alle anderen hinten anstellen. Das wird selten so offen gesagt – man ist ja kollegial –, letztlich aber so durchgezogen. Digital Leader brauchen insofern einen verbindlichen Organisationsprozess mit eindeutigen Schnittstellen in die hierarchische Struktur (Part 4.8), um einen eigenständigen Formalismus zu schaffen. Sonst könnte andauernd die Herausforderung bestehen, die Themen und Projekte, die über den eigenen hierarchischen Wirkungsbereich hinausreichen, in der Organisation verteidigen zu müssen. Der Ausgang ist jeweils ungewiss und das Einfangen von politischen Interessen kann zermürben.

Das verbiete ich

Im Unternehmen hatte sich ein eigenständiger Organisationsprozess etabliert, um schneller neue Geschäftsideen umsetzen zu können. Die Schnittstellen zur weiter bestehenden funktionalen Organisation und Hierarchie waren eindeutig bestimmt, inklusive der Frage, wann wer welche Entscheidungen trifft. Ein neues Projekt zum Thema E-Bike-Verleih hatte bisher alle Hürden genommen. Der erste Livetest mit echten Kunden stand bevor. Dann die Überraschung: Ein Bereichsleiter verbot seinen beiden Mitarbeitern, die für zwei Monate die Hälfte ihrer Arbeitszeit im Projekt abgestellt waren, die weitere Mitarbeit. Dringende Aufgaben im Stammgeschäft wären zu erledigen, was nur die Mitarbeiter könnten. Die Ersatzpersonen seien ungeeignet. Und überhaupt: Das E-Bike-Projekt habe ja ohnehin kaum Erfolgsaussichten. »Ich verbiete die weitere Mitarbeit im Projekt«, so lautete die unmissverständliche Ansage. Eine Machtprobe stand an.

Die beiden Mitarbeiter waren verzweifelt. Denn der Bereichsleiter war ihr disziplinarischer Vorgesetzter. Der Digital Leader im E-Bike-Projekt nahm sofort Kontakt mit dem Bereichsleiter auf und stieß auf Granit. Dann müsse das E-Bike-Projekt eben warten, bis die Mitarbeiter wieder Zeit hätten. Der Digital Leader schlug vor, beim verantwortlichen Geschäftsführer das Thema entscheiden zu lassen. Alternativ könnten die Mitarbeiter einige Stunden ihrer Zeit dafür aufwenden, die Ersatzmitarbeiter für die Aufgaben im Stammgeschäft »fit zu machen«.

Die Geschäftsführung hatte den parallelen Organisationsprozess verabschiedet. Und nun kam es darauf an, im Ernstfall dahinterzustehen. Die Geschäftsführung befürwortete den Kompromissvorschlag des Digital Leaders. Schnell stellte sich heraus, dass die dringende Aufgabe im Stammgeschäft gut zu lösen war. Die Ersatzmitarbeiter waren in wenigen Stunden allein in der Lage weiterzuarbeiten. Die Machtprobe war bestanden.

Auch ein formaler Organisationsprozess für die digitale Transformation schützt allein nicht immer vor dem Einfluss informeller Machtstrukturen. In jedem Unternehmen gibt es Menschen, die gleicher sind als andere – aufgrund ihrer Zugehörigkeit, ihres Auftretens oder geschickten Agierens »hinter den Kulissen«. Da hilft nur, selbst ebenso eine informelle Machtposition aufzubauen. Dabei übernehmen die sogenannten »Change Agents« eine wichtige Rolle als Multiplikatoren.

Die besten Digital Leader gelten manchmal wenig als Propheten im eigenen Land.

Haben Sie das schon am eigenen Leib erfahren dürfen? Change Agents sind informelle Fürsprecher, die im Unternehmen hohes Ansehen genießen und großen Einfluss besitzen, unabhängig von der Position in der Hierarchie. Das kann sogar ein Hausmeister sein, der Fuhrparkmanager oder ein IT-Administrator, bei dem aber alle ihre Probleme abladen, nicht nur mit der IT. »Der weiß, wie man hier am besten vorankommt«, »Die hat gute Drähte und immer die besten Informationen«, »Der kennt die gut und hat in die Abteilung leichter Zugang« – das sind Change Agents, die für die digitale Transformation zu gewinnen sind. Sie sprechen die richtige Sprache und können vermitteln. Fallen Ihnen jetzt bereits einige Kollegen dazu ein?

Der erste Schritt ist, ihre Meinung zu den Themen und Projekten zu erfahren, die ein Digital Leader vorantreiben möchte. Allein durch dieses Feedback kann die Argumentation zum »Verkaufen« der eigenen Themen justiert werden. Dann sollte gemeinsam besprochen werden, was passiert, wenn wir so weitermachen, also nichts passiert, wenn wir unsere Claims abstecken und uns weiter nach innen orientieren. Diese Argumentation ist dann im weiteren Verlauf auch zur Überzeugung von Kritikern hilfreich. Change Agents sind überzeugt von der eigenen Fürsprache und werden selbstverständlich zu nichts gezwungen.

Die Zusammenarbeit erfolgt ebenso informell. Nie werden Change Agents als solche bezeichnet. Auch treten sie nie als offizielle Botschafter in Erscheinung. Sie können parallel durchaus eine offizielle Rolle in der digitalen Transformation einnehmen. Sie hören, was sich so tut, melden sich, falls sie eine wichtige Information aufschnappen, und geben Feedback. Digital Leader nehmen sich Zeit für »ihre Agenten«, ebenso informell in einem Chat, beim Mittagessen oder in einer Kaffeepause. Letztlich agieren sie nach dem uralten analogen Wahlspruch: »Make friends before you need them.«

Digital Leader sollten sich keine Illusionen machen: Die Konfrontation wird nie ganz zu vermeiden sein. Das liegt in der Natur jeder Transformation, nicht nur der digitalen. Trotz aller Mühen und Bemühungen wird es nicht ohne destruktive Machtproben gehen, wer im Unternehmen nun »das Sagen hat«. Dann hilft letztlich nur eins: Die Rückendeckung im Top-Management ist entscheidend. Im Notfall erfolgt – ganz klassisch – die Eskalation auf dieser Ebene. Digital Leader zeigen die unterschiedlichen Positionen oder Varianten in den jeweiligen Kernaspekten auf und machen einen Vorschlag, was das Management entscheiden soll. Klar gemacht werden sollte, welche Folgen diese Entscheidung hat und welche Folgen es hat, die Entscheidung nicht oder anders zu treffen. Hier unterscheidet sich ein Digital Leader nicht von jeder anderen Führungskraft.

Nicht zuletzt gilt für Digital Leader stets die Formel: »Love it, change it or leave it.« Ein Unternehmen, das sich dauerhaft nicht für die digitale Transformation aufstellt und warum auch immer auf was auch immer wartet, ist natürlich nicht der richtige Platz für einen Digital Leader. Gleiches gilt, wenn Sie der einzige Digital Leader bleiben und ständig im Kreis der Kollegen gegen Widerstände kämpfen, ständig Überzeugungsarbeit leisten müssen. Da hilft, auch wenn es schwerfällt, nur die eigene Abstimmung mit den Füßen.

Der Spielzug, sich ein anderes Unternehmen zu suchen, schafft zumeist neue Gestaltungsräume. Aber das soll nicht die präferierte Lösung sein. Das Digital Leader Gamebook hat eine Vielzahl von Spielzügen gezeigt, im Unternehmen die digitale Transformation erfolgreich zu gestalten und sogar den Gegenwind zum Fortkommen zu nutzen. Zum Ende des letzten Kapitels greifen Sie nochmals zu Ihrem Spielplan. Prüfen Sie den Status, ergänzen Sie weitere Spielzüge, sortieren, verknüpfen und parken Sie andere, die nun ganz zum Schluss vielleicht doch nicht so im Fokus stehen. Vor allem gilt jetzt: Starten Sie und machen Sie Ihre ersten Spielzüge. Und wenn Ihr Weg weit erscheint, erinnern Sie sich an die alte chinesische Weisheit, die aus einer ganz analogen Epoche stammend im digitalen Zeitalter mehr Bedeutung denn je besitzt:

Auch ein Pfad von tausend Kilometern beginnt mit einem ersten Schritt – und das jeden Tag aufs Neue.

Fazit – Digital Leader sind Spielmacher

Klasse!

Nun weiß ich, wie ich in der digitalen Transformation erfolgreich sein kann und nicht abgehängt werde. Ich kann mehr als nur mitspielen. Ich bin Spielmacher, der in jeder Situation für den optimalen Einsatz der Teams sorgt.

Vorsicht!

Mein Programm kann mich überfordern, wenn ich auf meinen Spielplan schaue, der im Gamebook entstanden ist. Da steht ziemlich viel drauf. Und noch einiges mehr steckt in meinem Kopf. Das ist schwer zu schaffen.

Diese Gedanken könnten bei Ihnen herumschwirren. Die digitale Transformation fordert Sie, Ihr Team und Unternehmen. Sie sind bereit für die richtigen Spielzüge. Das gilt einerseits. Andererseits könnte ein sofortiges vollständiges »Schalterumlegen« Sie und Ihr Umfeld überfordern. Zu viel VOPA als Digital Leader auf einmal könnte die Unsicherheit erhöhen, statt das Unkalkulierbare und Mehrdeutige während der digitalen Transformation zu nutzen. Legen Sie den Fokus auf die wichtigsten maximal fünf Spielzüge. Fangen Sie so an und sehen Sie dann, was passiert, ergänzen Sie weiter und finden Sie die Spielkombinationen, die auf Dauer »in Fleisch und Blut übergehen«. Der wichtigste Spielzug dabei ist, immer wieder neue Kombinationen für neue Situationen zu finden. Bleiben Sie wachsam für die Reaktionen und Resonanzen.

Das Gamebook hat Ihnen die Schlüsselqualifikationen gezeigt, die Sie als Digital Leader kombinieren können – je nach Ihrem Bedarf. Der Spielplan unterstützt Sie dabei. So können Sie verschiedene Spiele spielen, nicht nur eins nach einem bestimmten Modell. Das Antizipieren der jeweils passenden Spielzüge kann anfangs etwas anspruchsvoller sein, als einfach einem Schema zu folgen. Im Ergebnis werden Sie aber erheblich größere Chancen haben, die anvisierten Ziele für sich, das Team und Unternehmen zu erreichen.

Ihr Startpunkt, den Sie mit dem Gamebook bestimmt haben, wird sehr unterschiedlich sein. Sie stecken bereits mitten in der digitalen Transformation in einer Branche, die massiv unter Druck steht. Oder das andere Extrem: Die digitale Transformation ist noch wenig konkret und kaum absehbar, ob und wann sich das bestehende Geschäftsmodell grundsätzlich verändern könnte. Und dazwischen bestehen viele weitere Varianten für den ermutigenden Start: In jedem Unternehmen können Digital Leader erste Schritte unternehmen. Im einfachsten Fall etablieren Sie für sich und das eigene Team die neue Haltung und ein neues Vorgehen oder probieren neue Methoden.

Wanderer zwischen den Welten

Digital Leader sind der Kapitän einer Fußballmannschaft – im operativen Standardmodus sind Führungskräfte immer auch Mitspieler. Digital Leader sind der Coach, der Möglichmacher von neuen Spielzügen, der die Spieler für die geplanten Spielkombinationen einsetzt und ihnen Mut macht. Das ist der Modus der digitalen Transformation. Hier spielen Sie jedoch eher selten aktiv mit. Digital Leader sind zudem der Sportdirektor, der die Rahmenbedingungen für alle Teams schafft, mit vielen Trainern und Spielern. Digital Leader übernehmen verschiedene Rollen als Wanderer zwischen den Welten. Keine Frage: Das ist ein hoher Anspruch. Und keine Frage ist auch: Das schafft enorme Potenziale. Mindset und Skillset jedes Digital Leaders besitzen hohe Plastizität, um ständig wechselnde Anforderungen aufzunehmen. Mit jedem neuen Spielzug, den Sie unternehmen, wird das Netz Ihrer möglichen Spielkombinationen größer und stärker. Dann gelingt es Ihnen, die sehr unterschiedlichen Bereiche, die Ihre Führungsarbeit aktuell umfassen und künftig tangieren, zu balancieren.

Alle Bereiche in Ihrer bimodalen Führung bleiben wertvoll. Für viele Themen im Alltag werden Sie auch künftig klassische Qualitäten und Expertisen im Management benötigen. Seien Sie froh über die Routinen im Alltag, die Sie weiter begleiten werden, wahrscheinlich mehr als die Hälfte Ihrer Zeit. Da haben Sie Stabilität, dort kennen Sie sich aus und können so schlank wie möglich agieren. Das ist eine gute Basis für die Beschäftigung mit der Frage: Welche Herausforderung in der digitalen Transformation habe ich, hat mein Team, Bereich oder Unternehmen zu bewältigen? Dann werden Sie als Digital Leader VOPA, adaptieren bekannte Spielkombinationen oder antizipieren, welche neuen Spielzüge sinnvoll sein könnten. Seien Sie froh, wenn Sie im Gamebook Themen oder Methoden entdeckt haben, die Sie beherrschen und die funktionieren. Dann besitzen Sie einen guten Startpunkt für Ihren Spielplan. Legen Sie los, feilen Sie an Ihren Spielkombinationen und bauen Sie immer wieder neue Spielzüge ein. Für sich, Ihre Mannschaft und das ganze Unternehmen werden Sie dann zum »Leader in Digital Transformation«.

Gamebook Deep Dive

Das Gamebook könnte Sie angeregt haben, zu einzelnen Themen und umfassenden Spielzügen weitere Details zu erfahren. Diesen »Deep Dive« als Digital Leader ermöglichen folgende Quellen:

Übergreifende Spielzüge

Auf die Chancen und Herausforderungen durch VUKA in den verschiedenen Funktionen innerhalb der Unternehmen geht ein: Oliver Mack u.a. (2015), *Managing in a VUCA World*. Heidelberg: Springer

Die grundsätzlichen Anforderungen an die Führungs- und Arbeitskultur in Unternehmen im Zeitalter der digitalen Wirtschaft zeigt der Sammelband von: Thomas Sattelberger u.a. (2015), *Das demokratische Unternehmen*. München: Haufe-Verlag

Die Auswirkungen und Perspektiven der digitalen Datenwirtschaft zeigt auf: Viktor Mayer-Schönberger (2013), *Big Data: Die Revolution, die unser Leben verändern wird*. München: Redline Verlag

Den Einblick in die Denkmodelle, die uns Menschen prägen und die die digitale Transformation erschweren können, liefert: Daniel Kahnemann (2012), *Schnelles Denken, Langsames Denken*. München: Siedler

Falls Sie sich intensiver mit Ihren eigenen und mit fremden Erwartungen beschäftigen möchten, hilft Ihnen weiter: Jutta Heckhausen (2010), *Motivation und Handeln*. Heidelberg: Springer

Die Vorteile der Gestalterhaltung als Digital Leader betrachten im Detail: Jens-Uwe Martens und Julius Kuhl (2013), *Die Kunst der Selbstmotivierung: Neue Erkenntnisse der Motivationsforschung praktisch nutzen*. Stuttgart: Kohlhammer

Zur Steigerung Ihrer Lust am Machtverlust, einem typischen Merkmal für Digital Leader, liefert weitere Anreize: Adam Grant (2016), *Geben und Nehmen*. München: Droemer Verlag

Aus der Vielzahl an Büchern zum Stressmanagement empfiehlt sich: Gert Kaluza (2014), *Gelassen und sicher im Stress: Das Stresskompetenz-Buch. Stress erkennen, verstehen, bewältigen*. Heidelberg: Springer

Zum Verkraften von Rückschlägen liefert pragmatische Hinweise: Miriam Prieß (2015), *Resilienz – Das Geheimnis innerer Stärke: Widerstandskraft entwickeln und authentisch leben*. München: Südwest Verlag

Die versteckten Botschaften, die wir laufend aussenden und gezielt setzen können, betrachtet: Dietmar Pieper (2016), *Das Geheimnis guter Kommunikation*. München: Deutsche Verlags-Anstalt

Spezifische Spielzüge

Mehr zur Festsetzung einfacher Regeln, die sich Digital Leader setzen können, erfahren Sie bei: Donald Sull und Kathleen M. Eisenhardt (2015), *Simple Rules: Einfache Regeln für komplexe Systeme*. Berlin: Econ

Zur wirkungsvollen Führung ohne disziplinarische Verantwortung liefert weitere Details: Daniela Krämer u.a. (2018), *Führen ohne Vorgesetztenfunktion*. München: Haufe-Verlag

Mit den Besonderheiten der generationsübergreifenden Führung, mit Fokus auf die Generation Y und Z sowie die Babyboomer, beschäftigt sich: Daniela Eberhardt (2018), *Generationen zusammen führen*. München: Haufe-Verlag

Zur Praxis der gegenseitigen Inspiration in Teams bietet einen kompakten Überblick: Rolf van Dick (2013), *Teamwork, Teamdiagnose, Teamentwicklung*. Göttingen: Hogrefe Verlag

Die Führung virtueller Teams betrachten ausführlich: Sabine Remisch und Lutz Schumacher (2018), *Wirksam führen auf Distanz*. München: Haufe-Verlag

Dem besonderen Aspekt der Lösung von Konflikten und Widerständen in Teams widmet sich im Detail: Franz Will (2012), *Teamkonflikte erkennen und lösen*. Weinheim: Beltz Verlag

Vielfältige weitere Spielzüge für die personale Kommunikation liefern: Susanne Polewski u.a. (2009), *Info-, Lern- und Change-Events*. Weinheim: Beltz-Verlag

Zur besseren Vermittlung komplexer Sachverhalte und neuer Denkmuster eignen sich bildliche Darstellungen, die deren Wirkungskraft aufzeigen: Martin J. Eppler u.a. (2016), *Dynagrams, Denken in Stereo*. Stuttgart: Schäffer-Poeschel Verlag

Das Action Learning wird in allen Facetten betrachtet von: Bernhard Hauser (2012), *Action Learning Workbook mit Praxistipps*. Bonn: Verlag managerseminare

Zum Arbeiten mit der Business Model Canvas liefern zahlreiche Erläuterungen: Alexander Osterwalder und Yves Pigneur (2011), *Business Model Generation*. Frankfurt am Main: Campus Verlag

Zur Vertiefung von Design Thinking bietet sich an: Ingrid Gerstbach (2017), 77 *Tools für Design Thinker*. Offenbach: Gabal Verlag

Zur Vertiefung der Methode Scrum ist gut geeignet: Sven Röpstorff und Robert Wiechmann (2015), *Scrum in der Praxis*. Heidelberg: dpunkt-Verlag

In die Blockchain-Technologie eintauchen geht gut mit: Daniel Drescher (2017), *Blockchain Grundlagen*. Frechen: mitp Verlag

Weitere Details zur Entwicklung digitaler Geschäftsstrategien und Geschäftsmodelle liefern: Jürgen Meffert und Heribert Meffert (2017), *Eins oder Null*. Berlin: Ullstein-Buchverlage

Abbildungsverzeichnis

Stichwortverzeichnis

Bildnachweis

bojanru/gettyimages S. 59 rechts, Chris Titze Imaging/AdobeStock S. 29 rechts oben, fotokostic/gettyimages S. 59 links, Fyle/AdobeStock S. 58 rechts unten, Guter Punkt unter Verwendung eines Motivs von Alpha-C/gettyimages S. 29 links oben, Guter Punkt unter Verwendung eines Motivs von Gearstd/gettyimages S. 29 links unten, magele-picture/AdobeStock S. 29 rechts unten, Man As Thep/gettyimages S. 58 rechts oben, Nastia11/gettyimages S. 58 links oben, Photoservice/gettyimages S. 58 links unten.

Exklusiv für Buchkäufer!

Ihre Arbeitshilfen zum Download:

▶ http://mybook.haufe.de/

▶ **Buchcode:** CDW-8292